Wiendahl · Belastungsorientierte Fertigungssteuerung

H.-P. Wiendahl

Belastungsorientierte Fertigungssteuerung

Grundlagen
Verfahrensaufbau
Realisierung

264 Bilder · 36 Tabellen

Carl Hanser Verlag München Wien

Prof. Dr.-Ing. Hans-Peter Wiendahl ist der geschäftsführende Leiter des Instituts für Fabrikanlagen der Universität Hannover

CIP-Kurztitelaufnahme der Deutschen Bibliothek

Wiendahl, Hans-Peter:
Belastungsorientierte Fertigungssteuerung : Grundlagen,
Verfahrensaufbau, Realisierung / H.-P. Wiendahl. –
München ; Wien : Hanser, 1987.
  ISBN 3–446–14592–3

© 1987 Carl Hanser Verlag München Wien

Gesamtherstellung: Pustet, Regensburg

Printed in Germany

**Professor Dr.-Ing.
Hans Kettner,**

dem Vater der
belastungsorientierten
Auftragsfreigabe,
gewidmet

„Die Geschwindigkeit, mit der das Werkstück durch die Werkstatt fließt, hat heute eine ganz andere, äußerst wichtige Bedeutung erlangt.“

W. Hippler:
Arbeitsverteilung und Terminwesen in Maschinenfabriken
Berlin 1921

Vorwort

Die Produktionsplanung und -steuerung (PPS) gewinnt angesichts des verschärften internationalen Wettbewerbs für die Produktionsunternehmen an Bedeutung. Kurze Durchlaufzeiten, hohe Termintreue und geringe Bestände stehen dabei als Zielsetzung im Vordergrund, während die früher sehr hoch bewertete Auslastung demgegenüber etwas in den Hintergrund getreten ist.

Trotz des mittlerweile weit verbreiteten Einsatzes der elektronischen Datenverarbeitung im Bereich der PPS haben zahlreiche Untersuchungen gezeigt, daß insbesondere die in der Praxis bisher eingesetzten Verfahren der Fertigungssteuerung die genannten Zielgrößen weder permanent messen können noch in der Lage sind, diese direkt zu beeinflussen. Die Folge ist, daß die mit großem Aufwand erzeugten Zuteilungslisten sehr schnell veralten und so nicht glaubwürdig sind. Vielfach haben sich deshalb neben dem offiziellen Fertigungssteuerungssystem informelle Systeme auf Meisterebene entwickelt, um die Aufträge trotz zahlreicher Störungen und Änderungen termingerecht zu liefern.

In dieser Situation besteht – verstärkt durch die Diskussion über die rechnerintegrierte Fertigung (CIM) – ein spürbares Interesse an neuen Fertigungssteuerungsverfahren, die in der Lage sind, in unterschiedlichen unternehmerischen Situationen gezielt bestimmte Strategien im Fertigungsablauf zu verfolgen. Einer der Ansätze, die in diesem Zusammenhang lebhaft diskutiert wurden, ist das japanische Kanban-System, welches niedrige Bestände, kurze Durchlaufzeiten und gute Liefertermineinhaltung anstrebt – und dies mit erstaunlich geringem Systemaufwand.

Die mittlerweile vorliegenden Erfahrungen haben jedoch gezeigt, daß das Kanban-Konzept nur in begrenztem Maße anwendbar ist, weil die Voraussetzungen dafür in vielen Unternehmen aufgrund des Produktionsprogramms nicht gegeben sind.

In dieser Situation hat sich das vorliegende Buch zum Ziel gesetzt, einen neuen, in sich geschlossenen und logischen Ansatz der Fertigungssteuerung für die nach dem Werkstättenprinzip organisierte Einzel- und Serienfertigung variantenreicher Produkte zu präsentieren, der den besonderen Produktionsverhältnissen in hochindustrialisierten Ländern gerecht wird, insbesondere unter dem Aspekt der zunehmenden material- und informationstechnischen Verknüpfung des gesamten Produktionsablaufs. Den Kern des Buches bildet ein allgemeingültiges Modell des Produktionsablaufs, das sowohl für konventionelle Fertigungen als auch für automatisierte Fertigungssysteme einsetzbar ist. Dabei wurde besonderer Wert darauf gelegt, daß auch der mathematisch nicht mehr geübte Leser in nachvollziehbaren Schritten durch das Thema geführt wird, so daß er – unterstützt durch zahlreiche Beispiele – in der Lage ist, das Verfahren und seine Bausteine selbst zu realisieren.

Das Buch basiert auf langjährigen Forschungsarbeiten des Instituts für Fabrikanlagen der Universität Hannover, die unter seinem ersten Direktor, Prof. Dr.-Ing. Hans Kettner, 1972 begonnen wurden und seit 1979 vom Autor fortgeführt werden. So möchte ich der Deutschen Forschungsgemeinschaft (DFG) für die Unterstützung der Arbeiten zum Kontroll- und Diagnosesystem danken, der Stiftung Volkswagenwerk für die Mittel zur Entwicklung des Simulationssystems, ohne das die zahlreichen Untersuchungen zur Validierung des Regelverfahrens der belastungsorientierten Fertigungssteuerung nicht möglich gewesen wären, sowie dem Bundesministerium für Forschung und Technologie (BMFT), das die Realisierung des Verfahrens mit einem Pilotanbieter unterstützte. In mehr als zehn Dissertationen, zahlreichen Veröffentlichungen, Vorträgen, Seminaren, Vorlesungen und einem Film wurde der neue Denkansatz erarbeitet und verbreitet. Namhafte Software-Häuser haben das Verfahren bis Ende 1986 in sieben kommerziellen Programmversionen realisiert. Es wurde in mehr als zwanzig Fabriken der Elektro- und Elektronikindustrie, der Kraftfahrzeugzubehörindustrie und des Automobilbaues sowie des Maschinenbaues und der Feinwerktechnik erfolgreich eingeführt und findet zunehmend Verbreitung auch im europäischen Ausland.

Für die vielfältige Unterstützung, die ich bei der Erstellung des Buches erhalten habe, möchte ich herzlich danken. So den Herren Dr.-Ing. W. Bechte, Dr.-Ing. B. Erdlenbruch und Dr.-Ing. W. Buchmann, die mir auch nach ihrem Ausscheiden aus dem Institut für wertvolle Diskussion ihrer Arbeiten und deren praktische Umsetzung zur Verfügung standen. Herrn Dipl.-Ing. H.-G. von Wedemeyer bin ich für die Überprüfung der zahlreichen Tabellen und die kritische Durchsicht des Manuskriptes zu Dank verpflichtet. Schließlich danke ich Frau M. Bruns und ihren Helfern für die sorgfältigen Reinzeichnungen der Bilder sowie den Damen meines Sekretariats für das Schreiben und Frau I. Sommerfeld für die unermüdliche Durchsicht und Korrektur des Manuskriptes.

Mein ehrendes Gedenken gilt meinem verstorbenen Kollegen und Vorgänger Hans Kettner, der als Vater des hannoverschen Trichtermodells und der belastungsorientierten Auftragsfreigabe das Fundament für einen umfassenden neuen Denkansatz der Fertigungssteuerung gelegt hat.

Hannover, im Juni 1986
Hans-Peter Wiendahl

Hinweis auf weiterführende Unterlagen:

Das Institut für Fabrikanlagen hat weiterführendes Material zur „Belastungsorientierten Fertigungssteuerung" in Form von Filmen (16 mm, Video), Diaserien, Demonstrationsprogrammen für Personal Computer, Dissertationen, Seminarberichten, Veröffentlichungen zu Einzelthemen, Vorlesungsunterlagen und Übungsbeispielen entwickelt. Auch am Verfahren wird laufend weitergearbeitet. Auf Anforderung ist eine Übersicht über den aktuellen Stand der Unterlagen und der kommerziellen Anbieter erhältlich.

Anschrift: Institut für Fabrikalagen der Universität Hannover
Callinstraße 36
D-3000 Hannover 1

Verzeichnis der im Text verwendeten Abkürzungen

AB	Abgang an Arbeit in einer Periode	FIFO	First In – First Out – Abfertigungsregel
ABFA	Abwertungsfaktor	FMS	Flexible Manufacturing System
AG	Arbeitsvorgang	FR	freigegebene Arbeit für eine Planpe-
AK	Anzahl der im Umlauf befindlichen		riode
	Kanbans	FTNA	negative Terminabweichungsfläche
AS	Arbeitssystem		Abgang
AV_m	mittlere Anzahl Arbeitsvorgänge je	FTNZ	negative Terminabweichungsfläche
	Auftrag		Zugang
AZD	Durchführungszeitanteil	FTPA	positive Terminabweichungsfläche Ab-
AZD_m	einfacher mittlerer Durchführungszeit-		gang
	anteil	FTPZ	positive Terminabweichungsfläche Zu-
AZD_{mg}	gewichteter mittlerer Durchführungs-		gang
	zeitanteil	FV	Vorlauffläche
B	Bestand an Arbeit	FZ	Summe der gewichteten Durchlauf-
BA	Anfangsbestand an Arbeit		zeiten
BDE	Betriebsdatenerfassung	GZE	Zeitgrad
BDV	Betriebsdatenverarbeitung	JIT	Just-In-Time
BE	Endbestand an Arbeit	K	Kapazität
BEA	Bestandsreichweite des Anfangsbe-	KOZ	Kürzeste-Operationszeit-Abferti-
	stands		gungsregel
BEE	Bestandsreichweite des Endbestands	L	Leistung
BEZ	Bestandsentwicklungsanteil	LIFO	Last In – First Out – Abfertigungsregel
BGR	Belastungsgruppe	LOZ	Längste-Operationszeit – Abferti-
BGRA	Grundbestand Anfang		gungsregel
BI	Behälterinhalt in Stück	M	Losgröße
BKT	Betriebskalendertag	MA	mittlere Auslastung im Bezugszeit-
BR	Restbestand an Arbeit am Periodenbe-		raum
	ginn	MB	mittlerer Bestand an Arbeit
BS	Belastungsschranke	MBFL	mittlerer Flußbestand
B(T)	Bestand zum Zeitpunkt T	MBLO	mittlerer Losbestand
CAD	Computer Aided Design	MBST	mittlerer Steuerbestand
CAM	Computer Aided Manufacturing	MED	Medianwert
CAP	Computer Aided Planning	MIT	Mittelwert
CAQ	Computer Aided Quality	MK	mittlere Kapazität
CIM	Computer Integrated Manufacturing	ML	mittlere Leistung
DUBAF	Durchlaufzeit- und Bestandsanalyse in	MP	mittlere Position
	der Fertigung	MR	mittlere Reichweite
EDV	Elektronische Datenverarbeitung	MRFL	mittlere Flußreichweite
EPS	Einlastungsprozentsatz	MRGR	mittlere Grundreichweite
FAB	Anfangsbestandsfläche	MRLO	mittlere Losreichweite
FAS	Flexible Assembly Systems	MRP	Material Requirements Planning
FAZ	Anfangsbestands-Zusatzfläche	MRST	mittlere Steuerreichweite
FB	Bestandsfläche in einer Periode P	MTGA	gewichtete mittlere Terminabweichung
FBFL	Flußfläche		des Abgangs
FBGR	Grundfläche	MTGR	relative gewichtete mittlere Terminab-
FBLO	Losfläche		weichung
FBST	Steuerfläche	MTGZ	gewichtete mittlere Terminabweichung
FEB	Endbestandsfläche		des Zugangs
FEZ	Endbestands-Zusatzfläche	MV	mittlerer Vorlauf
FFS	Flexibles Fertigungssystem	MZ	gewichtete mittlere Durchlaufzeit
FGBR	Flußfläche	NC	Numerical Control

P	Planperiodenlänge		in der nächsten Periode an einem be-
PC	Personal Computer		stimmten Arbeitssystem zur Verfügung
PPS	Produktionsplanung und -steuerung		zu stehen
R	Reichweite	X_i	Einzel-Meßwert
RF	Reihenfolgeanteil der Durchlaufzeit	X_m	Medianwert
STA	Standardabweichung	$\overline{X}$	arithmetischer Mittelwert
T	Zeitpunkt	ZAU	Auftragszeit
TA	Terminabweichung	ZAU_m	einfache mittlere Auftragszeit
TAE	Zeitpunkt Auftragseinstoß	ZAU_{mg}	gewichtete mittlere Auftragszeit
TAF	Zeitpunkt Auftragsfertigstellung	ZBA	Bearbeitungszeit je Auftrag
TB	Tagesbedarf	ZBE	Bearbeitungszeit je Einheit
TBA	Bearbeitungsbeginn	ZBL	Belegungszeit
TBE	Abmeldezeitpunkt am betrachteten Arbeitsplatz (= Bearbeitungsende)	ZDA	Auftrags-Durchlaufzeit
		ZDA_m	einfache mittlere Auftrags-Durchlaufzeit
TBEV	Abmeldezeitpunkt Vorgängerarbeitsplatz	ZDA_{mg}	gewichtete mittlere Auftrags-Durchlaufzeit
TKAP	Tageskapazität eines Arbeitssystems		
TRA	Rüstanfang	ZDF	Durchführungszeit
t_a	Ausführungszeit	ZDL	Durchlaufzeit
t_e	Zeit je Einheit	ZDL_m	einfache mittlere Durchlaufzeit
t_r	Rüstzeit	ZDL_{mg}	gewichtete mittlere Durchlaufzeit
$t_ü$	Übergangszeit	ZLN	Liegezeit nach Bearbeitung
V	Vorlauf	ZLV	Liegezeit vor Bearbeitung
VAK	Variationskoeffizient	ZPU	Pufferzeit
W	mittlere Verweilzeit	ZR	Rüstzeit
W_{ab}	Wahrscheinlichkeit für einen Auftrag, in der nächsten Periode bearbeitet zu werden	ZTR	Transportzeit
		ZU	Zugang
		ZUE	Übergangszeit
W_{zu}	Wahrscheinlichkeit für einen Auftrag,		

Inhaltsverzeichnis

1 Einführung

1.1 Einflüsse auf Produktionsunternehmen

Die Wettbewerbsfähigkeit eines Industrieunternehmens wird in erster Linie vom technischen Stand seiner Produkte bestimmt. Daneben haben aber in den letzten Jahren eine kurze Lieferzeit und die verläßliche Einhaltung der zugesagten Termine eine gleichrangige Bedeutung für den Unternehmenserfolg erlangt. So ist seit Beginn der achtziger Jahre in der Fahrzeug-, Maschinenbau- und Elektroindustrie innerhalb weniger Jahre vielfach sogar eine Halbierung der kundenseitig verlangten Lieferzeiten zu beobachten, und dies vor dem Hintergrund eines harten Kostendrucks.

Viele Unternehmen haben erkannt, daß dieser Herausforderung nicht mehr durch eine Verlagerung ihrer Produktion in sogenannte Billiglohnländer zu begegnen ist. Vielmehr muß neben der Innovation bei den Produkten die Innovation in der Produktion eine gleichrangige strategische Zielgröße werden, damit auch in einem Hochlohnland wie der Bundesrepublik Deutschland trotz einer sehr geringen Jahresarbeitszeit wieder eine wirtschaftliche Fertigung erreicht werden kann.

Einzelmaßnahmen, wie z. B. Gemeinkostenwertanalyse, Bestandssenkungsprogramme oder der Einsatz weniger hochautomatisierter Bearbeitungsmaschinen, lassen ohne einen logischen Wirkzusammenhang keine wesentlichen Verbesserungen der Kosten-, Termin- und Qualitätssituation im Unternehmen erwarten. Vielmehr ist zunächst eine Analyse von Einflußgrößen und ferner die Definition von Zielen erforderlich, um auf der Basis einer ganzheitlichen Betrachtung des Produktionsablaufs bereichsübergreifende und aufeinander abgestimmte Maßnahmen planen, realisieren und bezüglich des angestrebten Erfolges auch kontrollieren zu können.

Bild 1.1 stellt zunächst die Einflußgrößen und Zielsetzungen gegenüber, die in diesem Zusammenhang bedeutsam sind.

Der Absatzmarkt und der Wettbewerb bestimmen weitgehend die Anforderungen an die *Produkte* und damit an das Produktionsprogramm des Unternehmens, welches durch eine steigende Variantenvielfalt (und damit kleinere Losgrößen) sowie durch kürzere Lieferzeiten bei steigenden Qualitätsansprüchen gekennzeichnet ist. Darüber hinaus sind die Produkte infolge kürzerer Innovationszeiten auch nicht mehr so lange verkäuflich wie früher, so daß häufig mehrere Produktgenerationen mit unterschiedlichen Stückzahlen und damit auch einer unterschiedlichen Fertigungstechnik nebeneinander herzustellen sind.

Aus der *Produktionstechnik* ergeben sich weitere Auswirkungen auf die Unternehmen, von denen die rasche Entwicklung neuer Technologien (z. B. Einsatz des Laserstrahls zum Schneiden, Schweißen, Signieren, Messen usw.) und die Automatisierung des gesamten Produktionsprozesses insbesondere durch das rasche Vordringen elektronischer Steuerungen sowie der numerischen und graphischen Datenverarbeitung am auffälligsten sind. Überlagert werden diese Einzelentwicklungen durch die zunehmende Integrationsmöglichkeit von Informations- und Materialfluß, gekennzeichnet durch die Begriffe CIM (Computer Integrated Manufacturing) [1, 2] und Logistik [3].

Schließlich sind auch aus dem *Sozialbereich* wichtige Einflüsse erkennbar. Hierzu zählen eine weiter sinkende Wochenarbeitszeit und neue Pausen- und Schichtregelungen sowie neue Formen der Arbeitsorganisation, wie z. B. Entkoppelung des Menschen von taktgebundenen Arbeitsprozessen oder Bildung autonomer Arbeitsgruppen. Aber auch bei der Gestaltung der Arbeitsumgebung hinsichtlich körperlicher und geistiger Beanspruchung sind nicht

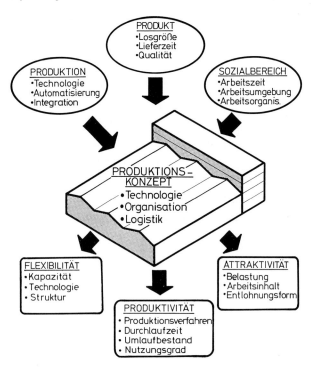

Bild 1.1 Einflußgrößen und Zielsetzungen eines modernen Produktionsunternehmens

zuletzt aufgrund intensiver Arbeiten zur Humanisierung des Arbeitslebens neue Forderungen bei der Gestaltung und dem Betrieb von Produktionsstätten zu berücksichtigen. Ein modernes Produktionskonzept muß daher die zentralen Bestimmungsgrößen Technologie, Logistik – d. h. den gesamten räumlich-zeitlichen Produktionsablauf – sowie die Aufbau- und Führungsorganisation auf die drei Ziele Produktivität, Flexibilität und Attraktivität ausrichten.

Unbestritten gilt die *Produktivität* als Ziel Nummer eins, wobei allerdings neben den schon immer angestrebten *kostengünstigen Verfahren* zum Konstruieren, Planen, Fertigen, Lagern, Transportieren und Handhaben drei weitere Teilziele zu beachten sind, die sich zwingend aus den geschilderten Einflußgrößen ergeben und neue Denkansätze verlangen.

Direkt aus dem Markt stammt die Forderung nach kurzen *Durchlaufzeiten*. Strategisches Ziel muß es dabei sein, die Durchlaufzeit eines Auftrages durch das Unternehmen vom Eingang der Kundenbestellung bis zum Eintreffen des Produktes beim Kunden so zu beeinflussen, daß sie kleiner oder höchstens gleich der verlangten Lieferzeit ist. Niedrige *Bestände* als weiteres Teilziel bewirken zweierlei. Zum einen kann das freigesetzte Umlaufvermögen in moderne Einrichtungen investiert werden und vermindert so das unternehmerische Risiko [4]. Zum anderen bedeuten niedrige Bestände weniger Flächenbedarf, größere Transparenz des Betriebsablaufs, geringeres Verschrottungsrisiko und kürzere Durchlaufzeiten infolge kürzerer Warteschlangen an den Arbeitsplätzen. Das letztgenannte Teilziel *Nutzungsgrad* soll darauf hinweisen, daß komplexe, stark vernetzte Einrichtungen wie z. B. flexible Fertigungssysteme (FMS = Flexible Manufacturing Systems) [4] oder flexible Montagesysteme (FAS = Flexible Assembly Systems) bei falscher Auslegung oder unsachgemäßem Betrieb erhebliche Nutzungsverluste aufweisen, die sich katastrophal auf die Kosten und die Lieferbereitschaft auswirken können. Es gilt daher, störungsarme und störungsrobuste Produktionsstrukturen zu schaffen, die durch eine entsprechende Pufferauslegung kleinere Störungen überbrücken können und bei größeren Störungen leicht instand zu setzen bzw. selbstentstörend sind [5].

Neben der Produktivität ist die *Flexibilität* infolge der eingangs geschilderten Randbedingungen für die Unternehmen zu einer fast gleichrangigen Zielgröße geworden. Oft ändert sich das Produktionsprogramm hinsichtlich Umfang und Zusammensetzung sehr schnell. Um darauf flexibel reagieren zu können, muß die *Kapazität* aller Teilbereiche rasch veränderbar sein, z. B. durch das Abschalten oder Zuschalten kleinerer, produktspezifischer Produktionseinheiten oder durch die zeitlich angepaßte Nutzung universeller automatischer Einrichtungen. Die Einführung neuer *Technologien* sollte durch eine entsprechende Gestaltung der Schnittstellen des Werkstückflusses und der Steuerungsinformationen ermöglicht werden. Schließlich ist bei der Aufstellung der Maschinen und Einrichtungen darauf zu achten, daß sie erforderlichenfalls ohne großen Umstellungsaufwand neu angeordnet werden können, um so auch hinsichtlich der räumlichen *Struktur* flexibel zu sein. Die geforderte Flexibilität muß sich selbstverständlich auch auf die Terminplanung und -steuerung beziehen.

Schließlich ist bei der Neu- und Umgestaltung der Produktion auch auf die *Attraktivität* der Arbeitsplätze zu achten. Neben dem Abbau körperlicher *Belastungen* durch Maschinen- und Robotereinsatz spielt angesichts der zunehmenden Steuerungs- und Lenkungsaufgaben auch die Beachtung der mentalen Belastung durch die neuen Informations- und Kommunikationssysteme eine wichtige Rolle. Menschengerechte Programmsysteme sind nach Gesichtspunkten der sogenannten Software-Ergonomie [6] so gestaltet, daß nicht die Maschine, sondern der Mensch den Arbeitsfortschritt bestimmt und der Rechner eher eine unterstützende Funktion hat. Auch die *Arbeitsinhalte* sind zu überdenken. Der am Produktionsprozeß beteiligte Mensch muß wieder einen Bezug zu dem Ergebnis seiner Arbeit gewinnen, ohne daß er sich durch ein zu breites Tätigkeitsspektrum überfordert fühlt. Eine gewisse Routine ist unerläßlich; sie sollte jedoch nicht festgeschrieben sein. Schließlich haben die neuen Arbeitsstrukturen erhebliche Auswirkungen auf die *Entlohnungsform,* wobei neben der reinen Mengenausbringung zunehmend die Produktqualität und die Maschinennutzung als Entlohnungsfaktor zu beachten sind.

1.2 Gewandelte Zielsetzungen in der Fertigungssteuerung

Aus den geschilderten Randbedingungen ergeben sich neue Zielsetzungen und Anforderungen nicht nur bei der Neu- und Umgestaltung von Produktionsbereichen, sondern auch für die laufende Produktionsplanung und -steuerung und damit auch für die Fertigungssteuerung.

Schon immer hat es hierfür mehrere Zielgrößen gegeben, die sich zum Teil widersprechen. Marktseitig werden kurze Lieferzeiten und pünktliche Lieferung verlangt. Unternehmensseitig möchte man dagegen eine hohe und gleichmäßige Auslastung der investierten Betriebsmittel und möglichst niedrige Bestände in Form von Rohmaterial, angearbeitetem Material und Fertigwaren realisieren.

Angesichts der geschilderten Marktentwicklung ist allerdings eine deutliche Verschiebung bei der Gewichtung dieser Zielgrößen feststellbar (*Bild 1.2* [7]). Stand früher die hohe *Auslastung* des Maschinenparks eindeutig im Vordergrund, werden heute eine kurze Durchlaufzeit und hohe Termintreue einerseits und niedrige Bestände andererseits deutlich stärker betont.

Kurze *Durchlaufzeiten* und damit kurze Lieferfristen sind nicht nur ein wettbewerbsstärkendes Argument, weil der Kunde nunmehr die endgültige Spezifikation später festlegen kann, sondern mindern für das Unternehmen auch das Änderungsrisiko angearbeiteter Teile und Produkte. Eine hohe *Termintreue* ist ebenfalls ein eigenständiges Verkaufsargument. Sie hat

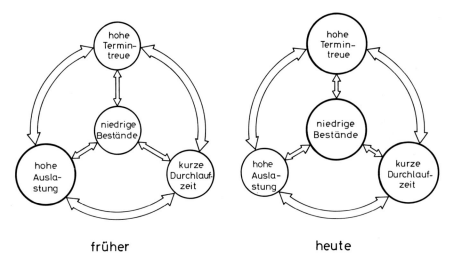

früher   heute

Bild 1.2 Gewichtsverschiebung bei den Zielgrößen der Fertigungssteuerung in den letzten 10 Jahren

im Betrieb darüber hinaus die Auswirkung, daß wesentlich ruhiger und damit kostengünstiger gearbeitet werden kann, weil nicht dauernd durch „Feuerwehraktionen" wohlgeplante Abläufe durcheinandergeraten. Entgegen einer vielfach anzutreffenden Meinung besteht eine Wechselbeziehung zwischen Durchlaufzeit und Termintreue in der Weise, daß die Terminsicherheit steigt, wenn die Durchlaufzeit sinkt. Auf diesen Zusammenhang geht Kapitel 5 noch ausführlich ein.

Der Wunsch nach *niedrigen Beständen* hat verschiedene Ursachen. Zum einen sehen viele Unternehmen hierin die bereits erwähnte finanzstrategische Möglichkeit, Umlaufvermögen auszulösen, um die Eigenkapitalquote zu verbessern und Kapital für moderne Produktionseinrichtungen zu erhalten. So hat beispielsweise ein Werkzeugmaschinenunternehmen im Laufe von ca. 8 Jahren seinen in Arbeit befindlichen Bestand bei gleichbleibendem Produktionsausstoß durch konsequente Maßnahmen um fast 70 Prozent entsprechend rund 7 Millionen DM gesenkt [8]. Zum anderen hat sich – vor allem durch die Erfolge der

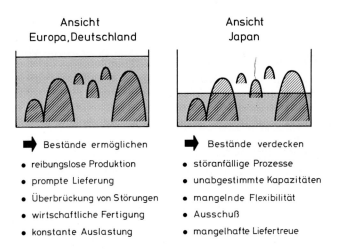

Bild 1.3 Funktion von Beständen (Siemens AG)

japanischen Industrie – auch die Erkenntnis durchgesetzt, daß hohe Bestände viele Unzu-
länglichkeiten im Betrieb, wie z.B. unabgestimmte Kapazitäten, störanfällige Prozesse,
mangelnde Qualität usw., nur verdecken, tatsächlich aber lange Durchlaufzeiten verursachen, da die Aufträge an den einzelnen Arbeitsplätzen immer auf lange Warteschlangen
treffen.

Bild 1.3 stellt in anschaulicher Weise die japanische und die europäische Ansicht über
Bestände am Beispiel des Flüssigkeitsniveaus in einem Gefäß – dem Betrieb – gegenüber.
Mit sinkendem Bestand treten die bereits genannten Probleme, besonders aber auch die
mangelnde Personalflexibilität in bezug auf den Einsatz an verschiedenen Arbeitsplätzen und
zur erforderlichen Zeit, schonungslos zutage und erfordern ein schrittweises Beseitigen der
Ursachen.

1.3 Die Terminsituation in der Praxis

Da über die wirkliche Terminsituation meist keine verläßlichen Informationen vorliegen,
wiegen sich viele Unternehmen in einer trügerischen Sicherheit. Ein typisches Beispiel hierfür
war ein bekanntes Unternehmen der metallverarbeitenden Industrie, in dem eine Untersuchung des Instituts für Fabrikanlagen der Universität Hannover ein unerwartetes Ergebnis
hatte. Entgegen der vermuteten *mittleren Durchlaufzeit* von 5 Arbeitstagen je Arbeitsvorgang betrug dieser Wert 8,5 Tage. Die *mittlere Auftrags-Durchlaufzeit* betrug 80,1 Tage statt
der geplanten 55,4 Tage und die *Terminabweichung* im Mittel 13,0 Tage Verspätung.

Bild 1.4 zeigt die Verteilung der Auftrags-Durchlaufzeit der untersuchten 6758 Aufträge und
Bild 1.5 deren Endterminabweichung. Bezieht man die gefundene mittlere Verspätung von
13,0 Tagen auf die mittlere Ist-Durchlaufzeit, sind dies im Mittel 16%, bezogen auf die Plan-
Durchlaufzeit sind es im Mittel 23% Verspätung. Neben diesen Mittelwerten ist noch die
Streuung der Termineinhaltung bemerkenswert, wie sie ebenfalls aus *Bild 1.5* deutlich wird.
Nimmt man einmal eine zulässige Toleranz von ± 5 Tagen für die Terminabweichung an, so
lagen nur etwa 15% der Aufträge innerhalb dieses Bereiches; mehr als 70% der Aufträge
waren dagegen zu spät fertig.

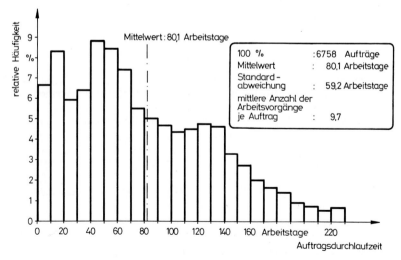

Bild 1.4 Häufigkeitsverteilung der Durchlaufzeit von Fertigungsaufträgen (Praxisbeispiel Serienfertigung)

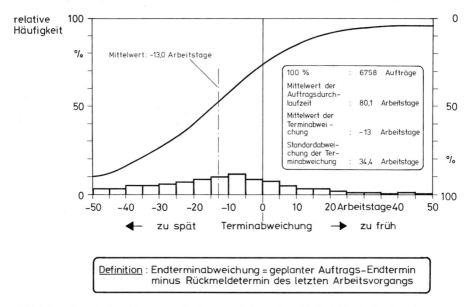

relative Häufigkeit

Bild 1.5 Endterminabweichung von Fertigungsaufträgen (Praxisbeispiel Serienfertigung)

Das Ergebnis war für den Betriebsleiter völlig unerwartet, da er vor Untersuchungsbeginn von einer im großen und ganzen zufriedenstellenden Terminsituation ausgegangen war. Als „Nebenergebnis" stellte sich noch heraus, daß bei 36% der Aufträge mindestens ein Arbeitsvorgang nicht zurückgemeldet worden war und bei 23% der Arbeitsvorgänge die Arbeitsplatz-Nummern falsch waren.

Derartige Zustände sind keine Einzelfälle [9]. *Bild 1.6* zeigt die *mittleren Durchlaufzeiten pro Arbeitsvorgang* aus sechs umfangreichen Betriebsuntersuchungen in verschiedenen Branchen. Die Werte liegen zwischen 7 und 16 Arbeitstagen, wobei die niedrigeren Werte dort auftraten, wo durchschnittlich 10 bis 12 Arbeitsvorgänge je Betriebsauftrag vorlagen gegenüber 4 bis 6 Arbeitsvorgängen bei den großen Werten. Bemerkenswert ist auch, daß der Anteil der Durchführungszeit an der Durchlaufzeit nicht über 15% hinausging [10].

Angesichts einer derartigen Unkenntnis über die wirklichen Verhältnisse im Termingeschehen ist es nicht verwunderlich, daß eine Fülle von „Betriebserfahrungen" existieren, die von W. Plossl, einem der bekanntesten amerikanischen Autoren auf dem Gebiet der Produktionsplanung, bereits 1973 etwas bissig formuliert wurden, aber bis heute nichts an Gültigkeit verloren haben [11]. Im Jahre 1979 hat B. Kivenko [12] sie zu Recht als „Mythen" bezeichnet und sie noch durch die entsprechenden Gegenargumente ergänzt. Die Aussagen gelten auch für viele Unternehmen der Bundesrepublik (*Bild 1.7*). Beide Autoren weisen hier mit Recht auf das Problem zu großer Bestände hin, welche die Unübersichtlichkeit und die Durchlaufzeiten erhöhen. Sie resultieren letztlich aus der Überbetonung der Zielgröße Auslastung und dem Fehlen einer rational begründeten „richtigen" Bestandshöhe.

Aus der Unkenntnis der tatsächlichen Zusammenhänge zwischen den Zielgrößen entsteht so der *Fehlerkreis der Fertigungssteuerung* (*Bild 1.8* [13, 14]), der damit beginnt, daß von der schlechten Termineinhaltung auf zu kurze Plan-Durchlaufzeiten geschlossen wird. Vergrößert man nun diese Werte in der Vorlaufzeitrechnung und in der Durchlaufzeitterminierung, gelangen die Aufträge früher als bisher in die Werkstatt; die Bestände vor den Maschinen und damit die Warteschlangen steigen an. Dies bedeutet im Mittel längere Liegezeiten und damit längere Durchlaufzeiten für die Aufträge, verbunden mit einer größeren Streuung. Im Ergebnis ist die Termineinhaltung schlechter statt besser geworden, und nur noch Eilaufträge

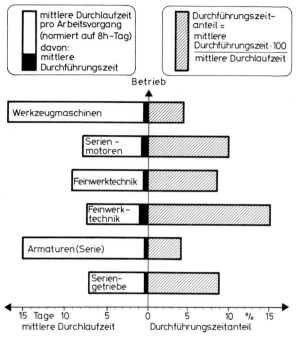

Bild 1.6 Istwerte mittlerer Durch-
lauf- und Durchführungszeiten pro
Arbeitsvorgang aus 6 Betriebsuntersuchungen

Basis: 122.000 Arbeitsvorgänge total (minimal 1000,
maximal 62.000 je Untersuchung)

MYTHEN

① WENN EINIGE EILAUFTRÄGE GUT SIND, WERDEN EIN PAAR MEHR NOCH BESSER SEIN.
Das erinnert an einen Autofahrer, der schneller fährt, damit er die Tankstelle erreicht, ehe das Benzin zu Ende geht.

② JE HÖHER DIE PRODUKTIONSLEISTUNG EINER WERKSTATT SEIN SOLL, DESTO MEHR AUFTRÄGE MUSS MAN HINEINGEBEN.
Dummerweise ist es aber um so schwieriger, die richtigen Teile zur richtigen Zeit herauszubekommen, je voller die Fabrik ist.

③ UM WICHTIGE AUFTRÄGE TERMINGERECHT FERTIGZUSTELLEN, MUSS MAN SIE SO FRÜH WIE MÖGLICH BEGINNEN.
Leider erhöht die frühere Auftragsfreigabe aber den Werk- stattbestand und macht es daher schwieriger, bestimmte Aufträge termingerecht zu liefern.

④ REICHT DIE PLAN-DURCHLAUFZEIT NICHT AUS, ERHÖHE SIE!
Man kann die Differenz zwischen Plan-Durchlaufzeit und Ist-Durchlaufzeit nicht einfach durch Veränderung der Plan- zahlen wegbekommen. Man muß vielmehr zusätzliche Kapa- zität bereitstellen und den Arbeitsüberhang abarbeiten, der die Verspätung verursacht.

⑤ STELLE DIE TEILE FÜR DIE MONTAGE FRÜHER BEREIT, WENN DIE BISHERIGE BEREITSTELLUNGSZEIT NICHT AUS- REICHT!
Dies erzeugt mit Sicherheit mehr Eilaufträge. Es verringert die Flexibilität, schafft mehr Konkurrenz für die wirklich eili- gen Aufträge und verschlechtert die Datenaktualität.

⑥ SIND VERSCHIEDENE TEILE KNAPP, DIE ÜBER DIESELBE MASCHINE LAUFEN, TEILE ALLE LOSE!
Dies ist nur scheinbar einleuchtend. Handelt es sich näm- lich um eine echte Engpaßkapazität, ergeben sich da- durch noch viel größere Probleme.

Bild 1.7 Die 6 Mythen der Produktionssteuerung [nach Plossl/Ki-
venko]

und Sonderaktionen bringen die wichtigsten Aufträge termingerecht in die Montage. Der Fehlerkreis wird zu einer Fehlerspirale, die sich erst auf einem viel zu hohen Niveau der Durchlaufzeiten und ihrer Streuung stabilisiert.

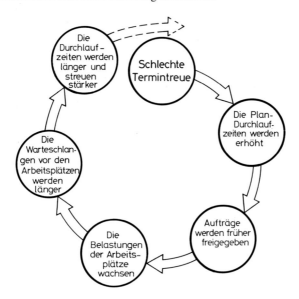

Bild 1.8 Der Fehlerkreis der Fertigungssteuerung [nach Kettner]

1.4 Das Unbehagen an der bisherigen Fertigungssteuerung

Fragt man nach dem Beitrag, den die heutigen Produktionsplanungs- und -steuerungssysteme in dieser Situation zu der vom Markt diktierten veränderten Zielsetzung leisten, fällt die Antwort sehr enttäuschend aus, und ein generelles Unbehagen speziell bei den Systemen der Fertigungssteuerung ist unübersehbar.

Die allgemeine *Kritik* läßt sich in drei Punkten zusammenfassen (*Bild 1.9*):

a) *Trotz umfangreichen Einsatzes der Datenverarbeitung für Planungs-, Rückmelde- und Durchsetzungssysteme und erheblichen Rechenaufwandes für die Kapazitäts- und Feinterminierung besteht nur eine geringe Übereinstimmung zwischen dem vom Rechner vorgegebenen „optimalen" und dem tatsächlichen Fertigungsablauf.* So stellen verschiedene Autoren fest, daß „. . . der in der Regel wöchentlich neu ermittelte Plan häufig durch Eilaufträge, technologische Überraschungen und Störungen veraltet ist" [15] und „. . . Feinplanungen in der Regel nach kürzester Zeit zu überholen und zu revidieren sind" [16]. Nach wie vor sind daher Sonderaktionen mit „Terminjägern" „am System vorbei" in der Praxis üblich.

b) *Die klassischen Fertigungssteuerungssysteme liefern keine direkt verwertbaren Aussagen und Anhaltspunkte, mit Hilfe derer die genannten Zielgrößen Durchlaufzeit, Termintreue, Bestand und Auslastung je nach der aktuellen Unternehmenssituation gezielt beeinflußt werden können.* Mit einer gewissen Verblüffung muß man dazu feststellen, daß die häufig mit zunächst so einleuchtend erscheinenden Argumenten angebotenen Systeme zur

Fertigungssteuerung die von ihnen angeblich steuerbaren Zielgrößen überhaupt nicht messen und auch keine geeigneten Steuerparameter dafür besitzen.

c) *Die immer aufwendigeren Systeme lassen dem „Mann vor Ort" immer weniger Spielraum für eigenständige Entscheidungen.* Vor allem bei unzureichender Information und Schulung der planenden und der von der Planung betroffenen Mitarbeiter sowie bei zu geringer Qualifikation der Terminsachbearbeiter kann es zu einem völligen Unterlaufen des soeben mit großem Aufwand installierten Systems kommen. Neben dem formellen existiert dann unerwünscht ein informelles Planungssystem auf der Basis kleiner Notizbücher der Meister.

● Trotz großen Systemaufwandes und
   EDV-Einsatzes geringe Übereinstimmung
   zwischen Planungsvorgabe und Realität

● Keine Kenngrößen und Eingriffs–
   möglichkeiten zur selektiven
   Beeinflussung von Leistung,
   Durchlaufzeit, Termintreue und
   Beständen

● Zu geringer Dispositionsspielraum
   der planenden und von der Planung
   betroffenen Mitarbeiter

Bild 1.9 Das Unbehagen an der klassischen Fertigungssteuerung

Man hat vielfach geglaubt, daß der Mißerfolg der Fertigungssteuerungssysteme auf unzureichenden Vorgabezeiten und mangelhaften Rückmeldungen beruht. Hierdurch erklärt sich nicht zuletzt die starke Verbreitung von *On-line-Rückmeldesystemen.* Bei vielen Unternehmen wurde nach Einführung dieser Systeme die schlechte Situation aber erst richtig deutlich, und man suchte nach anderen Lösungen zur Fertigungssteuerung.

Die großen Erfolge der japanischen Industrie und das Bekanntwerden des sogenannten *Kanban-Systems* (japan.: Kanban = Schild, Karte) etwa Ende der siebziger Jahre lenkten die Aufmerksamkeit der Industrie darauf, daß der unseren Systemen zugrundeliegende Denkansatz grundlegend falsch ist. (Auf die Analyse des Kanban-Systems geht Kapitel 9 ein.) Seit etwa 1980 führten zahlreiche Firmen in der Bundesrepublik die Kanban-Steuerung ein – teilweise mit beachtlichem Erfolg [17]. Allerdings mußten manche Unternehmen auch erkennen, daß sie die Voraussetzungen seitens der Produkt- und Fertigungsstruktur nicht erfüllten oder erfüllen konnten, so daß speziell den Betrieben mit Einzelfertigung, Kleinserienfertigung und variantenreicher Serienfertigung diese Lösung verschlossen blieb.

Bemerkenswert ist auch, daß die Veröffentlichungen über das Kanban-System und seine Weiterentwicklungen keine geschlossene Theorie des Produktionsablaufs bieten, sondern eher Rezeptcharakter tragen. Bisher wurden in der Bundesrepublik ausschließlich Vorgehensweisen und Erfahrungsberichte publiziert [17, 18].

Zunächst ist festzustellen, daß weder den „klassischen" Systemen der Fertigungssteuerung noch neueren Lösungen wie dem Kanban-System ein plausibles allgemeingültiges *Modell des Produktionsablaufs* zugrunde liegt, aus dem das spezielle Verfahren logisch abgeleitet werden kann und aus dem die jeweiligen Voraussetzungen und Grenzen seiner Anwendbarkeit erkennbar sind.

Bevor ein neuer Ansatz vorgestellt wird, der die tatsächliche, *statistische* Natur dieses Prozesses besser berücksichtigt, soll das heute noch übliche Verfahren analysiert werden, um zunächst die Ursachen für sein Versagen in der Praxis zu finden. Als wesentliche Erkenntnis wird sich zeigen, daß die bisherigen Annahmen über die Durchlaufzeit zu einfach sind.

1.5 Literatur

[1] *Spur, G.:* Computer Integrated Manufacturing. Proc. CAMP '85, 24.–27. 09. 1985. AMK, Berlin 1985.

[2] *Warnecke, H.-J. (Hrsg.):* Produktionsplanung, Produktionssteuerung in der CIM-Realisierung. Tagungsbericht der 18. IPA-Arbeitstagung „Produktionsplanung und -steuerung in der CIM-Realisierung" am 22./23. 04. 1986 in Stuttgart. Berlin / Heidelberg 1986.

[3] *Bundesvereinigung Logistik (BVL) (Hrsg.):* Produktivität – Flexibilität durch Logistik. Berichtsband zum BVL-Logistik-Kongreß 1984 in Berlin. gfmt. München 1984.

[4] *Warnecke, H.-J. (Hrsg.):* Flexible Manufacturing Systems. 3rd Intern. Conf., 11.–13. 09. 1984 IFS (publications) Ltd., (England) 1984.

[5] *Institut für Fabrikanlagen der Universität Hannover (Hrsg.):* Nutzungsverbesserung automatischer Montageanlagen. Dokumentation zum Fachseminar des Instituts für Fabrikanlagen der Universität Hannover am 28./29. 01. 1985 in Hannover. Hannover 1985.

[6] *Balzert, H. (Hrsg.):* Software-Ergonomie. Berichte zur Tagung I/1983 des German Chapter of the ACM am 28./29. 04 1983 in München, Bd. 14. Stuttgart 1983.

[7] *Wiendahl, H.-P.:* Stand und Entwicklungstendenzen in der Fertigungssteuerung. Ind. Anz. 103 (1981) 104, S. 40–44.

[8] *Junghanns, W.:* Integration von flexibel automatisierten Produktionsanlagen im Unternehmen. Ausblick auf CAD/CAM. In: Berichtsband zum BVL-Logistik-Kongreß 1984 in Berlin, S. 610–649. gfmt. München 1984.

[9] *Mertens, P.:* Neue Entwicklungen in der computergesteuerten Produktionsplanung. In: Berichtsband zum BVL-Logistik-Kongreß 1984 in Berlin, S. 824–843. gfmt. München 1984.

[10] *Wiendahl, H.-P., Enghardt, W.:* Logistikgerechte Fabrik, rechnergestützt geplant – Grundsätzliche Zusammenhänge und Lösungsansätze. In: Berichtsband zum BVL-Logistik-Kongreß 1984 in Berlin, S. 483–513. gfmt. München 1984.

[11] *Plossl, G. W.:* Manufacturing Control – The Last Frontier for Profits. Reston (USA) 1973.

[12] *Kivenko, B.:* Reducing Work-In-Progress Inventory. Prod. Eng. 26 (1979) 3, S. 48–50.

[13] *Mather, H., Plossl, G.:* Priority Fixation versus Throughput Planning. APICS Intern. Conf. 1977. Cleveland, Ohio (USA).

[14] *Kettner, H., Jendralski, J.:* Fertigungsplanung und Fertigungssteuerung – ein Sorgenkind der Produktion. VDI-Z 121 (1979) 9, S. 410–416.

[15] *Gerlach, H.-H., Vortherms, B.:* Probleme beim Einsatz von EDV-Systemen in der Produktionssteuerung. wt 67 (1977) 10, S. 629–634.

[16] *Kettner, H., Bechte, W.:* Neue Wege der Fertigungssteuerung durch belastungsorientierte Auftragsfreigabe. VDI-Z 123 (1981) 11, S. 459–466.

[17] *Wildemann, H., u. a.:* Flexible Werkstattsteuerung durch Integration von KANBAN-Prinzipien. CW-Publikationen, München 1984.

[18] *Ley, W., Syka, A.:* Steuerung nach KANBAN – Probleme und Grenzen des Einsatzes. AV 21 (1984) 1, S. 13–15.

2 Die klassische Fertigungsterminplanung und -steuerung

2.1 Überblick

Das übliche Verfahren der Fertigungsterminplanung und -steuerung läßt sich durch folgende Merkmale charakterisieren:

Die aus dem Auftragsbestand resultierende Belastung und die zur Verfügung stehende Kapazität sind offensichtlich um so unsicherer zu bestimmen, je weiter der Zeitpunkt, für den eine Aussage gemacht werden soll – ob nämlich die gewünschten Termine eingehalten werden –, in der Zukunft liegt. Aus diesem Grunde ist allgemein eine *Planung in Stufen zunehmender Genauigkeit* üblich, die als Grob-, Mittel- und Feinplanung bezeichnet werden. *Bild 2.1* zeigt eine Darstellung dieser Stufen und ihrer Verknüpfung [1].

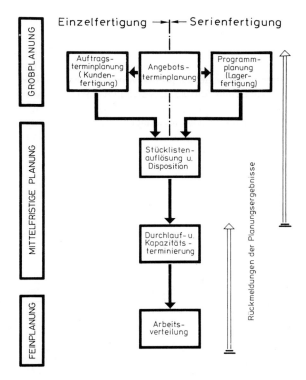

Bild 2.1 Stufen der Produktionsterminplanung [Brankamp]

Charakteristisch für die *Grobplanungsstufe* ist die Planung auf Erzeugnisebene, da Mengen- und Terminangaben häufig noch unsicher sind und auch meist noch keine genauen Angaben über den Aufbau der Produkte und den Arbeitsablauf vorliegen.

In der *mittelfristigen Planung* werden Werkstattzeichnungen und Stücklisten vorausgesetzt. Aus den Stücklisten wird im Rahmen der Disposition zunächst der Mengen-Bedarf an

Baugruppen und Teilen einschließlich des Soll-Termins berechnet. Dazu verschiebt man die bei der Stücklistenauflösung ermittelten sogenannten Sekundärbedarfe für Eigenfertigungs- und Zukaufteile entsprechend der Durchlaufzeit der nächsthöheren Fertigungsstufe zeitlich gegenüber dem Endtermin (sogenannte Vorlaufverschiebung). Der so ermittelte *Bruttobedarf* wird anschließend für jede Zeitperiode mit dem Lagerbestand verglichen, und so erhält man den *Nettobedarf*.

Treten für den gleichen Artikel mehrere Bedarfe in einem Zeitraum auf, faßt man diese abschließend unter dem Gesichtspunkt der Kostenminimierung zu sogenannten *wirtschaftlichen Bestellungen* bzw. Fertigungsaufträgen *(optimale Bestellmenge bzw. Losgröße)* zusammen. Für jedes Eigenfertigungsteil erfolgt im zweiten Schritt der mittelfristigen Planung die Durchlaufplanung anhand der Arbeitspläne sowie die Einlastung des Arbeitsbedarfs in die einzelnen Kapazitätsgruppen und die zeitliche Glättung von Belastungsbergen und -tälern, auch Kapazitätsterminierung genannt.

In der *Feinplanung* findet die Feinterminierung einzelner Arbeitsvorgänge in den einzelnen Kapazitätsgruppen im Rahmen der sogenannten *Arbeitsverteilung* statt, wobei neben der Termineinhaltung auch Kostengesichtspunkte eine Rolle spielen können, z. B. in der Weise, daß man die *Reihenfolgebildung* der Aufträge am Arbeitsplatz nach minimaler Gesamtrüstzeit vornimmt. Die Arbeitsverteilung stellt die Schnittstelle zur Auftragsdurchführung dar und wird zusammen mit dem Rückmeldesystem auch als *Durchsetzungssystem* bezeichnet.

Neben der Einteilung in Stufen zunehmender Genauigkeit ist ferner der Gedanke eines in regelmäßigen Abständen (Planungszyklus) oder fallweise zu durchlaufenden *Regelkreises* charakteristisch für die praktizierte Fertigungsterminplanung und -steuerung. *Bild 2.2* verdeutlicht diesen Gedanken an einem häufig zitierten Modell von Brankamp [1]. Die Terminplanung – realisiert durch einen Menschen, ein EDV-Verfahren oder eine Kombination davon – gibt als Regler den Soll-Zustand vor, der in der Regelstrecke – der Fertigung – zum Ist-Ablauf führt. Der Ist-Ablauf wird durch Rückmeldungen überwacht, um Störgrößen auszuregeln. Der gesamte Vorgang heißt *Fertigungsterminsteuerung;* ihr wichtigster Bestandteil ist die *Fertigungsterminplanung*. Intern existiert der Regelkreis der Terminregelung, der einen zielgerichteten Fertigungsablauf bewirkt.

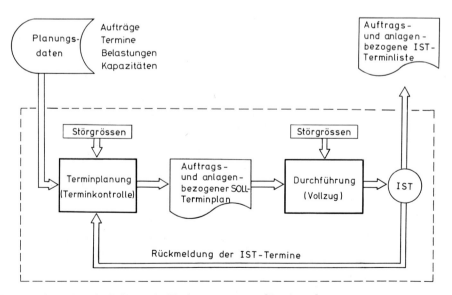

Bild 2.2 Terminregelung im Rahmen der Fertigungssteuerung [Brankamp]

Gegenstand der Terminplanung ist also die terminliche Ordnung der Aufträge innerhalb des jeweils vorgegebenen Spielraums. Daraus ergeben sich der *auftragsbezogene Terminplan* (Wann werden wo die einzelnen Arbeitsvorgänge eines Auftrags durchgeführt?) und der *anlagenbezogene Terminplan* (Welche Arbeitsvorgänge welcher Aufträge sind an den Arbeitsplätzen je Zeitabschnitt in welcher Reihenfolge zu bearbeiten?). Derselbe Planablauf wird also auf zweierlei Weise beschrieben.

Das dritte charakteristische Merkmal der Fertigungsterminplanung und -steuerung ist ihre zunehmend feinere Untergliederung in *Funktionen*, die sich aus der immer stärkeren Formalisierung der Verfahren besonders im Hinblick auf ihre Realisierung mittels EDV-Programmen zwangsläufig ergeben hat.

Bild 2.3 zeigt einen Vorschlag (zitiert nach Hackstein [2]), der von einer dreistufigen Gliederung der Produktionsplanung und -steuerung ausgeht [3]. Auch hier ist von oben nach unten eine zunehmende Verfeinerung der Terminplanung und -steuerung in bezug auf den Planungshorizont und den Detaillierungsgrad erkennbar, ohne daß ausdrücklich eine Zuordnung der Funktionen zu einer groben, mittleren oder feinen Stufe vorgenommen wird. Zusätzlich sind aber die Grundfunktionen selbst in zwei weitere Gliederungsstufen zerlegt, die man sich noch weiter unterteilt bis hin zu Struktogrammen und Programmabschnitten fortgesetzt vorstellen kann.

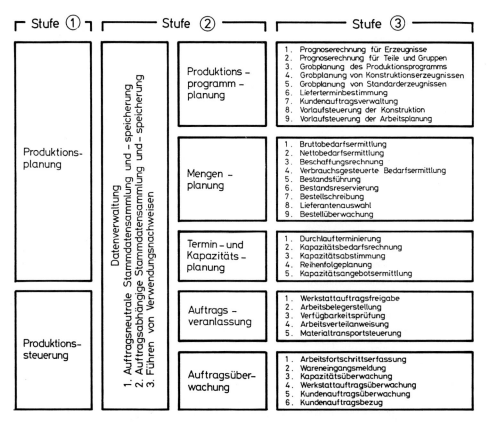

Bild 2.3 Funktionsgruppen der Produktionsplanung und -steuerung [Hackstein]

Für viele Funktionen sind Standard-Programme verfügbar, die bei den sogenannten Modular-Programmen kundenabhängig kombinierbar sind [4]. Die dargestellte Funktionsgliederung wird in der Praxis je nach Art des Erzeugnisprogramms und der Fertigungsart unterschiedlich ausgeprägt sein, auch werden fallweise zusätzliche Funktionen hinzukommen, wie z. B. die terminliche Überwachung der Qualitätsprüfung. Insgesamt kann die dargestellte Funktionsstruktur jedoch als repräsentativ für die Praxis gelten.

Ein weiteres und im Rahmen dieses Buches besonders wichtiges Merkmal der heute noch üblichen Fertigungssteuerung ist die Art der *Durchlaufterminierung* und des *Kapazitätsabgleiches* sowie die ihr zugrunde liegende Modellvorstellung des Prozeßablaufs. Auf sie ist nun genauer einzugehen, da sie den Schlüssel für die Erklärung der bisherigen Probleme mit der Feinsteuerung darstellt.

2.2 Durchlauf- und Kapazitätsterminierung

Das zentrale Problem der Terminplanung und -steuerung ist die Frage, wann ein Auftrag bei vorgegebenem Endtermin gestartet werden muß und wann er an den einzelnen Arbeitsplätzen ankommen wird. Dabei geht man auf jeder Planungsstufe in zwei gedanklich getrennten Schritten vor. Zunächst erfolgt je Auftrag eine zeitliche Reihung der einzelnen Ablaufschritte *(Bild 2.4)* [5].

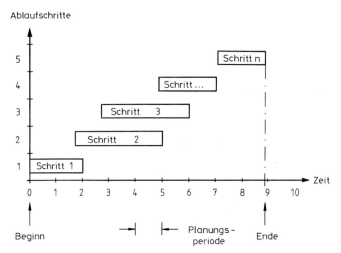

Bild 2.4 Terminbestimmung ohne Kapazitätsbetrachtung (Durchlaufterminierung)

Die Zeitdauer für die einzelnen Ablaufschritte entstammt entweder Schätzwerten aus abgerechneten Aufträgen, Planwerten aus Standard-Ablaufplänen oder fallweise neu berechneten Fristen. Reicht ein einfacher Balkenplan dieser Art zur Darstellung der zeitlichen Verknüpfung nicht aus, treten Netzpläne an seine Stelle. Das Ergebnis der Rechnung ist in jedem Fall die voraussichtliche Durchlaufzeit ohne Berücksichtigung konkurrierender Aufträge an den einzelnen Kapazitätsgruppen. Sie wird daher *Durchlaufterminierung* genannt. Je nach Fragestellung ergibt sich daraus, wann ein Auftrag – unter der Annahme, daß die benötigte Kapazität an jedem verlangten Ort und in der verlangten Menge verfügbar ist – bei bekanntem Fertigstellungstermin gestartet werden muß bzw. wann bei bekanntem Starttermin mit der Fertigstellung zu rechnen ist. Wird das gewünschte Ziel nicht erreicht – d. h. liegt der Plan-Starttermin in der Vergangenheit bzw. der Plan-Fertigstellungstermin nach dem Soll-Fertigstellungstermin –, empfiehlt man allgemein sogenannte Sondermaßnahmen, wie die zeitliche Überlappung von aufeinanderfolgenden Arbeitsgängen, eine Aufteilung auf mehrere Arbeitsplätze (Splitting) oder die Reduktion von Übergangszeiten [6].

An die Durchlaufterminierung schließt sich eine sogenannte *Belastungsrechnung* an *(Bild 2.5)* [5]. Dabei teilt man zunächst die absehbare Zukunft – den sogenannten Planungs-horizont – in gleichgroße Zeitabschnitte ein – die Planungsperioden.

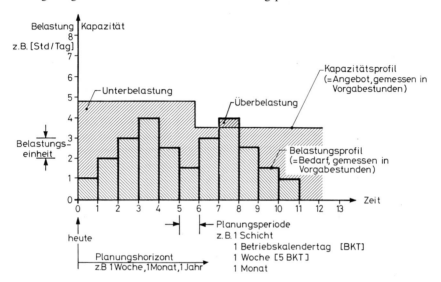

Bild 2.5 Prinzip der Belastungsrechnung

Aus der Durchlaufterminierung entnimmt man nun die Belastungswerte der einzelnen Aufträge und addiert sie periodenrichtig auf die Belastungskonten der jeweils angesproche-nen Kapazitätseinheiten. So entsteht für jede Kapazitätseinheit ein *Belastungsprofil,* dem das Kapazitätsangebot als Kapazitätsprofil gegenübersteht.

Ergeben sich über längere Zeit hinweg größere Differenzen zwischen Angebot und Bedarf, muß die Kapazität angepaßt werden, z. B. durch Überstunden, Kurzarbeit, Mehrschichtar-beit oder Auswärtsvergabe. Kurzfristige Schwankungen versucht man demgegenüber durch zeitliches Verschieben einzelner Arbeitsgänge auszugleichen, ohne daß der Endtermin des zugehörigen Auftrages gefährdet werden soll. Die so ermittelte zeitliche Belegung der Kapazitäten heißt *Kapazitätsterminierung.*

Bild 2.6 zeigt das daraus resultierende heute übliche sogenannte *zweistufige Terminierungs-verfahren* in einer Darstellung von Mertens [6], wobei der maschinelle Kapazitätsabgleich und die Verfügbarkeitsprüfung nach der gängigen Meinung wegen der Unsicherheit durch dauernde Änderungen der Vorgaben und durch betriebliche Ablaufstörungen in der Praxis nur selten eingesetzt werden.

Das Versagen der Kapazitätsterminierung ist in vielen Fällen sicher mit diesen Gründen erklärbar. Andererseits ist aber zu fragen, ob nicht das Verfahren selbst die eigentliche Ursache für die Probleme sein könnte, denn schließlich sollte sich ein Terminierungsverfahren den Realitäten der Praxis anpassen und nicht umgekehrt.

Um dieser Überlegung nachzugehen, soll die Durchlaufterminierung auf Arbeitsgangebene im folgenden noch genauer betrachtet werden.

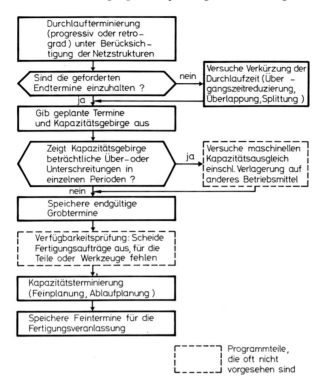

Bild 2.6 Ablauf beim zweistufigen Terminierungsverfahren [P. Mertens]

2.2.1 Einzelschritte der Durchlaufterminierung

2.2.1.1 Durchlaufzeitrechnung

Bei der Durchlaufterminierung setzt man die Gesamt-Durchlaufzeit aus den Durchlaufzeiten der einzelnen Arbeitsvorgänge zusammen. Jede Arbeitsvorgangszeit besteht dabei zunächst aus zwei Bestandteilen, nämlich der *Durchführungszeit* und der *Übergangszeit* vom vorhergehenden Arbeitsplatz bis zum betrachteten Arbeitsplatz. Beim ersten Arbeitsgang ist die Übergangszeit die Frist zwischen der Freigabe des Materials und der Ankunft am ersten Arbeitsplatz. Bei der Rückwärtsterminierung – wenn also der Endtermin bekannt ist und der Starttermin gesucht wird – läuft die Rechnung entsprechend *Bild 2.7* ab.

Die Auftragsliste liegt nach Endterminen geordnet vor. Aus den Arbeitsplänen errechnet man zunächst die sogenannte *Auftragszeit* aus der Summe von Rüstzeit t_r und Ausführungszeit t_a. Die *Ausführungszeit* ergibt sich aus dem Produkt von Stückzahl m und Zeit je Einheit t_e. Rüstzeit und Zeit je Einheit stehen im Arbeitsplan. Die *Übergangszeit* ist meist in einer sogenannten Übergangszeitmatrix dokumentiert und gibt an, wieviel Stunden oder Tage es normalerweise dauert, um von einer Arbeitsplatzgruppe zu einer anderen zu gelangen. Da die Auftragszeit in Vorgabestunden vorliegt, muß sie noch in die *Durchführungszeit* umgerechnet werden, indem sie durch die Tageskapazität dividiert wird. Beispielsweise dauert eine Arbeit mit 8 Stunden Vorgabezeit bei Einschichtbetrieb 1,0 Tage, bei Zweischichtbetrieb aber nur 0,5 Tage. Die Summe von Durchführungszeit und Übergangszeit heißt Arbeitsvorgangs-Durchlaufzeit und geht in die Durchlaufterminierung ein.

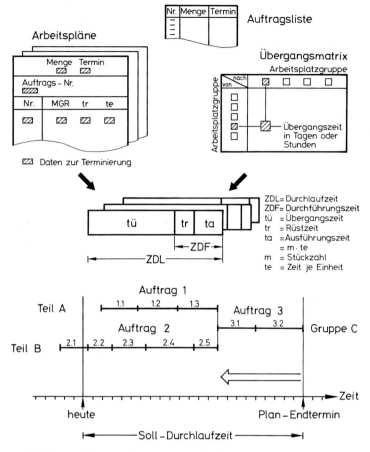

Bild 2.7 Rückwärtsterminierung eines vernetzten Auftrages

In *Bild 2.7* ist im unteren Teil die *Rückwärtsterminierung* eines vernetzten Auftrages darge-stellt, der aus drei Teilaufträgen 1 bis 3 besteht. Auftrag 1 und 2 könnte die Fertigung eines Werkstücks A und B sein, Auftrag 3 die Montage dieser beiden Teile zu einer Baugruppe C. Ausgehend vom Plan-Endtermin werden entsprechend der aus der Stückliste bekannten Erzeugnisstruktur die Durchlaufelemente für die einzelnen Teilaufträge in Richtung Gegen-wart rückwärts (retrograd) auf der Zeitachse aneinandergereiht. In diesem Fall liegt der Soll-Starttermin für Teil B in der Vergangenheit, d. h. der Endtermin ist normalerweise nicht zu halten.

2.2.1.2 Reduktion von Übergangszeiten

Hier setzt nun die Überlegung ein, daß für die Übergangszeit ein Normalwert gilt, sie in Sonderfällen also auch kürzer sein kann. Zu diesem Zweck teilt man die Übergangszeit in mehrere Bestandteile auf, von denen einige kürzbar sind, andere nicht. Mertens nennt als solche Bestandteile [6]:

1. *durchschnittliche Wartezeit,* bevor ein Arbeitsgang begonnen wird
2. *prozeßbedingte Liegezeit vor dem Arbeitsgang* (z. B. zum Anreißen)
3. *prozeßbedingte Liegezeit nach dem Arbeitsgang* (z. B. zum Abkühlen)
4. *Wartezeit auf Kontrolle*
5. *Zeit zur Kontrolle*
6. *Wartezeit auf Transport*
7. *Transport zum nächsten Arbeitsplatz*

Ein konkretes Beispiel zur Gliederung der Arbeitsplatz-Durchlaufzeit zeigt *Bild 2.8,* welches der Programmbeschreibung eines in der Praxis stark verbreiteten EDV-Programms zur Fertigungsterminplanung und -steuerung entstammt [7]. Hier ist noch eine zeitliche Überlappung der Vorbereitungszeit T 2 mit der Rüstzeit t_r möglich. Wartezeit T 1, Liegezeit T 4 und Transportzeit T 5 können bei Verzug reduziert werden.

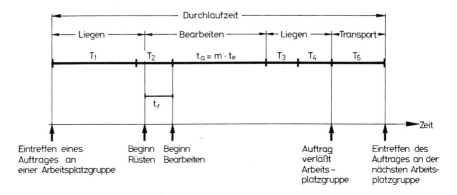

$T_1^{*)}$ = Wartezeit
T_2 = Vorbereitungszeit (z.B. Anreißen, Reinigen, Kontrollieren)
t_r = Rüstzeit
t_a = Ausführungszeit = Stückzeit t_e × Losgröße m
T_3 = Nachbearbeitungszeit (z.B. Abkühlen, Entgraten, Kontrollieren)
$T_4^{*)}$ = Liegezeit (Warten auf Transport)
$T_5^{*)}$ = Transportzeit

*) werden bei Verzug reduziert

Bild 2.8 Gliederung der Arbeitsplatz-Durchlaufzeit [nach IBM, CAPOSS E]

Die einzelnen Bestandteile der Übergangszeit werden auf verschiedene Arten bestimmt [6]. Eine einfache Möglichkeit besteht darin, die Übergangszeit als Prozentsatz der Durchführungszeit des vorangegangenen Arbeitsganges festzulegen. Dies wird empfohlen, wenn die Liegezeit vor Bearbeiten und die Kontrollzeit überwiegen und diese Zeiten wenigstens annähernd eine Funktion der Bearbeitungszeit sind. Sind die Liegezeiten unabhängig von der Durchführungszeit und ist mit den Arbeitsgängen auch der Arbeitsplatz bestimmt, soll die Übergangszeit als Stammdatum in der Arbeitsplatzdatei gespeichert werden. Überwiegen jedoch die Transportzeiten, wird eine Übergangsmatrix (wie in Bild 2.7 angedeutet) empfohlen. Schließlich kann auch eine Berechnung der einzelnen Komponenten erfolgen.

Als Beispiel zeigt *Bild 2.9* die Möglichkeiten, die in dem bereits erwähnten Standardprogramm vorgesehen sind [7].

Hier ist noch zusätzlich zu den bereits erwähnten Verfahren vorgesehen, zur Errechnung der geschätzten Fertigstellungstermine die Wartezeit vor Bearbeiten durch Simulation in der Weise zu ermitteln, daß die voraussichtliche Warteschlange vor jedem Arbeitsplatz gebildet

Übertragungszeit-element	Errechnet aus				Benutzt von				Reduktions-möglichkeit in			
	Parameter	Arbeitsplatz-gruppe	Bearbeitungszeit	Arbeitsplatz-gruppen-Ortmatrix	Auftrags-terminierung	Planung der Auftragsfreigabe	Auftrags-terminierung	Fertigstellungs-planung	Auftrags-terminierung	Planung der Auftragsfreigabe	Auftrags-terminierung	Fertigstellungs-planung
Wartezeit (T1)	X	X			X	X	0	H	X	X		
Vorbereitungszeit (T2)		X	X		X	X	X	X				
Nachbearbeitungszeit(T3)		X	X		X	X	X	X				
Liegezeit (T4)	X	X			X	X	X	X	X	X	X	X
Transportzeit (T5)	X			X	X	X	X	X	X	X	X	X

0 = simuliert   H = historischer Wert

Bild 2.9 Behandlung der Übergangszeiten [IBM, CAPOSS E]

wird. Aus dieser wird unter der Annahme einer störungsfreien und lückenlosen Abarbeitung eine theoretische Wartezeit errechnet. Diese Werte werden periodisch ermittelt und unter Einbeziehung von Werten der Vergangenheit exponentiell je Arbeitsplatzgruppe zu Durchschnittswerten geglättet. Ausdrücklich wird aber davor gewarnt, diese Werte automatisch fortzuschreiben und durch die vom Benutzer festgelegten Werte für die Wartezeit T1 zu ersetzen, weil die Planwerte leicht der Kontrolle des Benutzers entgleiten könnten [7].

Es bleibt festzustellen, daß die Übergangszeiten „vom Benutzer" festzulegen sind. Eine plausible und einfach nachzuvollziehende Vorgehensweise wird weder in der einschlägigen Literatur noch in den Beschreibungen der entsprechenden Programme angegeben.

Ähnlich kompliziert wie die Bestimmung der Übergangszeiten gestaltet sich deren *Kürzung* im Fall eines Verzuges. Üblich ist eine gleichmäßige Kürzung aller beteiligten Arbeitsvorgänge um einen konstanten Faktor, der bis zu einem Grenzreduzierungsfaktor gehen darf. Es können aber auch einzelne Komponenten jeder Übergangszeit mit unterschiedlichen Faktoren entweder in einer bestimmten Reihenfolge oder alle gleichzeitig gekürzt werden. Eine Verkürzung der Übergangszeiten wird auch dann als denkbar angesehen, wenn zwar kein Terminverzug zu erwarten ist, die Aufträge aber sehr teuer sind, z.B. infolge hohen Materialwertes oder eines großen Wertzuwachses durch hohe Bearbeitungskosten.

Leider findet man keine Angaben darüber, in welcher Weise vorgenommene Kürzungen ausgeglichen werden sollen, denn wenn einige Aufträge schneller durchlaufen sollen, müssen andere doch länger liegenbleiben.

Im Beispiel des Auftragsnetzes in Bild 2.7 soll nun angenommen werden, daß die Rückwärtsterminierung einen Starttermin ergeben hat, der in der Vergangenheit liegt. Dies liegt daran, daß die Teilaufträge 2 und 3 länger dauern als die Soll-Durchlaufzeit, sie sind also die terminkritischen Aufträge. In *Bild 2.10* ist dieser Zustand im oberen Bildteil noch einmal dargestellt. Die sich anschließende Durchlaufzeitreduzierung soll ergeben haben, daß der Plan-Starttermin nunmehr in der Zukunft liegt. Nun entsteht für Auftrag 1 aber eine unnötige Liegezeit; sie wird dadurch beseitigt, daß man den Auftrag 1 zeitlich so verschiebt, daß er lückenlos an den Auftrag 3 anschließt.

Bereits dieses einfache Beispiel zeigt, wie aufwendig die damit verbundene Rechnung wird, wenn man bedenkt, daß ja alle Teiltermine aller beteiligten Arbeitsvorgänge immer wieder neu gelesen, verändert, auf zulässige Grenzen überprüft und neu geschrieben werden müssen.

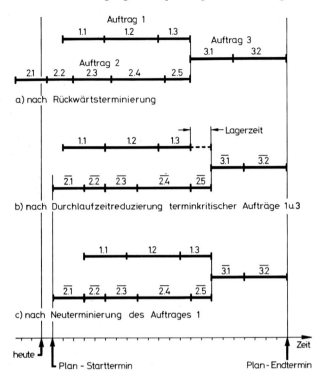

Bild 2.10 Schritte der Durchlaufterminierung bei vernetzten Aufträgen [P. Mertens]

2.2.1.3 Überlappung von Arbeitsvorgängen

Bei der Durchlaufterminierung wird man für eine Reihe von Teilen feststellen, daß die ermittelte Durchlaufzeit trotz maximaler Kürzung der Übergangszeitanteile nicht ausreicht, um den Soll-Endtermin zu erreichen. Bevor man nun den Auftrag einfach zeitlich verschiebt und damit meist eine Lawine von Folgerechnungen auslöst, werden je nach Bedeutung des Auftrages weitere Maßnahmen aktiviert, die allerdings gegenüber dem von der Arbeitsvorbereitung unter dem Gesichtspunkt minimaler Kosten aufgestellten Ablauf Zusatzkosten bedeuten. Es handelt sich um das bereits kurz erwähnte *Überlappen* und das *Splitten* von Aufträgen. Die Grundidee der Überlappung besteht darin, nicht erst alle Teile eines Auftrages an jedem Arbeitsplatz fertigzustellen und dann gesammelt weiterzugeben, sondern bereits Teilmengen an den nächsten Arbeitsplatz zu transportieren (eventuell vorher zu kontrollieren) und dort sofort mit der Arbeit am nächsten Arbeitsgang zu beginnen. *Bild 2.11* verdeutlicht den Vorgang an einem Auftrag mit zwei aufeinanderfolgenden Arbeitsgängen.

Das ursprünglich aus 15 Stücken bestehende Auftragslos wird in drei Teillose zu je 5 Stück zerlegt. Nach Fertigstellung des ersten Teilloses am Arbeitsplatz A erfolgt ein Transport zum Arbeitsplatz B in der Übergangszeit $t_{ü1}$. Arbeitsplatz B wird entsprechend seiner Rüstzeit t_{rB} ausgerüstet und beginnt, Teillos 1 zu bearbeiten. Ist Teillos 2 fertig, wandert es ebenfalls sofort weiter, Teillos 3 ebenso. Da die Bearbeitungszeiten an zwei aufeinanderfolgenden Arbeitsgängen im allgemeinen aber nicht gleich sind, ergeben sich unterschiedliche Übergangszeiten. Im vorliegenden Beispiel werden sie größer, weil die Bearbeitungszeit bei B größer ist als bei A. Bei gleicher Transportzeit ergeben sich also Liegezeiten für die Teillose 2

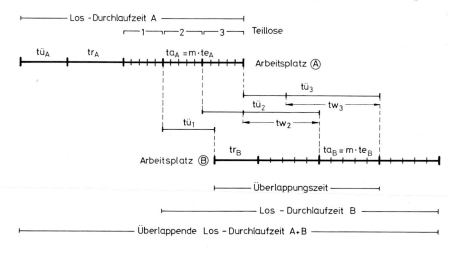

Bild 2.11 Überlappung von Aufträgen

und 3. Ist die Bearbeitungszeit jedoch kürzer, können sogar Wartezeiten am Arbeitsplatz B auftreten, wenn Teillos 1 am Arbeitsplatz B schon fertig ist, ehe Teillos 2 am Arbeitsplatz B angelangt ist. Da sich die Zeitdifferenzen addieren, muß es bei einer größeren Anzahl von Teillosen zu Wartezeiten am Arbeitsplatz B kommen.

In der Praxis führt man derartige Überlappungen nur aus, wenn sich dadurch beträchtliche Zeitgewinne erzielen lassen. Die Verkürzung der Übergangszeit kostet nämlich nicht nur die zusätzlichen Transporte für die Teillose, sondern erfordert eine komplizierte Terminrechnung und wesentlich genauere Abstimmung der beteiligten Arbeitsplätze, als dies sonst der Fall ist, und verlangt schließlich einen erheblichen zusätzlichen Aufwand in der Arbeitsverteilung und Terminverfolgung.

Auch hier ist wieder zu fragen, ob nicht an Symptomen statt an der Ursache kuriert wird. Lange Durchführungszeiten sind nämlich häufig die Folge der sogenannten wirtschaftlichen Losgrößenrechnung. In diese gehen nur Auftragswiederholkosten und Kapitalbindung unter sehr vereinfachten Bedingungen ein. Weder der geschilderte Zusatzaufwand noch der Einfluß auf die Durchlaufzeit wird in der bisherigen Losgrößenrechnung berücksichtigt, so daß sie heute zunehmend in Frage gestellt wird. Statt einer fragwürdigen Losgrößenbestimmung und eines aufwendigen „Ausbügelns" ihrer Folgen sollten die Betriebe ihre Anstrengungen auf die Reduktion von Rüstzeiten richten [8]. Hierauf geht Abschnitt 8.1.1 noch ausführlich ein.

2.2.1.4 Splitten von Arbeitsvorgängen

Eine Alternative zur Überlappung stellt das Splitten von Arbeitsgängen dar. Statt ein Los komplett an einem Arbeitsplatz zu bearbeiten, teilt man es auf zwei oder mehr Arbeitsplätze auf. *Bild 2.12* zeigt im oberen Bildteil den ungesplitteten Durchlauf eines Loses mit 15 Teilen durch den Arbeitsplatz N. Man unterscheidet beim Splitten nach *Mengensplit* und *Zeitsplit*. In Bild 2.12 ist im unteren Bildteil ein Mengensplit in der Weise vorgenommen worden, daß drei Teillose mit gleicher Menge (5 Stück) gebildet wurden, die sich auf die Maschinen N, M und P verteilen. Manchmal ist die Rüstzeit t_r und die Zeit je Einheit t_e an diesen Maschinen gleich.

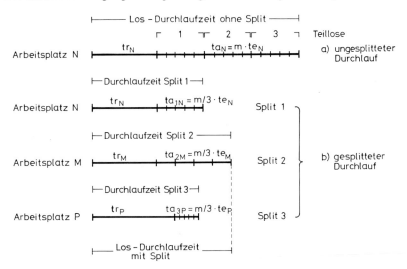

Bild 2.12 Splittung von Arbeitsgängen

Das muß aber nicht sein, insbesondere nicht bei kleineren Werkstätten, wo häufig von einem Maschinentyp nur je 1 Stück vorhanden ist. In diesem Fall entstehen unterschiedliche Durchlaufzeiten. Dies kann man beim Zeitsplit ausgleichen, indem man die Bearbeitungszeit so aufteilt, daß sie an allen Arbeitsplätzen ungefähr gleich ist.

Der Preis für die so gewonnene Durchlaufzeitverkürzung besteht in der zusätzlichen Rüstzeit an den Maschinen M und P, die nicht nur Zusatzkosten verursacht, sondern auch die verfügbare Kapazität an diesen Maschinen mindert. Außerdem erfordern die Teillose zusätzliche Arbeitspapiere und im Fall wesentlich unterschiedlicher Maschinentypen sogar neue Arbeitspläne sowie eventuell Vorrichtungen, Werkzeuge und NC-Programme. Ähnlich wie bei der Auftrags-Überlappung muß auch hier die terminliche Einplanung sehr genau sein, wenn der erhoffte Zeitgewinn wirklich erreicht werden soll. Das Arbeitsgangsplitten ist also bereits in der Planung und Überwachung sehr aufwendig, in der Durchführung teuer und sollte deshalb in der Praxis nur auf Sonderfälle beschränkt bleiben.

Auch das Arbeitsgangsplitten versucht mit einem großem Aufwand das Problem zu hoher Rüstzeiten und einer falschen Losgrößenrechnung zu lösen.

Ergibt die Durchlaufterminierung, daß trotz aller wirtschaftlich vertretbaren Sondermaßnahmen selbst bei zunächst unbegrenzter Kapazität die gewünschte Durchlaufzeit nicht zu erreichen ist, muß normalerweise eine *Terminverschiebung* dieses Auftrages und eine erneute Durchlaufrechnung erfolgen, da sich je nach dem terminlichen Zusammenhang mit anderen Aufträgen auch Konsequenzen für vernetzte Aufträge ergeben. In der Praxis unterbleibt dies jedoch häufig, sei es, weil man hofft, den Auftrag „doch noch irgendwie durchzubringen", weil der Umterminierungsaufwand nicht vertretbar erscheint oder weil das dauernde Verschieben vieler Aufträge die Glaubwürdigkeit des gesamten Terminplanungssystems so erschüttert hat, daß die Werkstatt überhaupt keinen Termin mehr ernst nimmt.

Das Ergebnis der Durchlaufterminierung geht nun mit allen geschilderten Unsicherheiten, die in der Annahme der Übergangszeiten liegen, und den ebenso unsicheren und komplizierten geplanten Maßnahmen zur Durchlaufzeitverkürzung terminkritischer Aufträge in die nächste wichtige Phase der Fertigungsterminplanung ein, die Kapazitätsterminierung.

2.2.2 Einzelschritte der Kapazitätsterminierung

2.2.2.1 Belastungsrechnung

Die einzelnen Arbeitsvorgänge werden im ersten Schritt der Kapazitätsterminierung mit ihrem Arbeitsinhalt entsprechend ihrer Lage auf der Terminachse in die Konten der zugehörigen Arbeitsplätze eingebucht. Aus dem auftragsbezogenen Terminplan entsteht so der anlagenbezogene, d. h. *kapazitätsbezogene Terminplan (Bild 2.13)* [1]. Als Kapazitätseinheit wird eine Arbeitsplatzgruppe technisch gleichartiger Maschinen gewählt, als Zeiteinheit meist ein Arbeitstag und als Planperiode üblicherweise eine Woche. Aufträge, die einen zeitlichen Puffer haben, weil sie z. B. in einem Terminnetz nicht auf dem kritischen Pfad liegen, werden mit dem frühesten Starttermin eingeplant.

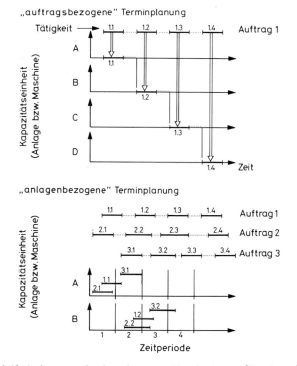

Bild 2.13 Auftrags- und anlagenbezogene Terminplanung [Brankamp]

2.2.2.2 Kapazitätsanpassung

Das Ergebnis dieser Rechnung ist das sogenannte *Belastungsprofil,* welches dem *Kapazitätsprofil* gegenübergestellt wird, wie in Bild 2.5 bereits gezeigt. Nun können verschiedene Situationen auftreten, von denen einige typische in *Bild 2.14* skizziert sind [5].

Im Fall A schwankt die Belastung kurzfristig um einen Normal-Kapazitätswert. Hier wird man versuchen, durch *zeitliches Verschieben von Arbeitsvorgängen* im Rahmen ihres Puffers oder durch Ausweichen auf andere Arbeitsplätze eine Glättung des Belastungsprofils zu

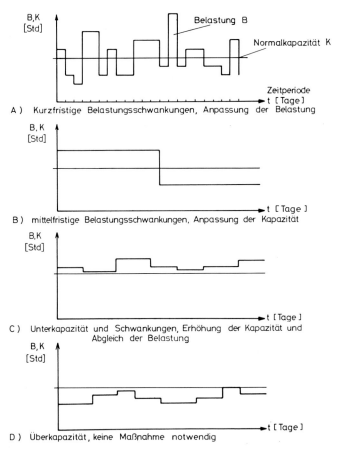

Bild 2.14 Möglichkeiten der Kapazitätsanpassung und des Belastungsabgleichs nach der Durchlaufterminierung

bewirken, um so Leerzeiten der Arbeitsplätze bzw. eine Überlastung zu verhindern. Im Fall B ist eine mittelfristige Bedarfssenkung erkennbar. Hier wird man die *Kapazität verringern,* z. B. durch Abbau einer zweiten Schicht oder Stillegung einer Maschine. Im Fall C ist insgesamt etwas zu wenig Kapazität vorhanden. Diese ist daher z. B. durch *Überstunden* zu erhöhen; die restlichen Schwankungen sind wie im Fall A abzugleichen. Der Fall D erfordert eigentlich keine Maßnahmen zu diesem Zeitpunkt.

2.2.2.3 Kapazitätsabgleich

Für den Kapazitätsabgleich bestehen mehrere Möglichkeiten, die *Bild 2.15* andeutet [1]. Entweder man entfernt Überlastungen (Fall a) z. B. durch *Auswärtsvergabe* oder durch eine *Verlagerung* auf technisch ähnliche Arbeitsplatzgruppen, falls diese zum verlangten Zeitpunkt sowohl frei als auch technisch qualifiziert sind und sofern Vorrichtungen, Werkzeuge und Arbeitsunterlagen vorhanden sind. Beim zeitlichen Kapazitätsabgleich (Fall b) versucht man demgegenüber, einzelne *Arbeitsvorgänge vorzuziehen* oder im Rahmen ihres Puffers zeitlich *später einzulasten.*

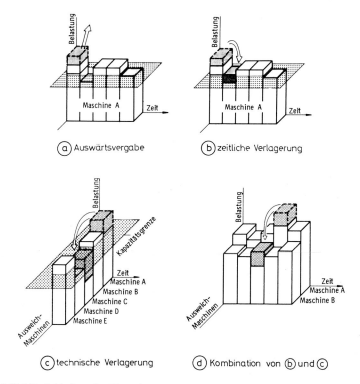

Bild 2.15 Möglichkeiten des Kapazitätsabgleichs durch Variation der Belastung [Arlt/Brankamp]

Einige Autoren haben sich intensiv mit dem Problem des Kapazitätsabgleichs befaßt [6]. So hat z. B. Brankamp ein Verfahren entwickelt, das mit Hilfe einer relativen Terminabweichung Aufträge nach ihrer Abgleichsdringlichkeit erkennt und so lange verschiebt, bis eine vom Benutzer wählbare obere und untere Toleranzgrenze des Belastungsprofils gegenüber dem Soll-Kapazitätsprofil erreicht wird [1].

Sämtliche Abgleichsverfahren gehen jedoch davon aus, daß die individuellen Arbeitsvorgänge – Störungen und Änderungen einmal ausgeschlossen – tatsächlich zu dem in der Durchlaufterminierung errechneten Zeitpunkt an dieser Arbeitsplatzgruppe ankommen. *Auch hier stellt sich aufgrund der geschilderten Unsicherheiten in der Durchlaufterminierung die Frage, ob ein derartiger Aufwand sinnvoll sein kann.*

2.3 Verfahrensbewertung der klassischen Durchlauf- und Kapazitätsterminierung

Das Ergebnis der klassischen Durchlauf- und Kapazitätsterminierung läßt sich anhand von *Bild 2.16* diskutieren [9]. Die einzelnen Arbeitsvorgänge liegen nach einer aufwendigen Rechnung für jeden Arbeitsplatz in einer „optimierten" Reihenfolge vor. Was jedoch bisher zu wenig beachtet wurde, ist die Tatsache, daß sie nun gewissermaßen auf der Zeitachse in

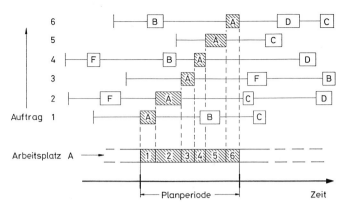

Bild 2.16 Prinzip der Genauplanung [Bechte, IFA]

einer lückenlosen Reihenfolge „eingefroren" sind. Hatte vorher jedes Arbeitsvorgangselement einen im Vergleich zu seiner Durchführungszeit großen zeitlichen Verschiebungsspielraum in der Größenordnung von Tagen, ist dieser nach der Kapazitätsterminierung auf einen Spielraum in der Größenordnung einer Stunde oder weniger geschrumpft. *Der Puffer, der angeblich zum Ausgleich der unvermeidbaren Störungen dienen soll, steht also bei Beginn der eigentlichen Durchführung gar nicht mehr zur Verfügung.*

Die Folgen dieses falschen Denkansatzes sind ebenso logisch wie unangenehm. Kommt es bei einem der lückenlos angeordneten Arbeitsvorgänge an einem Arbeitsplatz zu einer auch nur verhältnismäßig geringfügigen Verzögerung, z. B. durch Personal-, Maschinen- oder Vorrichtungsausfall, *verschieben* sich alle nachfolgenden Arbeitsvorgänge. Ist einer oder sind mehrere dieser Aufträge zufällig so angeordnet worden, daß die Übergangszeit bereits auf den minimal zulässigen Wert gekürzt wurde, entstehen *Terminverzögerungen* an diesen Aufträgen, die wiederum zu einer erhöhten Dringlichkeit und damit zu Reihenfolgevertauschungen an den folgenden Arbeitsplätzen führen. Das ganze mühsam ausbalancierte Termingefüge gerät durcheinander. Mertens bemerkt zur Situation in der Praxis: „In vielen Fertigungen treten Änderungen in einem solchen Maß ein, daß die mit viel Aufwand ermittelten Optima nur wenige Stunden gültig sind." [6]

Die Produktionsbetriebe wenden daher den klassischen Kapazitätsabgleich mit seinen rechenaufwendigen und fragwürdigen Optimierungsvorgängen kaum noch an. Man hilft sich vielfach in der Weise, daß die nach der Durchlaufterminierung ausgegebene Belegungsliste als Vorschlag in die Feinterminierung „vor Ort" übernommen wird. Dort legt der Abteilungsmeister oder ein Arbeitsverteiler in Abstimmung mit dem Meister die endgültige Reihenfolge der Aufträge fest, wobei die Reihenfolgebildung und Zuteilung nach Gesichtspunkten der technischen Machbarkeit auf einer bestimmten Maschine, der Personalqualifikation, der Auftragsdringlichkeit und der Rüstzeitminimierung erfolgt. Vorher ist natürlich noch die Verfügbarkeit von Werkzeugen, Vorrichtungen und Arbeitsunterlagen (einschließlich der NC-Programme) zu prüfen.

Wie ist es nun möglich, daß die Produktionsunternehmen trotz der offensichtlichen und gravierenden Mängel der heutigen Verfahren der Fertigungsterminplanung überhaupt termingerecht liefern können? Zur Beantwortung dieser Frage kann die Betrachtung der Durchlaufzeitverteilung an einem Arbeitsplatz hilfreich sein, die aus der Untersuchung eines Unternehmens der Feinwerktechnik stammt und als typisch gelten kann *(Bild 2.17)* [10].

Die an einer Drehmaschinengruppe im Zeitraum von 16 Wochen abgefertigten Aufträge wurden entsprechend ihrer Durchlaufzeit (Abgang Vorgängerarbeitsplatz bis Abgang an

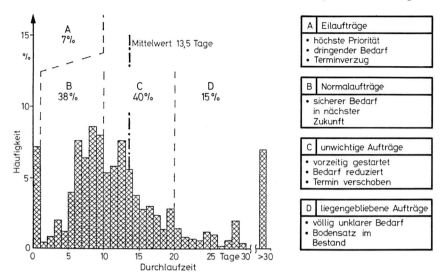

Prozentangaben beziehen sich auf den Arbeitsinhalt

Bild 2.17 Verteilung der Durchlaufzeit pro Arbeitsvorgang am Beispiel einer Drehmaschinengruppe [Bechte, IFA]

dieser Arbeitsplatzgruppe) in *Durchlaufzeitklassen* eingeteilt, mit ihrem Arbeitsinhalt (d. h. der Durchführungszeit, errechnet aus den Arbeitsplänen) multipliziert und so der prozentuale Anteil je Klasse errechnet. (Diese Art der Durchlaufzeit bezieht sich also auf eine Stunde Auftragszeit und wird auch als gewichtete Durchlaufzeit bezeichnet. Auf ihre genaue Erläuterung und Berechnung geht der folgende Abschnitt 3 noch ein.)

Man erkennt zunächst eine breite Streuung der Durchlaufzeit mit dem sehr hohen Mittelwert von 13,5 Tagen je Arbeitstag. Weiterhin wird deutlich, daß nur ein geringer Prozentsatz der Aufträge einem bestimmten Mittelwert der Durchlaufzeit gehorcht. Bei dem typischen Planwert von 5 Tagen sind dies nur ca. 2%, bis 5 Tage sind es etwa 11%. Teilt man die Aufträge nach einem Vorschlag von Orlicky [11] in vier Gruppen abnehmender Dringlichkeit ein, läßt sich folgende Aussage treffen: Rund 7% der Auftragsstunden liefen mit höchster Priorität in bis zu einem Tag über den Arbeitsplatz. Sie stellen einen *dringenden Bedarf* dar und haben bereits Terminverzug. Legt man als weitere willkürliche Grenze 10 Tage für die sogenannten Normalaufträge fest, umfaßt diese Gruppe etwa weitere 38% der Auftragsstunden. Für diese Aufträge liegt ein *sicherer Bedarf* vor. Die restlichen Aufträge bis 20 Tage sind unwichtige Aufträge, die wegen der Unsicherheit der Terminplanung oder als sogenannte Füllaufträge zu früh gestartet wurden, oder Aufträge, deren Bedarf reduziert wurde, weil aus einem „wirtschaftlichen Los" der dringende Bedarf als Teillos abgetrennt wurde und der Rest des Loses nun nicht mehr eilig ist oder weil – aus welchen Gründen auch immer – der Termin des Loses verschoben wurde. Schließlich gibt es noch die Gruppe der *liegengebliebenen Aufträge,* die einen ungeklärten Bedarf haben, weil z. B. eine technische Änderung eingetreten ist, weil die Qualitätssicherung die Weitergabe gestoppt hat oder weil Änderungen oder Stornierungen von Aufträgen auftraten.

Die Aufträge, die wirklich wichtig sind, laufen also tatsächlich ungefähr in der Zeitspanne durch, die bei der Durchlaufterminierung angenommen wurde. Die restlichen Aufträge werden im Rahmen der Terminüberwachung als nicht wichtig angesehen und daher bei der Frage, wie es mit der Termineinhaltung im Betrieb steht, gedanklich ausgeklammert. Da die üblichen Verfahren keinerlei objektive, statistisch abgesicherte Angaben über die wirkliche Durchlaufzeit, die Termintreue und die Bestandsbindung liefern (nur die Auslastung der Betriebsmittel wird häufig auf zwei Stellen hinter dem Komma genau angegeben), wiegen sich viele Unternehmen in der trügerischen Sicherheit, daß ihr System eigentlich gar nicht so schlecht sei. „Schließlich haben wir jeden wichtigen Auftrag immer noch pünktlich aus der Fabrik gekriegt", ist eine häufige Antwort auf die Frage nach der Güte der Terminplanung und -steuerung.

Die wirkliche Situation ist meistens anders:

- Die Durchlaufzeiten für die Aufträge und Arbeitsvorgänge weisen eine breite Streuung auf.
- Nur wichtige Aufträge erreichen die Plan-Durchlaufzeit. Der Rest verursacht hohe Bestände und verstopft die Werkstatt.
- Die gängigen Verfahren zur Fertigungsterminplanung berücksichtigen die Tatsache, daß die Durchlaufzeit ein von statistischen Gesetzen bestimmter Vorgang ist, überhaupt nicht.
- Die angeblich von diesen Verfahren beeinflußten Zielgrößen Durchlaufzeit, Bestand, Auslastung und Termintreue werden bis auf die Auslastung überhaupt nicht gemessen. In keinem der ausführlich geschilderten Einzelschritte der Durchlauf- und Kapazitätsterminierung findet eine summarische Kontrolle statt, ob und in welchem Maße sich diese Zielgrößen im Verlauf der Planperioden verbessert oder verschlechtert haben. Vielmehr erfolgt eine weder nachvollziehbare noch kontrollierbare „Gesamtoptimierung" der gegenläufigen Zielgrößen Termineinhaltung und Auslastung.
- In der Literatur und in den Verfahren werden keine Regeln oder Hinweise zur Bemessung der Durchlaufzeiten gegeben.

Zusammenfassend ist festzustellen, daß es an einer realitätsnahen geschlossenen Theorie des Produktionsablaufs fehlt, welche die offensichtlich vorhandenen Zusammenhänge zwischen den Zielgrößen einleuchtend beschreibt und damit die Basis für neue Verfahren oder die Einordnung und Bewertung bekannter Verfahren der Fertigungsterminplanung und -steuerung liefert.

2.4 Forderungen an neue Verfahren zur Fertigungsterminplanung und -steuerung

Zur Überwindung der Schwierigkeiten in der Praxis sucht eine wachsende Anzahl von Rechnerherstellern, Software-Häusern und Unternehmensberatern eine große Vielfalt mehr oder weniger standardisierter Lösungen für die Fertigungsterminplanung und -steuerung anzubieten.

Generell lassen sich folgende Entwicklungslinien bei diesen Lösungen feststellen [12]:

- Einsatz kleiner schneller Rechner auf PC-Basis (Personal Computer) im Dialogbetrieb in Werkstattnähe
- Integrationsmöglichkeiten zu über- und untergeordneten Rechnersystemen
- zunehmendes Angebot an Standard-Software für die Verarbeitung und Datensicherung von Massendaten
- Integration von Auswertungs- und Darstellungs-Routinen, besonders zur graphischen Darstellung (sogenannte Präsentationsgraphik)
- preiswerte Datenbank-Lösungen

Neben diesen Systemen ist auch eine rasche Weiterentwicklung der Systeme für die *Betriebs-datenerfassung und -verarbeitung* (sogenannte BDE- und BDV-Systeme) zu beobachten. Grundgedanke ist hierbei, Beginn und Ende von Bearbeitungs- und Transportvorgängen möglichst prozeßnah zu erfassen – bis hin zu einer selbsttätigen Registrierung direkt aus der Steuerung einer vollautomatisch arbeitenden Maschine [13]. Diese Daten werden in einem zweiten Schritt gesammelt und zu Fortschrittsmeldungen und Kennzahlen aufgearbeitet [14]. In der Einzelfertigung verzichtet man dann teilweise vollständig auf die eigentliche Termin-planung und bildet statt dessen den Arbeitsfortschritt auf *Plantafeln* ab (sogenannte Leit-stände). Diese Leitstände werden bereits durch dialogfähige Farbgraphik-Bildschirme ersetzt [15].

Seitens der Hard- und Software steht also heute eine Fülle interessanter und auch preiswerter Lösungen zum Problemkreis der Fertigungsterminplanung und -steuerung zur Verfügung.

Seit Anfang der 80er Jahre sind darüber hinaus verstärkte Bemühungen zu beobachten, die Fertigungssteuerung in ein umfassendes, integriertes *Gesamtmodell* des Produktionsunter-nehmens einzubeziehen. Dieser Ansatz wurde bereits Mitte der 60er Jahre unter dem Begriff der *integrierten Datenverarbeitung* diskutiert, konnte sich jedoch wegen der enormen Schwie-rigkeiten, unterschiedliche Hardware- und Softwaresysteme miteinander zu verknüpfen, noch nicht durchsetzen. Heute wird dieser Integrationsgedanke mit den Begriffen *Computer Integrated Manufacturing* (CIM), *Logistik* und *Just-In-Time-Production (JIT)* aus verschiede-nen Blickwinkeln neu aufgegriffen und zunehmend in der Praxis realisiert. Während der CIM-Gedanke die informationstechnische Verknüpfung der Funktionen Konstruktion (CAD), Arbeitsplanung (CAP), Fertigung (CAM) und Qualitätssicherung (CAQ) im Rah-men einer rechnergeführten Fabrik betont, betrachtet die Logistik- und Just-In-Time-Philosophie mehr den vollständigen Materialfluß und den begleitenden Informationsfluß zwischen Absatz- und Beschaffungsmarkt mit dem Ziel, die Marktbedürfnisse in kürzester Zeit zum richtigen Termin am richtigen Ort mit den niedrigstmöglichen Kosten durch das betrachtete Unternehmen zu erfüllen. Dies reicht bis zu einer direkten informationstechni-schen Anbindung von Zulieferern einerseits und an wichtige Kunden andererseits. Bemer-kenswert bei diesen Lösungen ist, daß die Steuerungsverfahren selbst meist nicht in Frage gestellt werden und daß auch in der neueren Literatur (z. B. [2]) bis auf wenige Ausnahmen keine Weiterentwicklungen gesehen werden. Die eine Ausnahme betrifft das japanische *Kanban-System* [16] und die andere das vor allem in den USA stark propagierte *OPT-System* [17]. Zwar geht Kapitel 9 noch näher auf diese und andere Verfahren ein, jedoch ist bereits anzumerken, daß in den Veröffentlichungen über diese beiden genannten Verfahren kein allgemeingültiges Modell vorgestellt wird, mit Hilfe dessen die jeweiligen Regeln und Formeln verständlich und die erzielten Ergebnisse nachvollziehbar wären.

Eine bemerkenswerte Ausnahme bildet die von G. Plossl (USA) vertretene Auffassung über die Fertigungssteuerung [18, 19]. Er betont die Bedeutung der *Kontrolle von Input und Output* für die Bestands- und Durchlaufzeitbeherrschung und stellt dies mit einem anschauli-chen Modell dar *(Bild 2.18)*.

Die Aufträge sind mit einer definierten Zugangsrate zu regeln, die der Abgangsrate ent-spricht. Diese wird wiederum durch die ebenfalls veränderliche Kapazität beeinflußt. Der in der Fertigung befindliche Bestand wird einerseits durch die Einstellung der Zugangs- und Abgangsrate bestimmt und bestimmt seinerseits die Fertigungsdurchlaufzeit. Dieses Bild drückt tatsächlich bereits die wesentlichen Zusammenhänge aus, ist aber von Plossl nicht zu einem formalen Modell ausgebaut worden.

Daher sollen zunächst Forderungen an ein zukunftssicheres Verfahren der Fertigungssteue-rung formuliert werden, die auf bereits früher veröffentlichten Überlegungen aufbauen [12, 21]. Sie lassen sich gemäß *Bild 2.19* nach drei Oberbegriffen ordnen, wobei die erwähnten Trends bei der *Hard- und Software* der Vollständigkeit halber mit aufgeführt sind.

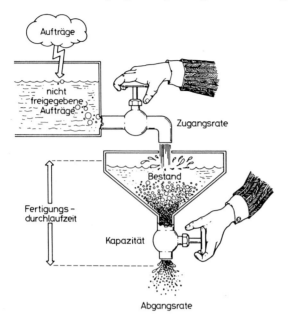

Bild 2.18 Typische Betriebssituation [Plossl]

HARD / SOFTWARE	VERFAHREN	NUTZUNG
● Dezentral und modular ausbaubar	● Modellbildung entsprechend der stochastischen Prozeßnatur	● Entscheidungs- und Dispositionsspielräume vorsehen
● Integrierbar	● Lokal und temporär alternativ wählbare Steuerungsstrategien	● Kommunikation nicht auf technische Geräte beschränken
● Ergonomische Geräte und Informationsdarstellung	● Kontroll- und Diagnosesystem der Zielgrößen in Form von Kennzahlen und Grafiken	● Prozeßtransparenz fördern
● Dialogorientierte Systemführung	● Überprüfung der Rückmeldequalität	● Trennung von personen- und prozeßbezogenen Daten
● Datenbankorientiert		

Bild 2.19 Anforderungen an Systeme zur Fertigungsterminplanung und -steuerung

Hauptforderung an die *Verfahren* muß sein, den Produktionsprozeß rechnerintern seiner stochastischen Natur entsprechend abzubilden und zu behandeln. Weiterhin ist zu fordern, daß je nach Marktsituation und je nach betrachteter Betriebseinheit (Kostenstelle oder Arbeitsplatzgruppe) eine unterschiedliche *Strategie* verfolgt werden kann. Beispielsweise wird man bei guter Auftragslage eher die Auslastung der Kapazität betonen, während bei wenig Aufträgen vielleicht kurze Durchlaufzeiten wichtiger sind. Auch sollte das Verfahren nicht versuchen, sowieso unterbelastete Maschinengruppen durch Vorziehen von Aufträgen zu belegen und damit die Engpaßkapazitäten noch stärker zu belasten. Eine wichtige Forderung ist auch die *Messung und Kontrolle* der vier Hauptzielgrößen Durchlaufzeit, Bestand, Termintreue und Auslastung sowie eine *Diagnose* auftretender Abweichungen. Schließlich ist es in einem Regelkreis erforderlich, die *Qualität der Rückmeldedaten* zu überprüfen. Beispielsweise ist eine derartige Qualitätsprüfung bei den Funktionsmerkmalen der Teile und Produkte im Rahmen der Qualitätssicherung selbstverständlich.

Neben den Anforderungen an die Verfahrenslogik ist auch die *Rolle des Menschen* zu bedenken; also sind auch Anforderungen an die Nutzung zu definieren [21]. Dazu gehört zunächst, daß im Verfahren Entscheidungs- und Dispositionsspielräume vorzusehen sind. Gerade die stochastische Prozeßnatur macht eine minuten- oder stundengenaue Planung sinnlos. Vielmehr sind die planenden und von der Planung betroffenen Mitarbeiter im Rahmen definierter Arbeitsumfänge und Dispositionsspielräume aktiv in die Planung und Steuerung des Produktionsablaufs einzubeziehen. Hierzu gehört zum einen eine übersichtliche Darstellung des Ablaufgeschehens, die bereits erwähnte Unterstützung durch alternative Planungsverfahren sowie menschengerecht gestaltete Kontroll- und Diagnosehilfen und zum anderen auch der bewußte Verzicht darauf, daß jede Aktivität unbedingt über das System laufen muß. Persönliche Kontakte durch Besprechungen, Telefonate und Rundgänge sind nach wie vor erforderlich, soll das ganze System nicht in Formalismus ersticken. Schließlich ist die Trennung von personen- und prozeßbezogenen Daten bereits bei der Erfassung wünschenswert und heute auch machbar.

Eine Fertigungsterminplanung und -steuerung, die bezüglich der angewandten Verfahren und Methoden nach diesen Vorstellungen konzipiert ist, könnte *statistisch orientierte Fertigungssteuerung* heißen. Damit soll zum Ausdruck kommen, daß sie sich im Gegensatz zu dem bisherigen *deterministisch* orientierten Denken in periodisierten Terminabschnitten an den tatsächlichen statistischen Ergebnissen und Prozeßabläufen orientiert.

Eine gute Hilfe zum Einstieg in diesen Gedanken bietet die Einbindung der Terminierung in die *Qualitätssicherung* [22]. *Bild 2.20* zeigt nach einem Vorschlag von Geiger den *Qualitäts-Termin-Kosten-Kreis* [23], der auf dem für die Qualitätslehre wichtigen Qualitätskreis aufbaut. Der Q-T-K-Kreis spiegelt den grundsätzlichen Zeitablauf der Planung, Realisierung und Nutzung einer Leistung wider, wobei diese ein materielles oder immaterielles Endprodukt sein kann. Während die Planung, Lenkung und Prüfung für die funktionsbestimmenden Produktmerkmale heute für anspruchsvolle Produkte als Stand der Technik gelten kann und dieser Ansatz im Bereich der Kostenrechnung als sogenanntes *Kosten-Controlling* zunehmend Eingang in die Industrie findet, ist die Auffassung des Termins als Merkmal eines Qualitätskreises in Theorie und Praxis der Terminplanung und -steuerung noch nicht üblich.

Dabei sind alle Voraussetzungen dafür gegeben: Auch Termine sind zu planen, zu lenken (sprich: zu steuern) und zu überprüfen. Auch Termine unterliegen statistischen Gesetzmäßigkeiten, die es zu erkennen und zu nutzen gilt. Demnach kann es auch nicht sinnvoll sein, Termine auf einen genauen Zeitpunkt zu planen. Vielmehr sollten sie mit einer bestimmten Häufigkeitsverteilung im Rahmen eines zu definierenden *Toleranzbereiches* liegen. Den Toleranzbereich gibt der Markt vor. Das Terminplanungs- und -steuerungssystem hat dann zusammen mit dem Durchsetzungssystem für die Einhaltung der gesetzten Toleranzgrenzen zu sorgen. Der Termin wird damit zum logistischen Qualitätsmerkmal.

Viele Überlegungen, die im Laufe der Entwicklung des Qualitätswesens entstanden sind, lassen sich demnach auch für die Terminplanung und -steuerung nutzen, angefangen von *statistischen Verfahren* zur Planung und Prüfung über die *Analyse* und *Diagnose* von Abweichungen bis hin zur *Organisation* des Qualitätswesens und *Motivation* zur Qualität. Erst wenn sich auch bezüglich der Termine das gleiche Verantwortungsgefühl, aber auch der Stolz auf eine gute Leistung im Betrieb entwickelt wie für die Produktqualität und die Kosten, ist mit einem spürbaren Fortschritt zu rechnen.

Der Kern aller Forderungen an eine moderne Fertigungsterminplanung und -steuerung besteht demnach in der realitätsgerechten Abbildung des Fertigungsablaufs und in einer logischen und für den Betrieb nachvollziehbaren konkreten Darstellung der Abhängigkeiten zwischen den vier zentralen Zielgrößen der Fertigungssteuerung.

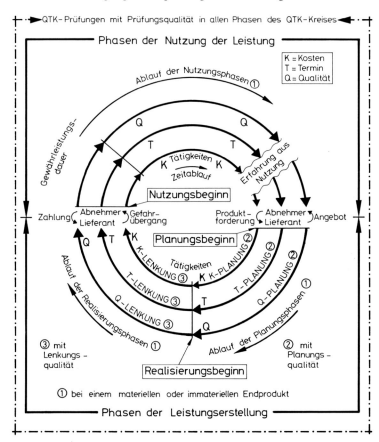

Bild 2.20 Der Qualitäts-Termin-Kosten-Kreis [Geiger]

Verschiedentlich klang bereits an, daß hierzu zunächst die Durchlaufzeit genauer zu betrachten ist, was im folgenden Kapitel geschehen soll.

2.5 Literatur

[1] *Brankamp, K.:* Ein Terminplanungssystem für Unternehmen der Einzel- und Serienfertigung. 2. Aufl. (basiert auf der gleichnamigen Dissertation des Verfassers, TH Aachen 1967). Würzburg/Wien 1973.

[2] *Hackstein, R.:* Produktionsplanung und -steuerung (PPS) – Ein Handbuch für die Betriebspraxis. Düsseldorf 1984.

[3] *Schomburg, E.:* Entwicklung eines betriebstypologischen Instrumentariums zur systematischen Entwicklung der Anforderungen an EDV-gestützte Produktionsplanungs- und -steuerungssysteme im Maschinenbau. Dissertation TH Aachen 1980.

[4] *Grupp, B.:* Modularprogramm für die Fertigungsindustrie. Berlin/New York 1973.

[5] *Wiendahl, H.-P.:* Betriebsorganisation für Ingenieure (Abschnitt 6: Produktionssteuerung). 2. Aufl., München/Wien 1986.

[6] *Mertens, P.:* Industrielle Datenverarbeitung. Teil 1: Administrations- und Dispositionssysteme. 5. Aufl., Wiesbaden 1983.

[7] *IBM (Hrsg.):* Capacity Planning and Operation Sequencing. System Extended (CAPOSS – E) – Programmbeschreibung. Band I: Planungssystem. IBM GmbH, 1981.

[8] *Nyhuis, F.:* Rüstzeitanalyse – Voraussetzung für eine systematische Rüstzeitreduzierung. Vortrag zum Fachseminar „Statistisch orientierte Fertigungssteuerung" des Instituts für Fabrikanlagen der Universität Hannover. Hannover 1984.

[9] *Bechte, W.:* Belastungsorientierte Auftragsfreigabe – eine neue Methode in der Fertigungssteuerung. Vortrag zum Seminar „Neue Wege der Fertigungssteuerung" des Instituts für Fabrikanlagen der Universität Hannover am 16./17. 03. 1982 in Hannover. Hannover 1982.

[10] *Kettner, H., Bechte, W.:* Neue Wege der Fertigungssteuerung durch belastungsorientierte Auftragsfreigabe. VDI-Z 123 (1981) 11, S. 459–466.

[11] *Orlicky, J.:* Materials Requirement Planning. New York 1975.

[12] *Wiendahl, H.-P.:* Stand und Entwicklungstendenzen in der Fertigungssteuerung. Ind. Anz. 103 (1981) 104, S. 40–44.

[13] *Brankamp, K., Bongartz, B.:* Der moderne Stanzbetrieb – Vom Sensormonitoring zur Geisterschicht. Düsseldorf 1986.

[14] *Virnich, M., u. a.:* Dezentrale BDE und Werkstattsteuerung. Ind. Anz. 105 (1983) 23, S. 66–69.

[15] *Warnecke, H.-J., Aldinger, L.:* Werkstattsteuerung – ein Einsatzgebiet für interaktive Farbmonitor-Systeme. In: Dokumentation zur Fachtagung CAMP 1983 in Berlin. VDI-Verlag, Düsseldorf 1983.

[16] *Wildemann, H.:* Flexible Werkstattsteuerung durch Integration von KANBAN-Prinzipien. CW-Publikationen, München 1984.

[17] *Fox, R. E.:* OPT vs. MRP. Thoughtware vs. Software, Part I. Inventories & Production Magazine. Nov./Dec. 1983.

[18] *Plossl, G. W.:* Production and Inventory Control – Principles and Techniques. 2nd Ed., Englewood Cliffs/N. J. 1985.

[19] *Plossl, G. W.:* Production and Inventory Control – Applications. Englewood Cliffs/N. J. 1983.

[20] *Scheer, A. W.:* Trends zur Computerleistung am Arbeitsplatz im Bereich der Produktionsplanung und -steuerung. Tagungsband zur AWF-Tagung PPS '80 am 12.–14. 11. 1980, S. 3–23.

[21] *Fröhner, K.-D.:* Stand und Entwicklungsmöglichkeiten der Fertigungssteuerung unter Berücksichtigung personenbezogener Auswirkungen. Bericht über die Fachtagung „Neue Fertigungstechnologien und Qualität der Arbeitsplätze" im Juni 1980 (Hrsg.: P. Brödner). Kernforschungszentrum Karlsruhe. PDV-Bericht KfK-PDV 205, 1981.

[22] *Masing, M.:* Handbuch der Qualitätssicherung. München/Wien 1980.

[23] *Geiger, W.:* Der Qualitäts-Termin-Kosten-Kreis (Q-T-K-Kreis) – Ein Modell für das Zusammenwirken aller Tätigkeiten im Unternehmen. VDI-Z 125 (1983) 9, S. 313–317.

3 Die Durchlaufzeit – Zentralbegriff der Fertigungssteuerung

3.1 Einführung

Die Planung, Messung und Kontrolle von Durchlaufzeiten gehört zu den wesentlichen Aufgaben der Terminplanung und -steuerung. Im Unterschied zu der von REFA definierten und allgemein anerkannten Gliederung der *Auftragszeit* [1] ist es trotz zahlreicher Versuche bisher nicht gelungen, eine ebenso anerkannte Gliederung auch für die *Durchlaufzeit* in einem Fertigungsbetrieb zu schaffen. Auch die laufende oder zumindest regelmäßige Messung der tatsächlichen Durchlaufzeit ist noch nicht üblich, sondern wird wegen des damit verbundenen Aufwandes nur gelegentlich im Rahmen wissenschaftlicher Untersuchungen oder bei Schwachstellenanalysen durchgeführt.

Bereits 1963 schreibt Tully aus seiner Erfahrung als Leiter einer Werkzeugmaschinenfabrik zu diesem Thema [2]:

„Die Durchlaufzeit für einen Arbeitsvorgang beträgt im allgemeinen fünf Arbeitstage. Bei Werkstücken mit hoher Genauigkeit, mit umfangreicher Vorgabezeit je Arbeitsvorgang, mit einer großen Anzahl von Arbeitsgängen (bis etwa 20) und lange Zeit in Anspruch nehmenden Kontrollen einzelner Arbeitsvorgänge wird häufig noch eine längere Durchlaufzeit benötigt. Der Anteil der Liegezeiten an der Gesamtdurchlaufzeit, d. h. die Zeitspanne von der Werkstoffentnahme bis zum Lagereingang, beträgt etwa 90 bis 95%.

Eine Liegezeitstudie in einem Betrieb ergab folgende anteilige Zeiten:

Liegezeit vor der Bearbeitung	75%
Bearbeitungszeit	6%
Liegezeit nach der Bearbeitung bis zum Transport zur Kontrolle	7%
Liegezeit vor der Kontrolle	7%
Zeit für Kontrolle und Transport bis zur nächsten Bearbeitungsstufe	2%
Bearbeitungsunterbrechungen	3%

Dies ist ein schlechtes Ergebnis und ist teilweise durch die Fertigungsart bestimmt. Die Zahlen sollen Anregung sein, sich mit dem Problem der Durchlaufzeitbeschleunigung zu befassen.“

Es dauerte jedoch noch fast zehn Jahre, bis dieses Problem endlich zum Gegenstand größerer Untersuchungen wurde. So berichtete Hackstein 1972 über erste Ergebnisse einer *Durchlaufzeituntersuchung* seines Instituts in drei Betrieben [3], der ausführliche Bericht von Stommel und Kunz erschien 1973 [4]. *Bild 3.1* zeigt ein häufig zitiertes Bild aus diesem Forschungsbericht, welches die Aussagen von Tully untermauert und bis heute für viele Betriebe zutrifft. Es bestätigte sich auch hier, daß das Verhältnis der Bearbeitungszeit zur Durchlaufzeit in der Regel unter 10% liegt und daß daher Maßnahmen zur Verkürzung der Durchlaufzeit bei der Liegezeit vor dem Bearbeiten ansetzen müssen.

Aus dem erwähnten Forschungsbericht [4] geht weiterhin hervor, daß die Durchlaufzeiten an den einzelnen Arbeitsplätzen sehr unterschiedlich sind. *Bild 3.2* zeigt die mittlere Arbeitsplatz-Durchlaufzeit und ihre Standardabweichung für die 32 Arbeitsplatzgruppen des Betriebes, aus dem auch die Ergebnisse des Bildes 3.1 stammen. Der *Mittelwert* aller Arbeitsplatz-Durchlaufzeiten liegt zwar bei rund 5 Arbeitstagen, es treten jedoch auch beträchtlich niedrigere und höhere Einzelwerte auf, z. B. 1,2 Tage bei der Gruppe 7/72 (Läppen) und 16,9

Tage bei der Gruppe 99/16 (Drehmaschinen). Bemerkenswert ist ferner, daß die *Standardabweichung* sowohl der Einzelwerte als auch des Mittelwertes aller Arbeitsplätze bis auf wenige Ausnahmen in derselben Größenordnung wie der Mittelwert selbst liegt.

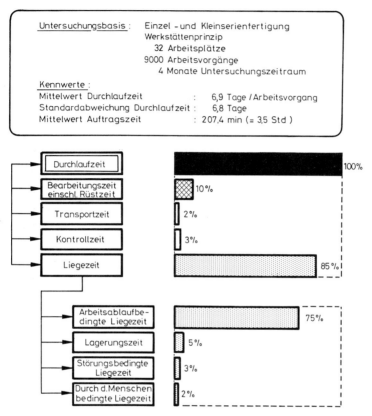

Bild 3.1 Aufteilung der Arbeitsvorgangs-Durchlaufzeit in einem Betrieb der metallverarbeitenden Industrie mit Einzel- und Serienfertigung [Stommel/Kunz]

Schließlich ist in dieser Untersuchung auch die Darstellung der *Häufigkeitsverteilung* interessant. *Bild 3.3* zeigt das Ergebnis einer Analyse der Ist-Durchlaufzeiten pro Arbeitsvorgang desselben Betriebes, aus dem die Ergebnisse der Bilder 3.1 und 3.2 stammen [4]. Man erkennt neben der starken Streuung der Durchlaufzeiten auch, daß die Klassenhäufigkeiten keineswegs einer Normalverteilung gehorchen, sondern eher einer Expontialverteilung angenähert sind. Berechnet man den Mittelwert dieser Verteilung, ergeben sich etwa 5 Tage.

Auch andere Autoren haben sich mit dem Thema der Durchlaufzeitanalyse befaßt [5, 6, 7].

Grundlegende Arbeiten zum Thema der Durchlaufzeiten wurden ab 1971 von Kettner am Institut für Fabrikanlagen der Universität Hannover (IFA) aufgenommen [8].

Das mit einer größeren Zahl von Unternehmen durchgeführte Projekt diente der genaueren Analyse der Durchlaufzeiten und Bestände in Industriebetrieben [9]. Hieraus entstand auch eine generelle Methodik der Datenerfassung sowie ein rechnerunterstütztes Auswertesystem DUBAF (Durchlaufzeit- und Bestandsanalyse in der Fertigung) [10], das stetig weiterentwickelt und bis heute laufend in der Praxis eingesetzt wird [11, 12].

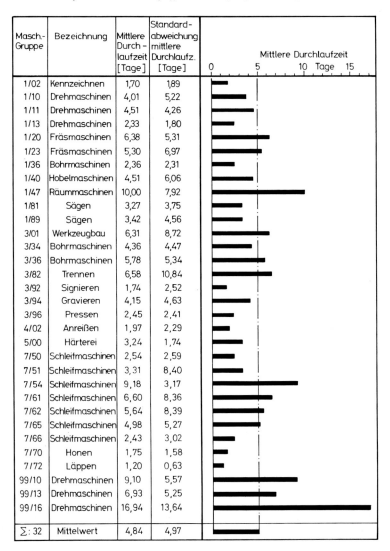

Masch.-Gruppe	Bezeichnung	Mittlere Durch-laufzeit [Tage]	Standard-abweichung mittlere Durchlaufz. [Tage]
1/02	Kennzeichnen	1,70	1,89
1/10	Drehmaschinen	4,01	5,22
1/11	Drehmaschinen	4,51	4,26
1/13	Drehmaschinen	2,33	1,80
1/20	Fräsmaschinen	6,38	5,31
1/23	Fräsmaschinen	5,30	6,97
1/36	Bohrmaschinen	2,36	2,31
1/40	Hobelmaschinen	4,51	6,06
1/47	Räummaschinen	10,00	7,92
1/81	Sägen	3,27	3,75
1/89	Sägen	3,42	4,56
3/01	Werkzeugbau	6,31	8,72
3/34	Bohrmaschinen	4,36	4,47
3/36	Bohrmaschinen	5,78	5,34
3/82	Trennen	6,58	10,84
3/92	Signieren	1,74	2,52
3/94	Gravieren	4,15	4,63
3/96	Pressen	2,45	2,41
4/02	Anreißen	1,97	2,29
5/00	Härterei	3,24	1,74
7/50	Schleifmaschinen	2,54	2,59
7/51	Schleifmaschinen	3,31	8,40
7/54	Schleifmaschinen	9,18	3,17
7/61	Schleifmaschinen	6,60	8,36
7/62	Schleifmaschinen	5,64	8,39
7/65	Schleifmaschinen	4,98	5,27
7/66	Schleifmaschinen	2,43	3,02
7/70	Honen	1,75	1,58
7/72	Läppen	1,20	0,63
99/10	Drehmaschinen	9,10	5,57
99/13	Drehmaschinen	6,93	5,25
99/16	Drehmaschinen	16,94	13,64
Σ: 32	Mittelwert	4,84	4,97

Bild 3.2 Mittlere Durchlaufzeit der einzelnen Maschinengruppen [Stommel/Kunz]

Bei den Untersuchungen des Instituts für Fabrikanlagen erwies es sich als dringend erforderlich, eine eindeutige und einheitliche *Definition der Durchlaufzeit* und ihrer Zusammensetzung voranzustellen, um einerseits die Art der Datenerhebung zu vereinheitlichen sowie die Datenauswertung programmieren zu können und andererseits einen Vergleich verschiedener Betriebe und Betriebsbereiche zu ermöglichen. Aufbauend auf diesen Arbeiten soll daher zunächst die Durchlaufzeit von Arbeitssystemen und Aufträgen mit ihren einzelnen Bestandteilen definiert werden.

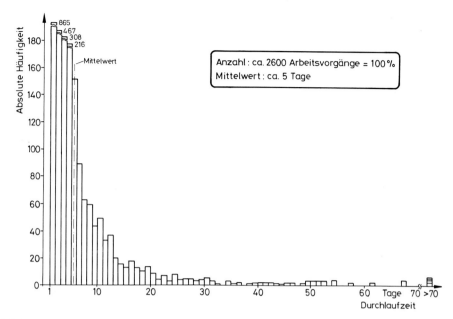

Bild 3.3 Häufigkeitsverteilung der Ist-Durchlaufzeiten je Arbeitsvorgang in einer Werkzeugfertigung [Hackstein]

3.2 Die Durchlaufzeit und ihre Bestandteile

Betrachtet man den Durchlauf eines Fertigungsauftrages, ist es – wie in Abschnitt 2 bereits dargestellt – allgemein üblich, die einzelnen Fertigungsaufträge mit ihren jeweiligen Arbeitsvorgängen auf der Zeitachse abzubilden. Die Zeitspanne von der Entnahme des Materials bis zur Ablieferung an ein Zwischenlager oder die Montage wird dabei allgemein als *Auftrags-Durchlaufzeit* bezeichnet. Begrifflich handelt es sich um einen unscharfen Ausdruck, es müßte Auftrags-Durchlauf*dauer,* -Durchlauf*frist* oder -Durchlauf*spanne* heißen. Die Zeit für einen Arbeitsvorgang ist hierbei die kleinste Einheit, sie ist die *Arbeitsvorgangs-Durchlaufzeit*. Die weitere Gliederung und die Abgrenzung der Durchlaufkomponenten ist sowohl im Schrifttum als auch in der Praxis sehr unterschiedlich.

Bild 3.4 zeigt einen unwesentlich veränderten Vorschlag von Heinemeyer, der auch den weiteren Ausführungen zugrunde liegt [13]. Demnach unterscheidet man drei Betrachtungsebenen. Auf der *Auftragsebene* existieren einzelne Arbeitsvorgänge AG_1 bis AG_K. Jeder Arbeitsvorgang wird auf der *Arbeitsvorgangsebene* in fünf weitere Bestandteile zerlegt, und zwar in:

– Liegen nach Bearbeiten,
– Transportieren,
– Liegen vor Bearbeiten,
– Rüsten und
– Bearbeiten.

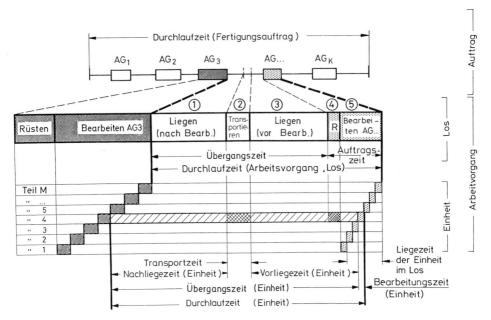

Bild 3.4 Durchlaufzeitanteile von Losen und Fertigungsaufträgen [Heinemeyer, IFA]

Die Liegezeit nach der Bearbeitung am Vorgänger-Arbeitsplatz und die Transportzeit werden hier im Gegensatz zu anderen Vorschlägen (z. B. [4]) jeweils dem Folgearbeitsplatz zugeordnet. Für den ersten Arbeitsvorgang beginnt dieser mit der Freigabe des Auftrages in die Werkstatt, für alle weiteren mit dem Bearbeitungsende am Vorgänger-Arbeitsplatz.

Der Fertigungsauftrag besteht aber meist aus mehreren Teilen, dem Fertigungslos. Der Durchlauf dieser Teile 1 bis M wird auf der *Ebene der einzelnen Einheiten*, d. h. Werkstücke, betrachtet. Man erkennt, daß für jedes Teil innerhalb der Bearbeitungszeit des Loses noch eine weitere Liegezeit innerhalb der Bearbeitungszeit des Loses auftritt, die sogenannte *Losliegezeit* oder *Loswartezeit*.

In der Werkstattfertigung werden die einzelnen Lose geschlossen transportiert, hintereinander an einem Arbeitsplatz bearbeitet und auch so gesteuert. *Für die weiteren Überlegungen ist daher die Betrachtung des ganzen Loses auf der Arbeitsvorgangsebene ausreichend.* Nur in der Serienfertigung ist eine Diskussion des Durchlaufs einzelner Teile erforderlich, weil die Bearbeitungszeit größer als die Übergangszeit ist, so daß eine Abstimmung der überlappt aufeinanderfolgenden Arbeitsgänge erforderlich ist.

In *Bild 3.5a* wird der Auftragsdurchlauf noch einmal gezeigt, diesmal über der Zeitachse. Ein Arbeitsvorgang endet mit dem Zeitpunkt TBE (Bearbeitungsende) und beginnt mit dem Zeitpunkt TBEV (Bearbeitungsende Vorgänger). Der Zeitpunkt TBEV an einem Arbeitsplatz kennzeichnet hier nicht die körperliche Ankunft ein Auftrages, sondern ist ein Ereignis, das den Zeitpunkt der Fertigmeldung am Vorgänger-Arbeitsplatz beschreibt. Ebenso kennzeichnet auch der Abgangszeitpunkt TBE nicht das körperliche Verlassen des Auftrages, sondern die Abmeldung von diesem Arbeitsplatz. Damit können alle Teile der Durchlaufzeit lückenlos erfaßt werden, wenn auch der Freigabezeitpunkt bekannt ist. *Da die Durchlaufzeit durch ein Arbeitssystem ZDL das kleinste betrachtete Element ist, wird sie als Durchlaufelement bezeichnet* [13].

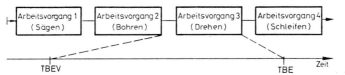

a) Durchlaufplan eines Fertigungsauftrages

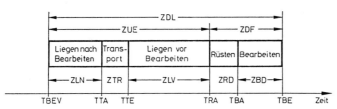

b) allgemeingültiges eindimensionales Durchlaufelement

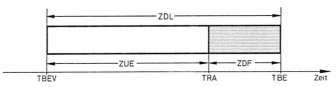

c) vereinfachtes eindimensionales Durchlaufelement

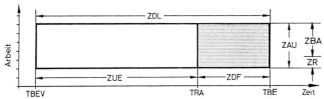

d) vereinfachtes zweidimensionales Durchlaufelement

TBEV	: Bearbeitungsende Vorgänger	ZDL = TBE − TBEV	: Durchlaufzeit
TTA	: Transportanfang	ZUE = TRA − TBEV	: Übergangszeit
TTE	: Transportende	ZDF = TBE − TRA	: Durchführungszeit
TRA	: Rüstanfang	ZRD = TBA − TRA	: Rüstdauer
TBA	: Bearbeitungsanfang	ZBD = TBE − TBA	: Bearbeitungszeitdauer
TBE	: Bearbeitungsende	ZLV = TRA − TTE	: Vorliegezeit
ZAU	: Auftragszeit	ZTR = TTE − TTA	: Transportzeit
ZR	Rüstzeit	ZLN = TTA − TBEV	: Nachliegezeit
ZBA	Bearbeitungszeit		

Bild 3.5 Allgemeingültiges und vereinfachtes eindimensionales und zweidimensionales Durchlaufelement [Bechte/Heinemeyer/Erdlenbruch, IFA]

Bild 3.5b zeigt das Durchlaufelement des Arbeitsvorganges 3 mit seinen bereits diskutierten Teilen. Da es zunächst nur eine Dimension – nämlich die Zeitdauer – hat, heißt es *eindimensionales Durchlaufelement* [16].

Die *Durchführungszeit* ZDF ist gegenüber der Durchlaufzeit ZDL klein, 2 bis 10% sind typisch. Daher kann man sich für Analyse- und Steuerungszwecke die Registrierung des Bearbeitungsbeginns TBA oder des Rüstanfangs TRA sparen. Es genügt völlig, diesen Wert aus der Auftragszeit zu berechnen. Dann vereinfacht sich das Durchlaufelement zu der Darstellung in *Bild 3.5c*. Zu seiner Berechnung sind nur der Abmeldezeitpunkt TBEV am

Vorgänger-Arbeitsplatz, der Abmeldezeitpunkt am betrachteten Arbeitsplatz TBE und die aus der Auftragszeit resultierende Durchführungszeit ZDF erforderlich.

Das Vorgehen zur Berechnung des vereinfachten Durchlaufelementes soll zunächst allgemein anhand von *Bild 3.6* diskutiert werden [14]. *Die Durchlaufzeit ZDL errechnet sich aus der Differenz der Abmeldezeitpunkte TBEV und TBE.* Um die Übergangszeit ZUE errechnen zu können, muß die Durchführungszeit ZDF bekannt sein. Sie ergibt sich aus der um den Zeitgrad GZE korrigierten Auftragszeit ZAU, bezogen auf die Tageskapazität TKAP des betrachteten Arbeitssystems. Beträgt beispielsweise die vorgegebene Auftragszeit (Vorgabezeit) 12 Stunden und der Zeitgrad 120%, so wird das Arbeitssystem 12 : 1,2 = 10 Stunden lang mit diesem Auftrag belegt. Wird an diesem System 8 Stunden pro Tag gearbeitet, beträgt die Durchführungszeit 10 : 8 = 1,25 Tage. Die *Auftragszeit* setzt sich für ein Los wiederum aus der *Rüstzeit* ZR und der *Bearbeitungszeit* je Auftrag ZBA zusammen. ZBA ist schließlich das Produkt aus der *Bearbeitungszeit je Einheit* ZBE und der *Losgröße* M.

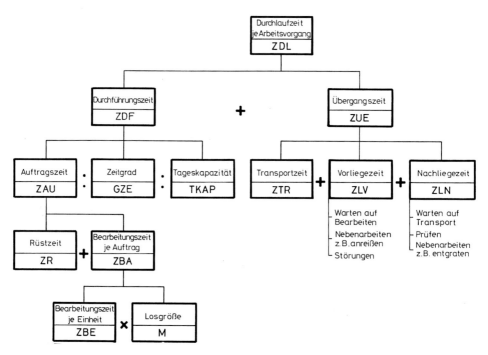

Bild 3.6 Zusammensetzung der Durchlaufzeit an einem Arbeitsplatz [Erdlenbruch, IFA]

Die *Übergangszeit* besteht aus den Komponenten *Transportzeit* ZTR und den *Liegezeiten* ZLN und ZLV. Die *Transportzeit* spielt nur bei einer schlechten Transportorganisation eine Rolle [14]. In den *Liegezeiten* sind häufig auch Arbeiten für die Qualitätsprüfung oder sonstige Tätigkeiten an diesem Arbeitsplatz enthalten, für die im Arbeitsplan keine Zeitvorgabe besteht; z. B. für Anreißen, Reinigen oder Entgraten der Werkstücke. Auch *Störungen* bedingen Liegezeiten, sind aber nur bei hochautomatisierten Fertigungs- und Montageanlagen von Bedeutung, die mit Taktzeiten im Minuten- oder gar Sekundenbereich arbeiten. Der weitaus überwiegende Anteil an der Übergangszeit ist die Liegezeit in der vor dem Arbeitsplatz befindlichen Warteschlange. Nur in besonderen Fällen, z. B. bei einer Schwachstellenuntersuchung, wird man diese Komponenten durch Erfassen der Einzelzeitpunkte ermitteln und auswerten.

Die weiteren Ausführungen legen daher zunächst das vereinfachte Durchlaufelement nach Bild 3.5c zugrunde, das nur aus den Bestandteilen Durchführungszeit ZDF und Übergangszeit ZUE besteht.

Die Bestimmung des Zeitpunktes für den Abgang eines Auftrages von einem Arbeitsplatz erfolgt in der Praxis entsprechend *Bild 3.7*. Bei Abmeldung eines Auftrages (hier Auftrag 4718) an einem Arbeitssystem A wird der Abmeldezeitpunkt (hier 7.18 Uhr am Tag 282) zweifach gebucht. Einerseits ist er Abgangszeitpunkt des Auftrages 4718 an diesem System und andererseits Zugangszeitpunkt an dem für diesen Auftrag nächsten Arbeitssystem B. Verläßt der betrachtete Auftrag 4718 das Arbeitssystem B, so ist der Abmeldezeitpunkt (hier 13.24 Uhr, Tag 285) gleichzeitig Abgangszeitpunkt am Arbeitssystem B und Zugangszeitpunkt am nächsten Arbeitssystem C gemäß Arbeitsplan.

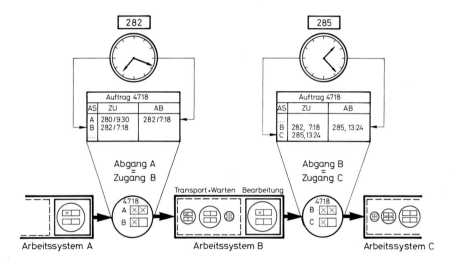

Durchlaufzeit Auftrag 4718 durch Arbeitssystem B: AB : Tag 285 13:24 Uhr
ZU : Tag 282   7:18 Uhr
Durchlaufzeit:3T, 6:06 Std

Bild 3.7 Messung der Durchlaufzeit an einem Arbeitssystem [Erdlenbruch, IFA]

Die *Durchlaufzeit ZDL für ein Durchlaufelement* errechnet sich dann mit den so gewonnenen Zeitpunkten wie folgt:

$$ZDL = TBEV - TBE \qquad (3.1)$$

TBEV = Abmeldezeitpunkt Vorgänger-Arbeitsplatz
TBE = Abmeldezeitpunkt am betrachteten Arbeitsplatz

Im Beispiel des Auftrages 4718 am Arbeitsplatz B ergibt sich:

$$
\begin{aligned}
ZDL &= \text{Tag 285, 13.24 Uhr} - \text{Tag 282, 7.18 Uhr} \\
&= (285 \text{ Tage} + 13 \text{ Std} + 24 \text{ min}) - (282 \text{ Tage} + 7 \text{ Std} + 18 \text{ min}) \\
&= 3 \text{ Tage} + 6 \text{ Std} + 6 \text{ min}
\end{aligned}
$$

Die Umrechnung der Bearbeitungszeit in Arbeitstage hängt offensichtlich von der täglichen Arbeitszeit ab. Allgemein gilt:

$$ZDL = ZDL_{Tage} + \frac{ZDL_{Minuten}}{TKAP}$$

ZDL = Durchlaufzeit
TKAP = Arbeitszeit in Minuten pro Tag

Für das Beispiel ergibt sich dann bei einer Arbeitszeit von 8 Stunden pro Tag:

$$ZDL_1 = 3 \text{ Tage} + \frac{6 \text{ Std} + 6 \text{ min}}{8 \text{ Std} / \text{Tag}} = 3 + \frac{366 \text{ min} \cdot \text{Tag}}{480 \text{ min}} = 3{,}7 \text{ Tage}$$

und bei 16 Stunden pro Tag (Zweischichtbetrieb):

$$ZDL_2 = 3 \text{ Tage} + \frac{366 \text{ min} \cdot \text{Tag}}{16 \cdot 60 \text{ min}} = 3{,}35 \text{ Tage}$$

Bei diesem fiktiven Beispiel bleiben die ganzen Durchlaufzeittage unberührt von der Arbeitszeit, da als Meldezeitpunkt Kalendertage und Tageszeit vorgegeben waren. In der Praxis könnte man annehmen, daß bei Zweischichtbetrieb die Durchlaufzeit insgesamt kürzer sein wird, so daß sich auch andere Abmeldezeitpunkte ergeben. Dies muß aber nicht der Fall sein, denn die Durchlaufzeit wird ja primär von der Liegezeit vor der Bearbeitung bestimmt, und diese ist neben der Kapazität auch abhängig von der Menge der Arbeit, die vor diesem Arbeitssystem auf Abfertigung wartet. (Auf diese Zusammenhänge gehen spätere Ausführungen noch genau ein.)

Die Berechnung der *Durchführungszeit ZDF* hängt offensichtlich davon ab, mit welcher *Kapazität* pro Tag (TKAP) die Auftragszeit ZAU abgearbeitet wird. Beispielsweise dauert ein Auftrag von 20 Stunden Vorgabezeit bei einem Zeitgrad von 1,0 und einschichtigem Betrieb (8 Std/Tag) 2,5 Tage, bei zweischichtigem Betrieb (16 Std/Tag) 1,25 Tage und bei dreischichtigem Betrieb 0,83 Tage.

Damit ergibt sich für die Durchführungszeit ZDF an einem Arbeitssystem und somit für einen Arbeitsvorgang eines Auftrages:

$$ZDF = \frac{ZAU}{TKAP \cdot GZE} \tag{3.3}$$

ZAU = Auftragszeit in Vorgabestunden
TKAP = Tageskapazität in Vorgabestunden pro Tag
GZE = Zeitgrad an diesem Arbeitssystem
     = gebrauchte Stunden/Vorgabestunden

Wie bereits mehrfach dargelegt, ist die Durchführungszeit ZDF klein gegenüber der Durchlaufzeit ZDL. Man macht daher keinen großen Fehler und spart unnötigen Erfassungs- und Rechenaufwand, wenn man den Zeitgrad gleich 1 setzt.

Dann vereinfacht sich die Berechnung der Durchführungszeit zu:

$$ZDF = \frac{ZAU}{TKAP} \tag{3.4}$$

ZAU = Auftragszeit in Vorgabestunden
     = (Rüstzeit + Losgröße × Zeit je Einheit)
TKAP = Tageskapazität in Vorgabestunden pro Tag

Wenn ZDF bekannt ist, lassen sich auch der Zeitpunkt TRA (Rüstanfang) und die Übergangszeit ZUE bestimmen.

Die Bestimmung des Zeitpunktes TRA erfolgt nach der Beziehung:

$$\boxed{TRA = TBE - ZDF}$$ (3.5)

TBE = Anmeldezeitpunkt
ZDF = Durchführungszeit

Die Übergangszeit ZUE ergibt sich ebenso einfach zu

$$\boxed{ZUE = ZDL - ZDF}$$ (3.6)

ZDL = Arbeitsvorgangs-Durchlaufzeit
ZDF = Arbeitsvorgangs-Durchführungszeit

Mit der Definition und den Berechnungsvorschriften für das Durchlaufelement kann nun die mittlere Durchlaufzeit definiert werden. Auch hier beginnt zunächst die Betrachtung an einem Arbeitssystem.

3.3 Einfache und gewichtete mittlere Durchlaufzeit an einem Arbeitssystem

Mittlere Durchlaufzeiten (-dauern) sind sowohl Gegenstand von Messungen, z. B. für Schwachstellenanalysen, als auch notwendig für Planungszwecke, z. B. bei der Durchlaufterminierung. Auch mittlere Durchlaufzeiten können sich auf Arbeitssysteme, Arbeitsvorgänge und Aufträge beziehen.

Üblicherweise geht man bei der Berechnung von Durchlaufzeit-Mittelwerten so vor, daß man die Einzeldurchlaufzeiten der Aufträge, die in einem bestimmten Zeitraum (Untersuchungs- oder Bezugszeitraum genannt) an einem Arbeitssystem abgemeldet werden, arithmetisch mittelt. Sie soll im folgenden *einfache mittlere Durchlaufzeit ZDL_m* heißen.

Als Beziehung läßt sich hierfür angeben:

$$ZDL_m = \frac{1}{n} (ZDL_1 + ZDL_2 + \ldots + ZDL_n)$$

$$\boxed{ZDL_m = \frac{\sum_{i=1}^{n} ZDL_i}{n}}$$ (3.7)

ZDL_m = einfache mittlere Durchlaufzeit
ZDL_i = Durchlaufzeit des Auftrages i
      = $TBE_i - TBEV_i$
n   = Anzahl der betrachteten Aufträge

Es wird also berechnet, wie lange ein Auftrag, d. h. ein Los, im Mittel an einem Arbeitssystem verweilt.

Man kann sich diesen Vorgang auch an einem Trichtermodell vorstellen *(Bild 3.8)*, das in dieser Form von Kettner und Bechte entwickelt wurde [15] und von großer Bedeutung für das Verständnis des Fertigungsablaufs ist.

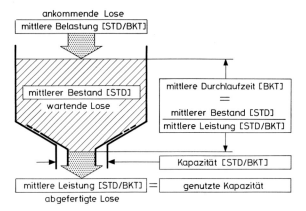

Bild 3.8 Trichtermodell eines Arbeitssystems [Kettner/Bechte, IFA]

Die ankommenden Lose bilden einen Bestand an wartenden Losen, die alle durch die Trichteröffnung hindurchwollen. Die Trichteröffnung entspricht der Kapazität, die in Grenzen veränderlich ist. Offensichtlich ist nun die mittlere Durchlaufzeit für ein eintreffendes Los um so größer, je höher die Anzahl wartender Lose ist. Sie ist um so geringer, je größer die genutzte Kapazität, also die Leistung des Arbeitssystems ist.

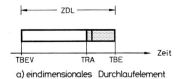

a) eindimensionales Durchlaufelement

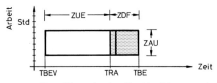

b) zweidimensionales Durchlaufelement, arbeitsbezogen

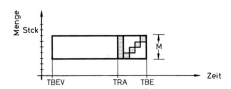

c) zweidimensionales Durchlaufelement, mengenbezogen

ZDL = TBE−TBEV : Durchlaufzeit   TBEV: Bearbeitungsende Vorgänger
ZUE = TRA−TBEV : Übergangszeit   TBE : Bearbeitungsende
ZDF = TBE−TRA : Durchführungszeit   TRA : Rüstanfang
                                      ZAU : Auftragszeit
                                      M   : Losgröße

Bild 3.9 Gegenüberstellung des arbeitsbezogenen und mengenbezogenen Durchlaufelementes

Im Gegensatz zur Linienfertigung, bei der die Kapazität und demnach auch die Leistung in Stück pro Stunde oder Stück pro Tag angegeben wird, ist dies bei der Werkstättenfertigung wegen der stark streuenden Auftragszeiten nicht möglich. Hier ist es üblich, die Kapazität in Stunden pro Tag anzugeben. Mit Stunden STD sind die Auftragsstunden ZAU gemeint; als Tag wird ein Arbeitstag definiert, häufig auch Betriebskalendertag BKT genannt.

Wenn die Kapazität und die Leistung in Stunden angegeben sind, ist es sinnvoll, auch den Bestand an Losen nicht in Stück, sondern in Stunden anzugeben. Daraus folgt, daß jede einzelne Durchlaufzeit mit der Auftragszeit gewichtet werden muß.

Das eindimensionale Durchlaufelement erhält dadurch gewissermaßen eine zweite Dimension. Bechte hat hierfür den Begriff *zweidimensionales Durchlaufelement* geprägt [16]. Wenn diese zweite Dimension der Arbeitsinhalt in Stunden ist, kann man vom *arbeitsbezogenen zweidimensionalen Durchlaufelement* sprechen [17] (vgl. Bild 3.5 d). Ist die Dimension die Stückzahl der im Auftrag enthaltenen Teile, heißt es zweckmäßig *mengenbezogenes zweidimensionales Durchlaufelement. Bild 3.9* veranschaulicht die drei Begriffe noch einmal in einer Gegenüberstellung.

Den weiteren Ausführungen wird das arbeitsbezogene zweidimensionale Durchlaufelement zugrunde gelegt. Die entsprechende Arbeitssystem-Durchlaufzeit soll im Unterschied zur einfachen Durchlaufzeit *gewichtete Durchlaufzeit* heißen. Sie hat die Dimension Tage × Stunden. Der Mittelwert der gewichteten Durchlaufzeit heißt dementsprechend *gewichtete mittlere Durchlaufzeit*.

Da es erfahrungsgemäß sehr schwierig ist, sich unter der gewichteten mittleren Durchlaufzeit etwas Anschauliches vorzustellen, soll sie im folgenden zunächst an einem einfachen Beispiel erläutert werden. In *Bild 3.10* sind im oberen Bildteil die Durchlaufdauern von vier Aufträgen 1 bis 4 über der Kalender-Zeitachse aufgetragen. Die Mittelwertbildung ergibt für ZDL_m einen Wert von 8,5 Tagen.

Bei der gewichteten Durchlaufzeit interessiert aber nicht die Anzahl der Aufträge, sondern die Arbeit, gemessen in Stunden, die durch das Arbeitssystem gelaufen ist. Man multipliziert (gewichtet) daher jede Durchlaufzeit mit dem Arbeitsinhalt, also der Auftragszeit ZAU, so daß eine Fläche entsteht, die man als gewichtete Durchlaufzeit dieses Arbeitsvorganges deuten kann.

Zur Mittelwertbildung muß man dann konsequenterweise die Summe dieser Flächen durch die Anzahl der abgefertigten Stunden dividieren, so daß sich ergibt:

$$ZDL_{mg} = \frac{ZDL_1 \cdot ZAU_1 + ZDL_2 \cdot ZAU_2 + ...ZDL_n \cdot ZAU_n}{ZAU_1 + ZAU_2 + ... ZAU_n}$$

$$ZDL_{mg} = \frac{\sum\limits_{i=1}^{n} ZDL_i \cdot ZAU_i}{\sum\limits_{i=1}^{n} ZAU_i} \tag{3.8}$$

ZDL_{mg} = gewichtete mittlere Durchlaufzeit
ZDL_i = Durchlaufzeit des Auftrages i
ZAU_i = Auftragszeit des Auftrages i

Bild 3.10 b zeigt die mit der Auftragszeit gewichteten Durchlaufzeiten der Aufträge 1 bis 4 des Bildes 3.10 a als Flächen sowie die numerische Berechnung der gewichteten mittleren

Durchlaufzeit. Der Wert von ZDL_{mg} liegt mit 10,7 Tagen mehr als 2 Tage höher als der einfache Mittelwert ZDL_m mit 8,5 Tagen.

Der gewichtete Mittelwert der Durchlaufzeit gibt also an, wie lange es im Mittel dauert, bis eine Arbeitseinheit (z. B. 1 Stunde), durch das betrachtete Arbeitssystem gelaufen ist.

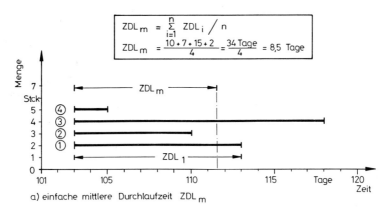

a) einfache mittlere Durchlaufzeit ZDL_m

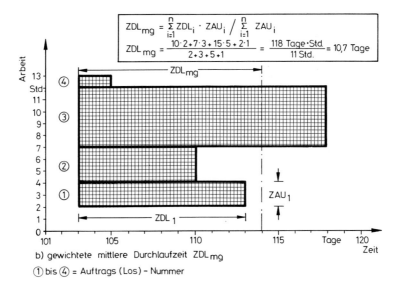

b) gewichtete mittlere Durchlaufzeit ZDL_{mg}

①bis④ = Auftrags (Los) - Nummer

Bild 3.10 Einfache und gewichtete mittlere Durchlaufzeit an einem Arbeitssystem
Fall A: Gewichtete Durchlaufzeit größer ungewichtete Durchlaufzeit

Grundsätzlich kann die gewichtete mittlere Durchlaufzeit größer, gleich oder kleiner als die einfache mittlere Durchlaufzeit sein. Den erstgenannten Fall zeigt bereits Bild 3.10.

Daß einfache und gewichtete mittlere Durchlaufzeiten gleich sind, ist in zwei Situationen denkbar. Entweder alle Durchführungszeiten ZAU oder alle Durchlaufzeiten ZDL sind gleich.

Bild 3.11 zeigt die erste Möglichkeit. Hier soll die Durchführungszeit für alle Aufträge eine Stunde betragen. Da die Streuung der Durchführungszeit Null ist, sind einfacher und gewichteter Durchlaufzeitwert gleich. Ein Los fließt im Mittel gleich schnell wie eine Stunde Arbeit durch den Arbeitsplatz.

In einem solchen Fall wird man auch den Bestand in Stück angeben können, ebenso wie die Leistung und die Kapazität dann in Stück pro Tag, Woche oder Monat anzugeben ist. Die Streuung der Durchlaufzeit wird in diesem Fall ausschließlich von der Streuung der Übergangszeit ZUE bestimmt, da ja die Durchführungszeit ZDF – konstante Kapazität vorausgesetzt – immer gleich ist.

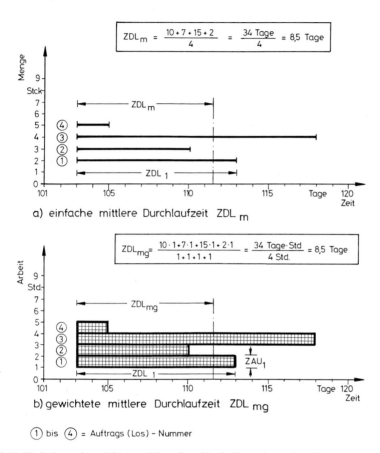

a) einfache mittlere Durchlaufzeit ZDL$_m$

b) gewichtete mittlere Durchlaufzeit ZDL$_{mg}$

① bis ④ = Auftrags (Los) - Nummer

Bild 3.11 Einfache und gewichtete mittlere Durchlaufzeit an einem Arbeitssystem
Fall B 1: Gewichtete gleich ungewichtete Durchlaufzeit; Auftragszeit konstant

Im Fall gleicher Einzel-Durchlaufzeiten, aber unterschiedlicher Auftragszeiten, sind ZDL$_m$ und ZDL$_{mg}$ auch gleich *(Bild 3.12)*. Dieser Fall ist allerdings eher hypothetischer Natur und wird in der Praxis kaum anzutreffen sein.

Schließlich kann die gewichtete mittlere Durchlaufzeit auch kleiner sein als die einfache mittlere Durchlaufzeit. *Bild 3.13* zeigt ein Beispiel, bei dem dies zutrifft. In der Praxis ist dies zu beobachten, wenn die Aufträge mit großem Arbeitsinhalt im Mittel schneller abgefertigt werden als solche mit kleinem Arbeitsinhalt. Dies ist z. B. dann der Fall, wenn die Prioritätsregel LOZ (Längste Operationszeit) angewandt wird.

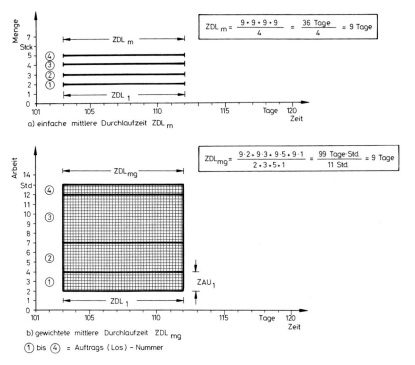

Bild 3.12 Einfache und gewichtete mittlere Durchlaufzeit an einem Arbeitssystem
Fall B 2: Gewichtete gleich ungewichtete Durchlaufzeit; Durchlaufzeit konstant

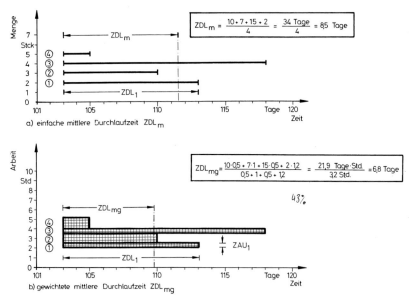

Bild 3.13 Einfache und gewichtete mittlere Durchlaufzeit an einem Arbeitssystem
Fall C: Gewichtete Durchlaufzeit kleiner ungewichtete Durchlaufzeit

3.4 Auftrags-Durchlaufzeiten

Nach der Definition des Durchlaufelementes läßt sich nun auch die *Auftrags-Durchlaufzeit ZDA* definieren *(Bild 3.14)* [14]. Sie besteht aus der Summe der einzelnen Arbeitsvorgangs-Durchlaufzeiten der von diesem Auftrag durchlaufenen Arbeitsplätze. Für das erste Durchlaufelement gibt es keinen Vorgänger-Arbeitsplatz im eigentlichen Sinne. Man wählt daher den Auftragseinstoßtermin TAE (auch Auftragsfreigabe genannt) als Beginntermin und definiert ihn als den Zeitpunkt, zu dem das Ausgangsmaterial als bereitgestellt gemeldet wird. Damit geht das bereitgestellte Material zum Zeitpunkt TAE in den Bestand des ersten Arbeitsplatzes ein. Der Auftrag ist beendet mit dem Auftragsfertigstellungzeitpunkt TAF, der gleichzeitig Bearbeitungsende des letzten Arbeitsvorganges ist.

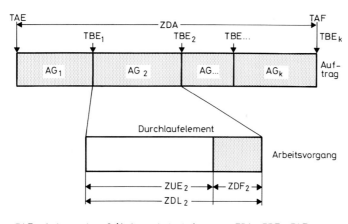

TAE : Auftragseinstoß (Auftragsfreigabe) $ZDA = TBE_k - TAE$
TBE_k: Bearbeitungsende Arbeitsvorgang AG_k
TAF : Auftragsfertigstellung

Bild 3.14 Zusammensetzung des Auftragsdurchlaufs aus eindimensionalen Durchlaufelementen

Dann berechnet sich die Auftrags-Durchlaufzeit (-dauer) zu:

$$ZDA = TAF - TAE$$

TAF = Zeitpunkt Auftragsfertigstellung   (3.9)
TAE = Zeitpunkt Auftragseinstoß

Auch hier muß, wie bereits bei der Diskussion der Durchlaufzeit ZDL an einem Arbeitsplatz gezeigt wurde (vgl. Gl. 3.2), auf die Dauer der täglichen Arbeitsstunden geachtet werden.

Man kann die Auftrags-Durchlaufzeit ZDA auch aus der Summe der Arbeitsvorgangs-Durchlaufzeiten ZDL gewinnen. Dann gilt:

$$ZDA = ZDL_1 + ZDL_2 + \dots ZDL_k$$

$$ZDA = \sum_{i=1}^{k} ZDL_i$$

(3.10)

ZDL_i = Durchlaufzeit des Arbeitsvorganges i
k   = Anzahl der Arbeitsvorgänge

Bei der Berechnung des Mittelwertes der Auftrags-Durchlaufzeit ist entsprechend der Mittelwertberechnung der Arbeitssystem-Durchlaufzeit ZDL zwischen dem einfachen und dem gewichteten Mittelwert zu unterscheiden.

Für den einfachen Mittelwert ZDA_m der Auftrags-Durchlaufzeit von n Aufträgen gilt:

$$ZDA_m = \frac{ZDA_1 + ZDA_2 + \ldots ZDA_n}{n}$$

$$ZDA_m = \frac{\sum_{i=1}^{n} ZDA_i}{n} \tag{3.11}$$

$$ZDA_m = \frac{\sum_{i=1}^{n} \sum_{j=1}^{ki} ZDL_{i,j}}{n} \tag{3.12}$$

$ZDL_{i,j}$ = Durchlaufzeit des Arbeitsvorganges j des Auftrages i
ki   = Anzahl der Arbeitsvorgänge des Auftrages i
n   = Anzahl der Aufträge
ZDA_i = Durchlaufzeit des Auftrages i

Definiert man die mittlere Anzahl Arbeitsvorgänge je Auftrag zu:

$$AV_m = \frac{k_1 + k_2 + \ldots + k_n}{n}$$

$$AV_m = \frac{\sum_{i=1}^{n} i \sum_{j=1}^{ki} j}{n} \tag{3.13}$$

j = Arbeitsvorgang j des Auftrages i
k = Anzahl Arbeitsvorgänge des Auftrages i
n = Anzahl der betrachteten Aufträge

und die mittlere Arbeitsvorgangs-Durchlaufzeit der untersuchten Aufträge zu:

$$ZDL_m = \frac{\sum_{i=1}^{n} \sum_{j=1}^{ki} ZDL_{i,j}}{\sum_{i=1}^{n} ki} \tag{3.14}$$

$ZDL_{i,j}$ = Durchlaufzeit des Arbeitsvorganges j des Auftrages i
ki   = Anzahl Arbeitsvorgänge des Auftrages i
n   = Anzahl der betrachteten Aufträge

dann läßt sich ZDA_m auch definieren zu:

$$ZDA_m = ZDL_m \cdot AV_m \qquad\qquad (3.15)$$

Entsprechend der Definition der gewichteten Durchlaufzeit

$$ZDL_g = ZDL \cdot ZAU$$

(vgl. Bild 3.9) ergibt sich dann die gewichtete mittlere Auftrags-Durchlaufzeit ZDA_{mg} zu:

$$ZDA_{mg} = \frac{\sum\limits_{i=1}^{n} \sum\limits_{j=1}^{kj} ZDL_{i,\,j} \cdot ZAU_{i,\,j}}{\sum\limits_{i=1}^{n} \sum\limits_{j=1}^{kj} ZAU_{i,\,j}} \qquad\qquad (3.16)$$

Mit diesen einfachen Definitionen ist es möglich, das Durchlaufverhalten von Arbeitssystemen und Aufträgen basierend auf einem gemeinsamen Element, dem Durchlaufelement, zu beschreiben.

3.5 Statistische Auswertung von Arbeitsplatz-Durchlaufzeiten

3.5.1 Absolute und relative Häufigkeitsverteilung der einfachen und gewichteten Durchlaufzeit

Zur Auswertung von Meßwerten ist es üblich, diese in Klassen einzuteilen und daraus Häufigkeitsverteilungen und statistische Kennwerte zu bestimmen. Die für die Durchlaufzeit wesentlichen Werte sind zunächst der einfache und der gewichtete Mittelwert ZDL_m bzw. ZDL_{mg}.

Um dem Leser selbständig eine Auswertung zu ermöglichen, soll nun ein Beispiel durchgearbeitet werden. Dazu enthält *Tabelle 3.1* in den Spalten 1 bis 3 einen aus der Praxis stammenden Auszug aus einer Liste von Fertigmeldungen für einen Arbeitsplatz [17]. Neben der Auftrags-Nummer (Spalte 1) enthält Spalte 2 den Zugangstermin TBEV (d. h. den Abgangstermin des Vorgänger-Arbeitsplatzes) ausgedrückt als Kalendertag, Spalte 3 den Abgangstermin TBE vom untersuchten Arbeitsplatz als Kalendertag und Spalte 4 die den Arbeitspapieren entnommene Auftragszeit ZAU in Vorgabestunden. In diesem Beispiel wurden die Rückmeldungen nur tagegenau erfaßt, wie dies in der Praxis oft üblich ist.

Der erste Schritt der Rechnung besteht in der Ermittlung der Durchlaufzeit jedes Auftrages durch Subtraktion von Abgangs- und Zugangstermin. Das Ergebnis zeigt Spalte 5 als Durchlaufzeit ZDL in Kalendertagen. Aus der Summe der Durchlaufzeit dividiert durch die Anzahl der Aufträge errechnet sich die einfache mittlere Durchlaufzeit ZDL_m zu 284 : 20 = 14,2 Tage. Als ‚Nebenergebnis' erhält man auch die einfache mittlere Auftragszeit ZAU_m zu 146 Stunden : 20 = 7,3 Stunden. Auf die Bedeutung von Spalte 6 wird später eingegangen.

a) Tabelle der Ausgangswerte

AUFTRAGS-NUMMER	ZUGANGS-TERMIN TBEV [Tag]	ABGANGS-TERMIN TBE [Tag]	AUFTRAGS-ZEIT ZAU [Std]	DURCHLAUF-ZEIT ZDL [Tage]	ZAU·ZAU [Std·Std]
1	2	3	4	5	6
115	181	206	0,5	25	0,3
119	194	207	11,4	13	130,0
110	170	208	15,4	38	237,2
125	206	208	3,8	2	14,4
120	194	209	6,8	15	46,2
124	205	212	9,6	7	92,2
118	195	213	7,7	18	59,3
127	208	213	5,3	5	28,1
121	199	214	8,8	15	77,4
126	208	219	2,6	11	6,8
131	213	220	2,1	7	4,4
116	187	220	7,4	33	54,8
108	202	222	13,8	20	190,4
117	198	222	4,2	24	17,6
135	219	226	6,9	7	47,6
132	215	226	13,8	11	190,4
140	222	227	5,1	5	26,0
123	207	229	13,6	22	185,0
145	227	229	5,1	2	26,0
142	226	230	2,1	4	4,4
20	◄ SUMME ►		146,0	284	1438,5

b) Berechnung der Klassenwerte

DURCHLAUF-ZEIT-KLASSE [Tage]	ANZAHL ABSOLUT [-]	ANZAHL RELATIV [%]	ARBEIT ABSOLUT [Std]	ARBEIT RELATIV [%]	KLASSENWERT x ANZAHL [Tage]	KLASSENWERT x ARBEIT [Tage·Std]
7	8	9	10	11	12	13
2	2	10,0	8,9	6,1	4	17,8
4	1	5,0	2,1	1,4	4	8,4
5	2	10,0	10,4	7,1	10	52,0
7	3	15,0	18,6	12,7	21	130,2
11	2	10,0	16,4	11,2	22	180,4
13	1	5,0	11,4	7,8	13	148,2
15	2	10,0	15,6	10,7	30	234,0
18	1	5,0	7,7	5,3	18	138,6
20	1	5,0	13,8	9,5	20	276,0
22	1	5,0	13,6	9,3	22	299,2
24	1	5,0	4,2	2,9	24	100,8
25	1	5,0	0,5	0,3	25	12,5
33	1	5,0	7,4	5,1	33	244,2
38	1	5,0	15,4	10,6	38	585,2
SUMME ►	20	100,0	146,0	100,0	284	2 427,5

Mittelwert einfache Auftragszeit:

$$ZAU_m = \frac{146 \text{ Std}}{20} = 7,3 \text{ Std}$$

Mittelwert gewichtete Auftragszeit:

$$ZAU_{mg} = \frac{1438,5 \text{ Std·Std}}{146 \text{ Std}} = 9,9 \text{ Std}$$

Mittelwert einfache Durchlaufzeit:

$$ZDL_m = \frac{284 \text{ Tage}}{20} = 14,2 \text{ Tage}$$

Mittelwert gewichtete Durchlaufzeit:

$$ZDL_{mg} = \frac{2427,5 \text{ Tage·Std}}{146 \text{ Std}} = 16,6 \text{ Tage}$$

Einfacher mittlerer Durchführungszeitanteil: [*]

$$AZD_m = \frac{7,3 \text{ Std}}{8 \text{ Std/Tag·}14,2 \text{ Tage}} = 6,4 \text{ \%}$$

Gewichteter mittlerer Durchführungszeitanteil: [*]

$$AZD_{mg} = \frac{9,9 \text{ Std}}{8 \text{ Std/Tag·}16,6 \text{ Tage}} = 7,5 \text{ \%}$$

[*] Annahme: Tageskapazität TKAP = 8 Std/Tag

Tabelle 3.1 Beispiel zur Berechnung der einfachen und der gewichteten Durchlaufzeitverteilung und des einfachen und des gewichteten Mittelwertes der Durchlaufzeit mittels Klassenbildung (in Kalendertagen)

Nun werden Durchlaufzeitklassen gebildet, hier zweckmäßigerweise in Schritten von einem Tag (Spalte 7). Je vorhandener Durchlaufzeitklasse ordnet man anhand von Spalte 5 die einzelnen Aufträge in die zugehörige Klasse ein. Beispielsweise sind in der Klasse 2 die Aufträge Nr. 125 und Nr. 145 enthalten. In Spalte 8 steht daher eine 2, das sind, bezogen auf die Summe von 20 Aufträgen, 10% (Spalte 9), auch relative Häufigkeit der Anzahl genannt. In Spalte 10 ist die Summe der in dieser Klasse enthaltenen Auftragszeiten eingetragen, für die Klasse 2 also die Summe von Auftrag 125 (3,8 Std) und Auftrag 145 (5,1 Std), nämlich 8,9 Stunden. Auch diese Werte können wieder auf die Summe aller Auftragszeiten (146,0 Std) bezogen werden, wodurch Spalte 11 entsteht, der relative Anteil der Arbeit. In Spalte 12 wird nun die Durchlaufzeit pro Klasse aufsummiert, also die Summe der Produkte aus Spalte 7 und Spalte 8 gebildet. Sie ergibt mit 284 Tagen erwartungsgemäß die schon als Summenwert der Spalte 5 bekannte Summe aller Durchlaufzeiten. Dividiert man diesen Summenwert durch die Anzahl der Aufträge (Summenwert Spalte 8), ist das Ergebnis die einfache mittlere Durchlaufzeit ZDL_m mit dem ebenfalls schon bekannten Wert 14,2 Tage.

Zur Ermittlung der gewichteten Durchlaufzeit wird nun in Spalte 13 die gewichtete Durchlaufzeit für jede Klasse berechnet. Man muß also den Klassenwert (die Länge der Durchlaufzeit) mit der in dieser Klasse enthaltenen Auftragszeit multiplizieren (Spalte 7 mal Spalte 10).

Dividiert man den Summenwert von Spalte 13 durch den Summenwert von Spalte 10, ergibt sich die gewichtete mittlere Durchlaufzeit ZDL_{mg} zu 2427,5 Tage · Std : 146 Std = 16,6 Tage. Sie ist damit größer als die einfache mittlere Durchlaufzeit ZDL_m = 14,2 Tage. Der Unterschied ist in diesem Beispiel nicht sehr groß. Bei vielen Arbeitsplätzen in der Industrie sind die Unterschiede wesentlich größer.

Man kann die gefundenen Werte nun in ein Häufigkeitsdiagramm einzeichnen. *Bild 3.15* zeigt die Häufigkeitsverteilung der Anzahl und der Auftragsstunden mit ihren absoluten Werten (Spalten 8 und 10, Tabelle 3.1). Eingetragen sind ferner die einfache und die gewichtete mittlere Durchlaufzeit. Zweckmäßig ist es, zusätzlich die Anzahl der Meßwerte sowie die Summenwerte der Durchlauf- und Auftragszeiten im Bild festzuhalten; auch die Bezeichnung und die Nummer des untersuchten Arbeitssystems sowie der Erfassungszeitraum sollten nicht fehlen.

Aussagekräftiger als die absoluten Häufigkeitswerte sind die relativen Häufigkeitswerte (Tabelle 3.1, Spalten 9 und 11). In *Bild 3.16* sind die entsprechenden Werte aufgetragen. Aus der Gegenüberstellung wird so unmittelbar deutlich, wie sich Anzahl und Auftragszeit je Klasse relativ zueinander verhalten.

Für die Berechnung des Mittelwertes der einfachen und der gewichteten Durchlaufzeit bei der Auswertung in Durchlaufzeitklassen ergeben sich demnach folgende Gleichungen:

Die einfache mittlere Durchlaufzeit ist:

$$ZDL_m = \frac{1}{n} (n_1 \cdot ZDLK_1 + n_2 \cdot ZDLK_1 + \ldots n_k \cdot ZDLK_k)$$

$$\boxed{ZDL_m = \frac{\sum\limits_{i=1}^{k} n_i \cdot ZDLK_i}{n}} \qquad (3.17)$$

k = Anzahl der Durchlaufzeit-Klassen
$ZDLK_i$ = oberer Klassenwert (Ordnung) der Klasse i
n_i = Anzahl der Werte in Klasse i
n = Anzahl der Meßwerte

Und die gewichtete mittlere Durchlaufzeit (Gl. 3.8) ist:

$$ZDL_{mg} = \frac{ZDLK_1 \cdot ZAUS_1 + ZDLK_2 \cdot ZAUS_2 + \ldots ZDLK_k \cdot ZAUS_k}{ZAU_1 + ZAU_2 + \ldots + ZAU_k}$$

$$\boxed{ZDL_{mg} = \frac{\sum\limits_{i=1}^{k} ZDLK_i \cdot ZAUS_i}{\sum\limits_{i=1}^{k} ZAUS_i}} \qquad (3.18)$$

k = Anzahl der Durchlaufzeit-Klassen
$ZDLK_i$ = oberer Klassenwert (Ordnung) der Klasse i
$ZAUS_i$ = Summenwert der Auftragszeiten der Klasse i

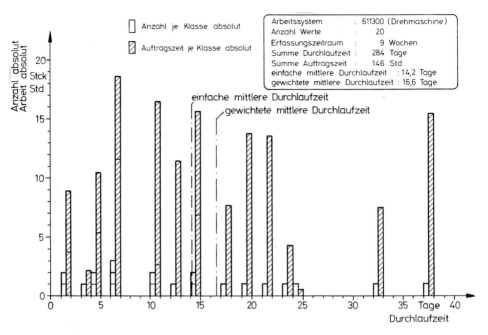

Bild 3.15 Absolute Häufigkeitsverteilung der Durchlaufzeit in Kalendertagen an einem Arbeitsplatz nach Anzahl und Auftragszeit (Praxisbeispiel Drehmaschine)

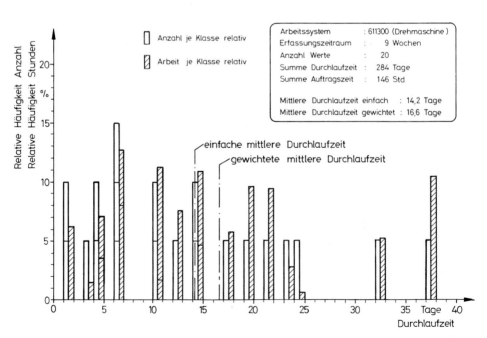

Bild 3.16 Relative Häufigkeitsverteilung der Durchlaufzeit in Kalendertagen an einem Arbeitsplatz nach Anzahl und Auftragszeit (Praxisbeispiel Drehmaschine)

3.5.2 Einfache und gewichtete mittlere Durchführungszeit

Die Durchführungszeit war in Abschnitt 3.2 (Gl. 3.3) definiert worden zu:

$$ZDF = \frac{ZAU}{TKAP \cdot GZE}$$

ZAU = Auftragszeit
TKAP = Tageskapazität
GZE = Zeitgrad

Wie ebenfalls schon gezeigt wurde (Gl. 3.4), kann man diese Gleichung vereinfachen zu:

$$ZDF = \frac{ZAU}{TKAP}$$

In *Bild 3.17a* ist dieser Fall an einem sehr einfachen Beispiel verdeutlicht; die Zahlen für die einzelnen Durchlaufzeiten sind dieselben wie in Bild 3.10.

Die allgemeine Beziehung für die *einfache mittlere Durchführungszeit ZDF$_m$* an einem Arbeitssystem lautet:

$$ZDF_m = \frac{1}{n} (ZDF_1 + ZDF_2 + \dots ZDF_n)$$

$$\boxed{ZDF_m = \frac{1}{n} \sum_{i=1}^{n} ZDF_i} \qquad\qquad (3.19)$$

ZDF$_i$ = Einzelwert der Durchführungszeit
n   = Anzahl der Meßwerte

Mit $ZDF = \dfrac{ZAU}{TKAP}$ (Gl. 3.4)

gilt dann auch (bei TKAP = konstant):

$$ZDF_m = \frac{1}{n} \left(\frac{ZAU_1}{TKAP} + \frac{ZAU_2}{TKAP} + \dots \frac{ZAU_n}{TKAP} \right)$$

$$\boxed{ZDF_m = \frac{1}{n \cdot TKAP} \cdot \sum_{i=1}^{n} ZAU_i} \qquad\qquad (3.19a)$$

ZAU$_i$ = Einzelwert der Auftragszeit
n   = Anzahl der Meßwerte
TKAP = Tageskapazität

In Bild 3.17a ergibt sich damit ZDF$_m$ zu 1,38 Tagen.

Für die Werte aus Tabelle 3.1 ergibt sich unter der Annahme einer Tageskapazität von 8 Stunden/Tag:

$$ZDF_m = \frac{146 \ Std \cdot Tag}{20 \cdot 8 \ Std} = 0,9 \ Tage$$

Analog zur gewichteten mittleren Durchlaufzeit ZDL$_{mg}$ kann man nun auch eine *gewichtete mittlere Durchführungszeit* ZDF$_{mg}$ definieren.

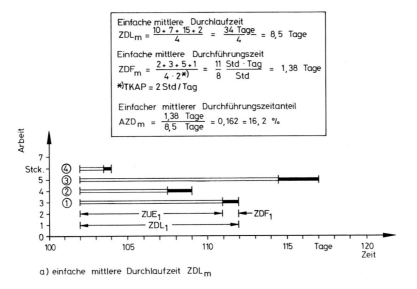

a) einfache mittlere Durchlaufzeit ZDL$_m$

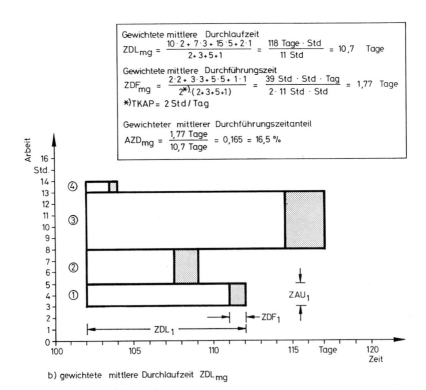

b) gewichtete mittlere Durchlaufzeit ZDL$_{mg}$

Bild 3.17 Berechnung der einfachen und der gewichteten mittleren Durchlaufzeit eines Arbeitsplatzes

Die gewichtete Durchführungszeit ZDF_g eines Arbeitsvorganges ist zunächst unter der Annahme, daß der Zeitgrad gleich eins ist:

$$ZDF_g = \frac{ZAU}{TKAP} \cdot ZAU \qquad (3.20)$$

ZAU = Auftragszeit
TKAP = Tageskapazität

Die gewichtete mittlere Durchführungszeit ZDF_{mg} errechnet sich allgemein zu:

$$ZDF_{mg} = \frac{ZDF_1 \cdot ZAU_1 + ZDF_2 \cdot ZAU_2 + \dots ZDF_n \cdot ZAU_n}{ZAU_1 + ZAU_2 + \dots ZAU_n}$$

$$ZDF_{mg} = \frac{\sum\limits_{i=1}^{n} ZDF_i \cdot ZAU_i}{\sum\limits_{i=1}^{n} ZAU_i} \qquad (3.21)$$

ZDF_i = Durchführungszeit Arbeitsvorgang i
ZAU_i = Auftragszeit Arbeitsvorgang i
n = Anzahl der Meßwerte

Mit $\quad ZDF = \dfrac{ZAU}{TKAP}$

läßt sich auch hier umformen zu:

$$ZDF_{mg} = \frac{ZAU_1 \cdot ZAU_1 + ZAU_2 \cdot ZAU_2 + \dots ZAU_n \cdot ZAU_n}{TKAP \, (ZAU_1 + ZAU_2 + \dots ZAU_n)}$$

$$ZDF_{mg} = \frac{\sum\limits_{i=1}^{n} (ZAU_i)^2}{TKAP \cdot \sum\limits_{i=1}^{n} ZAU_i} \qquad (3.22)$$

ZAU_i = Auftragszeit Arbeitsvorgang i
n = Anzahl der Meßwerte
TKAP = Tageskapazität

Demnach ergibt sich die gewichtete mittlere Durchführungszeit im Beispiel von Bild 3.17 b zu 1,77 Tagen. Im Gegensatz zur Durchlaufzeit ist die gewichtete mittlere Durchführungszeit bei konstanter Tageskapazität gleich oder größer als der einfache Mittelwert, aber nie kleiner als dieser und hängt nur vom einfachen Mittelwert der Durchführungszeit und der Streuung der Einzelwerte ab.

Für die Meßreihe aus Tabelle 3.1 ist zur Bestimmung von ZDF_{mg} zunächst die gewichtete mittlere Auftragszeit ZAU_{mg} berechnet worden. Durch Multiplikation des Wertes von ZAU in Spalte 4 mit sich selbst ist die Spalte 6 entstanden. Die Summe dieser Werte dividiert durch die Summe der ungewichteten Auftragszeiten ergibt dann für ZAU_{mg} in diesem Fall 9,9 Stunden. Nimmt man ferner die Tageskapazität TKAP mit 8 Std/Tag an, so ergibt sich die gewichtete mittlere Durchführungszeit ZDF_{mg} in diesem Fall zu:

$$ZDF_{mg} = 9{,}9 : 8 = 1{,}2 \text{ Tage.}$$

3.5.3 Einfacher und gewichteter mittlerer Durchführungszeitanteil

Eine weitere wichtige Kenngröße zur Durchlaufzeitbeurteilung ist das Verhältnis von Autragszeit zu Durchführungszeit, der sogenannte *Durchführungszeitanteil* AZD. Er wird definiert zu:

$$AZD = \frac{ZDF}{ZDL} \qquad (3.23)$$

ZDF = Durchführungszeit
ZDL = Durchlaufzeit

Damit eine dimensionslose Zahl entsteht, muß ZDF in derselben Dimension ausgedrückt werden wie ZDL, z. B. in Tagen. Falls ZDF nicht schon in Tagen angegeben wurde, ist also eine Umrechnung der Ausführungszeit in die Durchführungszeit ZDF erforderlich.

Der *einfache mittlere Durchführungszeitanteil* AZD$_m$ ist dann allgemein:

$$AZD_m = \frac{(ZDF_1 + ZDF_2 + \dots ZDF_n) \cdot 1/n}{(ZDL_1 + ZDL_2 + \dots ZDL_3) \cdot 1/n}$$

$$AZD_m = \frac{\sum\limits_{i=1}^{n} ZDF_i}{\sum\limits_{i=1}^{n} ZDL_i} \qquad (3.24)$$

$$AZD_m = \frac{ZDF_m}{ZDL_m} \qquad (3.25)$$

ZDF$_i$ = Einzelwert der Durchführungszeit
ZDL$_i$ = Einzelwert der Durchlaufzeit
n   = Anzahl der Meßwerte

Nach der Definition der gewichteten mittleren Durchführungszeit kann nun auch der *gewichtete mittlere Durchführungszeitanteil AZD$_{mg}$ definiert werden zu:*

$$AZD_{mg} = \frac{\frac{1}{n}(ZDF_1 \cdot ZAU_1 + ZDF_2 \cdot ZAU_2 + \dots ZDF_n \cdot ZAU_n)}{\frac{1}{n}(ZDL_1 \cdot ZAU_1 + ZDL_2 \cdot ZAU_2 + \dots ZDL_n \cdot ZAU_n)}$$

$$= \frac{\sum ZDF_i \cdot ZAU_i}{\sum ZDL_i \cdot ZAU_i}$$

Erweitert man diesen Ausdruck mit ZAU$_i$, so folgt mit den Gleichungen 3.8 und 3.21

$$AZD_{mg} = \frac{ZDF_{mg}}{ZDL_{mg}} \qquad (3.26)$$

ZDF$_i$ = Einzelwert der Durchführungszeit	ZAU$_i$ = Einzelwert der Auftragszeit
ZDL$_i$ = Einzelwert der Durchlaufzeit	n = Anzahl der Meßwerte

Im Beispiel des Bildes 3.17 ergeben sich dann:

$$AZD_m = 1,38 : 8,5 = 0,162 = 16,2\%$$

und

$$AZD_{mg} = 1,77 : 10,7 = 0,165 = 16,5\%$$

Für die 20 Werte der Tabelle 3.1 errechnen sich dann entsprechend AZD_m zu 6,4% und AZD_{mg} zu 7,5%.

Wie in Abschnitt 3.6 noch genau gezeigt wird, sind die Durchlaufzeitanteile wenig aussagefähig, wenn man sie auf Kalendertage bezieht, da es offensichtlich Zufall ist, ob eine Durchführungszeit und eine Übergangszeit von arbeitsfreien Tagen unterbrochen wird oder nicht. Je nachdem, wie die arbeitsfreien Tage liegen, können völlig unterschiedliche Werte für ZDL und ZDF und damit auch für AZD entstehen.

Auch muß noch auf eine Besonderheit bei der Berechnung der mittleren Durchlaufzeitanteile für die Werte in Tabelle 3.1 hingewiesen werden.

In Abschnitt 3.2 wurde ausführlich begründet, warum man die Durchführungszeit ZDF nicht aus der Differenz der beiden Zeitpunkte Bearbeitungsende TBE und Rüstanfang TRA berechnet, sondern aus der Auftragszeit ZAU und der Tageskapazität TKAP. Das bedeutet aber, daß Stillstandszeiten an arbeitsfreien Tagen, die ja sowohl in der Übergangszeit als während des Rüstens und Bearbeitens auftreten können, bei der Auftragszeit und damit der Durchführungszeit unberücksichtigt bleiben. Der in Tabelle 3.1 berechnete Wert für die einfache und die gewichtete Durchführungszeit ZDF ist also ein „synthetischer" Wert, der so in der Praxis nicht auftritt, während ZDL sehr wohl so in der Realität existiert, beruht er doch auf der Differenz zweier gemessener Zeitpunkte. Dies ist ein weiterer und gewichtiger Grund, die einfachen und gewichteten mittleren Durchführungszeitanteile, die sich auf Kalendertage beziehen, in dieser Form im allgemeinen nicht zu verwenden. Möchte man sie dennoch benutzen, ist entweder eine Berechnung aufgrund von gemessenen Zeitpunkten TBEV und TRA durchzuführen oder der tatsächliche Rüstbeginn ist anhand des Betriebskalenders und der aus der Auftragszeit berechneten reinen Durchführungszeit zu ermitteln.

3.5.4 Medianwert der einfachen und gewichteten Durchlaufzeit

Bei Häufigkeitsverteilungen ist es allgemein üblich, neben dem Mittelwert noch drei andere statistische Werte zu berechnen, die als Medianwert, Standardabweichung und Variationskoeffizient bezeichnet werden.

Der *Medianwert* (auch Zentralwert genannt) ist der Wert, der in der Mitte der Verteilung liegt. Er ist allgemein definiert zu

$$x_m = \begin{cases} x_{(n/2 \,+\, 1/2)}, \text{ falls n ungerade} \\ \frac{1}{2}\left(x_{(n/2)} + x_{(n/2 \,+\, 1)}\right), \text{ falls n gerade} \end{cases} \tag{3.27}$$

Für die Berechnung des *Medianwertes der einfachen Durchlaufzeit* ZDL_{med} ist es daher zweckmäßig, die Werte nach aufsteigender Größe zu ordnen. Um den Vorgang zu verdeutlichen, wurden die Meßwerte der Tabelle 3.1 nach der Durchlaufzeit (Spalte 5) aufsteigend geordnet und in eine neue *Tabelle 3.2* (Spalte 1 bis 3) übertragen.

Da es sich hier um eine gerade Anzahl von Werten handelt, ergibt sich aus Gleichung 3.27:

$$ZDL_{med} = \frac{1}{2}\left(ZDL_{10} + ZDL_{11}\right)$$

Aus Spalte 4 in Tabelle 3.2 kann man aus dem Summenwert der Anzahl erkennen, daß der 10. Wert die Durchlaufzeit 11 Tage und der 11. Wert 13 Tage Durchlaufzeit hat.

AUFTRAGS-NUMMER	DURCHLAUF-ZEIT ZDL [Tage]	AUFTRAGS-ZEIT ZAU [Std]	SUMMEN-WERT ANZAHL [-]	SUMMEN-WERT ZAU [Std]	$(ZDL_m - ZDL_i)^2$ [Tage^2]	$(ZDL_{mg} - ZDL_i)^2 \cdot ZAU$ [Std$^2 \cdot$ Tage]
1	2	3	4	5	6	7
125	2	3,8	1	3,8	148,8	810,0
145	2	5,1	2	8,9	148,8	1 087,1
142	4	2,1	3	11,0	104,0	333,4
127	5	5,3	4	16,3	84,6	713,2
140	5	5,1	5	21,4	84,6	686,3
124	7	9,6	6	31,0	51,8	884,7
131	7	2,1	7	33,1	51,8	193,5
135	7	6,9	8	40,0	51,8	635,9
126	11	2,6	9	42,6	10,2	81,5
132	11	13,8	10	56,4	10,2	432,8
119	13	11,4	11	67,8	1,4	147,7
120	15	6,8	12	74,6	0,6	17,4
121	15	8,8	13	83,4	0,6	22,5
118	18	7,7	14	91,1	14,4	15,1
108	20	13,8	15	104,9	33,6	159,5
123	22	13,6	16	118,5	60,8	396,6
117	24	4,2	17	122,7	96,0	230,0
115	25	0,5	18	123,2	116,6	35,3
116	33	7,4	19	130,6	353,4	1 990,3
110	38	15,4	20	146,0	566,4	7 052,6
SUMME ▶	284	146,0	20	146,0	1 990,4	15 925,4

Medianwert
einfache Durchlaufzeit: $ZDL_{med} = \dfrac{11 + 13 \text{ Tage}}{2} = 12,0 \text{ Tage}$

Medianwert
gewichtete Durchlaufzeit: $ZDL_{medg} = \dfrac{15 + 15 \text{ Tage}}{2} = 15,0 \text{ Tage}$

Standardabweichung
einfache Durchlaufzeit: $ZDL_S = \sqrt{\dfrac{1\,990,4 \quad \text{Tage}^2}{20}} = 10,0 \text{ Tage}$

Standardabweichung
gewichtete Durchlaufzeit: $ZDL_{Sg} = \sqrt{\dfrac{15\,925,4 \quad \text{Tage}^2 \cdot \text{Std}}{146}} = 10,4 \text{ Tage}$

Tabelle 3.2 Beispiel zur Berechnung des Medianwertes und der Standardabweichung der einfachen und der gewichteten Durchlaufzeit (in Kalendertagen)

Damit ergibt sich

$$ZDL_{med} = \frac{1}{2} (11 \text{ Tage} + 13 \text{ Tage})$$

$$ZDL_{med} = 12 \text{ Tage}$$

Der Unterschied zum arithmetischen Mittelwert von 14,2 Tagen zeigt bereits, daß es sich um eine unsymmetrische Verteilung handelt.

Zur Ermittlung des *Medianwertes der gewichteten Durchlaufzeit* ZDL_{medg} ist der Wert der Durchlaufzeit zu finden, der in der Mitte der Verteilung der gewichteten Durchlaufzeit liegt. Dazu wurde in Tabelle 3.2 in Spalte 5 der Summenwert der Auftragszeit gebildet.

Geht man nach Gleichung 3.27 vor, muß für n nicht die Anzahl der *Aufträge,* sondern vielmehr die Anzahl der *Stunden* gewählt werden. Da n = 146, also geradzahlig ist, gilt (Gl. 3.27):

$$ZDL_{medg} = \frac{1}{2} (ZDL_{73} + ZDL_{74})$$

Die 73. Auftragsstunde liegt – wie aus Tabelle 3.2, Spalte 5, ersichtlich – in der Durchlaufzeit-klasse bis 15 Tage, die 74. Stunde ebenfalls in der Durchlaufzeitklasse bis 15 Tage. Dann ergibt sich der Medianwert der gewichteten Durchlaufzeit zu:

$$ZDL_{medg} = \frac{1}{2} (15 \text{ Tage} + 15 \text{ Tage})$$

$$ZDL_{medg} = 15 \text{ Tage}$$

3.5.5 Standardabweichung der einfachen und gewichteten Durchlaufzeit

Die *Standardabweichung* einer Meßreihe ist allgemein definiert zu:

$$S = \sqrt{\frac{1}{n} \sum_{i=1}^{n} (\overline{X} - X_i)^2} \qquad (3.28)$$

n = Anzahl der Meßwerte
$\overline{X}$ = arithmetischer Mittelwert der Meßwerte
X_i = Einzel-Meßwert

Die *Standardabweichung der einfachen Durchlaufzeit* ist dann:

$$ZDL_S = \sqrt{\frac{1}{n} \sum_{i=1}^{n} (ZDL_m - ZDL_i)^2} \qquad (3.29)$$

Bei der gewichteten Durchlaufzeit ist definitionsgemäß jeder Wert mit der Auftragszeit zu gewichten, n ist dann wieder die Anzahl der Arbeitsvorgänge. Daraus ergibt sich für die *Standardabweichung der gewichteten Durchlaufzeit:*

$$ZDL_{Sg} = \sqrt{\frac{\sum_{i=1}^{n} (ZDL_{mg} - ZDL_i)^2 \cdot ZAU_i}{\left(\sum_{i=1}^{n} ZAU_i \right)}} \qquad (3.30)$$

ZDL_i = einfache Durchlaufzeit Auftrag i
ZAU_i = Auftragszeit Auftrag i
ZDL_m = einfache mittlere Durchlaufzeit
ZDL_{mg} = gewichtete mittlere Durchlaufzeit
n   = Anzahl der Meßwerte

In Tabelle 3.2 ist in den Spalten 6 und 7 der jeweilige Einzelwert für $(ZDL_m - ZDL_i)^2$ bzw. $(ZDL_{mg} - ZDL_i)^2 \cdot ZAU_i$ berechnet, so daß sich gemäß Gleichung 3.29 bzw. 3.30 die Standardabweichung ZDL_S zu 10,0 Tagen bzw. ZDL_{Sg} zu 10,4 Tagen ergibt.

3.5.6 Variationskoeffizient der einfachen und gewichteten Durchlaufzeit

Der dritte wichtige Wert einer Verteilung ist der *Variationskoeffizient*. Er ist für eine Meßreihe allgemein definiert als:

$$V = \frac{S}{\overline{X}}$$

(3.31)

S = Standardabweichung der Meßwerte 1 bis n
$\overline{X}$ = arithmetischer Mittelwert der Meßwerte 1 bis n

Auch hier läßt sich ein *Variationskoeffizient der einfachen Durchlaufzeit* angeben zu:

$$ZDL_V = \frac{ZDL_S}{ZDL_m}$$

(3.32a)

ZDL_S = Standardabweichung der einfachen Durchlaufzeit
ZDL_m = einfache mittlere Durchlaufzeit

und der *Variationskoeffizient der gewichteten Durchlaufzeit* zu:

$$ZDL_{Vg} = \frac{ZDL_{Sg}}{ZDL_{mg}}$$

(3.32b)

ZDL_{Sg} = Standardabweichung der gewichteten Durchlaufzeit
ZDL_{mg} = gewichtete mittlere Durchlaufzeit

Im Beispiel der Werte von Tabelle 3.2 sind die Zahlenwerte:

ZDL_V = 10,0 : 14,2 = 0,70
ZDL_{Vg} = 10,4 : 16,6 = 0,63

3.5.7 Medianwert, Standardabweichung und Variationskoeffizient der einfachen und gewichteten Auftragszeit

Ähnlich wie für die Durchlaufzeit lassen sich neben dem Mittelwert der einfachen und gewichteten Auftragszeit auch die übrigen behandelten statistischen Werte einer Meßreihe bestimmen. Tabelle 3.3 zeigt die entsprechenden Werte der Meßreihe aus Tabelle 3.1. Sie sind diesmal nach aufsteigender Auftragszeit ZAU geordnet.

Für den Medianwert ergibt sich entsprechend Gleichung 3.27:

$$ZAU_{med} = \frac{1}{2} (ZAU_{10} + ZAU_{11})$$

$$= \frac{1}{2} (6,8 \text{ Std} + 6,9 \text{ Std})$$

$$ZAU_{med} = 6,85 \text{ Std}$$

Für den Medianwert der gewichteten Durchführungszeit ist der Wert von ZAU zu finden, bei dem die 73. und 74. Auftragsstunde liegt. Dazu wurde die Summenspalte 4 gebildet, aus der ersichtlich ist, daß beide gesuchten Werte bei Auftrag Nr. 106 liegen, also bei ZAU = 9,6 Std:

AUFTRAGS-Nr. [-]	AUFTRAGS-ZEIT ZAU [Std]	SUMMEN-WERT ANZAHL [-]	SUMMEN-WERT AUFTRAGS-ZEIT [Std]	ZAU·ZAU [Std^2]	$(ZAU_m - ZAU_i)^2$ [Std^2]	$(ZAU_{mg} - ZAU_i)^2 \cdot ZAU$ [Std^3]
1	2	3	4	5	6	7
115	0,5	1	0,5	0,3	46,2	44,2
131	2,1	2	2,6	4,4	27,0	127,8
142	2,1	3	4,7	4,4	27,0	127,8
126	2,6	4	7,3	6,8	22,1	138,6
125	3,8	5	11,1	14,4	12,3	141,4
117	4,2	6	15,3	17,6	9,6	136,5
140	5,1	7	20,4	26,0	4,8	117,5
145	5,1	8	25,5	26,0	4,8	117,5
127	5,3	9	30,8	28,1	4,0	112,1
120	6,8	10	37,6	46,2	0,3	65,3
135	6,9	11	44,5	47,6	0,2	62,1
116	7,4	12	51,9	54,8	0,0	46,3
118	7,7	13	59,6	59,3	0,2	37,3
121	8,8	14	68,4	77,4	2,3	10,6
124	9,6	15	78,0	92,2	5,3	0,9
119	11,4	16	89,4	130,0	16,8	25,7
123	13,6	17	103,0	185,0	39,7	186,2
108	13,8	18	116,8	190,4	42,3	209,9
132	13,8	19	130,6	190,4	42,3	209,9
110	15,4	20	146,0	237,2	65,6	465,9
SUMME ▶	146,0	20	146,0	1 438,5	372,8	2 383,5

Medianwert
einfache Auftragszeit: $ZAU_{med} = \dfrac{6,8 + 6,9 \text{ Std}}{2} = 6,85 \text{ Std}$

Medianwert
gewichtete Auftragszeit: $ZAU_{medg} = \dfrac{9,6 + 9,6 \text{ Std}}{2} = 9,6 \text{ Std}$

Mittelwert
einfache Auftragszeit: $ZAU_m = \dfrac{146 \text{ Std}}{20} = 7,3 \text{ Std}$

Mittelwert
gewichtete Auftragszeit: $ZAU_{mg} = \dfrac{1\,438,5 \text{ Std}^2}{146 \text{ Std}} = 9,9 \text{ Std}$

Standardabweichung
einfache Auftragszeit: $ZAU_S = \sqrt{\dfrac{372,8 \text{ Std}^2}{20}} = 4,3 \text{ Std}$

Standardabweichung
gewichtete Auftragszeit: $ZAU_{Sg} = \sqrt{\dfrac{2383,5 \text{ Std}^2}{146}} = 4,0 \text{ Std}$

Variationskoeffizient
einfache Auftragszeit: $ZAU_V = \dfrac{4,4 \text{ Std}}{7,3 \text{ Std}} = 0,60$

Variationskoeffizient
gewichtete Auftragszeit: $ZAU_{Vg} = \dfrac{4,1 \text{ Std}}{9,9 \text{ Std}} = 0,41$

Tabelle 3.3 Berechnung des Medianwertes, der Standardabweichung und des Variationskoeffizienten der einfachen und der gewichteten Auftragszeit

$$ZAU_{medg} = \frac{1}{2} (ZAU_{73} + ZAU_{74})$$

$$= \frac{1}{2} (9,6 \text{ Std} + 9,6 \text{ Std})$$

$$ZAU_{medg} = 9,6 \text{ Std}$$

Für die Standardabweichung der einfachen Auftragszeit gilt nach Gleichung 3.28:

$$ZAU_S = \sqrt{\frac{1}{n} \sum_{i=1}^{n} (ZAU_m - ZAU_i)^2} \tag{3.33}$$

und für die Standardabweichung der gewichteten Auftragszeit:

$$ZAU_{Sg} = \sqrt{\frac{\sum_{i=1}^{n}(ZAU_{mg} - ZAU_i)^2 \cdot ZAU_i}{\left(\sum_{i=1}^{n} ZAU_i\right)}} \tag{3.34}$$

ZAU_i = Auftragszeit Auftrag i
ZAU_m = einfache mittlere Auftragszeit
ZAU_{mg} = gewichtete mittlere Auftragszeit

In Tabelle 3.3 sind die erforderlichen Rechenoperationen für ZAU_S (Spalte 6) und ZAU_{Sg} (Spalte 7) durchgeführt und ergeben 4,3 Stunden für die Standardabweichung der einfachen bzw. 4,0 Stunden für die Standardabweichung der gewichteten Auftragszeit.

Der Variationskoeffizient der einfachen und gewichteten Durchführungszeit ist entsprechend Gleichung 3.31:

$$ZAU_V = \frac{ZAU_S}{ZAU_m} \tag{3.35}$$

und

$$ZAU_{Vg} = \frac{ZAU_{Sg}}{ZAU_{mg}} \tag{3.36}$$

ZAU = Standardabweichung der einfachen Auftragszeit
ZAU_g = Standardabweichung der gewichteten Auftragszeit
ZAU_m = einfache mittlere Auftragszeit
ZAU_{mg} = gewichtete mittlere Auftragszeit

Die entsprechenden Werte sind für die Meßwerte der Tabelle 3.3 mit $ZAU_V = 0,60$ und $ZAU_{Vg} = 0,41$ dort ausgerechnet.

3.6 Die Arbeitsplatz-Durchlaufzeit im Betriebskalender

3.6.1 Transformation der Durchlaufelemente

Bei der Diskussion der Durchführungszeit und des Durchführungszeitanteils wurde bereits deutlich, daß neben der Kalenderzeit auch die Arbeitstage zu beachten sind, die allgemein auch als *Betriebskalendertage* bezeichnet werden. Bei der Berechnung der Durchlaufzeit nach Kalendertagen ist es nämlich völlig dem Zufall überlassen, ob in die Durchlaufzeit eines Auftrages arbeitsfreie Tage fallen oder nicht. Dementsprechend zufällig sind auch die mittleren Durchlaufzeitwerte, was sich besonders unangenehm auswirkt, wenn mehrere arbeitsfreie Tage hintereinanderfallen, wie z. B. Ostern, Weihnachten, Neujahr usw.

Aus diesem Grund hat es sich in der Praxis als sinnvoll erwiesen, die Durchlaufzeiten im allgemeinen nicht in Kalendertagen, sondern in Betriebskalendertagen zu berechnen. Allerdings gibt es Fälle, in denen auch die Durchlaufzeit gemessen in Kalendertagen interessiert, und zwar immer dann, wenn die in den Aufträgen gebundene Kapitalbindung untersucht werden soll. Dies kommt daher, daß Zinsen bekanntlich für Kalendertage berechnet werden.

Will man die Durchlaufzeiten auf Arbeitstage beziehen, muß jedes Durchlaufelement vom Tageskalender auf den individuellen Betriebskalender umgerechnet werden. *Bild 3.18* zeigt zunächst wieder ein einfaches Beispiel zur Veranschaulichung des Transformationsvorganges.

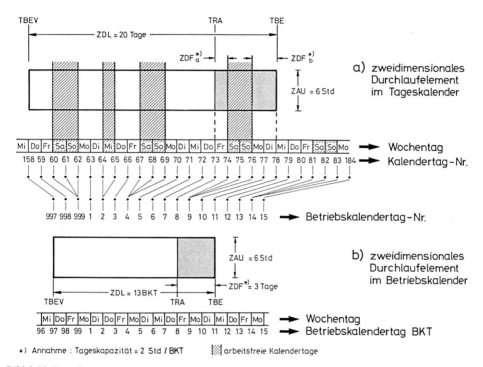

Bild 3.18 Transformation eines Durchlaufelementes vom Tageskalender (a) in den Betriebskalender (b)

Fall a zeigt ein vereinfachtes zweidimensionales Durchlaufelement über dem Tageskalender mit den Wochentagen. Jeder einzelne Tag trägt eine Kalendertagnummer. Man erkennt, daß (zufällig) 7 arbeitsfreie Tage in die Durchlaufdauer dieses Elementes fallen. Durch „Ausblenden" dieser Tage ergibt sich unter b ein verkürztes Durchlaufelement mit 13 Betriebskalendertagen (BKT) gegenüber 20 Tagen bei a. Es leuchtet ein, daß der Zeitpunkt TBEV, der Rüstanfang TRA und der Abmeldezeitpunkt TBE immer auf einen Betriebskalendertag fallen müssen.

An dieser Stelle wird auch noch einmal die Problematik der Berechnung der Durchführungszeit in Kalendertagen deutlich. Berechnet man die Durchführungszeit als Differenz von TBE und TRA, ergeben sich 5 Tage. Tatsächlich wird aber nur 3 Tage an diesem Arbeitsgang gearbeitet, wie aus den dunkel angelegten Flächen für ZDF_a und ZDF_b hervorgeht. Berechnet man demnach TRA aus der Differenz von TBE und ZDF, ergäbe sich der Sonntagmorgen als Rüstbeginn, was nicht sein kann. Dieses Umrechnungsproblem verschwindet, wenn man das Durchlaufelement in den Betriebskalender transformiert. Übergangszeit und Durchführungszeit sind nun lückenlos aneinandergereihte Zeitstrecken. Sie können lediglich durch Störungen des Ablaufs unterbrochen werden, was aber bei normalen Durchlaufuntersuchungen nicht berücksichtigt wird. Erst wenn der mittlere Anteil der Störzeit an der Durchlaufzeit in der Größenordnung des mittleren Durchführungszeitanteils liegt, muß man auch Störungen berücksichtigen. Dies kann bei hochautomatisierten Anlagen der Fall sein und soll hier zunächst unberücksichtigt bleiben.

3.6.2 Häufigkeitsverteilung und statistische Auswertungen im Betriebskalender

Für die in Tabelle 3.1 enthaltenen Rückmeldungen soll nun die Umrechnung in den Betriebskalender und die statistische Auswertung erfolgen. Dazu benötigt man einen Betriebskalender, den *Bild 3.19* als Beispiel in einem Ausschnitt für die Monate Januar bis März eines bestimmten Jahres zeigt. Aufgeführt sind hier der Kalender- und Wochentag, eine für dieses Beispiel erfundene Kalendertags-Nummer, die Arbeitstage je Monat, die laufende Wochen-Nummer des Jahres und die hier besonders interessierende fortlaufende Nummer des Arbeitstages, im folgenden als Betriebskalendertag BKT bezeichnet. Die Zählung beginnt mit der Nummer 1 am 1. Arbeitstag des Jahres; hier ist es Montag, der 4. Januar, Kalendertag Nr. 163.

01 Januar		Woche Arbeitstage			02 Februar		Woche Arbeitstage			03 März		Woche Arbeitstage		
Kalender-tag	Kalender-tag-Nr.	monatl.		lfd.Nr.	Kalender-tag	Kalender-tag-Nr.	monatl.		lfd.Nr.	Kalender-tag	Kalender-tag-Nr.	monatl.		lfd.Nr.
1 Fr	160	Neujahr			1 Mo	191	1	5	20	1 Mo	219	1	9	40
2 Sa	161				2 Di	192	2		21	2 Di	220	2		41
3 So	162				3 Mi	193	3		22	3 Mi	221	3		42
4 Mo	163	1	1	1	4 Do	194	4		23	4 Do	222	4		43
5 Di	164	2		2	5 Fr	195	5		24	5 Fr	223	5		44
6 Mi	165	Hl. 3 Könige			6 Sa	196				6 Sa	224			
7 Do	166	3		3	7 So	197				7 So	225			
8 Fr	167	4		4	8 Mo	198	6	6	25	8 Mo	226	6	10	45
9 Sa	168				9 Di	199	7		26	9 Di	227	7		46
10 So	169				10 Mi	200	8		27	10 Mi	228	8		47
11 Mo	170	5	2	5	11 Do	201	9		28	11 Do	229	9		48
12 Di	171	6		6	12 Fr	202	10		29	12 Fr	230	10		49
13 Mi	172	7		7	13 Sa	203				13 Sa	231			
14 Do	173	8		8	14 So	204				14 So	232			
15 Fr	174	9		9	15 Mo	205	11	7	30	15 Mo	233	11	11	50
16 Sa	175				16 Di	206	12		31	16 Di	234	12		51
17 So	176				17 Mi	207	13		32	17 Mi	235	13		52
18 Mo	177	10	3	10	18 Do	208	14		33	18 Do	236	14		53
19 Di	178	11		11	19 Fr	209	15		34	19 Fr	237	15		54
20 Mi	179	12		12	20 Sa	210				20 Sa	238			
21 Do	180	13		13	21 So	211				21 So	239			
22 Fr	181	14		14	22 Mo	212	16	8	35	22 Mo	240	16	12	55
23 Sa	182				23 Di	213	17		36	23 Di	241	17		56
24 So	183				24 Mi	214	18		37	24 Mi	242	18		57
25 Mo	184	15	4	15	25 Do	215	19		38	25 Do	243	19		58
26 Di	185	16		16	26 Fr	216	20		39	26 Fr	244	20		59
27 Mi	186	17		17	27 Sa	217				27 Sa	245			
28 Do	187	18		18	28 So	218				28 So	246			
29 Fr	188	19		19						29 Mo	247	21	13	60
30 Sa	189									30 Di	248	22		61
31 So	190									31 Mi	249	23		62

Bild 3.19 Auszug aus einem Betriebskalender mit Kalendertagen und Betriebskalendertagen

In *Tabelle 3.4* sind nun für das Praxisbeispiel aus Tabelle 3.1 die Zugangs- und Abgangstermine in Betriebskalendertagen entsprechend der Zuordnung von Kalendertagen zu Betriebskalendertagen aus Bild 3.19 enthalten. Daraus wurden analog zu Tabelle 3.1 die einfache und die gewichtete mittlere Durchlaufzeit berechnet, was erwartungsgemäß niedrigere Werte ergibt, nämlich für ZDL_m 10,1 BKT gegenüber 14,2 Tagen und für ZDL_{mg} 11,8 BKT gegenüber 16,6 Tagen.

Gegenüber der Rechnung in Kalendertagen (vgl. Tabelle 3.1) erhöht sich in diesem Beispiel der Durchführungszeitanteil für die einfache Durchführungszeit AZD_m von 6,4% auf 9,0% und für die gewichtete Durchführungszeit AZD_{mg} von 7,5% auf 10,5%, da die mittlere Durchlaufzeit im Betriebskalender kürzer ist.

Auch aus Tabelle 3.4 läßt sich wieder ein Häufigkeitsdiagramm nach der absoluten und der relativen Anzahl Aufträge und der in ihnen enthaltenen Ausführungszeit je Klasse entwik-

a) Tabelle der Ausgangswerte

AUFTRAGS-NUMMER	ZUGANGS-TERMIN TBEV [BKT]	ABGANGS-TERMIN TBE [BKT]	AUFTRAGS-ZEIT ZAU [Std]	DURCH-LAUFZEIT ZDL [BKT]
1	2	3	4	5
115	14	31	0,5	17
119	23	32	11,4	9
110	05	33	15,4	28
125	31	33	3,8	2
120	23	34	6,8	11
124	30	35	9,6	5
118	24	36	7,7	12
127	33	36	5,3	3
121	26	37	8,8	11
126	33	40	2,6	7
131	36	41	2,1	5
116	18	41	7,4	23
108	29	43	13,8	14
117	25	43	4,2	18
135	40	45	6,9	5
132	38	45	13,8	7
140	43	46	5,1	3
123	32	48	13,6	16
145	46	48	5,1	2
142	45	49	2,1	4
20	◀ SUMME ▶		146,0	202

b) Berechnung der Klassenwerte

DURCHLAUF-ZEIT-KLASSE [BKT]	ANZAHL ABSOLUT [-]	ANZAHL RELATIV [%]	ARBEIT ABSOLUT [Std]	ARBEIT RELATIV [%]	KLASSENW. x ARBEIT [BKT·Std]
6	7	8	9	10	11
2	2	10,0	8,9	6,1	17,8
3	2	10,0	10,4	7,1	31,2
4	1	5,0	2,1	1,4	8,4
5	3	15,0	18,6	12,7	93,0
7	2	10,0	16,4	11,2	114,8
9	1	5,0	11,4	7,8	102,6
11	2	10,0	15,6	10,7	171,6
12	1	5,0	7,7	5,3	92,4
14	1	5,0	13,8	9,5	193,2
16	1	5,0	13,6	9,3	217,6
17	1	5,0	0,5	0,3	8,5
18	1	5,0	4,2	2,9	75,6
23	1	5,0	7,4	5,1	170,2
28	1	5,0	15,4	10,5	431,2
SUMME ▶	20	100,0	146,0	100,0	1728,1

Mittelwert einfache Durchlaufzeit:

$$ZDL_m = \frac{202 \text{ BKT}}{20} = 10,1 \text{ BKT}$$

Mittelwert gewichtete Durchlaufzeit:

$$ZDL_{mg} = \frac{1728,1 \text{ BKT} \cdot \text{Std}}{146 \text{ Std}} = 11,8 \text{ BKT}$$

einfacher mittlerer Durchführungszeitanteil: [*)]

$$AZD_m = \frac{7,3 \text{ Std}}{8 \text{ Std/BKT} \cdot 10,1 \text{ BKT}} = 9,0 \text{ \%}$$

gewichteter mittlerer Durchführungszeitanteil: [*)]

$$AZD_{mg} = \frac{9,9 \text{ Std}}{8 \text{ Std/BKT} \cdot 11,8 \text{ BKT}} = 10,5 \text{ \%}$$

[*)] Annahme: Tageskapazität = 8 Std/BKT

Tabelle 3.4 Berechnung der einfachen und der gewichteten Durchlaufzeit und ihrer relativen Häufigkeitsverteilung mittels Klassenbildung (in Betriebskalendertagen BKT)

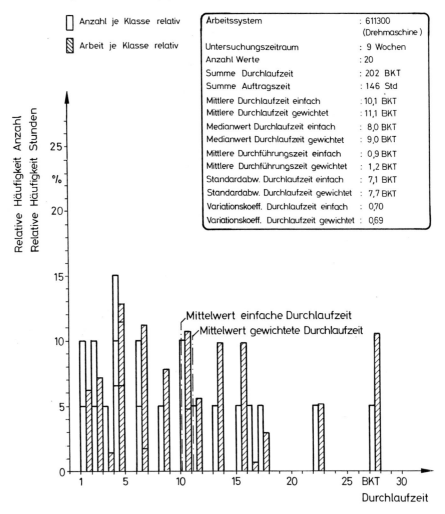

Bild 3.20 Relative Häufigkeitsverteilung der Durchlaufzeit an einem Arbeitsplatz nach Anzahl und Auftragszeit in Betriebskalenderzeitklassen (BKT = Betriebskalendertag)

keln. *Bild 3.20* zeigt nur noch das relative Häufigkeitsschaubild. Es enthält gegenüber Bild 3.16 weniger Durchlaufzeitklassen und eine andere Verteilung.

An der Berechnung der übrigen statistischen Werte Medianwert, Standardabweichung und Variationskoeffizient ändert sich prinzipiell nichts. Es können die in Abschnitt 3.5 dargestellten Gleichungen benutzt werden.

Die Ergebnisse zeigt *Tabelle 3.5.* Sie sind mit in Bild 3.20 enthalten, um einen Vergleich mit den entsprechenden Werten in Kalendertagen zu ermöglichen.

AUFTRAGS-NUMMER	DURCHLAUF-ZEIT ZDL $[\text{BKT}]$	AUFTRAGS-ZEIT ZAU $[\text{Std}]$	SUMMEN-WERT ANZAHL $[-]$	SUMMEN-WERT ZAU $[\text{Std}]$	$(ZDL_m - ZDL_i)^2$ $[\text{BKT}^2]$	$(ZDL_{mg} - ZDL_i)^2 \cdot ZAU$ $[\text{BKT}^2 \cdot \text{Std}]$
1	2	3	4	5	6	7
125	2	3,8	1	3,8	65,6	365,0
145	2	5,1	2	8,9	65,6	489,8
140	3	5,1	3	14,0	50,4	394,9
127	3	5,3	4	19,3	50,4	410,4
142	4	2,1	5	21,4	37,2	127,8
131	5	2,1	6	23,5	26,0	97.1
124	5	9,6	7	33,1	26,0	443,9
135	5	6,9	8	40,0	26,0	319,1
132	7	13,8	9	53,8	9,6	318,0
126	7	2,6	10	56,4	9,6	59,9
119	9	11,4	11	67,8	1,2	89,4
120	11	6,8	12	74,6	0,8	4,4
121	11	8,8	13	83,4	0,8	5,6
118	12	7,7	14	91,1	3,6	0,3
108	14	13,8	15	104,9	15,2	66,8
123	16	13,6	16	118,5	34,8	239,9
115	17	0,5	17	119,0	47,6	13,5
117	18	4,2	18	123,2	62,4	161,4
116	23	7,4	19	130,6	166,4	928,3
110	28	15,4	20	146,0	320,4	4 041,6
SUMME ▶	202	146,0	20	146,0	1 019,6	8 577,1

Medianwert
einfache Durchlaufzeit:
$$ZDL_{med} = \frac{7 + 9}{2}\,\text{BKT} = 8{,}0\ \text{BKT}$$

Medianwert
gewichtete Durchlaufzeit:
$$ZDL_{medg} = \frac{11 + 11}{2}\,\text{BKT} = 11{,}0\ \text{BKT}$$

Standardabweichung
einfache Durchlaufzeit:
$$ZDL_S = \sqrt{\frac{1\,019{,}6\ \text{BKT}^2}{20}} = 7{,}1\ \text{BKT}$$

Standardabweichung
gewichtete Durchlaufzeit:
$$ZDL_{Sg} = \sqrt{\frac{8577{,}1\ \text{BKT}^2 \cdot \text{Std}}{146\ \text{Std}}} = 7{,}7\ \text{BKT}$$

Tabelle 3.5 Berechnung von Medianwert und Standardabweichung der einfachen und der gewichteten Durchlaufzeit (in Betriebskalendertagen BKT)

3.7 Meßunsicherheit und Genauigkeit ermittelter Durchlaufzeitwerte

Zur Beurteilung von Meßergebnissen ist vor ihrer Interpretation und weiteren Benutzung eine Abschätzung der Genauigkeit erforderlich. Im Fall der Durchlaufzeit ist es nützlich, sich die Entstehung der Berechnungswerte zu vergegenwärtigen, die den statistischen Auswertungen zugrunde liegen.

Bild 3.21 zeigt hierzu im oberen Teil den Durchlauf einiger Aufträge an einem Arbeitsplatz. Die definitionsgemäß benutzten Abgangszeitpunkte kennzeichnen keine tatsächlichen Ereignisse körperlicher Transportvorgänge, sondern Meldezeitpunkte des fertigstellenden Vorgänger-Arbeitsplatzes, die in gewissen Grenzen in das Ermessen des Abmeldenden – sei es des Werkers an der Maschine, des Meisters oder des Arbeitsverteilers – gelegt sind. Ein auf

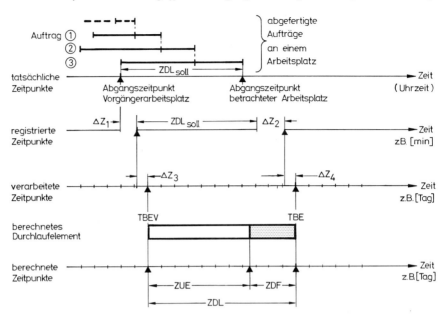

Bild 3.21 Einflüsse auf die Berechnungsgenauigkeit eines Durchlaufelementes

diese Weise *registrierter Zeitpunkt* weicht also wahrscheinlich von dem *tatsächlichen Zeitpunkt* der Beendigung des Arbeitsvorganges ab. Der Haupteinfluß für die Abweichung kommt aus dem jeweils geltenden Lohnabrechnungssystem und der dazu getroffenen Betriebsvereinbarung.

Bild 3.22 zeigt hierzu ein interessantes Untersuchungsergebnis aus zwei Betriebsbereichen ein und desselben Maschinenbauunternehmens [18]. Aufgetragen wurde die täglich zurückgemeldete Arbeit nach der Anzahl der Aufträge und dem Arbeitsinhalt in Stunden. Im Bereich A bestand eine strikte Trennung der Rückmeldung von Terminen und der Anzahl Stunden. Es war dem Werker in einem bestimmten Rahmen überlassen, wann er die Vorgabestunden seiner abgemeldeten Aufträge abrechnete. Im Bereich B dagegen bedeutete die Terminrückmeldung auch die Buchung der Vorgabestunden auf dem Lohnkonto. Hier ist der typische Lohntopf-Effekt zu beobachten: Am Wochenende wurden die angesammelten Stunden in ungewöhnlicher Häufung gegenüber dem theoretischen Mittelwert (100% : 26 Arbeitstage = 3,8% im Fall A, 100% : 25 Arbeitstage = 4% im Fall B) zurückgemeldet. Als Folge eines derartigen Rückmeldeverhaltens erhöht sich die mittlere Durchlaufzeit der Aufträge um etwa einen Tag bis zu zwei Tagen pro Arbeitsvorgang, was die Auftrags-Durchlaufzeit bei einer mittleren Zahl von 5 Arbeitsvorgängen um 1 bis 2 Wochen verlängert.

Bei der Verwendung von Rückmeldedaten muß man also immer mit mehr oder weniger großen Abweichungen von den tatsächlichen Ereignisdaten rechnen. Wie in Bild 3.21 angedeutet, werden diese Daten aber meist noch ein zweites Mal verändert.

Die registrierten Zeitpunkte werden nämlich in der Regel für die Zwecke der Durchlaufzeitberechnung nicht auf die Minute genau verwendet, sondern ebenfalls je nach Gepflogenheit des einzelnen Betriebes nur auf die nächste volle Stunde oder einen vollen Tag gerundet und so weiterverarbeitet. Üblich ist vielfach die sogenannte tagesgenaue Rückmeldung, die bedeutet, daß alle im Laufe eines Arbeitstages anfallenden Rückmeldungen ungeachtet des Zeitpunktes das Rückmeldedatum dieses Tages erhalten. Das trifft z. B. auch für die in

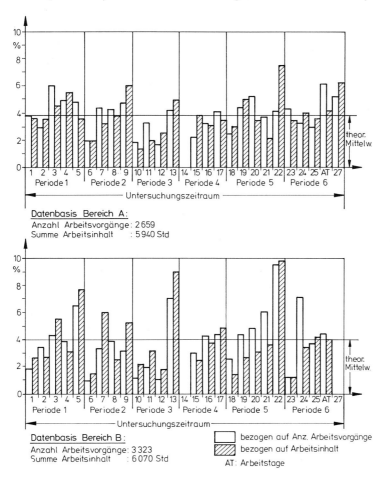

Bild 3.22 Rückgemeldete Anzahl Arbeitsvorgänge und deren Arbeitsinhalt je Wochentag über 6 Wochen in zwei Betriebsbereichen [Holzkämper, IFA]

Tabelle 3.1 vorgestellten Rückmeldungen zu. Auch diese Abrundung bedeutet natürlich eine Abweichung, die unter der Annahme zufällig verteilter Abmeldezeitpunkte im Mittel bei einem halben Arbeitstag liegt.

Beide *verarbeiteten Zeitpunkte* werden aus den dargelegten Gründen immer in Richtung Zukunft verschoben.

Die Abweichungen, die aus dem Rückmeldeverhalten resultieren, werden sich in der Berechnung der Durchlaufzeit pro Arbeitsvorgang einmal dadurch auswirken, daß die Liegezeit ZDL_{soll} am nächsten Arbeitsplatz um ΔZ_1 später beginnt und dementsprechend später endet. Die Verzögerung der Rückmeldung um den Wert ΔZ_2 verlängert damit die registrierte Durchlaufzeit um den Wert ΔZ_2, während sich die Rundungsfehler ΔZ_3 und ΔZ_4 ausgleichen. Damit ist das Rückmeldeverhalten von entscheidender Bedeutung für die Genauigkeit der Berechnung.

Untersuchungsbereich   50 Arbeitssysteme
90 Einzelarbeitsplätze

Tabelle 3.6 Verzeichnis der Arbeitssysteme in einer mechanischen Fertigung der Feinwerktechnik [Bechte, IFA]

3.8 Beispiele für Durchlaufzeitwerte in der Praxis

Im folgenden werden einige Ergebnisse aus den Durchlaufzeituntersuchungen vorgestellt, die aus Analysen des Instituts für Fabrikanlagen stammen. Die Daten wurden in allen Fällen entsprechend der in Abschnitt 3.2 vorgestellten Methode aus den betrieblichen Rückmeldungen gewonnen, auf einige Fehler überprüft und mit dem Programmsystem DUBAF (Durchlaufzeit- und Bestandsanalyse in der Fertigung) ausgewertet. (Auf DUBAF geht Abschnitt 5.2 noch genauer ein). Die Daten stammen aus der mechanischen Fertigung eines Unternehmens der Feinwerktechnik [16].

3.8.1 Arbeitsplatz-Durchlaufzeiten

Tabelle 3.6 zeigt einen Ausschnitt aus dem Verzeichnis der Arbeitsplätze, die hierarchisch nach Abteilungen, Kostenstellen und Arbeitsplatzgruppen-Nummern gegliedert sind. Den untersuchten Arbeitsplatzgruppen wurden laufende Nummern von 1 bis 50 zugeordnet. Insgesamt handelte es sich um 90 Einzelarbeitsplätze, die vorwiegend Drehmaschinen sowie einige Fräs- und Bohrmaschinen umfaßten.

Die Auswertung der Durchlaufzeiten aus einem Zeitraum von 16 Wochen an diesen 50 Arbeitsplatzgruppen faßt *Bild 3.23* zusammen [16]. In den Bildteilen a und b wurden die Arbeitsplätze nach der auf einen vollen Tag aufgerundeten einfachen bzw. gewichteten mittleren Durchlaufzeit geordnet, während in Bildteil c die Arbeitsplätze nach dem Quotienten aus der gewichteten und der einfachen mittleren Durchlaufzeit aufgereiht sind. Mit einem Mittelwert von 12,4 Arbeitstagen für die einfache und 14,2 Arbeitstagen für die gewichtete mittlere Durchlaufzeit sind die Istwerte mehr als doppelt so hoch wie der auch in diesem Betrieb als üblich angenommene mittlere Plan-Durchlaufzeitwert von 5 Tagen. Nur 5 der 90 Arbeitsplätze lagen hinsichtlich der einfachen mittleren Durchlaufzeit überhaupt bei diesem Wert; einige Arbeitsplätze haben 20 und mehr Tage mittlere Durchlaufzeit. Die gewichtete mittlere Durchlaufzeit ist überwiegend größer als die einfache mittlere Durchlaufzeit, im Mittel 14,2 − 12,4 = 1,8 Arbeitstage. Eine Reihe von Arbeitsplätzen hat aber auch

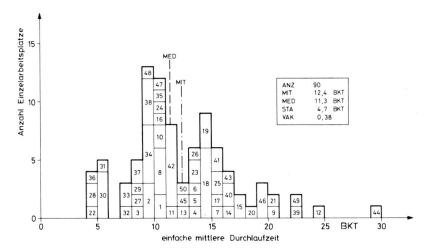

a) Aufteilung der Arbeitsplätze nach der einfachen mittleren Durchlaufzeit

Bild 3.23 Einfache und gewichtete mittlere Durchlaufzeit von 50 Arbeitsplatzgruppen [Bechte, IFA]

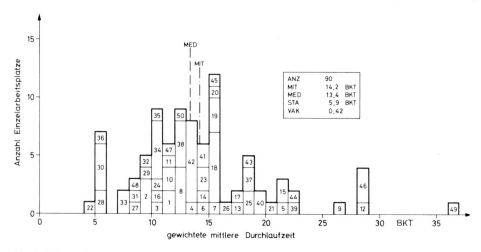

b) Aufteilung der Arbeitsplätze nach der gewichteten mittleren Durchlaufzeit

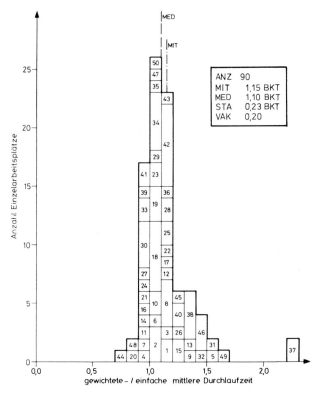

c) Aufteilung der Arbeitsplätze nach dem Verhältnis der gewichteten zur einfachen mittleren Durchlaufzeit

Bild 3.23 Einfache und gewichtete mittlere Durchlaufzeit von 50 Arbeitsplatzgruppen [Bechte, IFA]

geringere gewichtete als einfache mittlere Durchlaufzeiten, wie aus Bild 3.23 c z. B. für die Arbeitsplätze 44 (Feindrehmaschinen), 20 (Futter-Halbautomat) und 48 (Sonderdrehmaschine) hervorgeht.

Für alle Arbeitsplätze wurden auch die Variationskoeffizienten der einfachen und der gewichteten mittleren Durchlaufzeit berechnet und einander gegenübergestellt *(Bild 3.24)*.

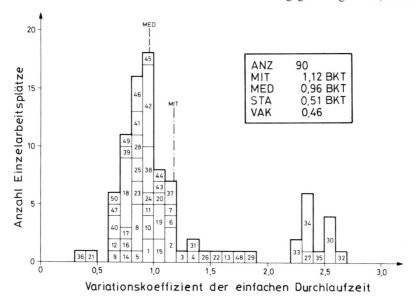

a) Aufteilung der Arbeitsplätze nach dem Variationskoeffizienten der einfachen Durchlaufzeit

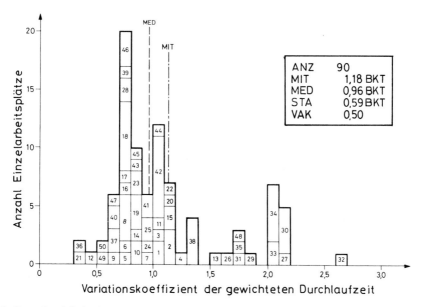

b) Aufteilung der Arbeitsplätze nach dem Variationskoeffizienten der gewichteten Durchlaufzeit

Bild 3.24 Variationskoeffizient der einfachen und der gewichteten Durchlaufzeit von 50 Arbeitsplatzgruppen [Bechte, IFA]

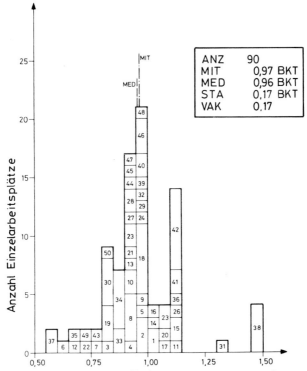

c) Aufteilung der Arbeitsplätze nach dem Verhältnis des gewichteten zum einfachen Variationskoffe-
zienten der Durchlaufzeit
Bild 3.24 Variationskoeffizient der einfachen und der gewichteten Durchlaufzeit von 50 Arbeitsplatzgruppen [Bechte, IFA]

Im Mittel liegen demnach die Standardabweichung und der Mittelwert der mittleren Durchlaufzeit ziemlich nahe beieinander, es gibt aber auch hier Ausnahmen.

Generell kann man daraus den Schluß ziehen, daß Durchlaufzeiten um so stärker streuen, je
größer ihr Mittelwert ist. Dies bedeutet in der Praxis, daß die Termineinhaltung um so
schwieriger wird, je größer die Durchlaufzeiten sind.

3.8.2 Arbeitsvorgangs-Durchlaufzeiten

In der vorher geschilderten Untersuchung wurden insgesamt 11 269 Arbeitsvorgänge erfaßt
und in einer weiteren Auswertung nach ihrer einfachen und gewichteten Durchlaufzeit
geordnet. *Bild 3.25* stellt das Ergebnis als Häufigkeitsverteilung dar [16]. Etwa 40% der
Anzahl Arbeitsvorgänge, aber nur etwa 22% der Stunden haben eine Durchlaufzeit bis zu
5 Tagen, was die hohen Mittelwerte von 9,1 bzw. 13,6 Arbeitstagen für die einfache bzw.
gewichtete mittlere Durchlaufzeit pro Arbeitsvorgang erklärt.

Welchen zeitlichen Schwankungen die mittlere Durchlaufzeit unterworfen ist, verdeutlicht
Bild 3.26. Es zeigt die Mittelwerte der gewichteten Durchlaufzeit pro Woche sowie den
bereits bekannten Mittelwert aller Arbeitsvorgangs-Durchlaufzeiten und läßt erkennen, daß
die wöchentlichen Werte etwa um einen Tag nach oben beziehungsweise nach unten vom
mittelfristigen Mittelwert abweichen [16].

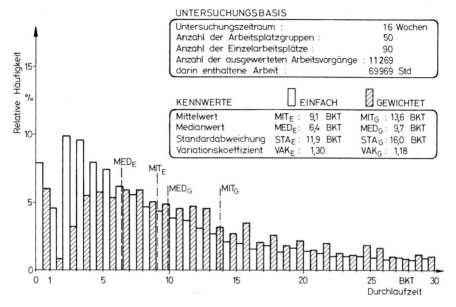

Bild 3.25 Verteilung der einfachen und der gewichteten mittleren Durchlaufzeit pro Arbeitsvorgang einer mechanischen Fertigung [Bechte, IFA]

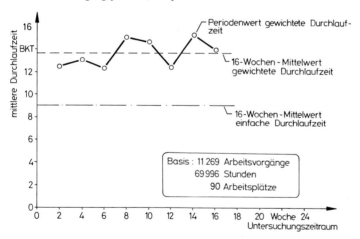

Bild 3.26 Zeitlicher Verlauf der gewichteten mittleren Durchlaufzeit pro Arbeitsvorgang einer mechanischen Fertigung [Bechte, IFA]

Bei der Betrachtung der Durchlaufzeit-Werte könnte man den Eindruck gewinnen, daß es sich um einen ungünstigen Einzelfall handelt. Daß dies nicht der Fall ist, zeigt der Vergleich der einfachen und der gewichteten mittleren Durchlaufzeit pro Arbeitsvorgang aus sieben Betriebsuntersuchungen, die in den Jahren 1979 bis 1983 in verschiedenen Unternehmen der Feinwerktechnik und des Maschinenbaus nach der geschilderten Methode durchgeführt wurden *(Bild 3.27)*. Es wurden sämtliche Arbeitsvorgänge in dem jeweiligen Betrieb in einem Zeitraum zwischen 2 und 12 Monaten ausgewertet.

Gemeinsam ist allen Betrieben die Fertigung von Kleinserien und Serien nach dem Werkstättenprinzip. Bis auf den Fall Nr. 7 liegt der Mittelwert der einfachen Durchlaufzeit pro

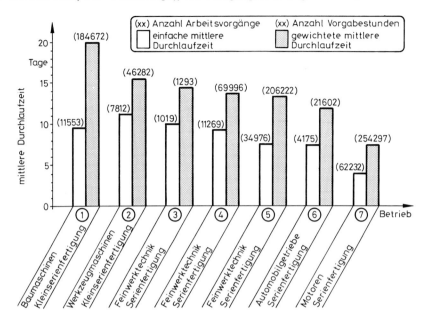

Bild 3.27 Istwerte von mittleren Durchlaufzeiten pro Arbeitsvorgang aus 7 Betriebsuntersuchungen

Arbeitsvorgang bei etwa 9 Arbeitstagen, der gewichtete Mittelwert bis auf Fall Nr. 1 und 7 bei etwa 14 Arbeitstagen. Die ungewöhnlich hohe gewichtete Durchlaufzeit im Fall Nr. 1 beruht auf einer größeren Anzahl von Arbeitsvorgängen mit sehr großem Arbeitsstundeninhalt und langen Liegezeiten, während die niedrigen Werte im Fall Nr. 7 mit einer vergleichsweise guten Ablauforganisation zu erklären sind. Interessant ist in Fall Nr. 7 der Durchführungszeitanteil. Die einfache mittlere Auftragszeit pro Arbeitsvorgang betrug nämlich 6,4 Stunden und die gewichtete 37,1 Stunden. Da in diesem Fall durchweg Zweischichtbetrieb vorlag, entspricht dies bei einem Leistungsgrad von 1,0 einer Durchführungszeit von $6,4 : 16 = 0,4$ Tagen für die einfache und von $37,1 : 16 = 2,3$ Arbeitstagen für die gewichtete Durchführungszeit.

Bezogen auf die mittlere Durchlaufzeit ergibt dies $0,4 : 4 = 10\%$ für den einfachen und $2,3 : 7,4 = 31\%$ für den gewichteten Durchführungszeitanteil. Gerade dieses Beispiel zeigt, daß die Betrachtung der gewichteten Durchlaufzeit ein realistischeres Bild vermittelt als die der einfachen Durchlaufzeit.

3.8.3 Auftrags-Durchlaufzeiten

Abschließend sollen die Auftrags-Durchlaufzeiten eines repräsentativen Zeitabschnitts des Unternehmens der Feinwerktechnik betrachtet werden, dessen Arbeitsplätze auszugsweise in Tabelle 3.6 vorgestellt wurden. Im Untersuchungszeitraum von 16 Wochen wurden 3261 Fertigungsaufträge komplett bearbeitet.

Bild 3.28 zeigt zunächst die Einzel- und die Summenhäufigkeit der Anzahl Arbeitsvorgänge je Auftrag, woraus sich ein Mittelwert von 4,4 Arbeitsvorgängen je Auftrag ergibt. Die meisten Aufträge haben entweder 3 oder 4 Arbeitsvorgänge.

Zur Beurteilung der in den Aufträgen enthaltenen Arbeit zeigt *Bild 3.29* die Verteilung der einfachen und der gewichteten Auftragszeit. Man erkennt auch hier die breite Streuung der

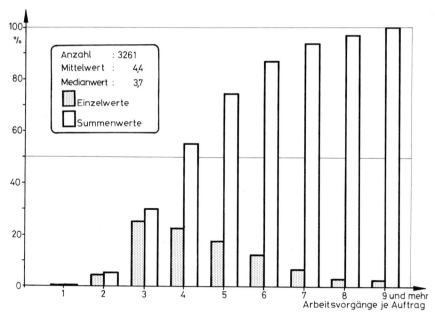

Bild 3.28 Häufigkeitsverteilung der Anzahl Arbeitsvorgänge je Auftrag in einem Unternehmen der Feinwerktechnik [Bechte, IFA]

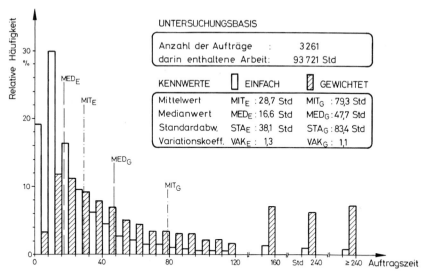

Bild 3.29 Häufigkeitsverteilung der einfachen und gewichteten Auftragszeit je Auftrag in einem Unternehmen der Feinwerktechnik [Bechte, IFA]

einfachen und gewichteten Auftragszeit und den großen Unterschied zwischen den Mittelwerten dieser Größen [16].

Eine anschauliche Darstellung bietet auch die *Lorenzkurve* der Ausführungszeit *(Bild 3.30)* [16]. *Sie entsteht dadurch, daß man über dem prozentualen Anteil der Anzahl der Aufträge den entsprechenden prozentualen Anteil des Arbeitsinhaltes kumulativ aufträgt.* (Eine genaue Beschreibung zur Ermittlung einer Lorenzkurve findet sich in Abschnitt 6.5) Daraus läßt sich

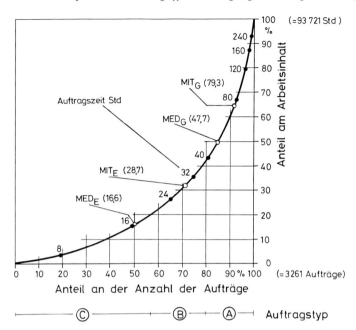

Bild 3.30 Lorenzkurve der Auftragszeit je Auftrag eines Unternehmens der Feinwerktechnik
[Bechte, IFA]

beispielsweise ablesen, daß 50% der Aufträge nur einen Anteil von etwa 15% des Arbeitsinhaltes ausmachen, während umgekehrt 50% des Arbeitsinhaltes von nur etwa 15% der Aufträge abgedeckt werden. Auch der Median- und der Mittelwert der einfachen und der gewichteten Auftragszeit läßt sich hier eintragen und interpretieren. Die Lorenzkurve kann auch zur besser bekannten ABC-Analyse benutzt werden. Demnach wären als A-Aufträge jene 20% der Anzahl Aufträge zu bezeichnen, die etwa 58% des Arbeitsinhaltes umfassen. Andererseits könnte man als C-Aufträge diejenigen 58% der Aufträge bezeichnen, die ihrerseits nur 20% der Auftragszeit aller Aufträge umfassen. Die dazwischenliegenden Aufträge könnte man als B-Typ kennzeichnen.

Von besonderem Interesse ist schließlich die einfache und die gewichtete Auftrags-Durchlaufzeit je Auftrag für die ausgewerteten 2269 Aufträge. *Bild 3.31* zeigt ihre Häufigkeitsverteilung. Rechnet man die Mittelwerte von 41 Arbeitstagen bzw. 52,5 Arbeitstagen für die einfache bzw. gewichtete Durchlaufzeit auf die Durchlaufzeit pro Arbeitsvorgang um, ergibt sich mit dem aus Bild 3.28 bekannten Mittelwert von 4,4 Arbeitsvorgängen je Auftrag ein Wert von 9,3 bzw. 11,9 Arbeitstagen für die einfache bzw. die gewichtete mittlere Durchlaufzeit je Arbeitsvorgang. Daß diese Werte nicht mit den Werten für die Arbeitsvorgangs-Durchlaufzeiten (Bild 3.25) übereinstimmen, liegt darin begründet, daß es sich um andere Grundgesamtheiten handelt. Die in den Aufträgen enthaltenen 61 815 Stunden betreffen nur die Arbeitsvorgänge abgeschlossener Aufträge, während bei der Arbeitsvorgangsauswertung alle Arbeitsvorgänge des untersuchten Zeitraums einbezogen werden und daher 69 996 Stunden umfaßten [14, 16].

Interessant ist schließlich noch die Auswertung der Auftrags-Durchlaufzeit in Abhängigkeit von der Anzahl Arbeitsvorgänge [16]. *Bild 3.32* zeigt die Auswertung für die ungewichtete Auftrags-Durchlaufzeit. Man erkennt einen nahezu proportionalen Anstieg der Auftrags-Durchlaufzeit mit der Anzahl Arbeitsvorgänge, wobei sich ein Mittelwert von etwa 10,8 Arbeitstagen pro Arbeitsvorgang ergibt.

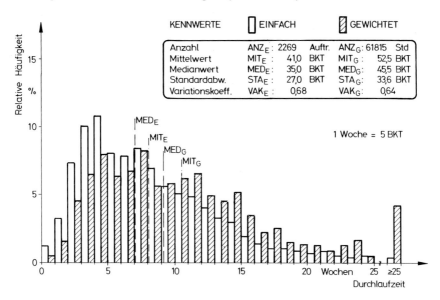

Bild 3.31 Verteilung der einfachen und der gewichteten Auftragsdurchlaufzeit je Auftrag in einem Unternehmen der Feinwerktechnik [Bechte/Erdlenbruch, IFA]

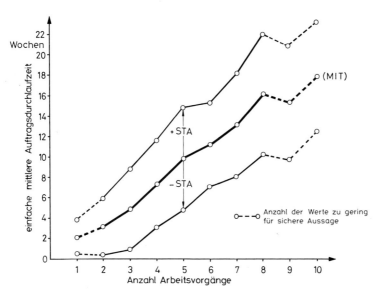

Bild 3.32 Zusammenhang zwischen einfacher Auftragsdurchlaufzeit und der Anzahl Arbeitsvorgänge je Auftrag aus einem Unternehmen der Feinwerktechnik [Bechte, IFA]

Zusammenfassend bestätigt sich die bereits in Kapitel 1 gemachte Aussage, daß die Durchlaufzeiten in Betrieben mit Werkstättenfertigung bei *großen Mittelwerten* von etwa 10 Tagen pro Arbeitsvorgang liegen, daß sie sehr *stark streuen* und daß ferner ein sehr *schlechtes Verhältnis von Durchführungszeit zu Durchlaufzeit* von etwa 1 zu 10 besteht.

Der Schlüssel zu einer effektiven Terminplanung und -steuerung liegt demnach primär in der Steuerung des Durchlaufverhaltens der Arbeitsplätze. Dazu ist ein Durchlaufmodell erforderlich, das dieses Verhalten realitätsgerecht abbildet. Hierauf geht das folgende Kapitel näher ein.

3.9 Literatur

[1] REFA (Hrsg.): Methodenlehre des Arbeitsstudiums, Teil 2: Datenermittlung. 2. Aufl., München 1971.

[2] *Tully, H.:* Fertigungssteuerung im Werkzeugmaschinenbau. wt 53 (1963) 9, S. 435–442.

[3] *Hackstein, R.:* Problematik der Terminplanung im Industriebetrieb. ZwF 67 (1972) 1, S. 43–45.

[4] *Stommel, H. J., Kunz, D.:* Untersuchungen über Durchlaufzeiten in Betrieben der metallverarbeitenden Industrie mit Einzel- und Kleinserienfertigung. Forschungsbericht Nr. 2355 des Landes Nordrhein-Westfalen. Opladen 1973.

[5] *Loos, V.:* Maßnahmen zur Verkürzung der Durchlaufzeit in Betrieben mit Einzel- und Kleinserienfertigung. VDI-Z 119 (1977) 19, S. 913–921.

[6] *Nadzeyka, H., Schnabel, B.:* Untersuchungen über die Fertigungsdurchlaufzeiten in der Maschinenbauindustrie. REFA-Nachrichten 28 (1975) 5, S. 267–271.

[7] *Weber, N., Stader, H.:* Kenngrößen zur Beurteilung der Qualität von Terminplanung und Fertigungssteuerung. Ind. Anz. 91 (1969) 50, S. 1165–1166.

[8] *Heinemeyer, W.:* Durchlaufzeitanalyse als Grundlage für eine systematische Rationalisierung im Maschinenbau. Metallwissenschaft und Technik. 26 (1972) 6, S. 603–612.

[9] *Gottwald, H., Heinemeyer, W., Kreutzfeldt, H.-F., Wegner, N.:* Fertigungsdurchlaufzeit und Kapitalbindung. Repräsentative Erhebung des Arbeitsausschusses Fertigungswirtschaft (AFW) der Deutschen Gesellschaft für Betriebswirtschaft (DGfB). Teil 1: Datenerfassung, Teil 2: Auswertung (als Manuskript veröffentlicht). Institut für Fabrikanlagen der Universität Hannover. Hannover 1973.

[10] *Kettner, H.* (Hrsg.): Neue Wege der Bestandsanalyse im Fertigungsbereich. Institut für Fabrikanlagen der Technischen Universität Hannover. Hannover 1976.

[11] Autorenkollektiv: Neue Wege der Fertigungssteuerung. Dokumentation zum Seminar „Neue Wege der Fertigungssteuerung" des Instituts für Fabrikanlagen der Universität Hannover am 16./17. 3. 1982 in Hannover.

[12] *Nyhuis, F.:* Fertigungsablaufanalyse benötigt für gute Ergebnisse systematische Planung. Maschinenmarkt 90 (1984) 20, S. 442–445.

[13] *Heinemeyer, W.:* Die Analyse der Fertigungsdurchlaufzeit im Industriebetrieb. Dissertation Technische Universität Hannover 1974.

[14] *Erdlenbruch, B.:* Grundlagen neuer Auftragssteuerungsverfahren für die Werkstattfertigung. Dissertation Universität Hannover 1984 (veröffentlicht in: Fortschritt-Berichte der VDI-Zeitschriften, Reihe 2, Nr. 71, Düsseldorf 1984).

[15] *Kettner, H., Bechte, W.:* Neue Wege der Fertigungssteuerung durch belastungsorientierte Auftragsfreigabe. VDI-Z 123 (1981) 11, S. 459–466.

[16] *Bechte, W.:* Steuerung der Durchlaufzeit durch belastungsorientierte Auftragsfreigabe bei Werkstattfertigung. Dissertation Universität Hannover 1980 (veröffentlicht in: Fortschritt-Berichte der VDI-Zeitschriften, Reihe 2, Nr. 70, Düsseldorf 1984).

[17] *Bechte, W.:* Arbeitsinhalt-Zeit-Funktionen – ein Kontrollinstrument für die Fertigungssteuerung. FB/IE 32 (1983) 2, S. 7–14.

[18] *Holzkämper, R.:* Voraussetzungen für die Realisierung eines Kontroll- und Diagnosesystems zur organisierten Fertigungsablaufüberwachung. ZwF 80 (1985) 6, S. 238–243.

[19] *Wiendahl, H.-P.:* Grundlagen neuer Verfahren der Fertigungssteuerung. In: Dokumentation zum Fachseminar „Statistisch orientierte Fertigungssteuerung" des Instituts für Fabrikanlagen der Universität Hannover am 14./15. 5. 1984 in Hannover, S. 1–19.

[20] *Lorenz, W.:* Differenzierte Durchlaufzeitanalyse im Fertigungsbereich – Ein Verfahren zur Durchlaufzeitkontrolle. AV 20 (1983) 5, S. 144–149.

4 Das Durchlaufdiagramm – ein allgemeines Modell zur realitätsnahen Abbildung des Fertigungsablaufs

4.1 Historische Vorläufer

Mit der zunehmenden Vielfalt industrieller Produkte, der immer stärkeren Arbeitsteilung und der wachsenden Größe von Produktionsunternehmen gewinnt die anschauliche Darstellung des Produktionsablaufs immer größere Bedeutung. Es hat sich aber gezeigt, daß eine nur numerische Darstellung in Form von Listen, Tabellen und fortgeschriebenen Kennzahlen trotz oder gerade wegen des immer stärkeren Einsatzes der elektronischen Datenspeicherung und -verarbeitung den Anforderungen der Praxis nicht mehr genügt. Vielmehr werden – begünstigt durch die immer preiswertere graphische Datenverarbeitung – heute mehr denn je graphische Darstellungen des Prozeßgeschehens verlangt, wie sie beispielsweise in den Leitständen von Kraftwerken und chemischen Fabriken derzeitiger Stand der Technik sind.

Dabei genügt es jedoch nicht, den körperlichen Fertigungsablauf lediglich zeitsynchron abzubilden, wie es häufig in komplexen automatischen Fertigungssystemen geschieht. Dort wird auf dem Bildschirm meist ein vereinfachtes Layout der Anlage dargestellt. Innerhalb des Layouts kann der Betrachter dann bestimmte Zustände einzelner Aggregate unterscheiden; beispielsweise, ob eine Maschine stillsteht oder arbeitet, ob ein Transportfahrzeug beladen oder leer wartet oder fährt usw. Derartige Bilder liefern jedoch immer nur eine Momentaufnahme; man erkennt weder den bisherigen oder geplanten Ablauf eines Auftrags noch den bisherigen oder geplanten Belegungszustand einer Maschine. Diese Informationen sind zwar im Rahmen des Produktionsplanungs- und -steuerungssystems verfügbar, aber dort wiederum überwiegend in Form von Listen.

Einen der ersten Versuche, den Durchlauf von Aufträgen graphisch zu veranschaulichen, stellt die Arbeit von Schmitz dar, der 1961 aufgrund seiner Erfahrungen im Werk Carl Zeiss, Jena, eine Arbeit mit dem Ziel anfertigte, die Zusammenhänge zwischen den Produktionsplänen und der Betriebsauslastung mit analytischen Berechnungsmethoden zu beschreiben [1]. Der Grundgedanke besteht darin, den Produktionsfortschritt eines Gerätes mit Beginn und Fertigstellung kumulativ über der Zeit abzubilden. *Bild 4.1* zeigt die grundlegende Darstellung hierzu. Man erkennt zum einen die *Ausstoßlinie* entsprechend dem Produktionsprogramm und die aus der Durchlaufzeit d des betrachteten Erzeugnisses bestimmte *Beginnlinie* sowie zum anderen den *Bestandsverlauf* (hier Auflageziffer a genannt) an Erzeugnissen in der Fertigung, resultierend aus dem senkrechten Abstand von Beginn- und Ausstoßlinie. Damit ist Schmitz eine allgemeine Darstellung des Produktionsprozesses für ganze Erzeugnisse gelungen, welche bereits die wesentlichen Zielgrößen Durchlaufzeit, Bestand und Leistung analytisch miteinander verknüpft und anschaulich darstellt.

Ähnliche Überlegungen finden sich 1971 bei In't Veld, der aufgrund seiner Erfahrungen bei dem Flugzeughersteller Vocker in den Niederlanden das sogenannte Z-Diagramm zur Darstellung desselben Sachverhaltes vorschlägt [2]. *Bild 4.2* zeigt das aus drei Teildiagrammen bestehende Z-Diagramm. Im mittleren Diagramm ist wie bei Schmitz eine Zufluß- und eine Abflußkurve dargestellt, deren senkrechter Abstand den *Bestandsverlauf* und deren waagerechter Abstand die *Durchlaufzeit* über der Zeitachse abbildet. Zusätzlich ist im oberen Diagramm der Durchlaufzeitverlauf mit Sollwert und Alarmgrenze dargestellt und im unteren Diagramm der Verlauf von zufließenden und abfließenden Erzeugniseinheiten. Das

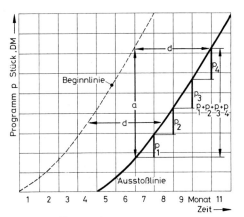

a   Auflageziffer[*)][Stück, DM]

p_1, p_2... Monatsprogramm [Stück/Monat, DM/Monat]
d   Durchlaufzeit des Erzeugnisses [Tage, Monate]

[*)] „Die Auflageziffer a gibt die Anzahl der Erzeugnisse an
(oder den Wert der Erzeugnisse), die sich zu einem
bestimmten Zeitpunkt gleichzeitig in der Fertigung
befinden."

Bild 4.1 Durchlaufzeit und Auflageziffer bei veränderlichem Programm [P. G. Schmitz, 1961]

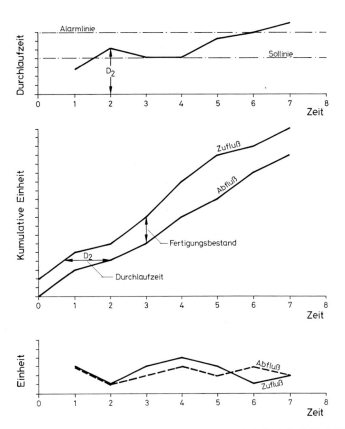

Bild 4.2 Z-Diagramm für Zufluß-, Abfluß- und Durchlaufzeit [J. in't Veld, 1971]

untere Diagramm ist dadurch entstanden, daß pro Zeitabschnitt die jeweilige Veränderung der Zufluß- und Abflußkurve berechnet wurde.

Da die drei Diagramme zusammengenommen ein Z bilden, wird die gesamte Darstellung *Z-Diagramm* genannt. In't Veld weist darauf hin, daß die Einheiten sowohl in Anzahl Produkten als auch in Stunden Arbeit oder – z. B. bei der Betrachtung eines Konstruktions-büros – als Anzahl Zeichnungen angegeben werden können. Auch stellt er fest, daß derartige Darstellungen für den Manager im Sinne eines Kontroll- und Diagnosesystems anwendbar sind [2].

Im Rahmen der von Kettner – dem ersten Direktor des Instituts für Fabrikanlagen der Universität Hannover – angeregten Durchlaufzeituntersuchungen greift Heinemeyer die Überlegungen von Schmitz auf und schlägt 1974 die Darstellung nach *Bild 4.3* vor, die eine periodenbezogene Betrachtung des Durchlaufs von Aufträgen durch ein Arbeitssystem erlaubt [3]. Dabei bezeichnet er die Zeit zwischen dem Abgang eines Auftrages vom Vorgänger-Arbeitsplatz und dem Abgang dieses Auftrages am hier betrachteten Arbeitsplatz als *Durchlaufelement* (vgl. ausführliche Erläuterung in Kapitel 3).

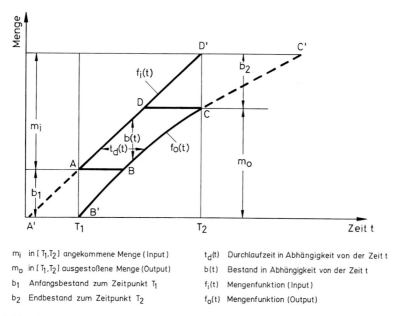

m_i	in $[T_1, T_2]$ angekommene Menge (Input)
m_o	in $[T_1, T_2]$ ausgestoßene Menge (Output)
b_1	Anfangsbestand zum Zeitpunkt T_1
b_2	Endbestand zum Zeitpunkt T_2
$t_d(t)$	Durchlaufzeit in Abhängigkeit von der Zeit t
$b(t)$	Bestand in Abhängigkeit von der Zeit t
$f_i(t)$	Mengenfunktion (Input)
$f_o(t)$	Mengenfunktion (Output)

Bild 4.3 Verallgemeinerte Darstellung des Durchlaufelementes [Heinemeyer, IFA]

Bemerkenswert ist die Definition von *Anfangsbestand* b_1 und *Endbestand* b_2, ferner der im Prinzip beliebige Verlauf von Zu- und Abgangskurve (Input bzw. Output).

Kreutzfeldt erweitert 1977 im Rahmen seiner Arbeiten am selben Institut das Diagramm hinsichtlich der betrachteten Einheiten ganz allgemein auf den Begriff *Arbeitsinhalt (Bild 4.4)* [4], während sein Nachfolger Bechte das als *Arbeits-Inhalt-Zeit-Funktion* bezeich-nete Diagramm zur Basis einer vollständigen Beschreibung des Arbeitsablaufs macht, aus dem er dann – aufbauend auf Jendralski [9] – das Verfahren der *belastungsorientierten Auftragsfreigabe* entwickelt [5]. Erdlenbruch erweitert die Arbeits-Inhalt-Zeit-Funktion von Bechte unter dem Begriff *Durchlaufdiagramm* auch auf die Darstellung kompletter Auftrags-durchläufe [6], während sein Kollege Lorenz es als Basis eines neuen *Warteschlangenmodells* benutzt [7].

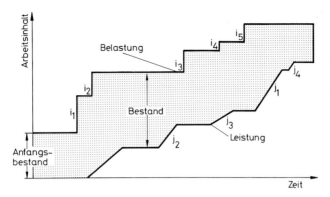

Bild 4.4 Form von Belastungs- und Leistungskurve [Kreutzfeldt, IFA]

Das Durchlaufdiagramm hat sich damit zur wohl wichtigsten Beschreibungsform des komplexen Produktionsablaufs der Werkstättenfertigung entwickelt und ist besonders zur Visualisierung des Prozesses im Sinne der geforderten Transparenz geeignet. Daneben kann es aber auch zur Abbildung des Prozesses für Planungszwecke dienen und stellt damit ein allgemeines Produktionsablauf-Modell dar, welches auch einer mathematischen Behandlung zugänglich ist.

Wegen seiner grundsätzlichen Bedeutung für die Fertigungssteuerung soll das Durchlaufdiagramm im folgenden – aufbauend auf den zuletzt genannten drei Arbeiten – schrittweise entwickelt werden.

4.2 Die Grundform des Durchlaufdiagramms

Ein Arbeitssystem – gleichviel ob ein Arbeitsplatz, eine Arbeitsplatzgruppe, ein Betriebsbereich oder die gesamte Produktion – läßt sich als ein *Trichter* auffassen, an dem Aufträge ankommen *(Zugang),* auf ihre Abfertigung warten *(Bestand)* und das System verlassen *(Abgang).* In *Bild 4.5* ist in der linken Bildhälfte ein derartiger Trichter dargestellt. Beobachtet man das Arbeitssystem über einen längeren Zeitraum (Bezugszeitraum) hinweg, so läßt sich das Ergebnis in Form von Kurven abbilden.

In der rechten Bildhälfte erkennt man eine *Zugangskurve* und eine *Abgangskurve.* Die Zugangskurve entsteht dadurch, daß man zunächst den Bestand an Arbeit feststellt, der sich zu Beginn des Bezugszeitraums in diesem Arbeitssystem befindet *(Anfangsbestand).* Von diesem Punkt ausgehend, trägt man die zugehende Arbeit entsprechend ihrem Arbeitsinhalt in Stunden und dem Zeitpunkt des Zugangs bis zum Ende des Bezugszeitraums auf und erhält so den *Zugangsverlauf.* Analog dazu entsteht der *Abgangsverlauf* in der Weise, daß man die abgefertigten Aufträge mit ihrem Stundeninhalt entsprechend den Abmeldezeitpunkten aufträgt, beginnend am Koordinaten-Nullpunkt. Da beide Kurven zusammen den Durchlauf der Aufträge durch dieses System beschreiben, wird diese Darstellung nach einem Vorschlag von Erdlenbruch *Durchlaufdiagramm* genannt.

Am Ende des Bezugszeitraums ergibt sich wiederum ein bestimmter Bestand, im Bild 4.5 *Endbestand* genannt. Setzt man diesen Endbestand gleich dem Anfangsbestand des folgenden Bezugszeitraumes, erweist sich das Durchlaufdiagramm als Ausschnitt aus der kontinuierlichen Beschreibung eines Arbeitssystems.

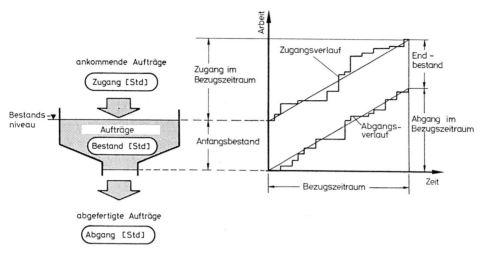

Bild 4.5 Entstehung des Durchlaufdiagramms [nach Kettner, Bechte, IFA]

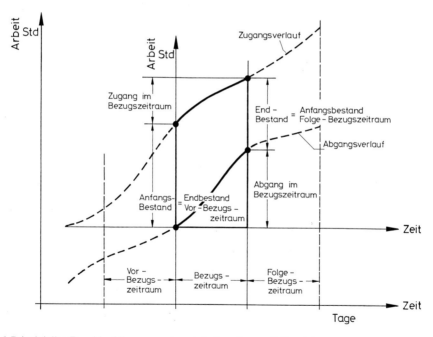

Bild 4.6 Prinzipielles Durchlaufdiagramm eines Arbeitssystems mit Bezeichnungen

Bild 4.6 deutet dies durch zwei zufällig verlaufende Zugangs- und Abgangskurven an, die über der Zeitachse aufgetragen sind. Man kann sich vorstellen, daß jeweils zum Ende des Bezugszeitraums das Koordinatensystem neu fixiert wird; die Zugangs- und Abgangskurve „wandert" wie durch ein Fenster. Die Summe der im Bezugszeitraum aufgezeichneten zugehenden Auftragsstunden wird als *Zugang,* die Summe der abgehenden Aufträge als *Abgang* bezeichnet.

Die Darstellung nach Bild 4.6 läßt zunächst völlig offen, ob es sich bei der durchfließenden Arbeit um den Arbeitsinhalt einzelner Arbeitsgänge eines Fertigungsauftrages, kompletter Fertigungsaufträge oder ganzer Baugruppen oder Erzeugnisse handelt. Ebenso ist offen, ob das betrachtete Arbeitssystem ein einzelner Arbeitsplatz, eine Arbeitsplatzgruppe, ein Betriebsbereich oder eine ganze Produktionswerkstatt darstellt. Im Kapitel 3 wurde jedoch bereits festgestellt, daß das Durchlaufelement, also die Zeitdauer zum Durchlauf eines Arbeitsplatzes, das Grundelement der gesamten Terminsteuerung darstellt. Demzufolge stellt die Beschreibung eines Arbeitsplatzes mit den ihn durchlaufenden Arbeitsvorgängen der einzelnen Fertigungsaufträge auch das *elementare Durchlaufdiagramm* dar, auf dem alle weitergehenden Beschreibungen eines Produktionsablaufs aufbauen. Daher soll es zunächst als *Arbeitssystem-Durchlaufdiagramm* vorgestellt werden.

4.3 Das Arbeitssystem-Durchlaufdiagramm und seine Grundgrößen

4.3.1 Konstruktion eines Arbeitssystem-Durchlaufdiagramms

Wie bereits ausführlich begründet, ist für die Durchlaufbetrachtung von Arbeitsvorgängen folgende Definition sinnvoll: *Die Durchlaufzeit durch ein Arbeitssystem errechnet sich aus der Differenz der Zeitpunkte zwischen der Abmeldung des Arbeitsvorganges am betrachteten Arbeitssystem und der Abmeldung des vorhergehenden Arbeitsvorganges am Vorgänger-Arbeitssystem.* Hierauf baut auch die Definition der Zugangs- und Abgangskurve im Durchlaufdiagramm auf.

Zur Konstruktion eines Durchlaufdiagramms bedient man sich dann auch sinnvollerweise der *Rückmeldungen,* wie sie heute in zunehmendem Maße von Betriebsdatenerfassungssystemen (BDE) zur Verfügung gestellt werden. Diese Rückmeldungen werden von den verschiedenen Arbeitssystemen zentral gesammelt und lassen sich unter anderem auch je Arbeitsplatz in Form einer Ereignisliste darstellen, die gewissermaßen als Protokoll der an dem betrachteten Arbeitsplatz ablaufenden Ereignisse angesehen werden kann. *Bild 4.7* zeigt im linken Bildteil eine derartige Ereignisliste eines Arbeitsplatzes in vereinfachter Form. Neben den *Ereigniszeitpunkten* (hier in Spalte 1 in Kalendertagen angegeben, d. h. es handelt sich um tagegenaue Rückmeldungen) ist die *Auftragsnummer* (Spalte 2), die *Auftragszeit* (Spalte 3) und die *Ereignisart* Zugang (Spalte 4) bzw. Abgang (Spalte 5) aufgeführt. Es soll nun das Durchlaufdiagramm für den Bezugszeitraum Kalendertag 61 bis 67 – d. h. für eine Woche – konstruiert werden. Der Bezugszeitraum bildet das „Fenster", durch das die Vorgänge am Arbeitssystem beobachtet werden.

Man beginnt zweckmäßigerweise mit der *Abgangskurve.* Dazu kumuliert man entsprechend Spalte 6 die vom Beginn des Bezugszeitraums abgehenden Auftragsstunden bis zum Ende des Bezugszeitraums; im Beispiel Bild 4.7 sind dies 24,5 Stunden. (Man beachte, daß an den Tagen 64 und 67 keine Ereignisse aufgetreten sind.) In *Bild 4.8* ist die Abgangskurve zwischen den Punkten 1 und 2 entsprechend den Abgangszeitpunkten der Aufträge A 18, A 14, A 16 und B 37 eingezeichnet. Da alle Rückmeldungen eines Tages auf das Ende dieses Tages bezogen werden, beginnt das Diagramm am Ende des Tages 60, der gleichzeitig den Beginn des Tages 61 bedeutet.

Nun ist der *Anfangsbestand* zu bestimmen, um den Beginn der Zugangskurve zu ermitteln. Zu diesem Zweck sind entsprechend der Spalte 7 von Bild 4.7 die Stunden aller derjenigen Aufträge zu kumulieren, deren Zugang einerseits vor dem Beginn des Bezugszeitraums lag,

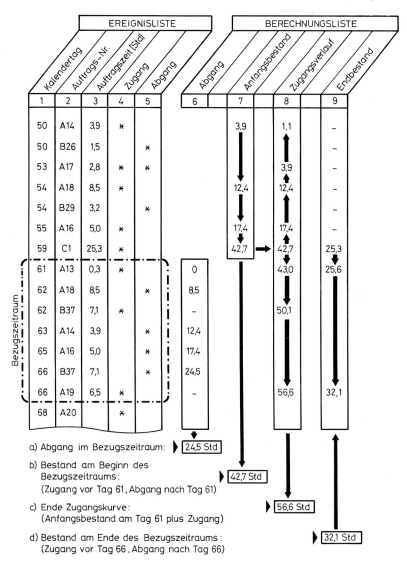

Bild 4.7 Bestimmung von Abgang, Zugang, Anfangs- und Endbestand eines Arbeitsplatzes im Bezugszeitraum aus einer Ereignisliste

die aber andererseits vor diesem Zeitpunkt noch nicht abgefertigt wurden. Dies trifft für die Aufträge A 14, A 18, A 16 und C 1 mit insgesamt 42,7 Stunden zu. In der Praxis wird man allerdings meist von den Daten der Auftragsverwaltung ausgehen, aus denen in der Regel ersichtlich ist, welche Aufträge an einem bestimmten Tag – hier der Beginn des Bezugszeitraums – jedem Arbeitsplatz zugeordnet waren. Man vermeidet so, die Zugangslisten (sofern diese überhaupt existieren) für sehr lange Zeiträume zurückzuverfolgen. Ist der Anfangsbestand nicht aus dem Auftragsverwaltungssystem zu entnehmen, ist notfalls eine regelrechte Inventur durchzuführen.

Ausgehend von dem so gefundenen Anfangsbestand entsteht nun die *Zugangskurve* selbst durch Kumulation der im Bezugszeitraum zugegangenen Aufträge A 13, B 37 und A 19, so

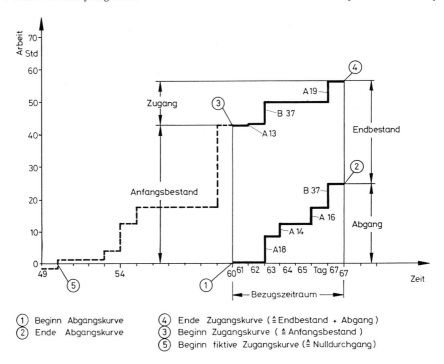

Bild 4.8 Konstruktion eines Durchlaufdiagramms aus Zugangs- und Abgangsverlauf

daß gemäß Spalte 8 in Bild 4.7 nun auch der Endpunkt der Zugangskurve mit 56,6 Stunden bekannt ist (Punkt 4 in Bild 4.8). Der *Zugang* selbst errechnet sich aus der Summe dieser Auftragsstunden, also 0,3 + 7,1 + 6,5 = 13,9 Stunden.

Der *Endbestand* am Tag 67 ergibt sich dann rechnerisch aus dem Endwert der Zugangskurve abzüglich des Endwertes der Abgangskurve. Im Beispiel sind dies also 56,6 − 24,5 = 32,1 Stunden. Der Endbestand läßt sich aber auch wie der Anfangsbestand ermitteln, indem in der Ereignisliste alle Auftragsstunden addiert werden, deren Zugang vor dem Tag 67 und deren Abgang nach dem Tag 67 erfolgte. Das Ergebnis dieser Berechnung zeigt Spalte 9 in Bild 4.7 erwartungsgemäß mit 32,1 Stunden.

Zur Vervollständigung des Durchlaufdiagramms ist es abschließend interessant, auch den Zugangsverlauf der Aufträge zu kennen, die *vor dem Beginn des Bezugszeitraums* zugegangen sind. Hierzu geht man in Spalte 8 gewissermaßen rückwärts die Zugangskurve hinunter. Man erkennt, daß die Zugangskurve am Tag 50 die Abszisse durchstößt und dort als ersten Wert 1,1 Stunden annimmt. Zieht man hiervon den an diesem Tag zugegangenen Auftrags-inhalt von A 14 mit 3,9 Stunden ab, ergibt sich als zweiter Wert minus 2,8 Stunden.

Die Tatsache, daß die Zugangskurve nicht genau mit dem Wert eines vollen Auftrages beginnt, ist wie folgt zu erklären. Die Zugangskurve hat am Anfang des Bezugszeitraums den Wert des Anfangsbestandes. Dieser enthält nur die Aufträge, die am Tag 61 tatsächlich im Bestand waren. Beispielsweise ist der Auftrag A 17 im Anfangsbestand nicht enthalten, weil er zwar vor dem Tag 61 zugegangen, aber auch vor diesem Tag wieder abgegangen ist. In der Zugangskurve hingegen ist dieser Auftrag enthalten, beschreibt sie doch die „Historie" dieses Arbeitsplatzes, also die chronologische Reihenfolge der Zugänge, unabhängig von irgend-welchen Bezugszeiträumen. Würde man die Zugangskurve der im Anfangsbestand enthalte-nen Aufträge aufzeichnen, ergäbe sich demnach ein anderer Verlauf als der „historische"

Zugangsverlauf. Dadurch kann es zufällig vorkommen, daß ein Auftragszugang „angeschnitten" wird. Bei der weiteren Diskussion des Durchlaufdiagramms wird dieser Umstand noch eingehend behandelt.

Für die weitere Diskussion des Durchlaufdiagramms ist das gewählte fiktive Beispiel zu einfach. Daher wurde aus den Rückmeldungen eines realen Arbeitsplatzes (Drehmaschine) ein Auszug erstellt, den *Tabelle 4.1* in den Spalten 1 bis 4 wiedergibt. Die nach Zugangsterminen sortierten Rückmeldungen wurden tagegenau erfaßt. Die *Auftragszeiten* entstammen den Arbeitspapieren; es handelt sich also um Vorgabestunden, nicht um die tatsächlich

a) Ausgangsdaten   b) Bestands-Zugangs- und Abgangsverlauf

Zeilen-Nr.	AUFTRAGS-NR.	ZUGANGS-TERMIN TBEV [Tag]	ABGANGS-TERMIN TBE [Tag]	AUFTRAGS-ZEIT ZAU [Std]	BESTAND AM TAG 204 [Std]	ZUGANG ZWISCHEN 205 und 232 [Std]	GESAMT ZUGANG KUMUL. [Std]	ABGANG ZWISCHEN 205 und 232 [Std]	BESTAND AM TAG 232 [Std]
	1	2	3	4	5	6	7	8 ***)	9
1	103	81	246	3,3	3,3		-208,4	-	3,3
2	104	91	340	13,1	16,4		-195,3	-	16,4
3	102	151	198	26,4	-		-168,9	-	-
4	101	156	156	18,8	-		-150,1	-	-
5	105	157	181	17,8	-		-132,3	-	-
6	106	157	160	2,1	-		-130,2	-	-
7	107	157	187	34,9	-		- 95,3	-	-
8	109	166	180	70,0	-		- 25,3	-	-
9	110	170	208	15,4	31,8		- 9,9	15,4	-
10	113	178	198	30,3	-		20,4*)	-	-
11	115	181	206	0,5	32,3		20,9	0,5	-
12	114	186	201	11,4	-		32,3	-	-
13	116	187	220	7,4	39,7		39,7	7,4	-
14	119	194	207	11,4	51,1		51,1	11,4	-
15	120	194	209	6,8	57,9		57,9	6,8	-
16	118	195	213	7,7	65,6		65,6	7,7	-
17	112	198	235	3,4	69,0		69,0	-	19,8
18	117	198	222	4,2	73,2		73,2	4,2	-
19	121	199	214	8,8	82,0		82,0	8,8	-
20	108	202	222	13,8	95,8		95,8 **)	13,8	-
21	124	205	212	9,6		9,6	105,4	9,6	-
22	125	206	208	3,8		13,4	109,2	3,8	-
23	123	207	229	13,6		27,0	122,8	13,6	-
24	126	208	219	2,6		29,6	125,4	2,6	-
25	127	208	213	5,3		34,9	130,7	5,3	-
26	122	212	233	3,8		38,7	134,5	-	23,6
27	131	213	220	2,1		40,8	136,6	2,1	-
28	128	213	258	4,7		45,5	141,3	-	28,3
29	132	215	226	13,8		59,3	155,1	13,8	-
30	135	219	226	6,9		66,2	162,0	6,9	-
31	140	222	227	5,1		71,3	167,1	5,1	-
32	136	222	234	26,9		98,2	194,0	-	55,2
33	141	223	247	57,4		155,6	251,4	-	112,6
34	142	226	230	2,1		157,7	253,5	2,1	-
35	129	226	250	14,1		171,8	267,6	-	126,7
36	143	226	236	2,9		174,7	270,5	-	129,6
37	145	227	229	5,1		179,8	275,6	5,1	-
38	134	230	298	5,1		184,9	280,7	-	134,7
			SUMME ▶		95,8	184,9	280,7	146,0	134,7

(Spalten 2 und 3, Zeilen 21–38 mit der vertikalen Bezeichnung „Bezugszeitraum")

  *) Nulldurchgang Zugangskurve
 **) Beginn Zugangskurve im Bezugszeitraum
***) Zum Zeichnen der Abgangskurve ZAU-Werte (Spalte 4) nach Abgangstermin (Spalte 3) umsortieren

Tabelle 4.1 Berechnung der Zugangs- und Abgangskurve eines Arbeitsplatzes aus den nach Zugang sortierten Rückmeldungen für den Bezugszeitraum Tag 205 bis 232

gebrauchten Stunden. Wie bereits erläutert, reicht die Verwendung der Vorgabestunden zur Beschreibung des Durchlaufverhaltens völlig aus.

In diesem Beispiel soll der Zeitraum 205 bis 232 als *Bezugszeitraum* gelten, also 28 Tage entsprechend vier Wochen. Ein Blick in die Spalte 2 der *Zugangstermine* zeigt, daß nicht an allen Tagen Zugänge stattfanden, so auch nicht an den Tagen 231 und 232. Andererseits erfolgten auch nicht an allen Tagen *Abgänge*; so findet sich z. B. kein Abgang an den Tagen 205, 231 und 232.

Zur Konstruktion des Durchlaufdiagramms wurde als erstes in Spalte 5 der *Bestand* am ersten Tag des Bezugszeitraums mit 95,8 Stunden ermittelt. Da die Rückmeldungen nach Zugangs- terminen sortiert sind, ist die Bestimmung der *Zugangskurve* entsprechend Spalte 6 beson- ders einfach und führt zu einem *Zugang* von 184,9 Stunden im Bezugszeitraum. Da der Beginn der Zugangskurve am Tag 205 bei 95,8 Stunden liegt, ergibt sich daraus der *Endpunkt der Zugangskurve* mit 95,8 Stunden plus 184,9 Stunden gleich 280,7 Stunden. Zählt man von diesem Punkt aus die Zugänge rückwärts, ergibt sich daraus der Verlauf der gesamten *Zugangskurve* entsprechend Spalte 7. Erwartungsgemäß erreicht diese am Beginn des Bezugszeitraums (Beginn Tag 205 = Ende Tag 204) den Wert 95,8 Stunden und vollzieht am Tag 178 mit Auftrag 113 den Nulldurchgang.

Zur Konstruktion der *Abgangskurve* sind in Spalte 8 alle *Abgänge* notiert, die im Bezugszeit- raum gemeldet werden. Ihre Summe ergibt 146,0 Stunden. Ordnet man die Werte der Abgangskurve nach dem Abgangstermin, entsteht eine Liste, die bereits im vorhergehenden Kapitel 3 als Tabelle 3.1 vorgestellt wurde; das dort begonnene Beispiel wird also hier fortgesetzt. Als Ergebnis erhält man nun das *Bild 4.9,* das in einer maßstabsgerechten Zeichnung den Verlauf der Zugangs- und der Abgangskurve enthält [5].

Weiterhin ist in das Bild eine Reihe von Begriffen mit ihren jeweiligen Abkürzungen eingetragen, die in den weiteren Ausführungen verwendet werden. Der *Anfangsbestand* BA, der *Zugang* ZU, der *Endbestand* BE, der *Abgang* AB und der *Bezugszeitraum* P sind bereits bekannt. Neu sind in diesem Durchlaufdiagramm die Begriffe *Bestand, Reichweite, Vorlauf* und *Durchlaufzeit* [5].

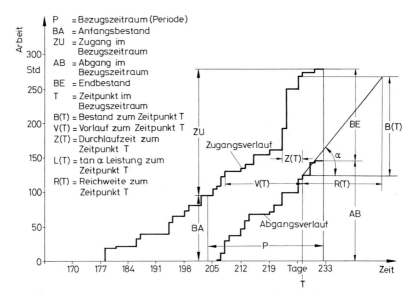

Bild 4.9 Allgemeine Form des Durchlaufdiagramms [nach Bechte, IFA]

Der *Bestand* B an Arbeit an diesem Arbeitsplatz wird dadurch sichtbar, daß man zu einem beliebigen Zeitpunkt T das Diagramm parallel zur Ordinate schneidet. Offensichtlich entspricht dann der *Abstand zwischen den Schnittpunkten dieser Linie mit der Zugangs- bzw. Abgangskurve dem zu diesem Zeitpunkt an diesem Arbeitsplatz vorhandenen Bestand*, gemessen in Arbeitsstunden. Je nach vorhandenen Daten sind dies Vorgabestunden oder Iststunden. Die gefundene Größe wird als Bestand B(T) bezeichnet und stellt eine zeitlich veränderliche Zustandsgröße dar [5]. Sie ist am besten mit dem Saldenstand eines Bankkontos zu vergleichen, bei dem auch jede Veränderung der Soll- bzw. Habenseite eine Veränderung des auf dem Konto befindlichen Guthabens bewirkt. Allerdings ist in einem realen Durchlaufdiagramm ein Negativsaldo, also ein negativer Bestand, nicht möglich. Im vorliegenden Beispiel war der gewählte Zeitpunkt T der Tag 227, der Bestand ergibt sich also aus der Differenz des Wertes der Zugangs- und der Abgangskurve an diesem Tag. Aus Tabelle 4.1, Spalte 7, Zeile 37 erkennt man für diesen Tag den Zugangswert mit 275,6 Stunden. Aus Spalte 8 derselben Tabelle ergibt sich der Abgangswert an diesem Tag, wenn man vom Abgang AB die Stunden abzieht, die zwischen den Tagen 232 und 227 abgemeldet werden. Dies sind die Aufträge 142, 145, 123. Der Wert der Abgangskurve am Tag 227 beträgt also 146 − (2,1 + 5,1 + 13,6) = 125,2 Stunden. Daraus errechnet sich der Bestand an diesem Tag zu 275,6 − 125,2 = 150,4 Stunden.

Der zweite im Diagramm neue Begriff *Reichweite* R wird allgemein in der Lagerwirtschaft dazu benutzt, um auszudrücken, wie lange der zu einem Zeitpunkt T vorhandene Lagerbestand eines Artikels bei bekanntem Verbrauch reicht, und ist definiert als das Verhältnis des vorhandenen Bestandes zum voraussichtlichen Verbrauch. Überträgt man diese Definition auf einen Arbeitsplatz, so ist der Bestand mit dem soeben beschriebenen senkrechten Abstand zwischen Zugangs- und Abgangskurve gleichzusetzen, während der Verbrauch der momentanen Leistung entspricht. *Die Reichweite R(T) kennzeichnet dann die Zeitspanne, die ein Arbeitsplatz noch zu arbeiten hätte, wenn der momentane Bestand B(T) mit der momentanen Leistung L(T) abgearbeitet würde.* Die momentane Reichweite R(T) an einem Arbeitsplatz ist dann definiert als das Verhältnis des momentanen Bestandes B(T) zur momentanen Leistung L(T).

$$R(T) = \frac{B(T)}{L(T)} \qquad\qquad (4.1)$$

Im vorliegenden Fall betrug die Kapazität des betrachteten Arbeitsplatzes 8 Stunden pro Tag. Sie soll hier unter der Annahme, daß zum Zeitpunkt T eine Vollauslastung des Arbeitsplatzes bestand, gleich der Leistung L(T), also der tatsächlichen abgelieferten Arbeit pro Tag sein. Damit ergibt sich die Reichweite R(T) zu 150,4 Stunden : 8 Stunden/Tag = 18,8 Tage. Zur Verdeutlichung dieser Berechnung ist in Bild 4.9 das Dreieck mit den Seiten B(T) und R(T) sowie der Hypothenuse im Winkel α mit tan α = L(T) eingezeichnet.

Schneidet man das Durchlaufdiagramm waagerecht, ergeben sich zwei weitere Werte. Die *Durchlaufzeit Z(T) beantwortet die Frage, welche Durchlaufzeit das zum Zeitpunkt T zuletzt abgefertigte Los benötigte,* während der *Vorlauf V(T) die Zeitdifferenz bezeichnet, mit der die Zugangskurve der Abgangskurve zum Zeitpunkt T vorauseilt.* Der Unterschied zwischen diesen beiden Werten beruht auf der Vertauschung von Zugangs- und Abgangsreihenfolge. Würden nämlich die Aufträge so abgefertigt, wie sie ankommen, also die Prioritätsregel FIFO (First In – First Out) angewandt, wären Zugangs- und Abgangskurve deckungsgleich und die Werte Z(T) und V(T) zu jedem Zeitpunkt gleich.

Im vorliegenden Fall zeigt ein Blick in die Tabelle 4.1, Spalte 8, Zeile 31, daß am Tag 227 der Auftrag 140 abgefertigt wurde, dessen Zugangstermin der Tag 222 war. Die Durchlaufzeit Z(T) am Tag 227 betrug also 5 Tage.

Der *Vorlauf* V(T) ist demgegenüber rechnerisch nur durch einen Umweg zu bestimmen. *Gesucht wird nämlich der Termin, zu dem die Zugangskurve denselben Wert aufweist wie die Abgangskurve zum Zeitpunkt T.* In diesem Fall beträgt dieser Wert – wie bereits bei der Bestandsbestimmung festgestellt – 125,2 Stunden. In der Wertetabelle für die Zugangskurve (Tabelle 4.1, Spalte 7, Zeile 24) zeigt sich, daß dieser Wert durch den Auftrag 126 am Tag 208 mit 125,4 Stunden gerade überschritten wurde. Der Vorlauf V(T) zum Zeitpunkt T = Tag 227 beträgt also 227 − 208 = 19 Tage.

In der Praxis ist die tägliche Messung von Bestand, Reichweite, Durchlaufzeit und Vorlauf wenig sinnvoll, da ihre Werte infolge der starken Schwankung der Zugangs- und Abgangskurve, hervorgerufen durch die Streuung der Auftragszeiten, die unregelmäßigen Abstände zwischen den Zugangs- und Abgangsvorgängen sowie die zufälligen Reihenfolgevertauschungen, stark streuen. Auch läßt sich keine analytische Beziehung zwischen ihnen herstellen. Vielmehr ist es erforderlich, derartige diskontinuierliche Prozesse *periodenweise* zu betrachten und *Mittelwerte* der genannten Größen zu bilden. Solche Mittelwerte dienen einerseits der Prozeßkontrolle und werden andererseits auch als Planwerte zur Steuerung der nächsten Perioden benutzt. Daher sollen zunächst der mittlere Bestand und dann die drei mittleren, periodenbezogenen Zeitgrößen Reichweite, Vorlauf und Durchlaufzeit im Arbeitsplatz-Durchlaufdiagramm definiert und ihre Verknüpfung gezeigt werden. Als Periodenlänge wurde ein Zeitraum von vier Wochen gewählt, und zwar aufgrund der Überlegung, daß eine monatliche Feststellung von mittleren Zeitwerten dem üblichen Rhythmus anderer betriebswirtschaftlicher Kontrollgrößen wie Auftragseingang, Umsatz, Produktionsleistung usw. entspricht. Die hier gewählte Periodenlänge ist aber nur als Beispiel zu verstehen und kann selbstverständlich auch andere Werte annehmen, z. B. eine, zwei oder drei Wochen.

4.3.2 Mittlerer Bestand

Der mittlere Bestand in einer Periode ergibt sich aus der Summe der Einzelbestände an jedem Tag der Periode P, dividiert durch die Anzahl der Tage, die in der Periode P enthalten sind. Tabelle 4.2 zeigt die Berechnung des Bestandsverlaufs aus den Zugängen und Abgängen im Bezugszeitraum 205 bis 232 sowie die Berechnung des mittleren Bestandes. Bei der Ermittlung ist zu beachten, daß sämtliche Zugänge und Abgänge, die im Laufe eines Tages stattfinden, auf das *Ende* dieses Tages bezogen werden. Das bedeutet aber, daß die entsprechenden Veränderungen im Bestand erst *am nächsten Tag* wirksam werden. Beispielsweise beträgt im gewählten Beispiel am Anfang des Bezugszeitraums – also am Ende des Tages 204 = Anfang des Tages 205 – der Bestand 95,8 Stunden. Dieser Bestand existiert den ganzen Tag 205, die daraus resultierende Bestandsbindung – die man auch als Bestandsfläche interpretieren kann – beträgt damit 95,8 Stunden · Tag. Im Lauf des Tages 205 erfolgt ein Zugang von 9,6 Stunden, der zu einem Bestand am Ende des Tages 205 von 105,4 Stunden führt. Dieser Bestand gilt für den ganzen nächsten Tag; daher ist die Bestandsfläche 105,4 Stunden · Tag für den Tag 206. Die im Laufe des Tages 206 erfolgten Zu- und Abgänge führen wiederum zu einer Bestandsveränderung auf 108,7 Stunden, die am Tag 207 die Bestandsfläche verursachen usw.

Der mittlere Bestand MB ist dann

$$MB = \frac{FB}{P} \qquad (4.2)$$

FB = Bestandsfläche (= Bestandssumme) im Bezugszeitraum P
P = Bezugszeitraum in Tagen

TAG [Tag]	ZUGANG [Std]	ABGANG [Std]	BESTANDS- FLÄCHE [Std·Tag]	BESTAND AM ENDE DES TAGES [Std]
1	2	3	4	5

		Anfangsbestand	95,8

TAG	ZUGANG	ABGANG	BESTANDS-FLÄCHE	BESTAND AM ENDE DES TAGES
205	9,6	0,0	95,8	105,4
206	3,8	0,5	105,4	108,7
207	13,6	11,4	108,7	110,9
208	7,9	19,2	110,9	99,6
209	0,0	6,8	99,6	92,8
210	0,0	0,0	92,8	92,8
211	0,0	0,0	92,8	92,8
212	3,8	9,6	92,8	87,0
213	6,8	13,0	87,0	80,8
214	0,0	8,8	80,8	72,0
215	13,8	0,0	72,0	85,8
216	0,0	0,0	85,8	85,8
217	0,0	0,0	85,8	85,8
218	0,0	0,0	85,8	85,8
219	6,9	2,6	85,8	90,1
220	0,0	9,5	90,1	80,6
221	0,0	0,0	80,6	80,6
222	32,0	18,0	80,6	94,6
223	57,4	0,0	94,6	152,0
224	0,0	0,0	152,0	152,0
225	0,0	0,0	152,0	152,0
226	19,1	20,7	152,0	150,4
227	5,1	5,1	150,4	150,4
228	0,0	0,0	150,4	150,4
229	0,0	18,7	150,4	131,7
230	5,1	2,1	131,7	134,7
231	0,0	0,0	134,7	134,7
232	0,0	0,0	134,7	134,7

		Endbestand	134,7

28	184,9	146,0	3036,0	◄ SUMME

$$\text{Mittlerer Bestand } MB = \frac{FB}{P} = \frac{3036,0 \text{ Std} \cdot \text{Tage}}{28 \text{ Tage}} = 108,4 \text{ Std}$$

$$\text{Mittlere Reichweite } MR = \frac{FB}{AB} = \frac{3036,0 \text{ Std} \cdot \text{Tage}}{146 \text{ Std}} = 20,8 \text{ Tage}$$

Tabelle 4.2 Berechnung des Bestandsverlaufs, des mittleren Bestandes und der mittleren Reichweite an einem Arbeitsplatz (in Stunden bzw. Kalendertagen)

Überträgt man diese Beziehung in ein Durchlaufdiagramm *(Bild 4.10),* so entspricht die berechnete Bestandsflächensumme exakt der schraffierten Fläche FB, die deshalb auch *Bestandsfläche* heißt. Das Durchlaufdiagramm enthält neben dem Bestandsverlauf auch den *mittleren Bestand* MB, der sich aus Tabelle 4.2 zu 3036,0 : 28 = 108,4 Stunden ergibt. In Bild 4.10 wurde als Einheit für die Zeitachse ein Tag gewählt, da sich die Werte in Tabelle 4.2 auf volle Kalendertage beziehen. Wenn Bestandsveränderungen auch stündlich oder gar minütlich registriert werden, ist die entsprechende Einheit zu wählen. In den meisten praktischen Fällen ist die Einheit Betriebskalendertag (BKT) zweckmäßig.

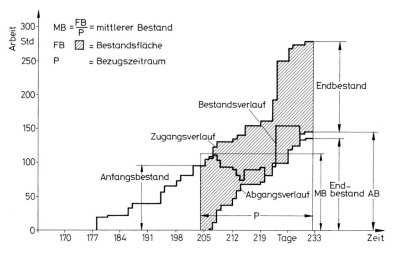

Bild 4.10 Bestandsverlauf und mittlerer Bestand im Durchlaufdiagramm [nach Bechte, IFA]

4.3.3 Mittlere Zeitgrößen

4.3.3.1 Mittlere Reichweite

Die mittlere Reichweite MR einer Periode P wird entsprechend der Definition der momentanen Reichweite wie folgt errechnet:

$$MR = \frac{MB}{ML} \tag{4.3}$$

MB = mittlerer Bestand in der Periode P

ML = $\dfrac{AB}{P}$ = mittlere Leistung in der Periode P

AB = abgegangene Arbeit in der Periode P

P = Periodenlänge (= momentaner Bezugszeitraum) in Tagen

Überträgt man diese Beziehung in ein Durchlaufdiagramm, so ergeben sich folgende Beziehungen *(Bild 4.11). Der mittlere Bestand in der Periode P ist die Summe der Einzelbestände an jedem Tag der Periode P, dividiert durch die Summe der Tage, die in der Periode P enthalten sind.* Die Summe der Einzelbestände entspricht aber genau der bereits aus Bild 4.10 bekannten, schraffiert dargestellten Fläche FB.

Andererseits ist die mittlere Leistung ML die Summe der in der Periode P abgegangenen Arbeit AB, dividiert durch die Anzahl der in der Periode P enthaltenen Tage. Daraus folgt:

$$MR = \frac{FB}{AB} \tag{4.4}$$

FB = Bestandsfläche der Periode P

AB = abgegangene Arbeit in der Periode P

Aus Tabelle 4.2 ergibt sich dann MR zu 3036,0 Stunden · Tag dividiert durch 146 Stunden gleich 20,8 Tage.

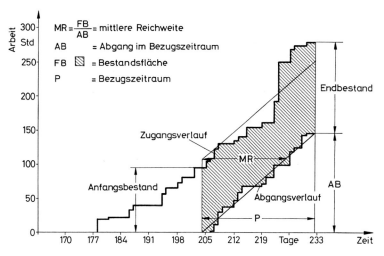

Bild 4.11 Mittlere Reichweite im Durchlaufdiagramm [nach Bechte, IFA]

4.3.3.2 Mittlerer Vorlauf

Als Vorlauf war die zeitliche Voreilung der Zugangskurve vor der Abgangskurve definiert worden. *Will man den mittleren Vorlauf MV einer Periode P bestimmen, müssen die Einzelwerte V(T) zwischen der Zugangs- und Abgangskurve im Bezugszeitraum kumuliert und gemittelt werden.*

In *Tabelle 4.3* ist der Berechnungsweg nachvollzogen, wobei die Berechnungsskizze die Einzelschritte verdeutlicht. Zunächst wird die Hilfsfläche F1 aus dem Teil der Zugangskurve berechnet, die vom Wert Null bis zum Wert in der Höhe des Abgangs AB verläuft. Die Werte in der zu diesem Zweck angelegten Liste a) in Tabelle 4.3 gehen von Spalte 7, Tabelle 4.1 aus. Dabei wird folgendermaßen verfahren. Wie bereits erwähnt, muß zur Ermittlung des Vorlaufs die Zugangskurve im gesuchten Termin den gleichen Wert aufweisen wie die Abgangskurve. Zu Beginn des Bezugszeitraums (Tag 205) ist der Anfangswert der Abgangskurve definitionsgemäß gleich Null. Der Nulldurchgang der Zugangskurve erfolgt – wie Tabelle 4.1, Spalte 7, Zeile 20 zu entnehmen ist – mit Auftrag 113 am Tag 178. Da nur ein Teil des Auftrags – nämlich 20,4 von 30,3 Stunden – auf dem positiven Ast der Zugangskurve liegt, wird auch nur dieser Teil zur Berechnung der Fläche F1 in Tabelle 4.3, Spalte 5, herangezogen, d. h. Auftrag 113 wird „angeschnitten". Des weiteren werden alle nach Zugangstermin geordneten Aufträge bis zu einem kumulierten Zugang von 146 Stunden Auftragszeit aufgelistet, was dem Wert des im Bezugsvorgang erfolgten Abgangs entspricht. Dabei geht als letzter Wert nur ein Teil des Auftrages 132 – nämlich 4,7 von 13,8 Stunden – mit ein, da nur dieser innerhalb der betrachteten 146 Stunden Auftragszeit liegt, d. h. auch Auftrag 132 wird „angeschnitten". Der weitere Gang der Berechnung wird aus der Liste a) in Tabelle 4.3 ersichtlich.

Entsprechend wurde die Liste b) in Tabelle 4.3 zur Berechnung der Hilfsfläche F2 aus der Abgangskurve gewonnen. Die Einzelwerte gehen von Spalte 8 in Tabelle 4.1 aus und wurden nach steigendem Abgangstermin umsortiert. Als Resultat der Berechnung ergibt sich der mittlere Vorlauf MV mit 20,9 Tagen.

Die Berechnung läßt sich durch *Bild 4.12* veranschaulichen. Danach sind die kumulierten Vorlaufwerte mit der schraffierten *Vorlauffläche FV* gleichzusetzen. *Der Mittelwert MV*

a) Nach Zugangstermin sortiert: b) Nach Abgangstermin sortiert:
(Bezugszeitraum: Tag 205 bis 232)

AUF-TRAGS-NR.	ZUGANGS-TERMIN TBEV	AUFTRAGS-ZEIT ZAU	ENDE BEZUGS-ZEITRAUM MINUS ZUGANGS-TERMIN	VORLAUF-FLÄCHE F1
	[Tag]	[Std]	[Tage]	[Std·Tage]
1	2	3	4	5
113	178	20,4*)	54	1101,6
115	181	0,5	51	25,5
114	186	11,4	46	524,4
116	187	7,4	45	333,0
119	194	11,4	38	433,2
120	194	6,8	38	258,4
118	195	7,7	37	284,9
112	198	3,4	34	115,6
117	198	4,2	34	142,8
121	199	8,8	33	290,4
108	202	13,8	30	414,0
124	205	9,6	27	259,2
125	206	3,8	26	98,8
123	207	13,6	25	340,0
126	208	2,6	24	62,4
127	208	5,3	24	127,2
122	212	3,8	20	76,0
131	213·	2,1	19	39,9
128	213	4,7	19	89,3
132	215	4,7**)	17	79,9
SUMME ▶		146,0		5096,5

AUFTRAGS-NUMMER	ABGANGS-TERMIN TBE	AUFTRAGS-ZEIT ZAU	ENDE BEZUGS-ZEITR. MINUS ABGANGS-TERMIN	VORLAUF-FLÄCHE F2
	[Tag]	[Std]	[Tage]	[Tage·Std]
6	7	8	9	10
115	206	0,5	26	13,0
119	207	11,4	25	285,0
110	208	15,4	24	369,6
125	208	3,8	24	91,2
120	209	6,8	23	156,4
124	212	9,6	20	192,0
118	213	7,7	19	146,3
127	213	5,3	19	100,7
121	214	8,8	18	158,4
126	219	2,6	13	33,8
131	220	2,1	12	25,2
116	220	7,4	12	88,8
108	222	13,8	10	138,0
117	222	4,2	10	42,0
135	226	6,9	6	41,4
132	226	13,8	6	82,8
140	227	5,1	5	25,5
123	229	13,6	3	40,8
145	229	5,1	3	15,3
142	230	2,1	2	4,2
SUMME ▶		146,0		2050,4

*) nur 20,4 der insgesamt 30,3 Stunden von Auftrag 113
betreffen den Bezugszeitraum Tag 205 - 232

**) nur 4,7 der insgesamt 13,8 Stunden von Auftrag 132
betreffen den Bezugszeitraum Tag 205 - 232

Mittlerer Vorlauf $MV = \dfrac{FV}{AB} = \dfrac{F1 - F2}{AB} = \dfrac{5096,5 - 2050,4}{146} =$

$= \dfrac{3046,1}{146} \dfrac{Std \cdot Tage}{Std} = 20,9$ Tage

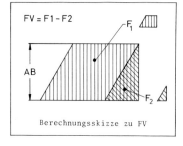

$FV = F1 - F2$

Berechnungsskizze zu FV

Tabelle 4.3 Berechnung des mittleren Vorlaufs an einem Arbeitsplatz aus den Abgängen im Bezugszeitraum und den Zugängen bis zur Höhe des Abganges im Bezugszeitraum (in Kalendertagen)

entsteht dann *durch Division dieser Vorlaufflächen durch den Abgang AB.* Der Flächeninhalt des Parallelogramms mit der Höhe AB und der Grundseite MV entspricht der schraffierten Fläche FV.

Wie bereits in Bild 4.12 vermerkt, ist dann der mittlere Vorlauf MV:

$$MV = \frac{FV}{AB}$$

FV = Vorlauffläche in der Periode P
AB = abgegangene Arbeit in der Periode P

(4.5)

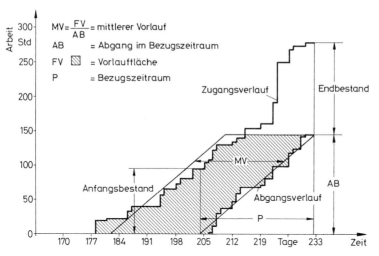

Bild 4.12 Mittlerer Vorlauf im Durchlaufdiagramm [nach Bechte, IFA]

4.3.3.3 Gewichtete mittlere Durchlaufzeit

Die mittlere Durchlaufzeit sagt aus, wie lange im Mittel die Arbeitsinhalte der in einer Periode abgegangenen Aufträge am betrachteten Arbeitsplatz verweilten. Im Abschnitt 3.3 wurde bereits ausführlich auf den Begriff der mittleren Durchlaufzeit eingegangen und anhand des Trichtermodells begründet, warum man bei der Durchlaufzeitbetrachtung der Arbeitsvorgänge von Aufträgen durch ein Arbeitssystem unbedingt die *gewichtete Durchlaufzeit* zugrunde legen muß. Der außerordentlich bedeutsame Begriff der gewichteten Durchlaufzeit soll nun im Durchlaufdiagramm verdeutlicht werden.

Dazu zeigt *Tabelle 4.4* zunächst die im Bezugszeitraum abgehenden Aufträge mit ihrer gewichteten Durchlaufzeit (Spalte 6) und der Summe der gewichteten Durchlaufzeiten. Da es sich bei den Aufträgen in Tabelle 4.4 um dieselben Aufträge wie in Tabelle 3.1 handelt, ergibt sich mit 14,2 Tagen bzw. 16,6 Tagen erwartungsgemäß auch derselbe Wert für die einfache bzw. gewichtete mittlere Durchlaufzeit.

Die gewichtete Durchlaufzeit ist in *Bild 4.13* veranschaulicht. Neben der schon bekannten Zugangs- und Abgangskurve ist zusätzlich für jeden Auftrag das *gewichtete Durchlaufelement* eingezeichnet. Es besteht – wie in Bild 3.9 erläutert – aus einem Rechteck mit der Breite Abgangstermin minus Zugangstermin und der Höhe der Auftragszeit ZAU.

Die gewichtete mittlere Durchlaufzeit MZ ist dann:

$$MZ = \frac{FZ}{AB} \qquad\qquad (4.6)$$

FZ = Durchlaufzeitfläche (= Summe der gewichteten Durchlaufzeiten)
AB = abgegangene Arbeit in der Periode P

Im Gegensatz zu dem in Kapitel 3 verwendeten Begriff ZDL_{mg} für die gewichtete mittlere Durchlaufzeit wurde hier bewußt die Abkürzung MZ für die gewichtete mittlere Durchlaufzeit gewählt, um damit den Unterschied zwischen der bisher üblichen statistischen Auszählung von Durchlaufzeiten und der aus dem Durchlaufdiagramm gewonnenen Berechnung der

AUFTRAGS-NUMMER [-]	ZUGANGS-TERMIN TBEV [Tag]	ABGANGS-TERMIN TBE [Tag]	AUFTRAGS-ZEIT ZAU [Std]	DURCHLAUF-ZEIT ZDL [Tage]	DURCHLAUF-ZEITFLÄCHE [Std · Tage]
1	2	3	4	5	6
115	181	206	0,5	25	12,5
119	194	207	11,4	13	148,2
110	170	208	15,4	38	585,2
125	206	208	3,8	2	7,6
120	194	209	6,8	15	102,0
124	205	212	9,6	7	67,2
118	195	213	7,7	18	138,6
127	208	213	5,3	5	26,5
121	199	214	8,8	15	132,0
126	208	219	2,6	11	28,6
131	213	220	2,1	7	14,7
116	187	220	7,4	33	244,2
108	202	222	13,8	20	276,0
117	198	222	4,2	34	100,8
135	219	226	6,9	7	48,3
132	215	226	13,8	11	151,8
140	222	227	5,1	5	25,5
123	207	229	13,6	22	299,2
145	227	229	5,1	2	10,2
142	226	230	2,1	4	8,4
20	◄ SUMME ►		146,0	284	2427,5

$$\text{Mittlere gewichtete Durchlaufzeit } MZ = \frac{FZ}{AB} = \frac{2427,5 \text{ Std} \cdot \text{Tage}}{146 \text{ Std}} = 16,6 \text{ Tage}$$

Tabelle 4.4 Berechnung der gewichteten mittleren Durchlaufzeit eines Arbeitsplatzes aus den nach Abgangszeitpunkt sortierten Rückmeldungen (in Kalendertagen)

gewichteten Durchlaufzeit hervorzuheben. In den weiteren Ausführungen wird nur noch der Begriff MZ benutzt mit der Ausnahme von Hinweisen auf Kapitel 3.

Das Parallelogramm mit der Grundseite MZ und der Höhe AB repräsentiert also die Durchlaufzeitfläche FZ im Bezugszeitraum P.

Das Bild 4.13 vermittelt aber noch eine weitere, bedeutsame Aussage. Man erkennt nämlich das *Abfertigungsverhalten* der Aufträge an diesem Arbeitsplatz. So werden die Aufträge offensichtlich nicht in der Reihenfolge ihres Zuganges abgefertigt (First In – First Out), denn sonst müßten ja alle Durchlaufelemente genau zwischen Zugangs- und Abgangskurve liegen und damit in ihrer Summe der Vorlauffläche MV in Bild 4.12 entsprechen. Im vorliegenden Fall ist überhaupt keine bestimmte Abfertigungsregel zu erkennen, was der allgemeinen Praxis entspricht.

Das Bild macht aber auch deutlich, daß der bisher übliche Mittelwert der einzelnen Durchlaufzeiten ohne Aussagekraft ist, da die Anzahl der Aufträge keine Beziehung zum Arbeitsinhalt aufweist. *Für die gesamte weitere Betrachtung wird daher die gewichtete mittlere Durchlaufzeit zugrunde gelegt und mit MZ bezeichnet.*

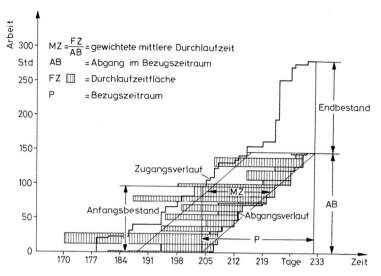

Bild 4.13 Gewichtete mittlere Durchlaufzeit im Durchlaufdiagramm [Bechte, IFA]

4.3.4 Verknüpfung von mittlerer Reichweite, mittlerem Vorlauf und gewichteter mittlerer Durchlaufzeit

4.3.4.1 Bestandsentwicklungsanteil der Durchlaufzeit

Zunächst bietet es sich an, eine analytische Beziehung zwischen der mittleren Reichweite MR und dem mittleren Vorlauf MV herzustellen, basieren doch beide auf einer gemeinsamen Bestandsfläche zwischen der Zugangs- und der Abgangskurve. Aus der Gegenüberstellung von Bild 4.11 und 4.12 läßt sich *Bild 4.14* konstruieren und unmittelbar folgende Beziehung ableiten, wenn man die von Bechte geprägten Begriffe *Anfangsbestandsfläche* FAB und *Endbestandsfläche* FEB einführt [5]:

$$\boxed{FAB + FB = FV + FEB}$$

(4.7)

Führt man eine entsprechende Proberechnung für den Beispielarbeitsplatz durch, ergibt sich mit:

$$
\begin{aligned}
&FAB = 1241{,}4 \text{ Std} \cdot \text{Tage} &&\text{(s. Tabelle 4.5)}\\
&FB \;\;= 3036{,}0 \text{ Std} \cdot \text{Tage} &&\text{(s. Tabelle 4.2)}\\
&FV \;\;= 3046{,}1 \text{ Std} \cdot \text{Tage} &&\text{(s. Tabelle 4.3)}\\
&FEB = 1231{,}3 \text{ Std} \cdot \text{Tage} &&\text{(s. Tabelle 4.5)}
\end{aligned}
$$

$$
\begin{aligned}
1241{,}4 + 3036{,}0 &= 3046{,}1 + 1231{,}3\\
3720{,}3 &= 3720{,}3
\end{aligned}
$$

Aus Gleichung 4.7 folgt weiter unmittelbar:

$$FV = FB + (FAB - FEB)$$

Es galt weiterhin:

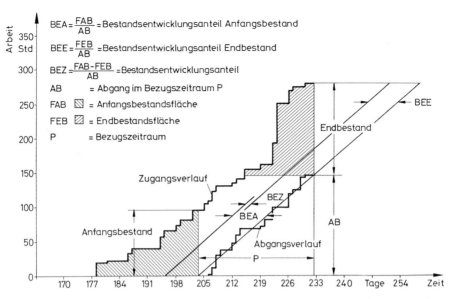

Bild 4.14 Darstellung des Bestandsentwicklungsanteils im Durchlaufdiagramm [Bechte, IFA]

$$MR = \frac{FB}{AB} \qquad (Gl.\ 4.4)$$

und $$MV = \frac{FV}{AB} \qquad (Gl.\ 4.5)$$

FB = Bestandsfläche in der Periode P
FV = Vorlauffläche in der Periode P
AB = abgegangene Arbeit in der Periode P

Definiert man nun eine sogenannte *Bestandsreichweite des Anfangsbestandes* zu

$$BEA = \frac{FAB}{AB}$$

und die *Bestandsreichweite des Endbestandes* zu

$$BEE = \frac{FEB}{AB}$$

so läßt sich ein *Bestandsentwicklungsanteil* BEZ der Durchlaufzeit definieren:

$$BEZ = \frac{FAB - FEB}{AB} \qquad (4.8)$$

Er sagt aus, wie sich die Bestandsreichweite zwischen Anfangs- und Endbestand aufgrund der Bestandsveränderung in der Periode P verändert hat; *der Bestandsentwicklungsanteil entspricht damit exakt der Differenz zwischen mittlerem Vorlauf und mittlerer Reichweite:*

$$MV = MR + BEZ \qquad (4.9)$$

Die Kontrollrechnung ergibt folgende Bestätigung:

a) Anfangsbestandsfläche FAB (historische Zugangskurve
   von 0 bis Anfangsbestand)

AUFTRAGS- NR. [−]	ZUGANGS- TERMIN [Tag]	AUFTRAGS- ZEIT [Std]	ZEIT BIS TAG 204 [Tag]	BESTANDS- FLÄCHE FAB [Tag · Std]
1	2	3	4	5
113	178	20,4*)	26	530,4
115	181	0,5	23	11,5
114	186	11,4	18	205,2
116	187	7,4	17	125,8
119	194	11,4	10	114,0
120	194	6,8	10	68,0
118	195	7,7	9	69,3
112	198	3,4	6	20,4
117	198	4,2	6	25,2
121	199	8,8	5	44,0
108	202	13,8	2	27,6
11	◄ SUMME ►	95,8		1241,4

*) 20,4 Std von 30,3 Std

b) Endbestandsfläche FEB (historische Zugangskurve vom
   Abgang(Tag 232) bis Endbestand)

AUFTRAGS- NR. [−]	ZUGANGS- TERMIN [Tag]	AUFTRAGS- ZEIT [Std]	ZEIT BIS TAG 232 [Tag]	BESTANDS- FLÄCHE FEB [Tag · Std]
1	2	3	4	5
132	215	9,1*)	17	154,7
135	219	6,9	13	89,7
140	222	5,1	10	51,0
136	222	26,9	10	269,0
141	223	57,4	9	516,6
142	226	2,1	6	12,6
129	226	14,1	6	84,6
143	226	2,9	6	17,4
145	227	5,1	5	25,5
134	230	5,1	2	10,2
10	◄ SUMME ►	134,7		1231,3

*) 9,1 Std von 13,8 Std

Bestandsreichweite
Anfangsbestand $BEA = \dfrac{FAB}{AB} = \dfrac{1241,4 \text{ Std} \cdot \text{Tage}}{146 \text{ Std}} = 8,5 \text{ Tage}$

Bestandsreichweite
Endbestand $BEE = \dfrac{FEB}{AB} = \dfrac{1231,3 \text{ Std} \cdot \text{Tage}}{146 \text{ Std}} = 8,4 \text{ Tage}$

Bestandsentwick-
lungsanteil $BEZ = \dfrac{FAB - FEB}{AB} = \dfrac{1241,4 - 1231,3}{146} \dfrac{\text{Std} \cdot \text{Tage}}{\text{Std}} = 0,1 \text{ Tage}$

Tabelle 4.5 Berechnung des Bestandsentwicklungsanteils (in Kalendertagen)

$$MV = \frac{FV}{AB} = \frac{3046,1 \text{ Std} \cdot \text{Tage}}{146 \text{ Std}} = 20,9 \text{ Tage}$$

$$MR = \frac{FB}{AB} = \frac{3036,0 \text{ Std} \cdot \text{Tage}}{146 \text{ Std}} = 20,8 \text{ Tage}$$

$$BEZ = \frac{FAB - FEB}{AB} = \frac{1241,4 - 1231,3 \text{ Std} \cdot \text{Tage}}{146 \text{ Std}} = 0,1 \text{ Tage}$$

20,9 Tage = 20,8 Tage + 0,1 Tage

Im vorliegenden Fall ist der Bestandsentwicklungsanteil sehr klein, weil trotz deutlich unterschiedlichen Anfangs- und Endbestands zufällig die Anfangsbestands- und Endbestandsfläche mit ihren Werten dicht beieinanderliegen.

Zur Verdeutlichung sind in Bild 4.14 BEA, BEE und BEZ eingezeichnet. *Sind Anfangs- und Endbestandsfläche gleich groß, stimmen mittlerer Vorlauf und mittlere Reichweite überein.*

4.3.4.2 Reihenfolgeanteil der gewichteten Durchlaufzeit

Der Vergleich von Vorlauf und Reichweite baut auf Bestandsflächen auf und betrachtet das Verhältnis von Bestand zu Abgang im Bezugszeitraum. Um die gewichtete Durchlaufzeit mit dem Vorlauf und damit auch der Reichweite in Beziehung zu setzen, muß man die Durchlaufelemente vergleichen, die sich in den verschiedenen Abschnitten der Zugangs- und Abgangskurve befinden, und diese ins Verhältnis zum Abgang im Bezugszeitraum setzen. Es gilt also, eine analytische Beziehung zwischen der Vorlauffläche (Bild 4.12) und der Durchlaufzeitfläche (Bild 4.13) herzustellen. Dabei geht man von folgender Überlegung aus. Zu Beginn des Bezugszeitraums existiert ein Anfangsbestand, dessen Durchlaufelemente bekannt sind. Ordnet man den im Anfangsbestand befindlichen Aufträgen deren Durchlaufelemente zu und sortiert diese nach ihrem Zugangszeitpunkt, entsteht eine zweite Zugangskurve, die im allgemeinen von derjenigen Zugangskurve abweicht, die durch zeitliche Fortschreibung der Zugänge entsteht. Der Unterschied kommt dadurch zustande, daß in der so entstehenden „historischen" Zugangskurve auch Aufträge enthalten sind, die vor dem Beginn des Bezugszeitraums bereits abgefertigt wurden.

Bild 4.15 zeigt die *Durchlaufelemente* der *im Anfangsbestand* befindlichen Aufträge, die sich teilweise außerhalb und teilweise innerhalb der „historischen" Zugangskurve befinden (s. Tabelle 4.6a). Die Differenz zwischen der Anfangsbestandsfläche FAB und der Fläche der Durchlaufelemente des Anfangsbestandes wird als *Anfangsbestands-Zusatzfläche FAZ* definiert [5].

Die Fläche, die von dieser neuen Zugangskurve und der Abgangskurve umschlossen wird, muß dann dem Gesamtwert aller Durchlaufelemente im Bezugszeitraum entsprechen.

Sämtliche Durchlaufelemente sind dazu in *Bild 4.16* eingezeichnet. Man erkennt zum einen die aus der *Abgangskurve* bekannten Durchlaufelemente mit ihrer Fläche FZ und zum anderen die im *Endbestand* befindlichen Durchlaufelemente, die auch hier teilweise von der

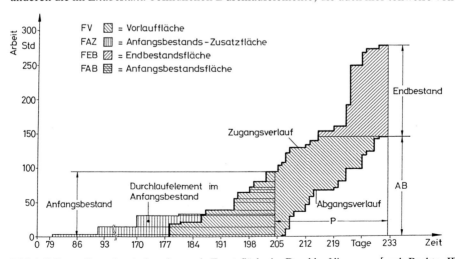

Bild 4.15 Darstellung der Anfangsbestands-Zusatzfläche im Durchlaufdiagramm [nach Bechte, IFA]

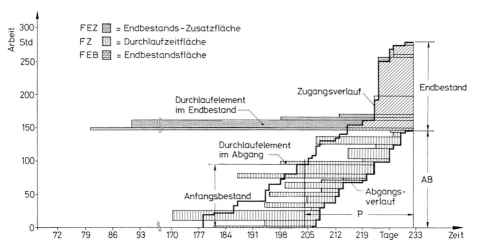

Bild 4.16 Darstellung der Endbestands-Zusatzfläche im Durchlaufdiagramm [nach Bechte, IFA]

„historischen" Zugangskurve abweichen (s. Tabelle 4.6b). Die Differenz zwischen der Endbestandsfläche FEB und der Fläche der Durchlaufelemente, die sich im Endbestand befinden, wird als *Endbestands-Zusatzfläche* FEZ definiert. Während also die Anfangs- bzw. Endbestandsfläche das Mindestalter (bei Anwendung des FIFO-Prinzips) des Bestands repräsentiert, stellt die Anfangs- bzw. Endbestands-Zusatzfläche einen Zuschlag für das „effektive" Bestandsalter dar. Es handelt sich um fiktive Flächen, die den Durchlaufdiagrammen in Bild 4.9 bis 4.14 nicht direkt zu entnehmen sind. *Die Zusatzflächen sind bei Einhaltung des FIFO-Prinzips immer Null.*

Jedoch läßt sich aus der Gegenüberstellung von Bild 4.15 und Bild 4.16 folgende Flächenbilanz ableiten:

$$FAZ + FV + FEB = FZ + FEB + FEZ \tag{4.10}$$

Dann ist: $FZ = FV + (FAZ - FEZ)$

Es galt (Gl. 4.5): $MV = \dfrac{FV}{AB}$

und (Gl. 4.6): $MZ = \dfrac{FZ}{AB}$

Definiert man nun einen sogenannten *Reihenfolgeanteil* RF der Durchlaufzeit zu:

$$RF = \dfrac{FAZ - FEZ}{AB} \tag{4.11}$$

dann beschreibt dieser Reihenfolgezeitanteil der Durchlaufzeit die *Durchlaufzeitveränderung zwischen Anfangs- und Endbestand infolge des jeweiligen Abfertigungsverhalten* und entspricht damit exakt der *Differenz zwischen mittlerem Vorlauf und mittlerer Durchlaufzeit.*

$$MZ = MV + RF \tag{4.12}$$

a) Anfangsbestands-Zusatzfläche

a1) Durchlaufzeitfläche der Aufträge im Anfangsbestand

AUFTRAGS-NR. [-]	ZUGANGS-TERMIN [Tag]	AUFTRAGS-ZEIT [Std]	KUMUL. ZUGANG BIS TAG 204 [Std]	ZEIT BIS TAG 204 [Tag]	FLÄCHE FAZA [Std·Tag]
1	2	3	4	5	6
103	81	3,3	3,3	123	405,9
104	91	13,1	16,4	113	1480,3
110	170	15,4	31,8	34	523,6
115	181	0,5	32,3	23	11,5
116	187	7,4	39,7	17	125,8
119	194	11,4	51,1	10	114,0
120	194	6,8	57,9	10	68,0
118	195	7,7	65,6	9	69,3
112	198	3,4	69,0	6	20,4
117	198	4,2	73,2	6	25,2
121	199	8,8	82,0	5	44,0
108	202	13,8	95,8	2	27,6
12	◄SUMME►	95,8	95,8		2915,6

a2) Anfangsbestands-Fläche

AUFTRAGS-NR. [-]	ZUGANGS-TERMIN [Tag]	AUFTRAGS-ZEIT [Std]	ZEIT BIS TAG 204 [Tag]	BESTANDS-FLÄCHE FAB [Std·Tag]
1	2	3	4	5
113	178	20,4 [*]	26	530,4
115	181	0,5	23	11,5
114	186	11,4	18	205,2
116	187	7,4	17	125,8
119	194	11,4	10	114,0
120	194	6,8	10	68,0
118	195	7,7	9	69,3
112	198	3,4	6	20,4
117	198	4,2	6	25,2
121	199	8,8	5	44,0
108	202	13,8	2	27,6
11	◄SUMME►	95,8		1241,4

[*] 20,4 von 30,3 Std

Anfangsbestandszusatzfläche   FAZ = FAZA - FAB = 2915,6 - 1241,4 = 1674,4 Std · Tage

b) Endbestands-Zusatzfläche

b1) Durchlaufzeitfläche der Aufträge im Endbestand

AUFTRAGS-NR. [-]	ZUGANGS-TERMIN [Tag]	AUFTRAGS-ZEIT [Std]	KUMUL. ZUGANG BIS TAG 232 [Std]	ZEIT BIS TAG 232 [Tag]	FLÄCHE FEZA [Std·Tag]
1	2	3	4	5	6
103	81	3,3	149,3	151	498,3
104	91	13,1	162,4	141	1847,1
112	198	3,4	165,8	34	115,6
122	212	3,8	169,6	20	76,0
128	213	4,7	174,3	19	89,3
136	222	26,9	201,2	10	269,0
141	223	57,4	258,6	9	516,6
129	226	14,1	272,7	6	84,6
143	226	2,9	275,6	6	17,4
134	230	5,1	280,7	2	10,2
10	◄SUMME►	134,7	280,7		3524,1

b2) Endbestands-Fläche

AUFTRAGS-NR. [-]	ZUGANGS-TERMIN [Tag]	AUFTRAGS-ZEIT [Std]	ZEIT BIS TAG 232 [Tag]	BESTANDS-FLÄCHE FEB [Std·Tag]
1	2	3	4	5
132	215	9,1 [*]	17	154,7
135	219	6,9	13	89,7
136	222	26,9	10	269,0
140	222	5,1	10	51,0
141	223	57,4	9	516,6
142	226	2,1	6	12,6
143	226	2,9	6	17,4
129	226	14,1	6	84,6
145	227	5,1	5	25,5
134	230	5,1	2	10,2
10	◄SUMME►	134,7		1231,3

[*] 9,1 von 13,8 Std

Endbestandszusatzfläche   FEZ = FEZA - FEB = 3524,1 - 1231,3 = 2292,8 Std · Tage

$$\text{Reihenfolgeanteil RF} = \frac{FAZ - FEZ}{AB} = \frac{1674,2 - 2292,8}{146} = \frac{-618,6 \ \text{Std} \cdot \text{Tage}}{146 \ \text{Std}} = -4,2 \ \text{Tage}$$

Tabelle 4.6 Berechnung des Reihenfolgeanteils (in Kalendertagen)

In *Tabelle 4.6* ist der Reihenfolgeanteil aus den Differenzen der Einzelflächen im Durchlaufdiagramm sowie der Verlauf der Zugangsfunktion des Anfangs- und Endbestandes berechnet. In diesem Fall ergibt sich ein negativer Wert des Reihenfolgeanteils von 4,2 Tagen, was darauf hindeutet, daß im Vergleich zum FIFO-Prinzip überwiegend später zugegangene Lose abgefertigt werden. Die Kontrollrechnung bestätigt die Richtigkeit der Ableitung, denn MZ war mit 16,6 Tagen und MV mit 20,9 Tagen berechnet worden. (Der Unterschied von 0,1 Tag ist auf Rundungsfehler zurückzuführen.)

4.3.4.3 Kurz- und langfristiger Zusammenhang der Zeitgrößen

Mittlere Reichweite, mittlerer Vorlauf und mittlere Durchlaufzeit beziehen sich auf den Abgangsverlauf, der im Bezugszeitraum bei dem Wert Null beginnt und mit dem Wert AB endet.

Sie stehen untereinander in folgender Beziehung:
Gl. 4.12:   MZ = MV + RF
Gl. 4.9:   MV = MR + BEZ
Dann ist:

$$\boxed{MZ = MR + RF + BEZ} \tag{4.13}$$

Die mittlere gewichtete Durchlaufzeit durch einen Arbeitsplatz entspricht also der mittleren Reichweite, korrigiert um die Veränderungen aus dem unterschiedlichen Anfangs- und Endbestand. Diese resultieren zum einen aus der Reihenfolgeveränderung RF der Aufträge im Anfangs- und Endbestand und zum anderen aus der Bestandsveränderung BEZ im Anfangs- und Endbestand.

Über längere Zeiträume hinweg verschwinden der Reihenfolgeanteil und der Bestandsentwicklungsanteil, weil sich die Schwankungen in den einzelnen Perioden ausgleichen. Dann gilt für Zeiträume, die wesentlich größer sind als MZ:

$$MZ = MV = MR$$

Wie in Abschnitt 5 noch gezeigt wird, können bei einer periodenweisen Berechnung allerdings erhebliche Abweichungen zwischen Durchlaufzeit, Reichweite und Vorlauf auftreten, was auf Ungleichmäßigkeiten im Zugangs- und Abgangsverlauf sowie auf Abweichungen von der Abfertigungsregel FIFO schließen läßt und der gezielten Einleitung von Maßnahmen zur Verbesserung des Fertigungsablaufs dienen kann.

4.3.5 Mittlere Leistung, mittlere Kapazität und mittlere Auslastung

Zur Darstellung des Leistungs- und Kapazitätsverlaufs genügt die Betrachtung der Abgangskurve. *Bild 4.17* zeigt den aus den Daten der Tabelle 4.3b gewonnenen Abgangsverlauf im Durchlaufdiagramm.

Im vorliegenden Fall wurden 146 Stunden im Bezugszeitraum P abgemeldet. Definiert man – wie allgemein üblich – Leistung als Arbeit pro Zeiteinheit, ergibt sich die *mittlere Leistung* ML im Bezugszeitraum P zu:

$$\boxed{ML = \frac{AB}{P}} \tag{4.14}$$

AB = abgegangene Arbeit in der Periode P
P   = Anzahl der Tage im Bezugszeitraum

Im vorliegenden Fall ergibt sich ML zu:

$$ML = 146 : 28 = 5,2 \text{ Stunden pro Tag}$$

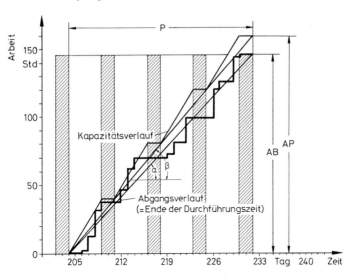

Bild 4.17 Leistung, Kapazität und Auslastung im Durchlaufdiagramm [nach Bechte, IFA]

Dieser Wert ist aber wenig aussagekräftig, da in P auch die arbeitsfreien Tage enthalten sind. Die mittlere Leistung wird daher zweckmäßig auf die Arbeitstage bezogen, auch Betriebskalendertage (BKT) genannt. Aus den ebenfalls in Bild 4.17 eingezeichneten arbeitsfreien Tagen ergibt sich, daß im Bezugszeitraum 20 Arbeitstage lagen, so daß sich ML zu 146 : 20 = 7,3 Stunden pro Arbeitstag ergibt. ML läßt sich auch als eine Gerade mit dem Steigungswinkel α interpretieren und wurde ebenfalls in Bild 4.17 eingezeichnet.

Ebenso wie die abgemeldete Arbeit läßt sich das Arbeitsangebot, also die *Kapazität,* in dasselbe Diagramm einzeichnen. Geht man im vorliegenden Beispiel eines einschichtig besetzten Arbeitsplatzes von 8 Stunden pro Tag für die Kapazität aus, ergibt sich die eingezeichnete Kapazitätskurve, die am Ende des Bezugszeitraums den Planwert AP des Abganges erreicht.

Dann läßt sich die *mittlere Kapazität* MK im Bezugszeitraum definieren als:

$$MK = \frac{AP}{P} \qquad\qquad (4.15)$$

AP = geplanter Abgang in der Periode P
P = Anzahl der Tage in der Periode P

Auch hier wird die mittlere Kapazität zweckmäßigerweise auf die Arbeitstage bezogen und ergibt in diesem Fall natürlich den Wert der Tageskapazität mit MK = 8 Stunden pro

Arbeitstag. Der Planabgang AP beträgt $20 \cdot 8 = 160$ Stunden. Die mittlere Kapazität läßt sich als Gerade mit dem Steigungswinkel β interpretieren.

Fragt man nach der *mittleren Auslastung* MA des Arbeitssystems im Bezugszeitraum, ergibt sich diese zu:

$$MA = \frac{ML}{MK} = \frac{AB}{AP} \qquad\qquad (4.16)$$

Im vorliegenden Fall beträgt dieser Wert:

$$MA = 7{,}3 : 8 = 0{,}913 \text{ oder } 91{,}3\%$$

Bei dieser Berechnung wurde vorausgesetzt, daß die tatsächlich angefallenen Stunden der Auftragszeit ZAU entsprechen. Wenn dies nicht der Fall ist, wie z. B. beim Akkordlohn, müssen als Abgang die zurückgemeldeten Stunden eingesetzt werden.

4.3.6 Verknüpfung von mittlerem Bestand, mittlerer Leistung und gewichteter mittlerer Durchlaufzeit

Die Reichweite MR war definiert zu

$$MR = \frac{FB}{AB} \qquad \text{(Gl. 4.4)}$$

Mit der Definition des mittleren Bestandes MB

$$MB = \frac{FB}{P} \qquad \text{(Gl. 4.2)}$$

und der mittleren Leistung ML

$$ML = \frac{AB}{P} \qquad \text{(Gl. 4.14)}$$

folgt unmittelbar:

$$MR = \frac{FB}{AB} = \frac{MB \cdot P}{ML \cdot P}$$

$$MR = \frac{MB}{ML} \qquad\qquad (4.17)$$

FB = Bestandsfläche in der Periode P
AB = abgegangene Arbeit in der Periode P
P = Bezugszeitraum

Da über längere Zeiträume MR = MV = MZ ist, gilt:

$$MZ = MV = MR = \frac{MB}{ML}$$

Wie Bechte empirisch nachgewiesen hat, gelten diese Aussagen auch in der Praxis [5], so daß für längere Zeiträume die mittlere Durchlaufzeit durch einen Arbeitsplatz generell mit der Beziehung

$$\text{gewichtete mittlere Durchlaufzeit} = \frac{\text{mittlerer Bestand}}{\text{mittlere Leistung}}$$

beschrieben werden kann.

Die in Bild 3.8 am Trichter nur qualitativ abgeleitete Beziehung kann also auch mathematisch bewiesen werden und wird in der Praxis mittlerweile als *Trichterformel* bezeichnet. Sie ist identisch mit der allgemeinen Formel für die mittlere Verweilzeit eines Wartesystems, die in der Warteschlangentheorie benutzt wird:

$$W = \frac{L}{\lambda}$$

W = mittlere Verweilzeit ($\triangleq$ Durchlaufzeit)
L = mittlere Anzahl Einheiten im System ($\triangleq$ Bestand)
λ = mittlere Ankunftsrate ($\triangleq$ 1/Leistung)

Grundsätzlich ist zu beachten, daß die Trichterformel nur exakt gilt, wenn im Bezugzeitraum immer ein Bestand vorhanden ist, sich der Bestand nicht verändert und keine Reihenfolgevertauschungen stattfinden. Je weniger diese Bedingungen gegeben sind, desto ungenauer ist die Trichterformel und man muß ggf. zum Hilfsmittel der Simulation oder zu speziellen Warteschlangenmodellen greifen. Hierauf gehen die Abschnitte 6.7.1 bzw. 9.5 noch genauer ein.

4.3.7 Gewichtete mittlere Terminabweichung

Während Bestand, Durchlaufzeit und Auslastung einigermaßen anschauliche Begriffe sind, scheitert die Messung und Berechnung der *Terminabweichung* häufig bereits an einer genauen Definition. Da sich die bisherigen Ausführungen auf die an Arbeitssystemen durchlaufenden Arbeitsvorgänge und ihre Darstellung im Arbeitsplatz-Durchlaufdiagramm beziehen, soll dies zunächst auch für die Terminabweichung gelten.

Dabei wird angenommen, daß für jeden Auftrag vor dem Eintreffen am beobachteten Arbeitssystem ein Soll-Abgangstermin bekannt war, dem ein Ist-Abgangstermin gegenübersteht, der nach Beendigung des Arbeitsvorganges zurückgemeldet wird. Dann läßt sich für einen Bezugzeitraum zu jedem Ist-Termin der Soll-Termin feststellen und daraus eine *Terminabweichung* berechnen.

In *Tabelle 4.7* sind in den Spalten 1 bis 4 die Ausgangsdaten eingetragen, aus denen sich die Ist-Abgangskurve in *Bild 4.18* konstruieren läßt. In Spalte 5 wurde nun für jeden Auftrag die *Terminabweichung* TA in Tagen bestimmt. Durch Multiplikation mit der Auftragszeit ZAU läßt sich daraus eine positive bzw. negative *Terminabweichungsfläche* für jeden Auftrag berechnen, die in Spalte 6 eingetragen ist. Für den Fall, daß Ist- und Soll-Termin übereinstimmen, hat natürlich auch die Terminabweichungsfläche den Wert Null. In Bild 4.18 sind die Terminabweichungsflächen ebenfalls eingezeichnet. Ähnlich wie bei der Durchlaufzeitbestimmung kann man auch hier für die in der Periode P abgefertigten Aufträge eine mittlere Terminabweichung bestimmen. *Entsprechend der gewichteten Durchlaufzeit bietet sich die Definition einer gewichteten mittleren Terminabweichung an, welche einen direkten Vergleich mit der gewichteten mittleren Durchlaufzeit gestattet.*

Die gewichtete mittlere Terminabweichung MTGA des Abgangs läßt sich dann definieren zu:

$$MTGA = \frac{FTPA - FTNA}{AB} \tag{4.18}$$

FTPA = positive Terminabweichungsfläche Abgang (Auftrag zu früh fertig)
FTNA = negative Terminabweichungsfläche Abgang (Auftrag zu spät fertig)
AB   = in der Periode P abgegangene Arbeit

AUF-TRAGS-NR.	END-TERMIN IST	END-TERMIN SOLL	AUF-TRAGS-ZEIT	TERMIN-ABWEI-CHUNG	GEWICHTETE TERMIN-ABWEICHUNG	EINFACHE QUADRAT. ABWEICHG.	GEWICHTETE QUADRAT. ABWEICHUNG	SOLL-ABGANG NACH SOLL-TERMIN SORTIERT	KUMUL. AUFTR.-ZEIT
	TBEI	TBES	ZAU	TA	TA·ZAU	$(MTEA-TA)^2$	$(MTGA-TA)^2 \cdot$ ·ZAU	TERMIN	
[-]	[Tag]	[Tag]	[Std]	[Tage]	[Tage·Std]	$[Tage^2]$	$[Tage^2.Std]$	[Tag]	[Std]
1	2	3	4	5	6	7	8	9	10
115	206	191	0,5	-15	- 7,2	112,4	25,2	180	15,4
119	207	204	11,4	- 3	- 34,2	2,0	273,7	187	29,2
110	208	180	15,4	-28	- 431,2	557,0	6221,8	191	29,7
125	208	216	3,8	8	30,4	153,8	960,7	202	37,1
120	209	204	6,8	- 5	- 34,0	0,4	57,2	204	43,9
124	212	215	9,6	3	28,8	54,8	1140,6	204	55,3
118	213	212	7,7	- 1	- 7,7	11,6	366,6	212	63,0
127	213	218	5,3	5	26,5	88,4	882,0	212	67,2
121	214	214	8,8	0	0,0	19,4	549,2	214	76,0
126	219	218	2,6	- 1	- 2,6	11,6	123,8	215	85,6
131	220	223	2,1	3	6,3	54,8	249,5	216	89,4
116	220	202	7,4	-18	- 133,2	185,0	754,9	218	94,7
108	222	187	13,8	-35	- 483,0	936,4	10134,9	218	97,3
117	222	212	4,2	-10	- 42,0	31,4	18,5	218	110,9
135	226	229	6,9	3	20,7	54,8	819,8	223	113,0
132	226	225	13,8	- 1	- 13,8	11,6	657,0	225	126,8
140	227	232	5,1	5	25,5	88,4	848,7	229	133,7
123	229	218	13,6	-11	- 149,6	43,6	130,7	232	138,8
145	229	237	5,1	8	40,8	153,8	1289,3	236	140,9
142	230	236	2,1	6	12,6	108,2	405,7	237	146,0
20	◄SUMME ►		146,0	-87	-1147,2	2679,4	25909,8	SUMME ►	146,0

Summe gewichtete positive Terminabweichung =   + 191,6   Tage · Std

Summe gewichtete negative Terminabweichung =   +1338,8   Tage · Std

Einfache mittlere Terminabweichung Abgang   MTEA $= \dfrac{-87}{20} = $ - 4,4 Tage

Gewichtete mittlere Terminabweichung Abgang   MTGA $= \dfrac{-1147,2 \text{ Tage·Std}}{146 \text{ Std}} = $ - 7,9 Tage

Positive gewichtete mittlere Terminabweichung Abgang   MTPA $= \dfrac{191,6 \text{ Tage·Std}}{146 \text{ Std}} = $ 1,3 Tage

Negative gewichtete mittlere Terminabweichung Abgang   MTNA $= \dfrac{1338,8 \text{ Tage.Std}}{146 \text{ Std}} = $ 9,2 Tage

Einfache Standardabweichung der Terminabweichung Abgang   STEA $= \sqrt{\dfrac{2679,4 \text{ Tage}^2}{20}} = $ 11,6 Tage

Gewichtete Standardabweichung der Terminabweichung Abgang   STGA $= \sqrt{\dfrac{25909,8}{146} \dfrac{\text{Tage}^2.\text{Std}}{\text{Std}}} = $ 13,3 Tage

Tabelle 4.7 Berechnung der Terminabweichungskennwerte der Abgangsfunktion eines Arbeitsplatzes (in Kalendertagen)

Im vorliegenden Beispiel ergibt sich eine gewichtete mittlere Terminabweichung MTGA von −1147,2 Tage × Stunden : 146 Stunden = −7,9 Tage.

Bei Terminabweichungen ist zu empfehlen, auch noch die positive und negative mittlere Terminabweichung sowie die Standardabweichung zu berechnen, da ein Mittelwert von Null leicht zu der fälschlichen Annahme verleiten könnte, daß an diesem Arbeitssystem keine Terminabweichungen vorhanden sind. Aus Tabelle 4.7 ergibt sich die *mittlere positive gewichtete Terminabweichung des Abgangs* MTPA zu 191,6 : 146 = 1,3 Tagen und die *mittlere negative gewichtete Terminabweichung des Abgangs* MTNA zu 1338,8 : 146 = 9,2 Tage.

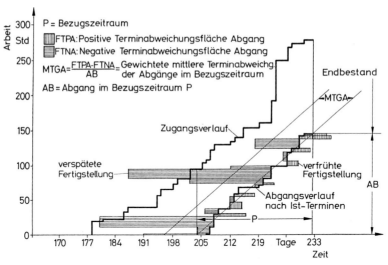

Bild 4.18 Terminabweichung der Abgänge im Durchlaufdiagramm

Der gewichteten mittleren Terminabweichung ist zusätzlich noch die *ungewichtete mittlere Terminabweichung* gegenübergestellt, die mit −4,4 Tagen ein viel zu positives Bild der tatsächlichen Terminsituation entwirft. Man erkennt aus Bild 4.18, woran dies liegt. Einige Aufträge mit großem Arbeitsinhalt (Nr. 115, 119, 125 und 117) haben auch große Terminabweichungen und ziehen daher den gewichteten Mittelwert stark nach unten. Auch die gewichtete *Standardabweichung der Terminabweichung* deutet auf eine starke Streuung hin.

Die bisher definierte Terminabweichung bezieht sich auf die Differenzbetrachtung der Soll- und Ist-Termine der Abgangskurve. Zur Beurteilung der Termintreue eines Arbeitsplatzes liefert diese Zahl aber keine objektive Aussage, denn es könnte ja sein, daß die Aufträge im Mittel schon so spät an diesem Arbeitsplatz zugingen, so daß eine Terminabweichung trotz größter Anstrengungen nicht zu vermeiden war.

Man muß daher auch für die *Zugangskurve* eine Terminabweichung berechnen. Da die Zugangstermine eines Arbeitsplatzes definitionsgemäß dem Abgangstermin des Vorgänger-Arbeitsplatzes entsprechen (bei den ersten Arbeitsplätzen ist dies der Freigabetermin), läßt sich die gewichtete mittlere Terminabweichung des Zuganges entsprechend der in Bild 4.18 gezeigten Vorgehensweise berechnen. Wie in Bild 4.15 dargelegt wurde, liegt am Beginn des Bezugszeitraumes ein Anfangsbestand vor, aus dem sich die effektive Zugangskurve konstruieren läßt. Für diese Aufträge läßt sich auch die gewichtete Terminabweichung berechnen. Es fließen weiter Aufträge bis zur Höhe des Abganges AB zu, für die sich ebenfalls eine Terminabweichung berechnen läßt. Die gewichtete mittlere Terminabweichung dieser beiden Auftragsgruppen ergibt dann die gewichtete mittlere Terminabweichung desjenigen Zugangs, der mit der gewichteten mittleren Terminabweichung des Abgangs verglichen werden kann. Die gewichtete mittlere Terminabweichung des Zuganges ist damit:

$$ MTGZ = \frac{FTPZ - FTNZ}{AB} \tag{4.19} $$

FTPZ = positive Terminabweichungsfläche Zugang (Auftrag zu früh angekommen)
FTNZ = negative Terminabweichungsfläche Zugang (Auftrag zu spät angekommen)
AB   = effektiver Zugang bis zur Höhe des Abgangs
       = abgegangene Arbeit in der Periode P

Dann läßt sich schließlich eine *relative gewichtete mittlere Terminabweichung* MTGR eines Arbeitsplatzes definieren zu:

$$\boxed{MTGR = MTGA - MTGZ} \qquad (4.20)$$

Sie sagt aus, ob der betrachtete Arbeitsplatz die durchlaufenden Aufträge gegenüber der Plandurchlaufzeit im Mittel beschleunigt oder verzögert hat.

Mit diesen Ausführungen ist die Beschreibung des Auftragsdurchlaufs durch ein Arbeitssystem abgeschlossen. Es wurden Kenngrößen eingeführt, die eine umfassende Darstellung der Abläufe erlauben. In Abschnitt 3.6.1 wurde bereits auf die Problematik der Berechnung von Durchlaufzeitwerten in Kalendertagen bzw. Betriebskalendertagen eingegangen. So sind Kenngrößen in Kalendertagen z. B. bei der Betrachtung der Kapitalbindung oder Termintreue vorzuziehen. Zur Beurteilung der Produktionsplanung und -steuerung sind dagegen Kenngrößen in Betriebskalendertagen aussagekräftiger. Daher sind in Anhang A die in den Tabellen 4.1 bis 4.7 durchgeführten Berechnungen in den Tabellen A1 bis A7 nochmals in Betriebskalendertagen ausgeführt.

Den Vergleich der Kenngrößen in Kalender- bzw. Betriebskalendertagen zeigt *Tabelle 4.8*.

KENNGRÖSSE		in Kalendertagen [Tage]	in Betriebskalendertagen [BKT]
Mittlere Reichweite	MR	20,8	14,4
+ Bestandsentwicklungsanteil	BEZ	0,1	0,4
= Mittlerer Vorlauf	MV	20,9	14,9[*]
+ Reihenfolgeanteil	RF	- 4,2	- 3,0
= Mittlere Durchlaufzeit	MZ	16,6[*]	11,8

[*] Die Abweichungen nach dem Komma ergeben sich infolge Rundungsfehler bei der Berechnung der Einzelwerte

Bezugszeitraum: Tag 205 bis 232 bzw. BKT 30 - 49 entsprechend 28 Tagen bzw. 20 BKT

Tabelle 4.8 Vergleich der Kenngrößen eines Arbeitssystems bei Berechnung in Kalendertagen und in Betriebskalendertagen
(Einzelwerte sind den Tabellen 4.2 bis 4.6 und A 2 bis A 6 im Anhang A entnommen)

Die Gegenüberstellung der Werte des mittleren Vorlaufs ermöglicht eine einfache Plausibilitätsprüfung. Da der Vorlauf im Durchlaufdiagramm dem horizontalen Abstand zwischen Abgangs- und Zugangsverlauf in Tagen bzw. Betriebskalendertagen entspricht, muß für lange Zeiträume gelten:

$$\frac{MV_{BKT}}{5\ BKT} = \frac{MV_{Tage}}{7\ Tage}$$

$$MV_{BKT} = MV_{Tage} \cdot \frac{5\ BKT}{7\ Tage}$$

Mit den Werten aus Tabelle 4.8 ergibt sich dann:

$$14,9 = 20,9 \cdot \frac{5}{7}$$

$$14,9 = 14,9\ BKT$$

Es wird jeweils vom Anwendungsfall abhängen, welche der Darstellungen gewählt wird. Für Betrachtungen in der Arbeitssystemebene wird man sich oft für Betriebskalendertage entscheiden.

Im nächsten Abschnitt soll nun das bisher auf ein Arbeitssystem beschränkte Durchlaufdiagramm erweitert werden, um auch den Durchlauf ganzer Fertigungsaufträge beschreiben zu können. Hier bringt die Darstellung in Kalendertagen wiederum Vorteile.

4.4 Das Auftrags-Durchlaufdiagramm

4.4.1 Erweitertes Arbeitsplatz-Durchlaufdiagramm

Zur Entwicklung des Auftrags-Durchlaufdiagramms muß der Übergang vom Durchlauf eines einzelnen Arbeitsplatzes zum Durchlauf des gesamten Fertigungsauftrages gefunden werden.

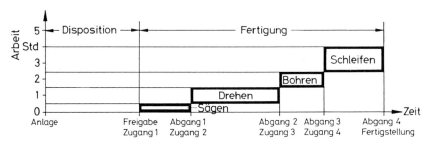

a) Fertigungsauftrag

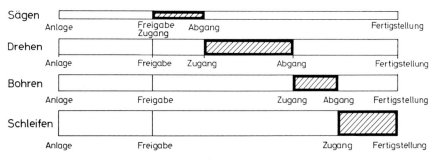

b) erweiterte Durchlaufelemente der Arbeitsvorgänge

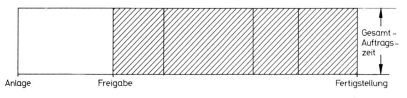

c) Auftrags-Durchlaufelement

Bild 4.19 Arbeitsvorgangs-Durchlaufelemente und Auftrags-Durchlaufelemente eines Fertigungsauftrages

Bild 4.19 a zeigt hierzu für einen Auftrag die Arbeitsvorgänge Sägen, Drehen, Bohren und Schleifen in ihrer zeitlichen Abfolge und entsprechend ihrem Arbeitsinhalt. Jedes der dargestellten Rechtecke entspricht damit dem gewichteten Durchlaufelement. Löst man nun in einem zweiten Schritt die Arbeitsvorgangsfolge in die einzelnen Elemente auf, läßt sich zusätzlich zu den schon bekannten Zugangs- und Abgangsterminen für jeden einzelnen Arbeitsvorgang auch noch angeben, wann der zugehörige Auftrag *angelegt,* also in der Disposition erzeugt wurde, wann er *freigegeben* wurde und wann er *fertiggestellt* war. Das bisher bekannte Arbeitsvorgangs-Durchlaufelement wird damit zum *erweiterten (gewichteten) Durchlaufelement,* welches dem entsprechenden Arbeitssystem zugeordnet werden kann (Bild 4.19 b). Das (gewichtete) Auftrags-Durchlaufelement wird dann gebildet aus einem Rechteck, bestehend aus der Gesamt-Durchlaufzeit des Auftrages und der Gesamt-Auftragszeit der darin enthaltenen Arbeitsvorgänge (Bild 4.19 c). Gegenüber dem bereits in Bild 3.14 vorgestellten Auftrags-Durchlaufelement ist es noch um die Zeitspanne zwischen Anlage und Freigabe des Auftrages erweitert worden.

Innerhalb des erweiterten Durchlaufelementes pro Arbeitsvorgang lassen sich die Zeitanteile der Gesamt-Durchlaufzeit gemäß *Bild 4.20* unterscheiden, hier *Dispositions-, Indirekt-, Direkt-* und *Nach-Durchlaufzeit* genannt [8].

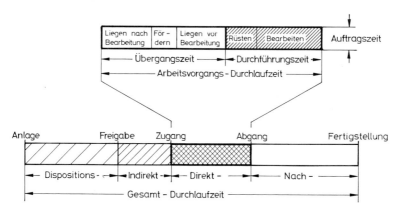

Bild 4.20 Definition der Durchlaufzeitanteile eines Arbeitsvorganges im Rahmen des Gesamtauftragsdurchlaufs [Bechte]

Ordnet man die einen Arbeitsplatz durchlaufenden Aufträge nach aufsteigenden Fertigstellungsterminen, entsteht ein erweitertes *Durchlaufdiagramm (Bild 4.21 a).* Da in der Regel Reihenfolgevertauschungen innerhalb der Warteschlange vorgenommen werden, sind zur Konstruktion des endgültigen Durchlaufdiagramms die Einzelereignisse für Anlage, Freigabe, Zugang, Abgang und Fertigstellung nach aufsteigender terminlicher Reihenfolge zu sortieren und ergeben damit das sogenannte *erweiterte Arbeitsplatz-Durchlaufdiagramm (Bild 4.21 b)* [6, 8]. Die bisher bekannte Zugangs- und Abgangskurve ist dabei durch eine größere Strichstärke hervorgehoben. *Aus diesem Durchlaufdiagramm wird deutlich, mit welchem zeitlichen Abstand von diesem Arbeitsplatz die Aufträge disponiert und freigegeben wurden, ehe sie an diesem Arbeitsplatz zugingen, und wie lange die nachfolgenden Arbeitsgänge bis zur endgültigen Fertigstellung des Auftrages brauchten.*

Auch das erweiterte Durchlaufdiagramm läßt sich wieder periodenweise darstellen, wobei im Nullpunkt nun nicht die Abgangskurve, sondern die *Fertigstellungskurve* der Aufträge beginnt *(Bild 4.22).* Entsprechend den Durchlaufzeitanteilen lassen sich mehrere Bestandsanteile im Bestand definieren [5, 6, 8]. Der *Dispositionsbestand* sagt aus, wieviel Arbeitsstun-

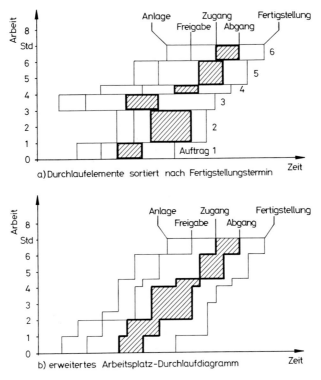

Bild 4.21 Entstehung des erweiterten Arbeitsplatz-Durchlaufdiagramms [Bechte, IFA]

den in einem bestimmten Zeitpunkt für diesen Arbeitsplatz disponiert sind. Der *Indirektbestand* läßt erkennen, wieviel Arbeit für diesen Arbeitsplatz freigegeben wurde, die sich noch an den Vorgänger-Arbeitsplätzen befindet. Der *Direktbestand* kennzeichnet den Auftragsbestand dieses Arbeitsplatzes, und der *Nachbestand* gibt Auskunft darüber, welcher Bestand über die nachfolgenden Arbeitsplätze abfließt. Bei den Anfangsarbeitsplätzen ist die Freigabekurve identisch mit der Zugangskurve, und bei den letzten Arbeitsplätzen ist die Abgangskurve gleich der Fertigstellungskurve.

Es kann darauf verzichtet werden, auch die Tabellen für die Konstruktion des erweiterten Durchlaufdiagramms zu zeigen, da diese analog zum Arbeitsplatz-Durchlaufdiagramm aufgebaut sind. Auch die Berechnung der Mittelwerte für die einzelnen Bestandsarten und Durchlaufzeitanteile erfolgt wie bereits beschrieben. Das erweiterte Durchlaufdiagramm gibt eine anschauliche Vorstellung davon, wie der betrachtete Arbeitsplatz im Fluß der Aufträge liegt, die durch ihn bearbeitet werden.

Diese Aussage läßt sich auch durch eine weitere Kennzahl verdeutlichen, die als *gewichtete mittlere Position* des Arbeitssystems bezeichnet wird [6]. Hierzu wird bei jedem Auftrag, den der betrachtete Arbeitsplatz durchläuft, vermerkt, an welcher Arbeitsgangposition sich der Arbeitsplatz im jeweiligen Auftrag befindet. Trägt man diese Aussage in ein Diagramm ein, läßt sich eine mittlere Position dieses Arbeitsplatzes definieren, die im Rahmen eines Kontrollsystems Anwendung finden kann (s. Abschnitt 5.3.2).

Bild 4.23 zeigt die mit dem Arbeitsinhalt gewichteten Positionen des Beispielarbeitsplatzes, aus denen sich die gewichtete mittlere Position MP ergibt:

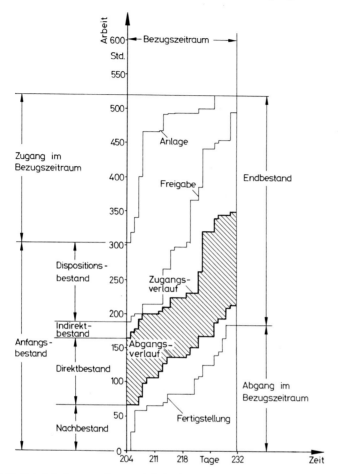

Bild 4.22 Beispiel eines erweiterten Arbeitsplatz-Durchlaufdiagramms [Bechte]

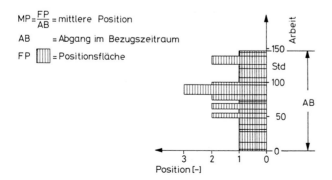

Bild 4.23 Gewichtete mittlere Position eines Arbeitsplatzes [Bechte, IFA]

$$MP = \frac{FP}{AB}$$ (4.21)

FP = Positionsfläche der im Bezugszeitraum abgehenden Aufträge
AB = abgegangene Arbeit in der Periode P

Im vorliegenden Beispiel ergibt sich die mittlere Position dieses Arbeitsplatzes zu MP = 215,3 Std : 146 Std = 1,5; der Arbeitsplatz liegt im wesentlichen am Beginn des Losdurchlaufs.

4.4.2 Entwicklung des Auftrags-Durchlaufdiagramms

Aus dem erweiterten Arbeitsplatz-Durchlaufdiagramm entsteht nun das *Auftrags-Durchlauf-diagramm* in einem nächsten Schritt dadurch, daß die gewichteten Auftrags-Durchlaufelemente nach steigenden Fertigstellungsterminen geordnet werden *(Bild 4.24 a)*. Wegen der häufigen Reihenfolgevertauschungen ist zur Konstruktion der Anlagekurve die Umsortierung der Anlagetermine der einzelnen Aufträge nach steigenden Terminen erforderlich *(Bild 4.24 b)*. Das so konstruierte Auftrags-Durchlaufdiagramm läßt sich analytisch genauso behandeln wie das Arbeitsplatz-Durchlaufdiagramm, ohne daß dies hier im Detail nachvollzogen werden soll.

Insgesamt hat sich gezeigt, daß es möglich ist, die vier grundlegenden Zielgrößen der Fertigungssteuerung – Bestand, Durchlaufzeit, Auslastung und Terminabweichung – arbeitsplatzbezogen und auftragsbezogen eindeutig zu definieren, sie in eine analytische Beziehung

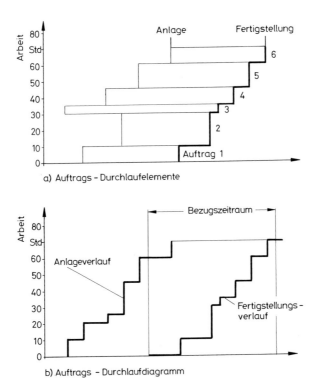

Bild 4.24 Entstehung des Auftrags-Durchlaufdiagramms

zueinander zu setzen und damit das geforderte universelle Beschreibungsmodell eines Produktionsprozesses zu schaffen.

Es bieten sich zwei Möglichkeiten der Nutzung. Zum einen ist eine laufende *Kontrolle und Diagnose* des Produktionsprozesses mit Hilfe der verschiedenen Durchlaufdiagramme und der daraus gewonnenen Kennzahlen möglich. Hierauf geht das folgende Kapitel 5 ein. Zum anderen können die im Durchlaufdiagramm abgeleiteten analytischen Beziehungen auch zur *Planung* des zukünftigen Auftragsdurchlaufs genutzt werden. Dies wird in den Kapiteln 6 und 7 behandelt.

4.5 Literatur

[1] *Schmitz, P.-G.:* Analytische Beziehungen zwischen Produktionsverlauf, Belastung und unvollendeter Produktion in Maschinenbaubetrieben. VEB Verlag Technik, Berlin 1961.
[2] *In't Veld, J.:* Bedrijfsinformatie. Wissenschaftliche Beilage. TED (Niederlande), Februar 1971.
[3] *Heinemeyer, W.:* Die Analyse der Fertigungsdurchlaufzeit im Industriebetrieb. Dissertation Technische Universität Hannover 1974.
[4] *Kreuzfeldt, H.-F.:* Analyse der Einflußgrößen auf die Terminplanung bei Werkstättenfertigung. Dissertation Technische Universität Hannover 1977.
[5] *Bechte, W.:* Steuerung der Durchlaufzeit durch belastungsorientierte Auftragsfreigabe bei Werkstattfertigung. Dissertation Universität Hannover 1980 (veröffentlicht in: Fortschritt-Berichte der VDI-Zeitschriften, Reihe 2, Nr. 70, Düsseldorf 1984).
[6] *Erdlenbruch, B.:* Grundlagen neuer Auftragssteuerungsverfahren für die Werkstattfertigung. Dissertation Universität Hannover 1984 (veröffentlicht in: Fortschritt-Berichte der VDI-Zeitschriften, Reihe 2, Nr. 71, Düsseldorf 1984).
[7] *Lorenz, W.:* Entwicklung eines arbeitsstundenorientierten Warteschlangenmodells zur Prozeßabbildung der Werkstattfertigung. Dissertation Universität Hannover 1984 (veröffentlicht in: Fortschritt-Berichte der VDI-Zeitschriften, Reihe 2, Nr. 72, Düsseldorf 1984).
[8] *Bechte, W.:* Rechnergestütztes Durchlaufzeit- und Bestandskontrollsystem als Basis einer flußorientierten Fertigungssteuerung (unveröffentlichtes Manuskript). Hannover 1985.
[9] *Jendralski, H.:* Kapazitätsterminierung zur Bestandsregelung in der Werkstattfertigung. Dissertation Technische Universität Hannover 1978.

5 Analyse, Kontrolle und Diagnose des Fertigungsablaufs

5.1 Möglichkeiten zur Überwachung des Fertigungsablaufs

Die laufende Überwachung des Unternehmensgeschehens ist in gut geführten Betrieben heute eine Selbstverständlichkeit. Allerdings konzentriert sich diese Überwachung in erster Linie auf Vorgänge, die sich in Geldwerten ausdrücken lassen. So werden beispielsweise Auftragseingang, Umsatz, Investitionen, Bestellungen usw. monatlich zusammengefaßt und mit den Zahlen des Jahresplans verglichen. Für den Produktionsbereich stellt man hauptsächlich die geplanten Produktionsstunden den geleisteten Produktionsstunden gegenüber und vergleicht die daraus resultierenden Kosten. Wie bereits in Kapitel 2 dargelegt, ist es dagegen in der Praxis noch nicht üblich, die für das Unternehmen mindestens ebenso wichtigen Kennzahlen über Bestände, Termineinhaltung und Durchlaufzeiten laufend zu erheben und mit vorgegebenen Sollwerten zu vergleichen. Daraus ergibt sich die Forderung, in Ergänzung zu dem Kosten- und Qualitätskontrollsystem ein System zur organisatorischen *Fertigungsablaufkontrolle* zu schaffen. Man könnte dies als *logistische Realitätsprüfung* der Fertigung bezeichnen.

Ein derartiges System muß auf einem Modell beruhen, welches den Fertigungsablauf so beschreibt, daß die genannten Kennzahlen und ihr logischer Zusammenhang daraus erkennbar sind. Das Modell muß auch deutlich machen, wie weit der festgestellte Ist-Zustand von einem „realistischen Idealzustand" entfernt ist. Erst damit ist auch die Möglichkeit gegeben, Maßnahmen zur gezielten Beeinflussung des Fertigungsablaufs abzuleiten. Das Durchlaufdiagramm mit seinen im vorhergehenden Kapitel entwickelten Erscheinungsformen und Kennzahlen erfüllt diese Voraussetzungen und wird daher auch den weiteren Überlegungen zugrunde gelegt.

Allerdings ist dringend zu empfehlen, ein derartiges Kontrollsystem in bestimmten Schritten zu entwickeln und einzuführen, die *Bild 5.1* zeigt. Zunächst ist für einen begrenzten Erfassungszeitraum eine sogenannte *Betriebsanalyse* des Fertigungsablaufs durchzuführen, die sich auf das Durchlaufverhalten der *Aufträge, Arbeitsplätze* und *Arbeitsvorgänge* bezieht. Daraus ergeben sich erfahrungsgemäß bereits Ansätze für Verbesserungen des *Rückmeldewesens* und der *Fertigungsabläufe*. Erst wenn die damit offengelegten Schwachstellen beseitigt sind, ist ein *Kontrollsystem* zu entwerfen und einzuführen, das einerseits auf die speziellen Erfordernisse der Benutzer abgestimmt ist und andererseits relativ einfach zu ändern oder zu ergänzen ist. Nach einer gewissen Laufzeit dieses permanenten Kontrollsystems werden sich weitere Verbesserungsmaßnahmen zwangsläufig ergeben. Spätestens zu diesem Zeitpunkt wird sich auch die Frage erheben, ob das vorhandene Verfahren der *Fertigungssteuerung* den mittlerweile entwickelten Ansprüchen noch genügt oder ob sich hier nicht auch Veränderungen anbieten.

Ein besonderes Anliegen bei derartigen Analysen und Kontrollsystemen muß es weiterhin sein, den Fertigungsablauf und seine wesentlichen Kennzahlen *graphisch* darzustellen, weil die in der Praxis heute noch üblichen EDV-Listen und dichtgepackten Bildschirmmasken auf den Benutzer eher abschreckend wirken. Die mittlerweile verfügbaren farbigen Graphik-Bildschirme bieten in dieser Hinsicht – verbunden mit einer entsprechenden Software – wertvolle Unterstützung, so daß sich die Voraussetzungen für anschauliche Graphiken seitens der Datenverarbeitung laufend verbessern (s. Abschnitt 5.5).

Im folgenden soll zunächst der Ablauf einer Betriebsanalyse dargelegt werden.

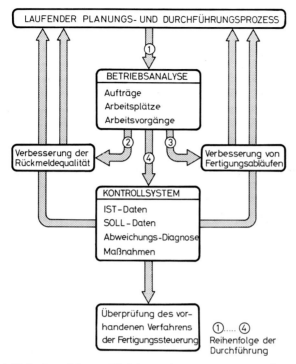

Bild 5.1 Maßnahmenfolge zur Einführung einer Fertigungsablauf-Überwachung

5.2 Betriebsanalyse

5.2.1 Übersicht über den Ablauf

Eine Analyse des betrieblichen Fertigungsablaufs wird meist durch unbefriedigende Zustände in der Fertigung oder veränderte Marktbedingungen ausgelöst oder aber im Zusammenhang mit einer schon länger geplanten Rationalisierung der Produktion durchgeführt. Dabei ist ein Vorgehen in folgenden Schritten sinnvoll [1, 2, 3, 4, 5]:

a) Definition der Zielsetzung
b) Festlegung des Untersuchungsbereichs und -zeitraums
c) Definition der zu erfassenden Daten und Überprüfung auf Verfügbarkeit
d) Probeerfassung und Überprüfung der Datenqualität
e) Erfassung des Fertigungsablaufs
f) Auswertung und Berichterstellung
g) Maßnahmendurchführung und -kontrolle

Die Grundlage der gesamten Analyse und Auswertung bildet die Erhebung der in Kapitel 3 definierten *vereinfachten Durchlaufelemente* und ihre Auswertung. *Bild 5.2* faßt die dort gemachten ausführlichen Darlegungen noch einmal zusammen und macht deutlich, daß für die Analyse bis auf den ersten Arbeitsvorgang nur eine einzige Rückmeldung pro Arbeitsvorgang erforderlich ist, die einerseits das Ende des betrachteten und andererseits den Beginn des folgenden Durchlaufelementes festlegt [3]. Wegen des geringen Anteils der Durchführungszeit an der Durchlaufzeit kann trotz der immer vorhandenen Abweichung der Vorgabe-

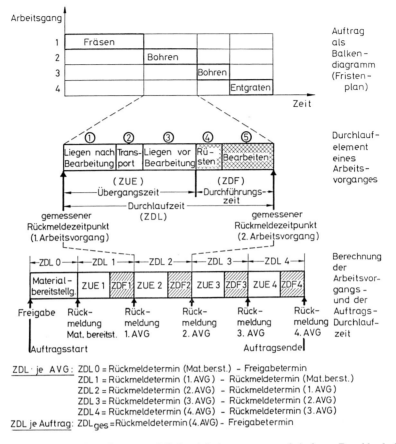

Bild 5.2 Definition und Berechnungsmodell der Arbeitsvorgangs- und Auftrags-Durchlaufzeit [nach Bechte/Dombrowski, IFA]

zeit von der Ausführungszeit die *geplante* Durchführungszeit der *tatsächlichen* Durchführungszeit gleichgesetzt werden. *Damit ergibt sich die Übergangszeit ZUE als Differenz von Durchlaufzeit ZDL und Durchführungszeit ZDF.* Reicht bei bestimmten Fragestellungen diese Zerlegung in Durchführungs- und Übergangszeit nicht aus, empfiehlt sich eine gesonderte Untersuchung des interessierenden Bereichs, z. B. mit Hilfe von Multimoment-Zeitstudien [6, 7].

In Bild 5.2 ist als Beispiel die Berechnung der *Arbeitsvorgangs-Durchlaufzeit* für den Arbeitsvorgang 2 dargestellt. Die *Auftrags-Durchlaufzeit* ergibt sich entweder aus der Summe der Einzeldurchlaufzeiten oder als Differenz zwischen Freigabe- und Auftragsendtermin. Sofern dies gewünscht wird und die Daten verfügbar sind, kann auch noch ein Auftragseröffnungstermin und ein Auftragsabschlußtermin definiert und daraus die Dauer bestimmt werden, während der sich ein Auftrag im System der Fertigungssteuerung befindet.

Es lassen sich drei Auswertungen erstellen: Die zu einem Fertigungsauftrag gehörenden Durchlaufelemente erlauben eine *auftragsbezogene* und die zu einem Arbeitsplatz, einer Arbeitsplatzgruppe, einer Kostenstelle oder einem Betriebsbereich gehörenden Durchlaufelemente eine *arbeitsplatzbezogene Auswertung.* Untersucht man alle Durchlaufelemente unabhängig von ihrem Auftrag oder Arbeitsplatz, ergibt sich eine *arbeitsvorgangsbezogene Auswertung.*

Den allgemeinen Datenflußplan einer derartigen Auswertung zeigt *Bild 5.3* [3]. Das zugrundeliegende Programmsystem wurde als Bestandteil der Analysemethode DUBAF (Durchlaufzeit- und Bestandsanalyse im Fertigungsbereich) unter Kettner am Institut für Fabrikanlagen der Universität Hannover in Zusammenarbeit mit der Deutschen Gesellschaft für Betriebswirtschaft sowie namhaften Industrieunternehmen entwickelt [1, 2]. Es wird seitdem laufend angewandt und ständig weiter verbessert [3, 4, 5].

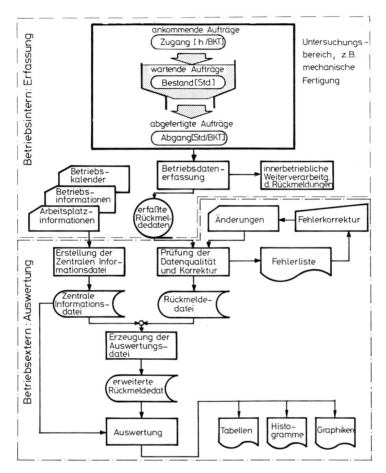

Bild 5.3 Allgemeiner Datenflußplan einer Durchlaufzeit- und Bestandsanalyse [Bechte/Dombrowski, IFA]

Man erkennt zwei Programmblöcke. Innerhalb des Blocks „Erfassung" (die Erfassung muß in dem betreffenden Betrieb erfolgen) sammelt man die Rückmeldungen eines definierten Untersuchungsbereichs über einen zusammenhängenden Zeitraum, z. B. ein halbes Jahr, und speichert sie auf einem geeigneten Datenträger, meist einem Magnetband. Zusätzlich sind für den Untersuchungszeitraum noch der Betriebskalender, bestimmte Arbeitsplatzinformationen, wie Arbeitsplatznummer, Kapazität und eventuell der Kostensatz, sowie weitere Betriebsinformationen zu erheben [1]. Der Programmblock „Auswertung" läuft betriebsextern ab, d. h. entweder in einer entsprechend qualifizierten Stabsstelle unter Einschaltung des Rechenzentrums oder in einer geeigneten externen Beratungsstelle.

Zunächst unterzieht man die Rohdaten einer *Plausibilitätskontrolle*. Erkannte Fehler sind entweder von der auswertenden Stelle selbst oder anhand einer Fehlerliste vom Betrieb zu korrigieren. Aus den so korrigierten Rückmeldungen entsteht die *Rückmeldedatei* mit den arbeitsvorgangs- und auftragsbezogenen Daten.

Die übrigen Daten, wie Betriebskalender, Kapazitätsangaben usw., sind in der *zentralen Informationsdatei* gespeichert. Zusammen mit der Rückmeldedatei wird hieraus die *Auswertungsdatei* erzeugt, die eine erweiterte Rückmeldedatei darstellt. Aus dieser Datei entstehen dann die Auswertungen in Form von Listen, Häufigkeitsverteilungen (Histogrammen) und Graphiken (Durchlaufdiagrammen). Wesentliche Einzelaspekte sollen nun etwas näher betrachtet werden.

Bei der *Formulierung der Zielsetzung* sollte einer möglichst breiten Übersicht der Vorzug vor speziellen Einzelfragen gegeben werden. Nur so lassen sich Schwachstellen im Ablauf und Engpässe in den Kapazitäten im Zusammenhang erkennen und ein übertriebener Aufwand bei der Erfassung vermeiden. Einzelfragen können dann immer noch – begrenzt auf die erkannten Schwachstellen und mit geringem Aufwand – geklärt werden.

Der *Untersuchungsbereich* sollte organisatorisch und räumlich möglichst in sich abgeschlossen sein und alle Arbeitsplätze umfassen, die von den interessierenden Aufträgen durchlaufen werden. Das bedeutet, daß teilweise auch Arbeitsvorgänge erfaßt werden müssen, die über den abgeschlossenen Bereich hinausgehen. *Bild 5.4* deutet diesen Sachverhalt an [3]. Hier waren neben der an sich im Vordergrund der Untersuchung stehenden mechanischen Fertigung auch noch Arbeitsplätze in der Sägerei, Blechbearbeitung und Lackiererei zu betrachten, weil bestimmte Teilegruppen, z. B. Dreh- und Blechteile, dort bestimmte Arbeitsvorgänge erfordern.

Prinzipiell ist eine derartige Analyse nicht auf den Fertigungsbereich beschränkt, sondern kann selbstverständlich auch vor- und nachgelagerte Bereiche einbeziehen. Der Schwerpunkt

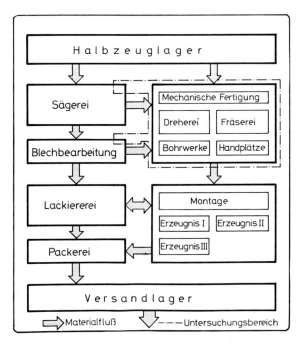

Bild 5.4 Beispiel für die Auswahl des Untersuchungsbereichs [Dombrowski, IFA]

der bisherigen Untersuchungen liegt jedoch eindeutig in Fertigungsbereichen, die nach dem Werkstättenprinzip organisiert sind. Hinweise auf weitergehende Ablaufanalysen finden sich u. a. in [6].

Besondere Überlegungen erfordert die Festlegung des *Erfassungszeitraums.* Da eine repräsentative Anzahl sowohl von Arbeitsgängen als auch von Aufträgen ausgewertet werden soll, ist der wesentlich längere Zeitraum eines Auftragsdurchlaufs maßgebend. Dabei werden vier grundsätzlich verschiedene *Auftragsarten* auftreten, die *Bild 5.5* zeigt [3].

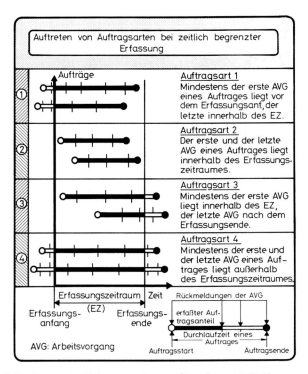

Bild 5.5 Festlegung des Erfassungszeitraums [Dombrowski, IFA]

Nur im Fall 2 werden vollständige Aufträge erfaßt. In allen anderen Fällen werden die Aufträge entweder am Anfang (Fall 1), am Ende (Fall 3) oder am Anfang und am Ende angeschnitten (Fall 4). Allerdings können die vollständig erfaßten Arbeitsvorgänge der Aufträge nach Auftragsart 1, 3 und 4 noch zur arbeitsvorgang- und arbeitsplatzbezogenen Auswertung benutzt werden.

Als Richtwert für die Länge des Erfassungszeitraums dient die doppelte mittlere Auftrags-Durchlaufzeit. Diese wird zunächst aufgrund vorhandener Erfahrungswerte, aus einer Stichprobenuntersuchung der Laufkarten oder mittels einer Überschlagsrechnung aus dem Auftragsbestand und der Leistung abgeschätzt, denn die im Kapitel 4 abgeleitete Beziehung „Mittlere Durchlaufzeit (Reichweite) gleich mittlerer Bestand dividiert durch mittlere Leistung" gilt ja auch für eine ganze Werkstatt.

Infolge der immer auftretenden Reihenfolgevertauschungen und der starken Streuung der Durchlaufzeiten muß man bei zeitlich begrenzten Erfassungszeiträumen immer damit rechnen, daß ein mehr oder weniger großer Anteil von *unvollständigen* Aufträgen im Erfassungszeitraum enthalten ist, was zu einem unbekannten Fehler bei der Berechnung der Auftrags-

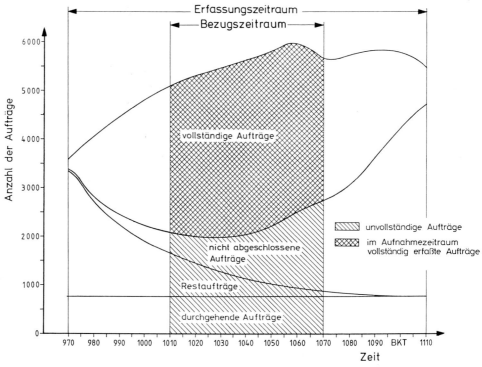

Bild 5.6 Dynamische Entwicklung der Auftragsartenanteile im Verlauf einer Durchlaufzeit- und Bestandsanalyse [F. Nyhuis, IFA]

durchlaufzeiten führen kann. *Bild 5.6* zeigt aus einer größeren Betriebsuntersuchung die Verteilung der vier Auftragsarten aus Bild 5.5 über den Untersuchungszeitraum [5].

Zu Beginn des Erfassungszeitraumes ist der Anteil *vollständiger Aufträge* (Auftragsart 2) sehr klein, wächst dann über der Zeit und sinkt zum Ende des Erfassungszeitraumes wieder ab. Zwischen Betriebskalendertag 1010 und 1070 ist der Anteil relativ konstant, so daß dieser Zeitraum als Bezugszeitraum für die Auswertung ausgewählt wurde. Erwartungsgemäß steigt die Zahl der *nicht abgeschlossenen Aufträge* (Auftragsart 3), d. h. solcher, die innerhalb des Erfassungszeitraumes gestartet, aber noch nicht abgeschlossen wurden, kontinuierlich an, während die Anzahl der *Restaufträge* (Auftragsart 1), die vor dem Erfassungszeitraum gestartet und innerhalb desselben abgeschlossen wurden, kontinuierlich absinkt. Der Anteil *durchgehender Aufträge* (Auftragsart 4) macht hier mehr als 20% der vollständig erfaßten Aufträge aus.

Um nun eine verläßliche Aussage über die mittlere Auftragsdurchlaufzeit zu gewinnen, trägt man die Anteile der vier genannten Auftragsarten über der Leistungskurve, d. h. der Abgangskurve aller in diesem Zeitraum abgefertigten Aufträge, auf [5]. *Bild 5.7* zeigt die so entstandene *dynamische Auftragsartenkurve*. Man erkennt deutlich, daß die mittlere Durchlaufzeit für die vollständigen Aufträge merklich kürzer ist als die Durchlaufzeit für den Gesamtauftragsbestand. In diesem Fall betrug der Durchlaufzeitwert für die vollständigen Aufträge 27 Arbeitstage gegenüber 44 Arbeitstagen für alle Aufträge im Bestand. Bei einmaligen Erfassungen ist eine Kontrolle dieser Art in jedem Fall zu empfehlen, um nicht zu günstige und damit unrealistische Werte für die Auftragsdurchlaufzeit zu erhalten.

Nach der Festlegung des Untersuchungsbereiches und des Untersuchungszeitraums sind die zu *erfassenden Daten* zu vereinbaren. Für den weitaus überwiegenden Fall ungesplitteter

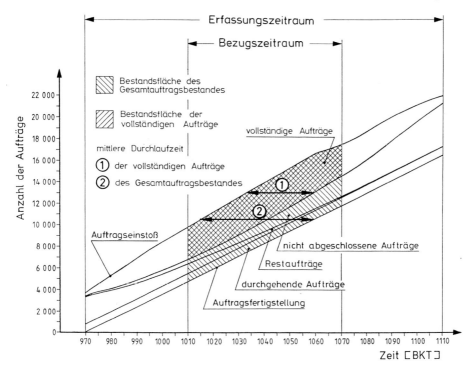

Bild 5.7 Leistungsbezogene, dynamische Auftragsartenkurve einer Durchlaufzeit- und Bestandsanalyse [F. Nyhuis, IFA]

Fertigungsaufträge sind die in *Bild 5.8* aufgeführten Daten ausreichend [1, 23]. Man erkennt neben der *Identifikation* des Datensatzes (durch die Auftragsnummer, die Arbeitsvorgangsnummer laut Arbeitsplan und die Arbeitsplatznummer) die *Termindaten,* die *Zeitdaten* und die *Mengendaten* zur Bestimmung des Durchlaufelementes sowie schließlich den *Materialwert* je Bearbeitungseinheit, wenn auch Kapitalbindungsberechnungen vorgesehen sind. Die Genauigkeit der Terminangaben sollte in einem angemessenen Verhältnis zur Durchlaufzeit stehen; in der Regel reicht die Angabe des Tages aus, an dem die Rückmeldung erfolgte (vgl. Abschnitt 3.7).

Wie bereits erwähnt, ist nach Festlegung dieser Daten zunächst eine *Probeerhebung* ratsam. Entgegen der von den untersuchten Betrieben häufig vertretenen Meinung, daß die zu erfassenden Daten ausnahmslos verfügbar oder mit geringem Aufwand von der Abteilung Datenverarbeitung zu beschaffen seien, ist dies bei näherer Betrachtung leider meist doch nicht der Fall, und man muß im Einzelfall sogar ein spezielles Erfassungsformular entwerfen. Mit zunehmendem Einsatz von Betriebsdatenerfassungssystemen wird das Problem der Datenspeicherung zwar erleichtert, aber die Daten liegen in der Regel nicht in der gewünschten Kombination vor, und es bedarf einer speziellen Vereinbarung, sie für den Erfassungszeitraum regelmäßig zu speichern. Erst wenn eine vier- bis zwölfwöchige Probeerhebung und -auswertung gezeigt hat, daß die Daten in der gewünschten Form wirklich zuverlässig bereitgestellt werden können, sollte der eigentliche Erfassungszeitraum beginnen, der in mechanischen Werkstätten erfahrungsgemäß 6 bis 12 Monate umfaßt.

Der nächste wichtige Schritt ist eine *Qualitätsprüfung* der erfaßten Daten, die sich logischerweise nur auf Kriterien beziehen kann, die sich mit Hilfe von Plausibilitätsüberlegungen überprüfen lassen. *Bild 5.9* zeigt derartige Prüfkriterien aus einer Praxis-Untersuchung [3].

Identifikation	1. Auftragsnummer
	2. Arbeitsvorgangsnummer
	3. Nummer des Arbeitssystems (Ist)
Termin	4. Auftragsbereitstellungstermin für den ersten Arbeitsvorgang
	5. Bearbeitungsende der Arbeitsvorgänge (Ist)
Zeit	6. Bearbeitungszeit je Einheit (Soll)
	7. Rüstzeit (Soll)
Menge	8. Menge (Ist), Gutmenge
	9. Ausschußmenge
Wert	10. Materialwert je Einheit vor Bearbeitung*

*nur notwendig bei Kapitalbindung

Bild 5.8 Mindestdatensatz für eine DUBAF-Analyse   [Dombrowski, IFA]

1. Alle Variablen müssen vorhanden und mit einem Wert >0 versehen sein

2. Alle Termine müssen innerhalb des angegebenen Untersuchungszeitraumes liegen

3. Mengendifferenzen zwischen den einzelnen Arbeitsvorgängen eines Auftrages

4. Reihenfolgevertauschung der Arbeitsvorgänge

5. Mehrfache Rückmeldung des gleichen Arbeitsvorganges

6. Alle Arbeitssysteme müssen dem definierten Untersuchungsbereich angehören

7. Alle Arbeitsvorgänge eines Auftrages müssen den gleichen Auftragsfreigabetermin (Ist) haben

8. Vollständigkeit der Aufträge

Bild 5.9 Prüfkriterien für erfaßte Rückmeldedaten [Dombrowski, IFA]

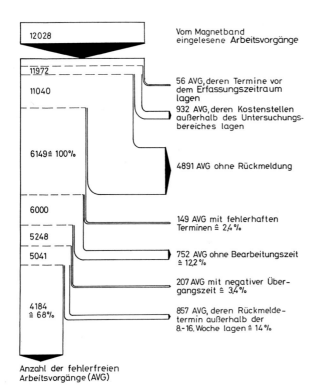

12028	Vom Magnetband eingelesene Arbeitsvorgänge
11972	56 AVG, deren Termine vor dem Erfassungszeitraum lagen
11040	932 AVG, deren Kostenstellen außerhalb des Untersuchungsbereiches lagen
6149 ≙ 100%	4891 AVG ohne Rückmeldung
6000	149 AVG mit fehlerhaften Terminen ≙ 2,4%
5248	
5041	752 AVG ohne Bearbeitungszeit ≙ 12,2%
	207 AVG mit negativer Übergangszeit ≙ 3,4%
4184 ≙ 68%	857 AVG, deren Rückmeldetermin außerhalb der 8.-16. Woche lagen ≙ 14%

Anzahl der fehlerfreien Arbeitsvorgänge (AVG)

Bild 5.10 Ergebnis einer Qualitätsprüfung erfaßter Rückmeldungen eines Beispielbetriebes [Dombrowski, IFA]

Diese Abfragen legen besonders deutlich die Schwächen in der *Rückmeldedisziplin* offen, während die *Rückmeldegenauigkeit* ohne einen Vergleich mit eigens dazu erhobenen Daten so nicht erkannt werden kann.

Bild 5.10 zeigt das Ergebnis einer *Qualitätsprüfung* von rund 12 000 Arbeitsvorgängen [3]. Nur etwa die Hälfte der verfügbaren Rückmeldungen konnten überhaupt ausgewertet werden, und von diesen enthielten immer noch 2,4% fehlerhafte Termine, 12,2% keine Bearbeitungszeit und 3,4% ergaben negative Übergangszeiten.

Allein eine derartige Auswertung rechtfertigt häufig den gesamten Untersuchungsaufwand, weil sich viele Unternehmen nach Einführung einer Betriebsdatenerfassung in der trügerischen Hoffnung wiegen, daß die erfaßten Daten die Realität widerspiegeln. Häufig ist die Kopplung von Lohnfindung und Terminrückmeldung der Auslöser für die Ungenauigkeit der Daten, und es muß daher immer wieder mit Nachdruck darauf hingewirkt werden, diese beiden Funktionen einer Rückmeldung zu entkoppeln.

5.2.2 Auswertungs- und Darstellungsformen

Die erfaßten Durchlaufelemente sind möglichst anschaulich aufzubereiten, wobei die in *Bild 5.11* genannten Oberbegriffe *Auswertungsbezug, Kenngrößen* und *Darstellungsformen* als Leitlinie dienen können.

AUSWERTUNGS-BEZUG	KENNGRÖSSEN	DARSTELLUNGSFORMEN
● Auftrag	● Auftragszeit	● Tabellen, hierarchisch gegliedert
● Arbeitsvorgang	● Durchlaufzeit	● Statistische Auswertungen mit charakteristischen Daten
● Arbeitssystem	● Bestand	
– Betrieb		● Häufigkeitstabellen und -diagramme
– Abteilung	● Leistung	
– Kostenstelle		● Durchlaufdiagramme
– Arbeitsplatzgruppe	● Kapazität	
– Arbeitsplatz		● Transportmatrizen
	● Terminabweichung	
		● Periodenbezogene Kennwerte
	● Kapitalfluß	

Bild 5.11 Typische Auswertungs- und Darstellungsformen von erfaßten Fertigungsablaufdaten

Beim *Auswertungsbezug* haben sich drei Möglichkeiten als sinnvoll erwiesen. Die *auftragsbezogene Auswertung* liefert Aussagen über die Auftragsdurchlaufzeit, die Anzahl Arbeitsvorgänge je Auftrag sowie die Auftragstermineinhaltung, sofern auch die Soll-Endtermine erfaßt wurden. Die *arbeitsvorgangsbezogene Auswertung* gibt in erster Linie Auskunft über die gewichtete und ungewichtete Durchlaufzeit, ihre Häufigkeitsverteilung und den Anteil der Durchführungszeit an der Durchlaufzeit. Die *arbeitssystembezogene Auswertung* veranschaulicht schließlich das Durchlaufverhalten der Arbeitssysteme in den Verdichtungsstufen vom einzelnen Arbeitsplatz bis zum gesamten Untersuchungsbereich.

Die ausgewerteten *Kenngrößen* sind in erster Linie die aus dem Durchlaufdiagramm in Kapitel 4 entwickelten Begriffe Bestand, Durchlaufzeit, Auslastung und Terminabweichung.

Je nach dem Zweck der Untersuchung sind die *Darstellungsformen* der Ergebnisse mehr oder weniger ausführliche Tabellen, Histogramme und statistische Auswertungen einzelner Kenngrößen, während sich das dynamische Geschehen an den Arbeitssystemen vorzugsweise mit periodenweise zusammengestellten Kennwerten und dem Durchlaufdiagramm beschreiben läßt.

Ein Beispiel für eine hierarchisch *sortierte Tabellierung* ausgewählter Arbeitssystem-Kennwerte zeigt *Bild 5.12*. Für die im Bereich 36 enthaltenen Arbeitsplatzgruppen (im Bild NKOI = Kostenstellen-Nr. genannt) 3611, 3613, 3614, 3621, 3622, 3631 und 3641 sowie den gesamten Bereich 36 werden die im Untersuchungszeitraum 7. 12. bis 5. 5. abgefertigten Mengen, Rüstzeiten, Durchführungszeiten, Übergangszeiten, Durchlaufzeiten, Anzahl abgefertigter Arbeitsvorgänge und der Wertzuwachs sowie die Kapitalbindung mit Summenwert, Mittelwert (bezogen auf die Anzahl der Arbeitsvorgänge) und Standardabweichung aufgeführt.

Der genaueren Untersuchung beliebiger einzelner Kenngrößen dient ein *Auszählprogramm*. Beispielsweise wurden die in Bild 5.12 erfaßten 6192 Arbeitsvorgänge nach dem Kriterium ZDL2 AVG (Durchlaufzeit je Arbeitsvorgang, d. h. einfache Durchlaufzeit) ausgewertet. *Bild 5.13 a* zeigt die Häufigkeitstabelle, *Bild 5.13 b* das zugehörige Häufigkeitsdiagramm und *Bild 5.13 c* die charakteristischen Daten dieser Verteilung. Von den letztgenannten interes-

```
LEISTUNGSUEBERSICHT              STANDARDLISTE   - UR 203 -    UZEIT VOM 7.12.    BIS 5. 5.
************************************************************************************************
```

NBER	NKOI		MENGE	ZR AVG	ZDF AVG	ZUE2 AVG	ZDL2 AVG	ZDFANT AVG	ZDL2 KUM	ANZAVG	WZ AVG	KDLE1 AVG
[-]	[-]		[STCK]	[STD]	[ST)]	[BKT]	[3KT]	[%]	[BKT]	[-]	[DM]	[DM*JHR]
36	3611											
	3611											
		SUMME	17669.0	292.3	1706.1	448.0	536.0	6094.4	1289.0	430.0	92025.5	3189.6
		MIT.W	96.0	1.6	9.3	2.4	3.2	33.1	7.0	2.3	500.1	17.3
		STD.A	145.9	1.1	10.8	1.0	1.3	22.7	5.8	1.2	578.9	47.6
		WERTE	184	184	184	184	184	184	184	184	184	184
	3613											
		SUMME	275098.0	583.0	5762.2	2814.0	3161.0	12357.2	7349.0	2082.0	285369.1	20119.1
		MIT.W	382.6	.8	8.0	3.9	4.4	17.3	10.2	2.9	396.9	28.0
		STD.A	68.9	.8	10.5	2.7	2.8	16.6	6.3	1.2	548.7	66.4
		WERTE	719	719	719	719	719	719	719	719	719	719
	3614											
		SUMME	86623.0	468.6	5427.9	946.0	1428.0	9720.3	2495.0	641.0	314935.3	9511.3
		MIT.W	312.7	1.7	19.6	3.4	5.2	35.1	9.0	2.3	1137.0	34.3
		STD.A	423.7	1.5	23.1	2.6	3.3	28.7	6.6	1.4	1267.4	88.6
		WERTE	277	277	277	277	277	277	277	277	277	277
	3621											
		SUMME	186829.0	1538.3	7338.5	1672.0	2256.0	13912.1	3630.0	857.0	476270.6	11666.8
		MIT.W	439.6	3.6	17.3	3.9	5.3	32.7	8.5	2.0	1120.6	27.5
		STD.A	753.5	2.4	18.1	3.0	3.5	19.8	5.3	1.0	1173.7	49.4
		WERTE	425	425	425	425	425	425	425	425	425	425
	3622											
		SUMME	102091.0	855.9	3894.2	1390.0	1716.0	13380.2	2534.0	731.0	171732.8	3382.2
		MIT.W	203.8	1.7	7.8	2.8	3.4	26.7	5.1	1.5	342.8	6.8
		STD.A	348.9	1.8	8.9	1.5	1.7	23.6	5.6	1.0	392.7	23.5
		WERTE	501	501	501	501	501	501	501	501	501	501
	3631											
		SUMME	.10E+07	4182.3	14293.1	4493.0	5451.0	31038.8	5451.0	1225.0	657484.0	3732.4
		MIT.W	821.2	3.4	11.7	3.7	4.4	25.3	4.4	1.0	536.7	3.0
		STD.A	1426.8	1.0	14.9	1.8	2.3	17.1	2.3	0.0	687.1	16.9
		WERTE	1225	1225	1225	1225	1225	1225	1225	1225	1225	1225
	3641											
		SUMME	.16E+07	2094.0	18272.4	7695.0	9632.0	48280.1	26213.0	7898.0	691226.0	50899.8
		MIT.W	570.2	.7	6.4	2.7	3.4	16.9	9.2	2.8	241.6	17.8
		STD.A	1078.8	.8	10.0	6.5	2.3	18.8	6.0	1.3	372.2	55.9
		WERTE	2861	2861	2861	2861	2861	2855	2861	2861	2861	2861
36												
		SUMME	.33E+07	10014.8	56694.4	13458.0	24300.0	135283.1	48961.0	13854.0	.27E+07	102501.2
		MIT.W	533.9	1.5	9.2	3.1	3.9	21.3	7.9	2.2	434.3	16.6
		STD.A	1043.8	1.6	13.2	4.7	2.6	20.3	5.8	1.3	674.7	52.2
		WERTE	6192	6192	6192	6192	5192	6185	6192	6192	5192	6192

```
                              A B K U E R Z U N G E N :

        NBER        BEREICHS-NR.                              ZDFANT  AVG   DURCHFUEHRUNGSZEITANTEIL
        NKOI        KOSTENSTELLEN-NR.                         ZDL2    KUM   DURCHLAUFZEIT (KUMULIERT)
        ZR      AVG RUESTZEIT JE ARBEITSVORGANG               ANZ AVG KUM   ANZAHL DER ARBEITSVORGAENGE
        ZDF     AVG DURCHFUEHRUNGSZEIT JE ARBEITSVORGANG      WZ      AVG   WERTZUWACHS JE ARBEITSVORGANG
        ZUE2    AVG UEBERGANGSZEIT JE ARBEITSVORGANG          KDLE1   AVG   KAPITALBINDUNG
        ZDL2    AVG DURCHLAUFZEIT JE ARBEITSVORGANG
```

Bild 5.12 Auswertung von Betriebsdaten mit dem Programm SORTAB (Beispiel)

```
** X =  24  ZDL2 AVG   [BKT]      DURCHLAUFZEIT ARBEITSVORGANG   **
-----------------------------------------------------------------------
HAEUFIGKEITSTABELLE  BLATT 1
----------------------------
+---+----+------------------------+----------------------------------+
I KLASSE I    KLASSENEINTEILUNG   I          HAEUFIGKEITEN           I
I        I VON        BIS UNTER I  ABSOLUT   RELATIV   SUMMEN I
+--------+------------------------+----------------------------------+
I        I KLEINER       0.00 I      0.00      0.00      0.00 I
+--------+------------------------+----------------------------------+
I      1 I    0.00       1.00 I      0.00      0.00      0.03 I
I      2 I    1.00       2.00 I      0.00      0.30      0.03 I
I      3 I    2.00       3.00 I   1913.00     30.89     30.83 I
I      4 I    3.00       4.00 I   1813.00     29.28     60.17 I
I      5 I    4.00       5.00 I    837.00     13.52     73.63 I
I      6 I    5.00       6.00 I    571.00      9.22     82.91 I
I      7 I    6.00       7.00 I    332.00      5.36     88.23 I
I      8 I    7.00       8.00 I    236.00      3.81     92.03 I
I      9 I    8.00       9.00 I    159.00      2.57     94.65 I
I     10 I    9.00      10.00 I     82.00      1.32     95.99 I
I     11 I   10.00      11.00 I     65.00      1.05     97.03 I
I     12 I   11.00      12.00 I     64.00      1.33     98.05 I
I     13 I   12.00      13.00 I     29.00       .47     98.53 I
I     14 I   13.00      14.00 I     22.00       .36     98.83 I
I     15 I   14.00      15.00 I     22.00       .36     99.24 I
I     16 I   15.00      16.00 I     12.00       .19     99.43 I
I     17 I   16.00      17.00 I      5.03       .10     99.53 I
I     18 I   17.00      18.00 I      6.00       .10     99.63 I
I     19 I   18.00      19.00 I      0.00      0.00     99.63 I
I     20 I   19.00      20.00 I      8.00       .13     99.75 I
I     21 I   20.00      21.00 I      1.00       .02     99.77 I
I     22 I   21.00      22.00 I      4.00       .06     99.84 I
I     23 I   22.00      23.00 I      2.00       .03     99.87 I
I     24 I   23.00      24.00 I      2.00       .03     99.93 I
I     25 I   24.00      25.00 I      1.00       .02     99.93 I
I     26 I   25.00      26.00 I      3.00       .05     99.97 I
I     27 I   26.00      27.00 I      0.00      0.00     99.97 I
I     28 I   27.00      28.00 I      0.00      0.00     99.97 I
I     29 I   28.00      29.00 I      0.00      0.00     99.97 I
I     30 I   29.00      30.00 I      1.00       .02     99.99 I
I     31 I   30.00      31.00 I      1.00       .12    100.01 I
I     32 I   31.00      32.00 I      0.00      0.00    100.00 I
I     33 I   32.00      33.00 I      0.00      0.00    100.00 I
I     34 I   33.00      34.00 I      0.00      0.00    100.01 I
I     35 I   34.00      35.00 I      0.00      0.00    100.01 I
I     36 I   35.00      36.00 I      0.00      0.00    100.01 I
I     37 I   36.00      37.00 I      0.00      0.00    100.01 I
I     38 I   37.00      38.00 I      0.00       .00    100.01 I
I     39 I   38.00      39.00 I      0.00      0.00    100.01 I
I     40 I   39.00      40.00 I      0.00      0.00    100.01 I
+--------+------------------------+----------------------------------+
I        I GR-GLEICH     40.00 I      0.00      0.00    100.01 I
+--------+------------------------+----------------------------------+
I SUMME  I                      I   6192.00    100.00    100.00 I
+--------+------------------------+----------------------------------+
```

Bild 5.13 a Häufigkeitstabelle einer Kennzahl (Beispiel: Durchlaufzeit je Arbeitsvorgang)

```
** X =  24  ZDL2 AVG   [BKT]
---------------------------------------
DURCHLAUFZEIT ARBEITSVORGANG   **
CHARAKTERISTISCHE DATEN
-----------------------

 1. ANZAHL DER KLASSEN................     40

 2. KLASSENBREITE......................   1.000

 3. UNTERE GRENZE......................   0.000

 4. OBERE GRENZE.......................  40.000

 5. ANZAHL DER WERTE...................  6192.000

 6. ANZ. WERTE KL. UNTERE GRENZE.......   0.000

 7. ANZ. WERTE GR-GL. OBERE GRENZE.....   0.000

 8. ANZ. WERTE INNERH. KLASSENGRENZEN..  6192.000

 9. KLEINSTER WERT.....................   2.000

10. GROESSTER WERT.....................  30.000

11. SPANNWEITE.........................  28.000

12. SUMME..............................  .243E+05

13. QUADRATSUMME.......................  .136E+06

14. MITTELWERT.........................   3.924

15. VARIANZ............................  .651E+01

16. STANDARDABWEICHUNG.................   2.551

17. VARIABILITAETSKOEFFIZIENT (PROZ)...  65.010

18. MEDIANWERT.........................   3.653

19. SCHIEFE............................   3.470

20. EXZESS.............................  15.862
```

Bild 5.13 c Charakteristische Daten einer Kennzahlauswertung (Beispiel: Durchlaufzeit je Arbeitsvorgang)

```
** X =  24  ZDL2 AVG   [BKT]      DURCHLAUFZEIT ARBEITSVORGANG   **
-----------------------------------------------------------------------
HISTOGRAMM MIT RELATIVWERTEN
----------------------------
I KLASSE I BIS UNTER I PROZENT  I        10          20          30
+--------+----------+----------+----+----------+----------+----------+
I KLEINER     0.00 I   0.00 I
+--------+----------+----------+----+----------+----------+----------+
I      1 I    1.00 I   0.00 I    .          .          .
I      2 I    2.00 I   0.00 I    .          .          .
I      3 I    3.00 I  30.89 I===================================
I      4 I    4.00 I  29.28 I==================================.
I      5 I    5.00 I  13.52 I===============,
I      6 I    6.00 I   9.22 I==========,      .          .
I      7 I    7.00 I   5.36 I=====   .        .          .
I      8 I    8.00 I   3.81 I====    .        .          .
I      9 I    9.00 I   2.57 I===     .        .          .
I     10 I   10.00 I   1.32 I=       .        .          .
I     11 I   11.00 I   1.05 I=       .        .          .
I     12 I   12.00 I   1.03 I=       .        .          .
I     13 I   13.00 I    .47 I        .        .          .
I     14 I   14.00 I    .36 I        .        .          .
I     15 I   15.00 I    .36 I        .        .          .
I     16 I   16.00 I    .19 I        .        .          .
I     17 I   17.00 I    .10 I        .        .          .
I     18 I   18.00 I    .10 I        .        .          .
I     19 I   19.00 I   0.00 I        .        .          .
I     20 I   20.00 I    .13 I        .        .          .
I     21 I   21.00 I    .02 I        .        .          .
I     22 I   22.00 I    .06 I        .        .          .
I     23 I   23.00 I    .03 I        .        .          .
I     24 I   24.00 I    .03 I        .        .          .
I     25 I   25.00 I    .02 I        .        .          .
I     26 I   26.00 I    .05 I        .        .          .
I     27 I   27.00 I   0.00 I        .        .          .
I     28 I   28.00 I   0.00 I        .        .          .
I     29 I   29.00 I   0.00 I        .        .          .
I     30 I   30.00 I    .02 I        .        .          .
I     31 I   31.00 I    .02 I        .        .          .
I     32 I   32.00 I   0.00 I        .        .          .
I     33 I   33.00 I   0.00 I        .        .          .
I     34 I   34.00 I   0.00 I        .        .          .
I     35 I   35.00 I   0.00 I        .        .          .
I     36 I   36.00 I   0.00 I        .        .          .
I     37 I   37.00 I   0.00 I        .        .          .
I     38 I   38.00 I   0.00 I        .        .          .
I     39 I   39.00 I   0.00 I        .        .          .
I     40 I   40.00 I   0.00 I        .        .          .
+--------+----------+----------+----+----------+----------+----------+
I GR-GLEICH   40.00 I   0.00 I
+--------+----------+----------+----+----------+----------+----------+
I SUMME  I          I 100.00 I        10          20          30
+--------+----------+----------+----+----------+----------+----------+
```

Bild 5.13 b Histogramm einer Kennzahl (Beispiel: Durchlaufzeit je Arbeitsvorgang)

```
BETRIEBSANALYSE      BETRIEB 203                                SEITE  1
=================================================================

GESAMTWERTE ARBEITSSYSTEM . . . 36
=================================

PERIODE  GESAMT   1      2      3      4      5      6      7      8
VON 205         - 218  - 232  - 246  - 260  - 274  - 233  - 302  - 316
-----------KAPAZITAET------------------------------------------------
SUM[STD]  66045   8650   8570   7425   8400   8450   8270   8140   8140
SUM[STD]  56694   8190   6360   6190   8063   8018   5916   7365   5593
MIT [%]    85.8   94.7   74.2   83.4   96.0   94.9   83.6   90.5   68.7
STA [%]   113.8   96.3  108.2  112.4  114.5  120.0  126.0  131.7   93.1
STD/EAP     667     96     75     73     35     94     81     87     66
-----------VORGABEZEITEN--------------------------------------------
ZDF[STD]   9.16   7.18   8.83   9.90  10.28   9.53   9.27  10.09   9.24
STA[STD]  13.19   8.34  12.26  14.22  13.24  13.03  13.78  17.76  13.20
ZR [%EN] 97.043 90.725 78.7222103.030 110.456 610.866 92.236 104.379 98.955
STA[%EN] 98.574 91.498 83.904 101.438 102.135 102.665 107.410 99.291 98.033
Z9E[MIN]  -.847  -.853  -.802  -.306  2.042  -.788  -.867  -.926   .777
STA[MIN]  1.696  1.568  1.818  1.804  2.071  1.275  1.530  2.111  1.218
ZDD[BKT]   2.82   1.65   2.60   3.01   2.68   2.77   3.16   6.12   3.27
STA[BKT]   3.42   1.53   3.14   3.12   2.66   2.77   3.16   5.73   6.05
AVG GES    6192   1141    720    625    784    841    766    731      5
AVG NUL      43     13      8      7      9      4      7     42      7
AVG/EAP      73
-----------LOSGROESSE-----------------------------------------------
MIT [-]   533.6  398.3  562.9  542.4  530.6  598.2  535.4  540.8  586.1
STA [-]  1043.8  662.9 1008.0 1007.6 1209.5 1296.9 1001.9  974.4 1187.6
-----------BELASTUNG-----------[DIREKT]-----------------------------
SUM[STD]  54440   6952   5628   7668   7517   7233   7235   6431   5716
MIT [%]    82.4   80.4   65.7  103.3   89.5   86.3   87.5   79.0   70.2
STA [%]   137.5  137.7  122.9  122.7  158.1  150.0  143.5  125.1  131.1
-----------BESTAND-------------[DIREKT]-----------------------------
ANF[STD]   5506   5506   4268   3536   5014   4469   3744   4063   3128
MIT[BKT]   5.23   6.05   4.65   4.86   5.73   5.41   5.20   5.22   4.68
STA[BKT]   3.76   3.51   4.61   3.58   3.92   3.75   3.70   3.42   3.09
-----------DURCHLAUFZEITEN-----[DIREKT]-----------------------------
ZUN[BKT]   3.92   4.08   4.58   4.00   4.12   3.81   3.47   3.60   3.63
STA[BKT]   2.55   2.04   3.54   3.55   2.45   2.16   2.09   2.29   1.96
ZGM[BKT]   5.95   5.26   6.43   6.40   5.89   5.58   5.70   6.71   5.78
STA[BKT]   4.06   2.32   4.36   5.18   3.38   3.14   3.62   5.78   3.86
VOR[BKT]   6.08   6.07   6.91   5.64   5.87   5.73   6.00   6.30   6.22
STA[BKT]    .92   1.47    .71    .59    .67   -.51   -.93   -.93   -.67
REI[BKT]   5.93   6.40   5.95   5.69   5.37   5.71   5.67   5.77   6.30
STA[BKT]   8.95   9.05   8.21   6.84   9.41   9.16  11.21   7.66   9.10
BE [BKT]   -.15   -.33    .96   -.05   -.10   -.03   -.34   -.53   -.53
RF [BKT]   -.13   -.80   -.48    .76    .02   -.15   -.30    .41    .44
-----------POSITION------------------------------------------------
MIT [-]    2.1    2.0    2.5    2.1    2.2    2.1    2.0    1.9    2.1
STA [-]    1.4    1.2    1.4    1.4    1.5    1.5    1.3    1.3    1.3
-----------WERTEFLUSS----------------------------------------------
ZUG[TDM] 5512.3  839.2  669.0  691.7  772.4  711.1  571.3  659.4  506.9
ABG[TDM] 5624.4  783.9  839.6  531.7  809.0  767.7  714.9  643.9  533.7
ANF[TDM]  367.1  367.1  643.3  251.8  411.8  375.2  318.6  275.0  282.0
MIT[TDM]  329.3  414.9  422.4  329.1  395.3  332.0  300.8  280.5  267.5
LEIT[TDM] 549.1   88.1   39.0   70.5   92.0   73.1   74.5   72.6   39.1
MAT[TDM] 2689.0  387.1  298.1  292.3  384.3  383.5  327.2  350.3  266.2
```

ABKUERZUNGEN:

SUMME
SUMME   BEZOGEN AUF   KAPAZITAET
MITTELWERT   BEZOGEN AUF   KAPAZITAET
STANDARDABWEICHUNG BEZOGEN AUF
ANTEIL PRO EINZELARBEITSPLATZ

MITTELWERT   DURCHFUEHRUNGSZEIT
STANDARDABWEICHUNG   DURCHFUEHRUNGSZEIT
MITTELWERT   RUESTZEIT
MITTELWERT   RUESTZEIT
MITTELWERT   BEARBEITUNGSZEIT JE EINHEIT
STANDARDABWEICHUNG MITTEL WERT   BEARBEITUNGSZEIT JE EINHEIT
DURCHFUEHRUNGSANTEIL DURCHLAUFZEIT MITTELWERT STANDARDABWEICHUNG
DURCHFUEHRUNGSANTEIL DURCHLAUFZEIT STANDARDABWEICHUNG
ANZAHL ARBEITSVORGAENGE   GESAMT
ANZAHL ARBEITSVORGAENGE   OHNE VORGABEZEIT
ANZAHL ARBEITSVORGAENGE   PRO EINZELARBEITSPLATZ

MITTELWERT
STANDARDABWEICHUNG

SUMME   BEZOGEN AUF   KAPAZITAET
MITTELWERT   BEZOGEN AUF   KAPAZITAET
STANDARDABWEICHUNG   BEZOGEN AUF   KAPAZITAET

ANFANGSWERT
MITTELWERT
STANDARDABWEICHUNG

MITTELWERT   UNGEWICHTET
STANDARDABWEICHUNG   UNGEWICHTET
MITTELWERT   GEWICHTET
STANDARDABWEICHUNG   GEWICHTET
VORLAUF   MITTELWERT
VORLAUF   STANDARDABWEICHUNG
REICHWEITE   MITTELWERT
REICHWEITE   STANDARDABWEICHUNG
BESTANDSENTWICKLUNGSANTEIL
REIHENFOLGEANTEIL

MITTELWERT
STANDARDABWEICHUNG

ZUGANG
ABGANG
ANFANGSWERT
MITTELWERT   (MATERIALKOSTEN)
MATERIALWERT   (ARBEITSKOSTEN)
LEISTUNGSWERT

Bild 5.14 Auswertung der Rückmeldungen eines Betriebes über mehrere Perioden mit dem Programm BETA

sieren meist nur der Mittelwert, der Medianwert und die Standardabweichung, die nach den in Kapitel 3 dargelegten Formeln berechnet werden.

Den *dynamischen Verlauf wesentlicher Kennzahlen* über den Untersuchungszeitraum zeigt *Bild 5.14.* Neben den teilweise schon aus Bild 5.12 bekannten einzelnen Werten für den gesamten Untersuchungszeitraum des ganzen Bereichs 36 sind zusätzlich die Einzelwerte für 8 Perioden aufgeführt. Jede Periode besteht aus 14 Tagen, also zwei Wochen, in denen je 10 Arbeitstage (hier BKT = Betriebskalendertage genannt) enthalten sind. Sämtliche Durchführungs- und Durchlaufzeiten wurden in BKT berechnet. Die Leistungs- und Belastungswerte entsprechen dem Abgang bzw. Zugang des jeweiligen Zeitraums. Die Tabelle läßt sich für sämtliche Verdichtungsstufen der Arbeitssysteme vom Arbeitsplatz bis zum Gesamtbetrieb anfertigen und stellt eines der wichtigsten Ergebnisse einer solchen Untersuchung dar.

Das *Durchlaufdiagramm* mit Bestandsverlauf der Arbeitsplatzgruppe 3641 zeigt *Bild 5.15.* Es wurde automatisch gezeichnet. Neben der Zugangs- und der Abgangskurve ist auch die Freigabekurve enthalten, so daß sich neben dem *direkten* Bestand an der Arbeitsplatzgruppe auch der *indirekte* Bestand ableiten läßt, der noch an den vorhergehenden Arbeitsplätzen liegt. In der Freigabekurve fallen die periodisch auftretenden größeren Aufträge auf, die sich bis zur Ankunft an der betrachteten Arbeitsplatzgruppe in der Zugangskurve abgeschwächt haben. Dies deutet auf eine Losteilung nach der Freigabe oder nach einem der vorhergehenden Arbeitsgänge hin. Die waagerechten Kurvenstücke kennzeichnen die arbeitsfreien Tage, da als Zeitachse die Kalenderzeit und nicht die Betriebskalenderzeit gewählt wurde.

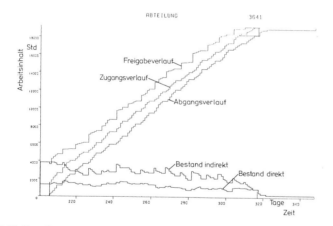

Bild 5.15 Erstellung eines Durchlaufdiagramms mit dem Programm AIZPLT

Aus der Auswertungsdatei läßt sich schließlich noch der *Materialfluß* zwischen den Arbeitsplätzen gewinnen. Durch Sortieren der Datensätze nach den Arbeitsplatznummern und den jeweiligen Nachfolge-Arbeitsplatznummern wird deutlich, welche Materialströme von dem jeweils betrachteten Arbeitsplatz zu den Nachfolgern fließen und von welchen Arbeitsplätzen Material zum betrachteten Arbeitsplatz fließt. Das Ergebnis läßt sich als Beziehungsmatrix entsprechend *Bild 5.16* darstellen. In diesem Fall entsprechen die Häufigkeitswerte der Zahl der im Untersuchungszeitraum bewegten Lose, also der Anzahl Aufträge, die von jedem Arbeitsplatz zu den anderen Arbeitsplätzen und umgekehrt flossen. Anstelle der Anzahl Lose kann auch die Anzahl Teile, die Anzahl Stunden oder die Anzahl D-Mark eingesetzt werden.

Die *Materialflußmatrix* wird damit eine wertvolle Grundlage, um Schwachstellen im Materialfluß aufzuzeigen und Verbesserungen der Arbeitsplatzanordnung (Layout), der Lagerflächenanordnung und der Transportorganisation anzuregen [8, 9]. Zu diesem Zweck wird die

```
BEZIEHUNGSMATRIX MIT *NACHFOLGER-WERTEN*        BETRIEB 203 - MATERIALFLUSS AUF KOSTENSTELLENEBENE

FAKTOR   1.000              MASSEINHEIT    [-]

HAEUFIGKEITSWERTE ENTSPRECHEN ZAHL DER BEWEGTEN *LOSE*

-------------------------------------------------------------------------------------------------------
 I        I ANF UNB 351 352 363 362 362 361 361 361 364 370 371 371 372 373 355 353 354 356 355 310 END I   I
 I        I PKT PKT  2   0   1   2   1   4   1   3   1   5   1   0   0   0   2   0   0   0   1   5  PKT I   I
-------------------------------------------------------------------------------------------------------
 I      I                                                                                             I   I
 I ANFPKTI          15    1559 572 157 139  52  76 172 136      14  13  31   1   2      11       1    I 2952 I
 I      I....                                                                                         I   I
 I UNBPKTI                                                                                            I   0 I
 I      I                                                                                             I   I
 I 3512 I    ....    15         1       2       5   9           1                                     I  33 I
 I      I        ....                                                                                 I   I
 I 3520 I          6                         1                              2           6             I  15 I
 I      I            ....                                                                             I   I
 I 3631 I                  26 187   2   9 681 188                   1          74   2   1        1 1   I 1559 I
 I      I            ....                                                                             I   I
 I 3622 I          6        54  67  36  62  88 290               5   1 113   2       1        1  2 1   I 734 I
 I      I                ....                                                                         I   I
 I 3621 I                  14  37  38   7  86 184               2     183                             I 551 I
 I      I                    ....                                                                     I   I
 I 3614 I                   4  27  22  11  51 172                      53               1 1           I 341 I
 I      I                      ....                                                                   I   I
 I 3611 I                   8   4  38  12  60  56               1      47   3   1        1  1 1        I 232 I
 I      I                        ....                                                                 I   I
 I 3613 I                  20  25  13  28  22 404   2              1 325   1       4     1 15 1        I 861 I
 I      I                          ....                                                               I   I
 I 3641 I                   9  28  27  18 311 738           10   1 321 10       2   5   3   1 38 I     I 3304 I
 I      I                            ....                                                             I   I
 I 3715 I                   2   2   1   1  15   1  28   8  51   5  29  15  15                          I 183 I
 I      I                              ....                                                           I   I
 I 3711 I                               1       6   1                                                 I   8 I
 I      I                                ....                                                         I   I
 I 3710 I                   5  10   4   9  35  16   7      43   2  15  44   1      19     2 20 I        I 232 I
 I      I                                  ....                                                       I   I
 I 3720 I                   2       4   7   2   1           4   9              1          1 1          I  31 I
 I      I                                    ....                                                     I   I
 I 3730 I                  12   3   1   5  19  27   3           1  10  14       1   9     7 I          I 112 I
 I      I                                                                                             I   I
 I 3552 I           2   3   2   2       2   5  13                  73  17 106 101 095  69 142 1526 I   I 3067 I
 I      I                                      ....                                                   I   I
 I 3530 I           2   1  13   7  11   5   1       3   1   5   2          26  18   3 34 I             I 139 I
 I      I                                        ....                                                 I   I
 I 3540 I                       1   1                                         3   2   9 I             I  15 I
 I      I                                          ....                                               I   I
 I 3550 I               1   1   1   1   2  25       4           2   3   2 368  50 341 086 I            I 1580 I
 I      I                                            ....                                             I   I
 I 3551 I                           3               1                         1 139 I                 I 144 I
 I      I                                              ....                                           I   I
 I 3135 I                           1              77   4          30   2  64 72 I                    I 250 I
 I      I                                                ....                                         I   I
 I ENDPKTI                                                                        ....I               I   0 I
 I      I                                                                                             I   I
-------------------------------------------------------------------------------------------------------
 I      I                        1                       3                    3                   2 I 16 I
 I      I                                                                             1       2 I    I   I
 I      I    0   0  33  15 559 734 551 341 232 861 304 183   8 232  31 112 067 139  16 580 144 250 952 344 I
-------------------------------------------------------------------------------------------------------
```

Bild 5.16 Auswertung der Materialflußbeziehung zwischen Kostenstellen mit dem Programm TRA-MAT (ANFPKT = Anfangspunkt, ENDPKT = Endpunkt, UNBPKT = unbekannter Punkt)

Matrix zweckmäßigerweise mit einem EDV-Programm in eine Darstellung der Materialflußströme umgesetzt. *Bild 5.17 a* zeigt die *Materialflußdarstellung* aller Werte aus der Matrix in Bild 5.16, während in *Bild 5.17 b* zur besseren Übersichtlichkeit Materialströme von weniger als 100 Losen im Untersuchungszeitraum unterdrückt wurden.

Die Darstellungen der Materialflüsse lassen eine Hauptflußrichtung erkennen, die man durch geschickte Anordnung der Materialflußpunkte nach Art des in der Energietechnik viel benutzten Sankey-Diagramms sichtbar machen kann. Faßt man nun jede Arbeitsplatzgruppe in diesem Materialfluß als Trichter auf, ergibt sich daraus das *Bild 5.18,* welches erstmals von Kettner und Bechte als *Trichtermodell* veröffentlicht wurde [10].

Es stellt ein Analogiemodell des Fertigungsprozesses dar und ist zum Symbol der belastungsorientierten oder flußorientierten Fertigungssteuerung geworden. Da jedem Trichter wie auch dem Gesamtsystem ein Durchlaufdiagramm zugeordnet werden kann, ist das Trichtermodell nicht nur eine symbolische Darstellung, sondern läßt sich auch mit Hilfe eines Rechenmodells exakt abbilden. Dies wiederum erlaubt die Überwachung und Steuerung des Fertigungsablaufs auf der Basis der mathematischen Beziehungen zwischen den im Kapitel 4 im Durchlaufdiagramm abgeleiteten Kenngrößen, worauf später noch ausführlich eingegangen wird.

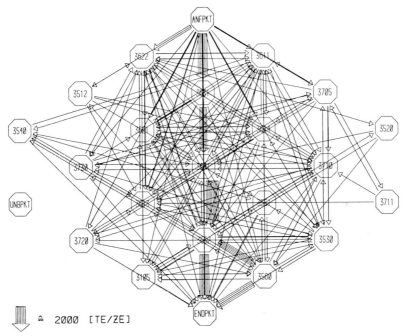

Bild 5.17a Graphische Darstellung der Transportbeziehungen mit sämtlichen Transportbeziehungen aus der Matrix in Bild 5.16
(1 TE = 1 Transporteinheit = 1 Los; ZE = Zeiteinheit = 80 Arbeitstage)

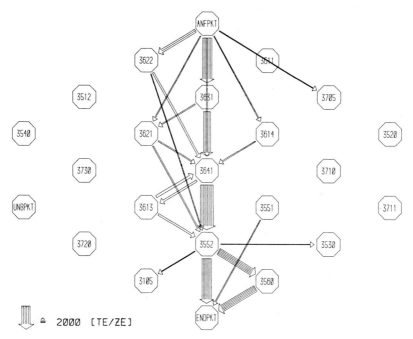

Bild 5.17b Auswertung der Materialflußbeziehungen mit 100 und weniger Transporteinheiten im Untersuchungszeitraum (entspricht 82% aller Transporte der Matrix in Bild 5.16)

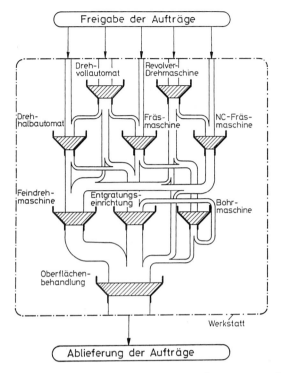

Bild 5.18 Trichtermodell einer Werkstattfertigung [Kettner/Bechte]

5.2.3 Ergebnisdarstellung

Die Ergebnisse der Betriebsanalyse eines Fertigungsbereichs lassen sich zweckmäßig nach der in *Bild 5.19* dargestellten Übersicht ordnen. Ausgehend von der Zielsetzung der Untersuchung ist zunächst die *Datenbasis* mit den angeführten Werten darzulegen. Hier ergeben sich aus den festgestellten Rückmeldefehlern bereits erste Hinweise auf Verbesserungsmöglichkeiten der Betriebsdatenerfassung.

Der Abschnitt *Auftragsdaten* kennzeichnet den im Untersuchungszeitraum durchgesetzten Auftragsbestand nach den angegebenen Kriterien, wobei als Darstellungsform Häufigkeitsverteilungen und Lorenzkurven zu wählen sind.

Ein Beispiel aus der Untersuchung der *Auftragszeit je Arbeitsvorgang* zeigt *Bild 5.20a*. Die 7306 ausgewerteten Arbeitsvorgänge zeigen die bei diesen Auswertungen typische linksschiefe Verteilung, hier mit einem Mittelwert von 6,1 Stunden für die *ungewichtete Auftragszeit*. Trägt man zu jeder Klasse die in ihr enthaltenen Arbeitsstunden auf, ergibt sich eine wesentlich flachere Verteilung mit einem Anstieg des Arbeitsinhaltes in den hohen Klassen und einem Mittelwert von 55,5 Stunden. Dies ist der Wert für die *gewichtete mittlere Auftragszeit*.

Die *Lorenzkurve* für diese Häufigkeitsverteilung entsteht dadurch, daß man zu jeder Klasse die relativen Häufigkeitswerte der Anzahl Arbeitsvorgänge bzw. Anzahl Arbeitsstunden kumulativ in ein Diagramm gemäß *Bild 5.20b* einträgt. Als Beispiel soll hier der erste Klassenwert dienen, der alle Werte bis 2 Stunden Auftragszeit umfaßt. Aus Bild 5.20a

AUSWERTUNGS-ERGEBNIS	Auftrag	Arbeits-vorgang	AUSWERTUNGSBEZUG ARBEITSSYSTEM			
			Betrieb	Bereich	Kosten-stelle	Arbeitsplatz-gruppe
DATENBASIS						
– Untersuchungszeitraum						
– Aufträge, Arbeitsvorgänge	X	X	–	–	–	–
– Untersuchungsbereich	–	–	X	X	X	–
– Rückmeldefehler	X	X	X	X	X	X
AUFTRAGSDATEN						
– Mengen (Stck.,m,kg, usw.)	X	X	–	–	–	–
– Zeit (Stückzeit, Rüstzeit)	X	X	–	–	–	–
– Losgröße	X	X	–	–	–	–
– Anzahl Arbeitsvorgänge	X	–	–	–	–	–
DURCHLAUFZEITEN						
– gewichtet / ungewichtet	X	X	X	X	X	X
– Durchführungszeit	X	X	X	X	X	X
– Übergangszeit	–	X	X	X	X	X
– Durchführungsanteil	X	X	X	X	X	X
FERTIGUNGSABLAUF						
– periodenbezogene Kennzahlen		–	X	X	X	X
– Durchlaufdiagramme	X	–	X	X	+	+
TERMINE						
– Abweichungen Soll–Ist	X	–	–	–	–	–
MATERIALFLUSS						
– Beziehungsmatrix	–	–	X	+	+	–
– Materialflußschaubild	–	–	X	+	+	–
– Trichtermodell	–	–	X	+	+	–

— nicht sinnvoll   X üblich   + nur für ausgewählte Gruppen

Bild 5.19 Wesentliche Auswertungsergebnisse einer Betriebsanalyse (Übersicht)

erkennt man, daß in diese Klasse rund 52% aller *Arbeitsvorgänge,* aber nur rund 8% des *Arbeitsinhaltes* fallen. Mit diesen beiden Werten ergibt sich in Bild 5.20 b der erste Punkt der Lorenzkurve mit dem Wert 2 Stunden. Die übrigen Punkte werden durch Kumulieren der entsprechenden Einzelwerte bestimmt.

Es bestätigt sich wieder die aus der Materialwirtschaft bekannte sogenannte 80-20-Regel, derzufolge 80% der Anzahl einer Artikelverteilung nur rund 20% des Wertes dieser Artikel ausmachen. In diesem Fall zeigt sich, daß 80% der *Anzahl* Arbeitsvorgänge 25% des *Arbeitsinhaltes* aller Arbeitsvorgänge umfassen. Weitere 15% der Anzahl Arbeitsvorgänge (bis 95%) umfassen weitere 30% des Arbeitsinhaltes, während die letzten 5% Arbeitsvorgänge 45% des Arbeitsinhaltes aller Arbeitsvorgänge betragen. Sehr ähnliche Verteilungen zeigen sich für die Losgrößen. Aus diesen Verteilungen ergeben sich erste Hinweise zur Differenzierung der Arbeitsvorgänge bezüglich der Arbeitsplanerstellung, Vorgabezeiterermittlung und Terminverfolgung.

Ein Schwerpunkt der Ergebnisdarstellung liegt bei den *Durchlaufzeiten* für die Aufträge, alle Arbeitsvorgänge und die verschiedenen Arbeitssystemebenen, wie sie ebenfalls in Kapitel 3 ausführlich vorgeführt wurden. Der Vergleich der Werte einzelner Kostenstellen und Maschinengruppen führt häufig zu interessanten Aussagen. Als Beispiel zeigt *Bild 5.21* auszugsweise die hierarchische Gliederung einiger arbeitssystembezogener Kennzahlen aus einer Betriebsuntersuchung [11].

Neben *Leistung* und *Bestand* wurde vor allem die *gewichtete* und *ungewichtete mittlere Durchlaufzeit* ausgewertet. Die große gewichtete mittlere Durchlaufzeit von 14,3 Arbeitsta-

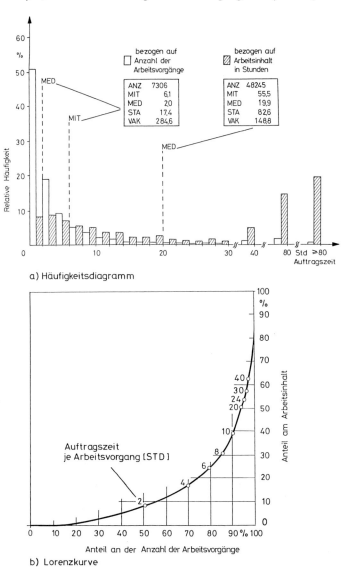

a) Häufigkeitsdiagramm

b) Lorenzkurve

Bild 5.20 Auswertung der Auftragszeitverteilung je Arbeitsvorgang für einen Gesamtbetrieb
a) Häufigkeitsdiagramm, b) Lorenzkurve

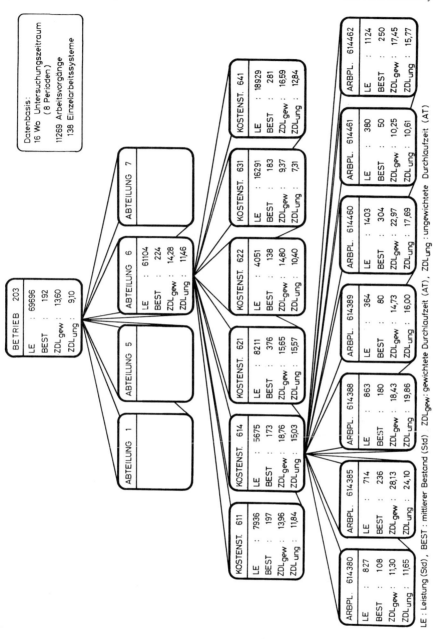

Bild 5.21 Hierarchische Gliederung der betrieblichen Kenngrößen Leistung, mittlerer Bestand, gewichtete und ungewichtete mittlere Durchlaufzeit eines metallverarbeitenden Betriebes [Lorenz, IFA]

LE : Leistung (Std), BEST : mittlerer Bestand (Std) ZDL$_{gew}$: gewichtete Durchlaufzeit (AT), ZDL$_{ung}$: ungewichtete Durchlaufzeit (AT)

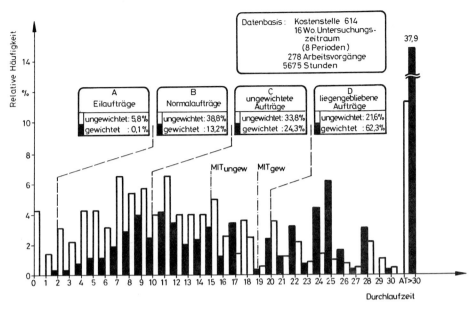

Bild 5.22 Durchlaufzeitverteilung einer Kostenstelle mit NC-Maschinen [Lorenz, IFA]

gen der Abteilung 6 ist vorwiegend auf die lange Durchlaufzeit der Kostenstelle 614 mit 18,8 Arbeitstagen zurückzuführen. Schaut man sich die in dieser Kostenstelle zusammengefaßten Arbeitsplatzgruppen an, so erkennt man, daß auch hier wieder einzelne wenige Arbeitssysteme den Durchschnitt nach unten ziehen.

Da es sich in diesem Falle bei den Arbeitsplätzen ausschließlich um NC-Maschinen handelt, drängt sich die Frage auf, ob die hier gemessenen Durchlaufzeiten bei der Investition der Maschinen beabsichtigt waren. Eine Erklärung könnte in der breit streuenden Durchlaufzeitverteilung liegen, die *Bild 5.22* für die gesamte Kostenstelle 614 zeigt.

Teilt man die Durchlaufzeitklassen in die vier Dringlichkeitsbereiche, die in Bild 2.17 erläutert wurden, so erkennt man, daß rund 38% des Arbeitsinhaltes länger als 30 Arbeitstage an dieser Kostenstelle verweilten und nur rund 13% des Arbeitsinhaltes in einem Zeitraum bis zu 10 Tagen durchgesetzt wurden. Wie bedeutsam hier die Anwendung der *gewichteten* Durchlaufzeit ist, sieht man an der ebenfalls eingezeichneten Verteilung der *ungewichteten* Durchlaufzeit. Die Anzahl der Aufträge, die innerhalb von 10 Tagen abgefertigt wurden, betrug nämlich rund 39%. Dadurch kann der Eindruck entstehen, daß die „wichtigen" Aufträge – also die Eil- und Normalaufträge – in einer annehmbaren Zeit über diese Arbeitsplätze laufen. Erst der Vergleich mit den gewichteten Werten macht diese Fehleinschätzung offensichtlich. Zur Verbesserung der Situation müßte man hier der Frage nachgehen, warum die Gruppe der C- und D-Aufträge so lange liegt und ob vielleicht organisatorische Mängel in der Programm- und Werkzeugbereitstellung die Ursache sind.

Nach der Analyse der Durchlaufzeit und ihrer Bestandteile aufgrund ihrer Häufigkeitsverteilung ist die periodenweise Darstellung des *Fertigungsablaufs* im Untersuchungszeitraum wichtig, wie sie einerseits durch die in Bild 5.14 gezeigte Liste von Kennzahlen und andererseits durch die in Kapitel 4 ausführlich geschilderten Durchlaufdiagramme mit Bestandsverlauf, Durchlaufelementen und Terminabweichung veranschaulicht werden kann.

Bild 5.23 zeigt das Durchlaufdiagramm mit den Durchlaufelementen der Arbeitsplatzgruppe 614460, die zu der in Bild 5.21 angeführten Kostenstelle 614 gehört und die den sehr hohen

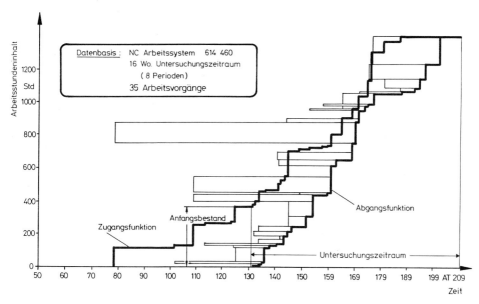

Bild 5.23 Durchlaufdiagramm am Beispiel einer Arbeitsplatzgruppe mit NC-Maschinen [Lorenz, IFA]

Wert von rund 23 Arbeitstagen für die gewichtete mittlere Durchlaufzeit aufweist. Man erkennt hier starke Schwankungen in der Zugangskurve, hervorgerufen durch große *Unterschiede im Arbeitsinhalt* der einzelnen Aufträge und den *zeitlich ungeregelten Zugang* dieser Aufträge. Auch in der Abgangskurve sind ähnliche Schwankungen zu beobachten. Überlagert wird diese Situation noch durch *starke Reihenfolgevertauschungen* der Aufträge untereinander, was zu breiten Streuungen der Durchlaufzeiten führt. Daraus lassen sich unmittelbar einige Verbesserungsvorschläge ableiten, die in erster Linie auf einen gleichmäßigeren Verlauf der Zugangs- und Abgangskurve abzielen. Hierauf geht Abschnitt 5.4 noch ausführlich ein.

Nach der Analyse des Fertigungsablaufs ist die Überprüfung der *Terminabweichung* der Aufträge sinnvoll. Eine entsprechende Darstellung hierzu wurde in Bild 1.5 vorgestellt, welches einer derartigen Untersuchung entstammt.

Den Abschluß der Ergebnisdarstellung bildet die ebenfalls bereits gezeigte Darstellung des *Materialflusses* auf Betriebsebene sowie in den näher interessierenden Betriebsbereichen und Kostenstellen.

Die Ergebnisse rufen bei den unmittelbar Betroffenen, also den zuständigen Mitarbeitern des Betriebes, der Fertigungssteuerung und der Materialwirtschaft, häufig ungläubiges Erstaunen hervor und lösen manchmal Diskussionen über die Sinnfälligkeit der gewichteten Durchlaufzeit, des gewählten Untersuchungszeitraumes oder des Untersuchungsbereiches aus.

Die wohl wichtigste Maßnahme als Konsequenz derartiger Untersuchungen ist ohne Zweifel die *permanente Kontrolle* der Zielgrößen Durchlaufzeit, Bestand, Leistung und Termintreue durch ein eigenständiges Kontrollsystem. Bevor das Konzept und ein Beispiel eines solchen Kontrollsystems vorgestellt werden, sollen jedoch zunächst einige allgemeingültige Ansätze zur Verbesserung des Fertigungsablaufs vorgestellt werden, die sich bereits aus den bisherigen Darlegungen ableiten lassen.

5.2.4 Allgemeine Regeln und grundsätzliche Möglichkeiten zur Verbesserung des Produktionsablaufs

Die Verbesserung des Produktionsablaufs läßt sich unter das generelle Motto stellen, Liegezeiten – wo immer es geht – zu vermeiden. In *Bild 5.24* sind hierzu vier allgemeine Regeln und daraus resultierende Ansätze angeführt [12].

LIEGEZEITEN VERMEIDEN DURCH

- möglichst wenig Erzeugnisstufen
  ⇒ im Idealfall eine Vormontage und eine Endmontage
- möglichst wenig Arbeitsplatzwechsel beim Teile- und Erzeugnisdurchlauf
  ⇒ viele Arbeitsgänge an einem Arbeitsplatz
  ⇒ erzeugnisorientierte Teilefertigung und Gruppenmontage
- möglichst gleichmäßige und geringe Arbeitsinhalte
  ⇒ niedrige Rüstzeiten an Engpässen
  ⇒ überprüfen der Losgrößenformeln
- möglichst niedrige Bestände vor den Arbeitssystemen
  ⇒ Bestandskontrolle

Bild 5.24 Allgemeine Regeln zur Verbesserung des Produktionsablaufs

Beginnend mit der Produktgestaltung muß man sich zunächst fragen, ob das Erzeugnis nicht in weniger *Aufbaustufen* als bisher hergestellt werden kann; im Idealfall sind es nur eine Vormontagestufe und eine Endmontagestufe. Die Flexibilität des Unternehmens am Markt wird dadurch größer, weil die Vorratshaltung u. U. nur auf Baugruppenebene erforderlich ist und die innerbetriebliche Durchlaufzeit und damit die Bestandsbindung an halbfertigen Erzeugnissen durch eine kleinere Anzahl von Zwischenstufen geringer wird. Diese Frage sollte bei jeder Produktüberarbeitung oder Neukonstruktion in enger Zusammenarbeit zwischen Konstruktion und Arbeitsvorbereitung gestellt und beantwortet werden.

In der anschließenden technischen Arbeitsplanung ist darauf zu achten, daß möglichst *wenig Arbeitsplatzwechsel* beim Teile- und Erzeugnisdurchlauf erforderlich sind. Daraus resultiert eine Fülle von Anregungen für die Investitions- und die Layoutplanung. So ist bei der Beschaffung neuer Werkzeugmaschinen darauf zu achten, daß möglichst viele Teile *komplett in nur einer oder zwei Aufspannungen* von dieser Maschine bearbeitet werden können, auch wenn einzelne Bearbeitungsschritte dann nicht kostenoptimal sind. Dies führt beispielsweise zum Einsatz von angetriebenen Bohr- und Fräswerkzeugen im Revolverwerkzeugkopf einer Drehmaschine. Bei vorhandenen Maschinen ist zu überlegen, ob nicht durch *Bereitstellen von Arbeitsvorrichtungen oder billigen Maschinen direkt an der Hauptwerkzeugmaschine* die immer erforderlichen Nebenarbeitsgänge, wie Bohren, Entgraten, Reinigen usw. ausgeführt werden können, und damit die Übergangszeiten völlig entfallen können, um so eine bessere Nutzung der Personalkapazität in der Hauptzeit zu erreichen. Wenn sich aus der Materialflußanalyse die Verknüpfungen zwischen einzelnen Arbeitsplätzen herausschälen, ist zu überlegen, ob nicht *ablauforientierte Teilefertigungsinseln* und *Gruppenmontageinseln* zu schaffen sind. Derartige organisatorisch weitgehend sich selbst steuernde Produktionsbereiche entlasten die Fertigungssteuerung ganz beträchtlich, reduzieren die Durchlaufzeiten um 30 bis 50% und mehr und machen das Unternehmen flexibel [13].

Eine große Bedeutung kommt ferner der *Losgrößenbildung* zu. Bei der Diskussion des Durchlaufdiagramms und der gewichteten Durchlaufzeit wurde deutlich, daß sich eine starke Streuung der Auftragszeiten an einem Arbeitsplatz ungünstig auf die Terminabweichung auswirkt. Da nur eine geringe Anzahl von Losen in ihrem Arbeitsinhalt stark vom Mittelwert des Arbeitsinhaltes eines Arbeitsplatzes abweicht, sind diese näher zu analysieren. Handelt es sich um einen Engpaßarbeitsplatz, dessen Kapazität nicht weiter gesteigert werden kann, ist nach Maßnahmen technischer und organisatorischer Art zu suchen, die *Rüstzeiten zu reduzieren*. Oft bringt bereits eine genaue Analyse der Rüstvorgänge erstaunliche Ansätze zu ihrer Verbesserung [14]. Ein weiterer Ansatzpunkt liegt in der *Bestimmung der Losgröße*. Eine genaue Analyse zeigt häufig, daß eine Verringerung der Losgröße um 20 bis 30% einen rechnerischen Anstieg der Stückkosten um nur 3 bis 5% oder sogar weniger bewirkt. Falls es die Kapazität dieses Arbeitsplatzes zuläßt, sollte man also die Losgröße ohne weiteres reduzieren, auch wenn dadurch mehr Rüstzeit anfällt.

Schließlich ist aus dem Durchlaufdiagramm unmittelbar zu erkennen, daß an den einzelnen Arbeitssystemen möglichst *niedrige Bestände* vorhanden sein sollten; denn damit erreicht man kurze Warteschlangen und Durchlaufzeiten. Die Bestände werden bei gegebener Kapazität nur durch die Auftragsfreigabe festgelegt. Der Bestand ist also zu steuern und laufend zu überwachen. Dies kann durch technische Einrichtungen geschehen, z. B. durch zwangsverkettete Fertigungsanlagen. Aber auch bestandsregelnde Verfahren der Fertigungssteuerung können diese Aufgabe erfüllen. Hierauf geht Kapitel 6 ausführlich ein.

Bild 5.25 ordnet die bisher diskutierten sowie weitere Vorschläge den einzelnen Durchlaufzeitanteilen des Durchlaufelementes zu, wobei nach *prozeß-* und *organisationsorientierten Ansätzen* unterschieden wird [12]. Die Reihenfolge der Maßnahmen wird dabei von dem möglichen Verbesserungspotential bestimmt, wobei die *Liegezeitverkürzung* an erster Stelle steht, gefolgt von der Durchführungs- und Transportzeit. Die Entscheidung zwischen einer

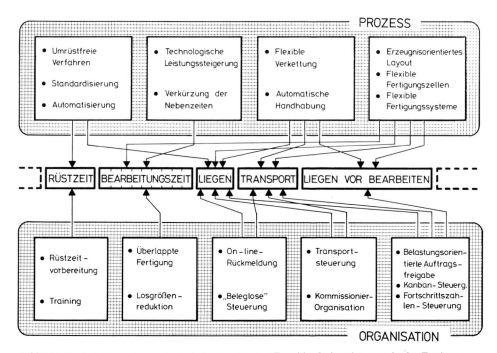

Bild 5.25 Technische und organisatorische Ansätze zur Durchlaufzeitverkürzung in der Fertigung

technischen und einer organisatorischen Maßnahme muß nach wirtschaftlichen Überlegungen erfolgen, d. h. nach dem günstigsten Verhältnis von Nutzen zu Aufwand. Schließlich gilt es, neben dem Mittelwert auch die *Streuung* der einzelnen Durchlaufzeitanteile im Auge zu behalten und sie laufend zu kontrollieren und zu verbessern.

Aus den Ausführungen zur Verbesserung des Produktionsablaufs wird deutlich, daß ohne Kenntnis des tatsächlichen Ablaufverhaltens eine nachhaltige Wirkung eingeleiteter Maßnahmen nicht zu erwarten ist. Daher soll nun ein *permanentes Kontrollsystem* vorgestellt werden, welches zunächst für den Fertigungsbereich entwickelt wurde, das prinzipiell aber auch in den übrigen Produktionsbereichen einsetzbar ist.

5.3 Permanentes Kontrollsystem für den Fertigungsbereich

5.3.1 Zielsetzung und Konzeption

Eine Grundanalyse des Betriebsablaufs in der geschilderten Art ist mit einem erheblichen Aufwand verbunden. *Bild 5.26* zeigt den Zeitplan der Betriebsanalyse einer Werkstatt mit ca. 90 Maschinengruppen, deren Abläufe über 8 Monate erfaßt wurden, um eine einigermaßen gesicherte Aussage über die Auftrags-Durchlaufzeit zu erhalten [15]. Zwar mußte in diesem Fall eine ungewöhnlich umfangreiche Datenkorrektur und -aufbereitung erfolgen; doch ist auch in günstigen Fällen die Vorlage eines Ergebnisberichtes im allgemeinen nicht vor einem bis eineinhalb Jahren nach Beginn der Datenerfassung zu erwarten. Dieser Aufwand ist zwar durch die grundsätzlichen Erkenntnisse und die daraus abzuleitenden Maßnahmen gerechtfertigt. Ein Eingriff in das laufende Geschehen ist aber natürlich nicht mehr möglich.

Hieraus ergibt sich der logische Schluß, daß eine derartige Analyse – allerdings in deutlich verringertem Umfang und mit geringerem Aufwand – als permanentes Kontrollsystem

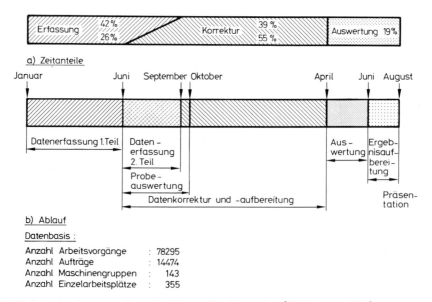

Bild 5.26 Zeitplan einer einmaligen detaillierten Betriebsanalyse [Holzkämper, IFA]

wünschenswert ist. Die Grundidee besteht darin, die für den Fertigungsablauf wesentlichen Kennzahlen des Fertigungsbereiches – also hauptsächlich Bestand, Leistung, Durchlaufzeit und Terminabweichung – *periodisch aus den Rückmeldungen* des Betriebes zu berechnen und sie in einer Art *Prozeßfenster* sichtbar zu machen. Konzeptionelle Ansätze hierzu wurden vom Institut für Fabrikanlagen in [15–20] veröffentlicht und der erste Praxiseinsatz auf der Basis der DUBAF-Erfahrungen von Bechte realisiert [21, 22]. Ein derartiges Kontrollsystem stellt eine neue PPS-Funktion dar, die in das bestehende Terminplanungs- und -steuerungssystem einzubeziehen ist, wie es *Bild 5.27* zeigt [15].

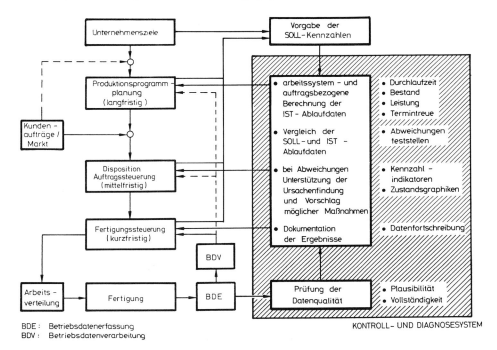

BDE : Betriebsdatenerfassung
BDV : Betriebsdatenverarbeitung

KONTROLL- UND DIAGNOSESYSTEM

Bild 5.27 Einbindung des Kontroll- und Diagnosesystems in den Ablauf der Fertigungssteuerung [Holzkämper, IFA]

Vorausgesetzt wird ein funktionierendes Betriebsdatenerfassungssystem. Das Kontrollsystem muß zunächst die von diesem System gelieferten Daten auf *Plausibilität* und *Vollständigkeit* überprüfen, wobei Prüfkriterien benutzt werden, wie sie in Bild 5.9 als Beispiel vorgestellt wurden. Diese Datenprüfung sichert nicht nur korrekte Daten für das Kontrollsystem, sondern liefert auch objektive Maßstäbe zur Beurteilung der Qualität des Rückmeldesystems. Eine weitere wichtige Voraussetzung für die Einsetzung eines Kontrollsystems ist die Vorgabe von *Soll-Kennzahlen,* denn die ausschließliche Berechnung von Kennzahlen über den Ist-Zustand erlaubt es noch nicht, Abweichungen von einem wünschenswerten Zustand zu erkennen. Die Solldaten werden aus dem von der Disposition und der Fertigungssteuerung geplanten Soll-Ablaufzustand gewonnen, der deshalb ebenfalls im Kontrollsystem abzubilden ist.

Das Kontrollsystem selbst hat mehrere Teilfunktionen. Zunächst ist der Ist-Zustand *permanent* zu *speichern* und *periodisch* aus dem BDE-System *auf den neuesten Stand zu bringen.* Aus diesen Daten sind die *Kennzahlen* – im wesentlichen Durchlaufzeit, Bestand, Leistung und Terminabweichung – *zu berechnen* und zu *dokumentieren.* Aus dem Vergleich von Soll- und Istdaten sind schließlich die Ursachen für die Abweichungen zu ermitteln und, wenn möglich,

Vorschläge für Verbesserungsmaßnahmen zu entwickeln. Die letztgenannte Funktion könnte man als eine Art *Diagnose* bezeichnen, weshalb das gesamte System den Namen *Kontroll- und Diagnosesystem* trägt.

Das Kontrollsystem läßt sich in zweierlei Hinsicht benutzen, wie es *Bild 5.28* andeutet [15]. Bei der *arbeitssystembezogenen Kontrolle* geht es um den Fertigungsablauf an den einzelnen Arbeitssystemen, den Kostenstellen und den Betriebsbereichen bis hin zum ganzen Kontrollbereich. Im Vordergrund steht das Verhalten der Systeme als Ganzes, beschrieben durch Zugang und Abgang sowie durch die Kennzahlen Bestand, Leistung, Durchlaufzeit und Terminabweichung sowie ihre gegenseitige Beeinflussung. Als Darstellungsmodell der Auftragsdurchläufe dient dabei das Durchlaufdiagramm.

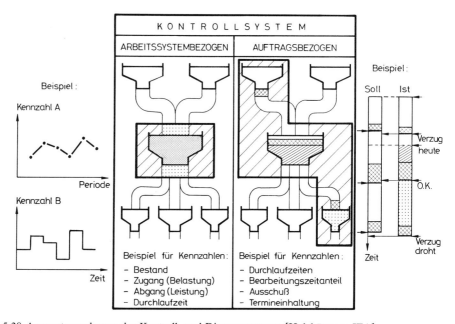

Bild 5.28 Auswertungsebenen des Kontroll- und Diagnosesystems [Holzkämper, IFA]

Die *auftragsbezogene Kontrolle* betrachtet demgegenüber die von einem bestimmten Auftrag durchlaufene oder noch zu durchlaufende *Folge* von Arbeitssystemen. Hier steht die Beurteilung des *terminlichen Fortschritts* bisher und in der Zukunft im Vordergrund. Als Kennzahlen werden daher vorzugsweise die Auftragsdurchlaufzeit, die Termineinhaltung, der Ausschuß u. a. m. benutzt. Im Gegensatz zu der schon bisher üblichen Fortschrittskontrolle soll daher vor allem auch eine Aussage über die *Wahrscheinlichkeit* getroffen werden, zu welchem Termin die noch offenen Arbeitsvorgänge erledigt sein werden. Dies kann wiederum aufgrund des voraussichtlichen Durchlaufverhaltens der noch anzusteuernden Arbeitssysteme erfolgen.

Das skizzierte Kontroll- und Diagnosesystem bezieht sich zunächst nur auf Fertigungsaufträge. Prinzipiell ist aber auch eine Einbeziehung von *Bestellungen* denkbar und damit die Möglichkeit gegeben, *Kundenaufträge* mit allen Positionen zu überwachen.

Im folgenden soll das bereits erwähnte, in dieser Form von Bechte realisierte Kontrollsystem beschrieben werden, welches sich auf die Darstellung des Soll- und Ist-Ablaufs eines Fertigungsbetriebes und seiner Teilbereiche konzentriert und noch keine Diagnosefunktionen beinhaltet.

5.3.2 Beispiel für ein permanentes Kontrollsystem

Ausgangspunkt des realisierten Systems ist die Abbildung eines Kontrollbereichs durch die Beschreibung von Zu- und Abgang mit Soll- und Ist-Terminen. Daraus werden die benötigten Kennzahlen über Bestand, Leistung, Durchlaufzeit und Terminabweichung gebildet. Um die zu speichernde Datenmenge auf ein erträgliches Maß zu reduzieren, erfolgt eine perioden-weise Abspeicherung der wesentlichen Daten in einer sogenannten Kontrolltabelle, die aufgrund der Veränderungen in der laufenden Periode anschließend regelmäßig aktualisiert und in einem leistungsfähigen Personal Computer (PC) gespeichert wird. Erst in diesem PC erfolgt nach Bedarf die Zusammenstellung von Berichten und Graphiken in der vom Benutzer gewünschten Form.

Im folgenden soll zunächst anhand des Beispielarbeitsplatzes aus Kapitel 3 und 4 das Grundsätzliche gezeigt werden. Ein permanentes Kontrollsystem tritt für den Benutzer mit drei Komponenten in Erscheinung, *Bild 5.29*. Die *Kontrolltabelle* enthält in möglichst knapper und aussagefähiger Form die wesentlichen Kenngrößen. Ein vereinfachtes *Kontroll-diagramm* visualisiert den Auftragsdurchlauf. Eine *Kennzahlengraphik* stellt schließlich

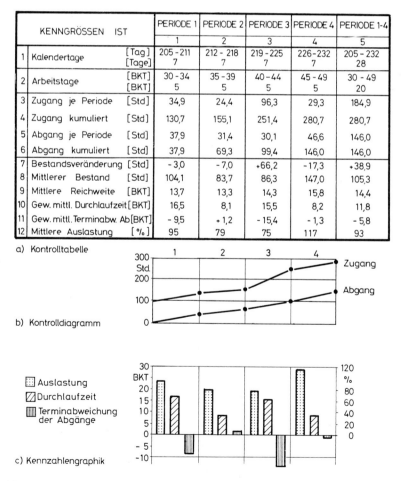

	KENNGRÖSSEN IST		PERIODE 1	PERIODE 2	PERIODE 3	PERIODE 4	PERIODE 1-4
			1	2	3	4	5
1	Kalendertage	[Tag] [Tage]	205 - 211 7	212 - 218 7	219 - 225 7	226 - 232 7	205 - 232 28
2	Arbeitstage	[BKT] [BKT]	30 - 34 5	35 - 39 5	40 - 44 5	45 - 49 5	30 - 49 20
3	Zugang je Periode	[Std]	34,9	24,4	96,3	29,3	184,9
4	Zugang kumuliert	[Std]	130,7	155,1	251,4	280,7	280,7
5	Abgang je Periode	[Std]	37,9	31,4	30,1	46,6	146,0
6	Abgang kumuliert	[Std]	37,9	69,3	99,4	146,0	146,0
7	Bestandsveränderung	[Std]	- 3,0	- 7,0	+66,2	- 17,3	+38,9
8	Mittlerer Bestand	[Std]	104,1	83,7	86,3	147,0	105,3
9	Mittlere Reichweite	[BKT]	13,7	13,3	14,3	15,8	14,4
10	Gew. mittl. Durchlaufzeit	[BKT]	16,5	8,1	15,5	8,2	11,8
11	Gew. mittl. Terminabw. Ab	[BKT]	- 9,5	+ 1,2	- 15,4	- 1,3	- 5,8
12	Mittlere Auslastung	[%]	95	79	75	117	93

a) Kontrolltabelle

b) Kontrolldiagramm

Auslastung
Durchlaufzeit
Terminabweichung der Abgänge

c) Kennzahlengraphik

Bild 5.29 Komponenten eines permanenten Arbeitsplatz-Kontrollsystems

ausgewählte Kennzahlen in einer Säulengraphik dar. *Bild 5.29* verdeutlicht die drei Komponenten anhand der Werte des Beispielarbeitsplatzes (vgl. Kapitel 4).

Zunächst soll der Aufbau der Kontrolltabelle in Bild 5.29 erläutert werden. Der aus Tabelle 4.1 bekannte Untersuchungszeitraum (Kalendertag 205 bis 232) ist in vier Perioden mit je 7 Tagen (1 Woche) (Zeile 1) bzw. 5 Betriebskalendertagen (Zeile 2) unterteilt worden. Die Berechnung der Werte für Zugang, Abgang, Bestand und Reichweite ist anhand von *Tabelle 5.1* detailliert nachvollziehbar. Dort ist in den Spalten 2 und 3 der Zu- und Abgang je Betriebskalendertag eingetragen (die Werte entstammen Tabelle A.2).

Beginnend mit dem Anfangsbestand errechnet sich der Bestand am Ende jedes Tages (Spalte 5) aus der Differenz der Zugänge (Spalte 2) und Abgänge (Spalte 3) des jeweiligen

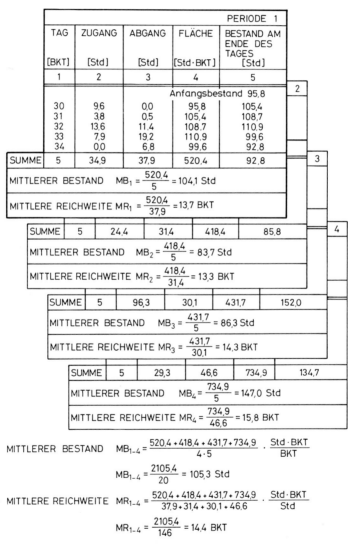

Tabelle 5.1 Berechnung des mittleren Bestandes und der mittleren Reichweite eines Arbeitsplatzes je Periode (Einzelwerte sind Tabelle 4.2 entnommen)

Tages. Die Bestandsfläche (Spalte 4) für einen Arbeitstag ergibt sich aus dem Anfangsbestand des Tages (gleich Bestand am Ende des Vortages) mal einem Arbeitstag.

Dividiert man die Bestandsflächen einer Periode (Summenwert Spalte 4) durch die jeweilige Anzahl Arbeitstage, entsteht der *mittlere Bestand*. Bei Division der Bestandsfläche durch den Abgang in der Periode erhält man die *mittlere Reichweite* in Betriebskalendertagen. Schließlich ist in Tabelle 5.1 noch der Wert beider Kennzahlen für den Gesamt-Bezugszeitraum (Periode 1 bis 4) mit 105,3 Stunden bzw. 14,4 BKT berechnet worden.

Weiterhin enthält die Kontrolltabelle in Bild 5.29 noch die *Bestandsveränderung* (Zeile 7). Sie kennzeichnet die Veränderung des Bestands von Periode zu Periode und ist als Differenz der Bestandswerte am *Ende* einer Periode berechnet worden. Beispielsweise betrug der Anfangsbestand in Periode 1 (= Endbestand der Vorperiode) 95,8 Stunden, der Bestand am Ende der 1. Periode 92,8 Stunden. Der Bestand wurde also um 3 Stunden abgebaut, so daß in Zeile 7, Spalte 1 der Kontrolltabelle in Bild 5.29 der Wert minus 3,0 steht.

Als weitere wesentliche Kontrollgröße wird in *Tabelle 5.2* die *gewichtete mittlere Durchlaufzeit* MZ aus der Durchlaufzeitfläche (Spalte 4: Auftragszeit mal Durchlaufzeit) berechnet.

Zum Vergleich eignen sich die im *Anhang A, Tabelle A 2 und A 4* errechneten Werte, die in Betriebskalendertagen gelten. Tabelle 5.2 ist wie Tabelle 5.1 periodenweise aufgebaut, und man erkennt, wie in jeder Periode die gewichteten Durchlaufzeiten als Fläche addiert und durch den Abgang der jeweiligen Periode dividiert die gewichtete mittlere Durchlaufzeit ergeben.

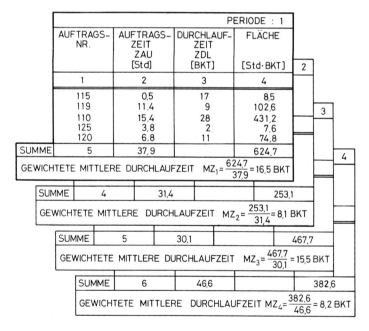

$$MZ_{1-4} = \frac{624{,}7 + 253{,}1 + 467{,}7 + 382{,}6}{146} \quad \frac{\text{Std} \cdot \text{BKT}}{\text{Std}}$$

$$MZ_{1-4} = \frac{1728{,}1}{146} = 11{,}8 \text{ BKT}$$

Tabelle 5.2 Berechnung der gewichteten mittleren Durchlaufzeit eines Arbeitsplatzes je Periode (Einzelwerte sind Tabelle 3.4 entnommen)

Die Berechnung der *Auslastung* (Zeile 12, Kontrolltabelle Bild 5.29) erfolgt schließlich nach der einfachen Beziehung: Auslastung gleich Leistung dividiert durch Kapazität. Hier wurde eine Kapazität von 8 Stunden je Betriebskalendertag angenommen. In Periode 3 ergibt sich der kuriose Wert von 117 Prozent Auslastung. Solche Fälle können dann auftreten, wenn Aufträge abgemeldet werden, an denen schon in den Vorperioden gearbeitet wurde.

Als weiteren wichtigen Wert der Kontrolltabelle enthält Bild 5.29 in Zeile 11 die *gewichtete mittlere Terminabweichung* der Abgänge. Sie gibt darüber Auskunft, wie die fertiggestellten Aufträge „im Termin liegen". Ihre Berechnung ist wiederum in einer gesonderten *Tabelle 5.3* nachvollziehbar. Der Wert von minus 5,8 Betriebskalendertagen über alle 4 Perioden sagt aus, daß man eine zusätzliche Kapazität von rund 6 Tagen hätte aufwenden müssen, um den Terminverzug aufzuholen.

Die anderen in Kapitel 4 abgeleiteten Durchlaufzeitwerte wie *Vorlaufzeit, Bestandsentwicklungsanteil* und *Reihenfolgeanteil* werden hier nicht aufgeführt, da sonst der Umfang der Kennzahlen eines Kontrollsystems für die Praxis zu groß würde. Diese Werte dienen mehr für Diagnosezwecke bei Abweichungsanalysen. Hierauf geht Abschnitt 5.4 noch näher ein.

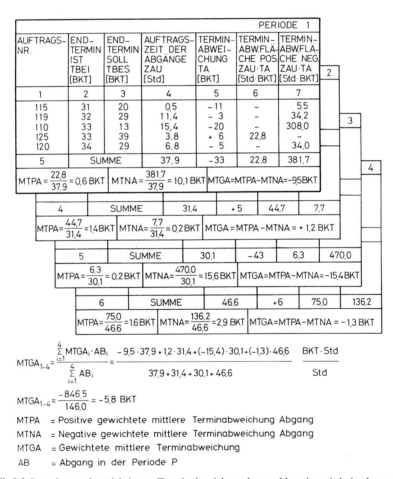

MTPA = Positive gewichtete mittlere Terminabweichung Abgang

MTNA = Negative gewichtete mittlere Terminabweichung Abgang

MTGA = Gewichtete mittlere Terminabweichung

AB   = Abgang in der Periode P

Tabelle 5.3 Berechnung der wichtigsten Terminabweichungskennzahlen eines Arbeitsplatzes je Periode

Aus Zeile 4 und Zeile 6 der Kontrolltabelle in Bild 5.29 a läßt sich nun das *Kontrolldiagramm* zeichnen, wie es in Bild 5.29 b dargestellt ist. Zugangs- und Abgangsverlauf werden jedoch nicht mehr detailliert mit jedem einzelnen Arbeitsinhalt abgebildet, sondern als Gerade zwischen zwei Punkten. Definitionsgemäß beginnt dabei die Abgangskurve mit dem Wert Null und folgt dann den Werten des kumulierten Abgangs (Zeile 6, Kontrolltabelle Bild 5.29). Demgegenüber beginnt die Zugangskurve mit dem Wert des Anfangsbestandes von 95,8 Stunden und folgt dann den Werten des kumulierten Zugangs.

Es bietet sich an, die berechneten Kennzahlen auch als Säulen in einer *Kennzahlengraphik* darzustellen *(Bild 5.29 c)*. Um diese nicht zu überladen, sind als Beispiel die drei Kennzahlenwerte für die Auslastung, die gewichtete Durchlaufzeit und die gewichtete Terminabweichung der Abgänge als Säulen dargestellt.

Das Kontrolldiagramm und die Kennzahlengraphik lassen schon recht gut erkennen, was sich an diesem Arbeitsplatz in den betrachteten vier Perioden abgespielt hat. Der starke Zugang in Periode 3 hat den Bestand in der Periode 3 um fast die Hälfte gegenüber den Vorperioden erhöht, was wiederum entsprechende Auswirkungen auf die Reichweite in Periode 4 hat. Das Durchlaufzeitverhalten ist sowohl hinsichtlich der absoluten Zahlen als auch der starken Schwankungen unbefriedigend und müßte besser geregelt werden.

Das Durchlaufdiagramm läßt sich nun durch die vor- und nachgelagerten Vorgänge am betrachteten Arbeitsplatz erweitern, wie es in Kapitel 4 bereits geschildert wurde und in *Bild 5.30* als erweitertes Kontrolldiagramm dargestellt ist. Da nunmehr die *Abschlußdurchlaufkurve* (sie kennzeichnet die Fertigstellung der Aufträge, die durch das hier betrachtete System gelaufen sind) definitionsgemäß im Nullpunkt des Diagramms beginnt, verschieben sich alle anderen Kurven entsprechend dem zwischen den Kurven jeweils vorhandenen Bestand.

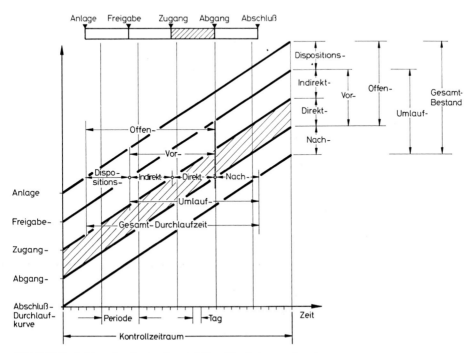

Bild 5.30 Definition der Bestands- und Durchlaufzeitarten im Kontroll-Durchlaufdiagramm eines Arbeitssystems [nach Bechte]

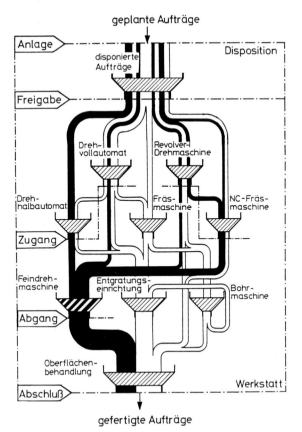

Bild 5.31 Auftragsdurchlauf durch einen Arbeitsplatz im Trichtermodell [Bechte]

In *Bild 5.31* ist anhand des Trichtermodells noch einmal nachvollzogen, was im erweiterten Durchlaufdiagramm (Bild 5.30) dargestellt wird [21]. Die Aufträge werden zum Anlagetermin geplant und bilden bis zur Freigabe den *Dispositionsbestand* mit einer korrespondierenden *Dispositionsdurchlaufzeit*. Die freigegebenen Aufträge fließen im allgemeinen nicht direkt an den betrachteten Arbeitsplatz und bilden daher bis zum Zugang einen *indirekten Bestand* für diesen Arbeitsplatz, verbunden mit einer *indirekten Durchlaufzeit*. Die Differenz zwischen Zugangs- und Abgangskurve bildet den bereits erläuterten *Direktbestand* mit der zugehörigen *Direktdurchlaufzeit*. Um zu erkennen, wieviel Arbeit für den Arbeitsplatz in den „Pipelines" zwischen Anlage und Zugang liegt, sind in Bild 5.30 noch die Begriffe *Offenbestand* bzw. *Offendurchlaufzeit* und *Vorbestand* bzw. *Vordurchlaufzeit* definiert worden. Nach dem Abgang durchlaufen die Aufträge meist noch weitere Arbeitsplätze bis zum Auftragsabschluß, der in der Regel als Zugang zum Zwischen- oder Montagelager definiert ist. Dem entspricht ein *Nachbestand* bzw. eine *Nachdurchlaufzeit*. Die Differenz zwischen Freigabe und Abschluß kennzeichnet dann noch den *Umlaufbestand* bzw. die *Umlaufdurchlaufzeit* und die Differenz zwischen Anlage und Abschluß der Aufträge, die den betrachteten Arbeitsplatz durchlaufen, den *Gesamtbestand* bzw. die *Gesamtdurchlaufzeit*.

Die Kontrolltabelle und das Kontrolldiagramm lassen sich aber nicht nur für Vergangenheitswerte aufbauen, sondern auch für die *Sollwerte* mit den zukünftigen, geplanten Werten.

| Betrieb |
| Betriebsbereich |
| Kostenstelle |

| Arbeitsplatzgruppe | | KONTROLLPERIODEN | | | | | | | | |
| KENNZAHL | | | vergangen | | | laufend | zukünftig | | | |
		ANFANG	-...	-2	-1	0	1	2	...	ENDE
Kapazität	Soll	XX	XX	XX	XX	XX	XX	XX	XX	XX
	Ist	XX	XX	XX	XX	XX				XX
Leistung	Soll	XX	XX	XX	XX	XX	XX	XX	XX	XX
	Ist	XX	XX	XX	XX	XX				XX
Bestand	Soll	XX	XX	XX	XX	XX	XX	XX	XX	XX
	Ist	XX	XX	XX	XX	XX				XX
Durchlaufzeit	Soll	XX	XX	XX	XX	XX	XX	XX	XX	XX
	Ist	XX	XX	XX	XX	XX				XX
Reichweite	Soll	XX	XX	XX	XX	XX	XX	XX	XX	XX
	Ist	XX	XX	XX	XX	XX				XX
Terminabw.	Soll	XX	XX	XX	XX	XX	XX	XX	XX	XX
	Ist	XX	XX	XX	XX	XX				XX
...										

Bild 5.32 Prinzipieller Aufbau einer Kontrolltabelle

Damit erweitert sich die Kontrolltabelle, wie es *Bild 5.32* prinzipiell andeutet, und erlaubt den Vergleich zwischen dem geplanten und dem tatsächlichen Ablauf an diesem Arbeitsplatz. Die ‚Terminabweichung Soll' kann als zulässige Abweichung interpretiert werden.

In der Praxis erfolgt der Aufbau der Kontrolltabellen mit den aus den Rückmeldungen gewonnenen Bewegungsdaten. *Bild 5.33* zeigt die im Kontrollsystem KOSYF vorgesehenen Daten, die in einen Teil A für die *auftragsbezogenen* und einen Teil B für die *arbeitsvorgangsbezogenen* Aussagen unterteilt sind [21].

Die daraus erzeugten Daten der Kontrolltabelle sind in *Bild 5.34* zusammengefaßt. Die *Auftragsdaten* beschreiben den durchzusetzenden bzw. durchgesetzten Arbeitsinhalt mit Auftragszeit und Losgröße sowie die mittlere Position des betrachteten Arbeitsplatzes im Ablauf der durchlaufenden Aufträge. Die mittlere gewichtete Terminabweichung im Zugang kennzeichnet das Terminverhalten der *vor* diesem Arbeitssystem durchlaufenen Arbeitsplätze. Ebenso erkennt man die Situation bezüglich der Terminabweichung beim Abgang. Bei den jeweils letzten Arbeitsplätzen ist die Terminabweichung im Abgang gleichzeitig die Terminabweichung des gesamten Auftrages.

Die *Bewegungsdaten* beschreiben die fünf Durchlaufkurven. Neben den Istdaten der im Bestand befindlichen Aufträge mit Angaben über die Anzahl der Arbeitsvorgänge, die Menge der Teile und die Summe der Vorgabezeiten erscheinen noch die Solldaten, allerdings nur als Vorgabestunden. Die Istdaten erlauben Rückschlüsse nicht nur auf den Kapazitätsbedarf, sondern auch auf den Dispositionsaufwand (Anzahl Arbeitsvorgänge) sowie den Transport- und Prüfaufwand (Anzahl Arbeitsvorgänge und Menge). Der Vergleich von Soll- und Ist-Vorgabezeiten läßt Abweichungen und Schwachstellen im Fertigungsablauf erkennen.

Die Kontrolltabellen können entsprechend der hierarchischen Gliederung der kontrollierten Kapazitätseinheiten auch verdichtet werden und stehen damit für Auswertungen auf den verschiedenen Entscheidungsebenen zur Verfügung.

Die *Kennzahlen* beschreiben schließlich den Ist-Zustand des Bestandes, der Reichweite und der gewichteten Durchlaufzeit für die acht definierten Bestands- bzw. Durchlaufzeitbegriffe

Nummer	Bezeichnung	Bemerkung
Teil A	Auftragsbezogene Daten	
1	Auftragsnummer	
2	Menge-Anlage	Soll-Menge bei Anlage
3	Menge-Freigabe	Ist -Menge bei Freigabe
4	Termin-Anlage	
5	Termin-Freigabe-Ist	
6	Termin-Abschluß-Ist	
7	Termin-Freigabe-Soll	
8	Termin-Abschluß-Soll	
9	Durchlaufzeit-Disposit	Anlage – Freigabe
10	Durchlaufzeit-Umlauf	Freigabe – Abschluß
11	Durchlaufzeit-Gesamt	Anlage – Abschluß
12	Durchlaufzeit-Disposit-Soll	
13	Durchlaufzeit-Umlauf -Soll	
14	Durchlaufzeit-Gesamt -Soll	
Teil B	Arbeitsvorgangsbezogene Daten	
15	Arbeitsvorgangsnummer	
16	Arbeitsvorgangszähler	
17	Arbeitsplatznummer-Soll	
18	Rüstzeit -Soll	
19	Stückzeit -Soll	
20	Auftragszeit -Soll	
21	Menge-Zugang -Ist	nur bei Bedarf
22	Menge-Abgang -Ist	nur bei Bedarf
23	Ausschuß -Ist	nur bei Bedarf
24	Arbeitsplatznummer-Ist	nur bei Bedarf
25	Rüstzeit -Ist	nur bei Bedarf
26	Stückzeit -Ist	nur bei Bedarf
27	Auftragszeit -Ist	nur bei Bedarf
28	Termin-Zugang-Ist	
29	Termin-Abgang-Ist	
30	Termin-Zugang-Soll	
31	Termin-Abgang-Soll	
32	Verzug-Zugang	Zugang-Soll – Zugang-Ist
33	Verzug-Abgang	Abgang-Soll – Abgang-Ist
34	Indirekt-Durchlaufzeit-Ist	Freigabe – Zugang
35	Direkt -Durchlaufzeit-Ist	Zugang – Abgang
36	Nach -Durchlaufzeit-Ist	Abgang – Abschluß
37	Vor -Durchlaufzeit-Ist	Freigabe – Abgang
38	Offen -Durchlaufzeit-Ist	Anlage – Abgang
39	Indirekt-Durchlaufzeit-Soll	
40	Direkt -Durchlaufzeit-Soll	
41	Nach -Durchlaufzeit-Soll	
42	Vor -Durchlaufzeit-Soll	
43	Offen -Durchlaufzeit-Soll	

Bild 5.33 Satzaufbau der Bewegungsdaten zur Erzeugung einer Kontrolltabelle [Bechte]

je Periode und für den gesamten Kontrollzeitraum. Die Sollwerte werden hier jedoch nur für Umlauf- und Direktbestand bzw. -durchlaufzeit errechnet, weil man diese Größen zweckmäßig bei der Anlage des Auftrages als Zielgrößen festlegen kann.

Sind auch die Soll-Kapazitätsdaten vorhanden, können diese ebenfalls leicht in das System integriert werden. Durch Vergleich mit den Abgangsdaten kann man dann periodenbezogene Auslastungsgrade ermitteln.

```
AUFTRAGSDATEN
- Nummer des Arbeitssystems
- Anzahl Arbeitstage je Periode
- Auftragszeit
- Durchführungszeit
- mittlere Losgröße
- mittlere Position
- gewichtete mittlere Terminabweichung im Zugang
- gewichtete mittlere Terminabweichung im Abgang

BEWEGUNGSDATEN JE PERIODE UND KUMULATIV
- Arbeit Ist
   • in Anzahl Arbeitsvorgänge
   • in Menge ( Stck , m , kg,... )
   • in Vorgabezeit (Std)

- Arbeit Soll
   • in Vorgabezeit ( Std )
     der Anlage -, Freigabe -, Zugangs -, Abgangs - und Abschlußkurve

KENNZAHLEN JE PERIODE UND FÜR DEN KONTROLLZEITRAUM
- Bestand Arbeit am Ende der Periode Ist
   • in Anzahl
   • in Menge
   • in Vorgabezeit

- mittlerer Bestand Ist
- mittlere Reichweite Ist
- mittlere Durchlaufzeit Ist
  für Dispositions-, Indirekt-, Direkt-, Nach-, Offen-, Vor-,
  Umlauf- und Gesamtbestand bzw.-Durchlaufzeit

- Bestand Arbeit am Ende der Periode Soll
   • in Vorgabezeit

- mittlerer Bestand Soll

- mittlere Reichweite Soll

- mittlere Durchlaufzeit Soll
  für Direkt- und Umlaufbestand
```

Bild 5.34 Inhaltsübersicht der Kontrolltabellen im Kontrollsystem KOSYF [nach Bechte]

5.3.3 Ergebnisse und Nutzung eines permanenten Kontrollsystems

Für den Benutzer sind die vollständigen Kontrolltabellen mit ihren weit über 100 Kennzahlen je Periode viel zu umfangreich. Andererseits ist eine endgültige Auswahl zum Zeitpunkt der Systemeinführung weder sinnvoll noch möglich. Man wird daher einen Bericht mit den für den jeweiligen Benutzer wesentlichen Kennzahlen erstellen, dessen Umfang möglichst eine Seite je Arbeitssystem nicht überschreiten sollte und der eine sinnvolle Zusammenfassung von Kennzahlen enthält.

Bild 5.35 zeigt als Beispiel den Bericht „Bewegungen und Bestände" für einen Arbeitsplatz über 12 Perioden mit je 4 oder 5 Arbeitstagen. Die Wochen 40 bis 47 stellen abgelaufene Perioden, die Woche 48 (IST) die laufende und die Wochen 49 bis 51 die nächsten drei Perioden dar. Die Werte in Spalte END beziehen sich auf die vor der Woche IST liegenden 8 Wochen.

D161116   MASCHINE 161116

BEWEGUNGEN UND BESTAENDE

WOCHE	ANF	40	41	42	43	44	45	46	47	IST	49	50	51	END
ARBEITSTAGE GES *BKT		5	5	5	5	4	5	5	4	5	5	5	5	58
BELAST ANL *STD		53	18	33	49	6	57	30	94	17				340
BELAST-KUM ANL *STD	248	301	319	352	401	407	463	494	588	605	605	605	605	588
B-SOLL-KUM ANL *STD	248	301	319	352	401	407	463	494	588	605	605	605	605	605
ANZAHL DISPO	35	37	21	19	15	4	18	28	44					44
MENGE DISPO *TST	73	98	52	29	45	22	72	59	148					148
BELAST DISPO *STD	73	91	53	30	50	26	77	70	155					155
M-DLZEIT DISPO *BKT		5.1	4.4	6.6	3.7	4.4	3.0	-1.7	5.7					4.0
BELAST FRG *STD		35	56	56	29	30	6	38	9					257
BELAST-KUM FRG *STD	175	210	266	322	351	380	386	423	432	432	432	432	432	432
B-SOLL-KUM FRG *STD	92	152	194	226	248	295	346	382	409	447	470	470	470	470
ANZAHL INDIR	17	27	32	34	37	41	33	25	16					16
MENGE INDIR *TST	44	57	88	73	93	112	94	88	68					68
BELAST INDIR *STD	41	53	76	71	87	106	88	79	63					63
M-DLZEIT INDIR *BKT		6.3	8.0	6.4	9.3	8.0	14.0	16.7	16.9					10.8
BELAST ZUG *STD		24	33	60	13	10	24	47	25	2				236
BELAST-KUM ZUG *STD	134	157	191	251	264	274	298	345	369	371	371	371	371	369
B-SOLL-KUM ZUG *STD	74	96	148	198	226	245	317	346	382	409	449	470	470	470
ANZAHL DIREKT	32	22	27	40	36	27	8	7	6					6
MENGE DIREKT *TST	50	39	50	78	70	72	36	33	20					20
BELAST DIREKT *STD	54	41	49	72	63	66	25	32	16					16
BEL-SOLL DIREKT *STD	6	12	13	4	7	2	28	7	4		5	1		
M-DLZEIT DIREKT *STD		8.8	9.2	7.0	7.3	9.0	8.2	11.7	2.7	2.1				7.8
M-D-SOLL DIREKT *BKT		2.4	2.2	2.2	2.2	1.5	2.0	2.6	2.0		2.0	2.2	3.0	2.2
BELAST ABG *STD		36	25	37	22	8	65	39	41	5				273
BELAST-KUM ABG *STD	80	116	141	179	201	209	273	312	353	358	358	358	358	353
B-SOLL-KUM ABG *STD	68	84	135	194	219	244	289	339	378	409	444	469	470	470
ANZAHL NACH	53	40	42	50	50	46	52	52	62					62
MENGE NACH *TST	85	67	71	95	80	65	95	130	143					143
BELAST NACH *STD	80	71	76	96	80	65	105	124	139					139
M-DLZEIT NACH *BKT		6.3	10.6	7.7	11.0	10.7	13.4	8.5	7.4					9.3
BELAST ABS *STD		45	20	18	38	23	26	20	26	6				215
BELAST-KUM ABS *STD		45	65	83	121	143	169	189	215	220	220	220	220	215
B-SOLL-KUM ABS *STD	9	69	86	129	183	208	239	285	322	368	405	447	470	470

Bild 5.35 Beispiel einer KOSYF-Kontrolltabelle über Bewegungen und Bestände [Bechte]

Die Kennzahlen beschreiben im wesentlichen die fünf Durchlaufkurven gemäß Bild 5.30 und einige ausgewählte Kennwerte zwischen diesen Kurven. Dazu ist der gesamte Bericht in fünf *Kennzahlblöcke* unterteilt.

Der *erste Block* beschreibt den Verlauf der *Anlagekurve* mit dem Belastungswert je Periode (BELAST ANL) sowie ihrem kumulativen Ist-Verlauf (BELAST-KUM ANL) und dem Soll-Verlauf (B-SOLL-KUM ANL). Alle Angaben sind in Stunden Vorgabezeit ausgedrückt. Ist- und Sollverlauf der Anlagekurve sind gleich, weil die Aufträge zum Zeitpunkt ihrer Anlage entstehen. Die restlichen vier Blöcke sind im Prinzip immer gleich aufgebaut, nur sind teilweise noch Sollwerte eingefügt.

Der *zweite Block* beschreibt das Geschehen *zwischen Anlage und Freigabe* der Aufträge. Die letzten drei Kennwerte dieses Blocks kennzeichnen zunächst den Verlauf der Freigabekurve mit denselben Begriffen, wie sie im ersten Block zur Beschreibung der Anlagekurve benutzt werden. Die sind BELAST FRG, BELAST-KUM FRG und B-SOLL-KUM FRG. Dann wird der Dispositionsbestand zwischen Anlage- und Freigabekurve berechnet, und zwar als Anzahl Arbeitsvorgänge (ANZAHL DISPO), als Menge (MENGE DISPO), die in diesen Arbeitsvorgängen enthalten ist (in Tausend Stück TST) und in Vorgabestunden (BELAST DISPO). Als weiterer Wert ist schließlich noch die mittlere gewichtete Durchlaufzeit zwischen Anlage und Freigabe in Betriebskalendertagen angegeben (M-DLZEIT DISPO).

Der *dritte und vierte Block* enthält dieselben Kennzahlen wie der zweite Block, nur wird hier der Ablauf *zwischen Zugangs- und Freigabekurve* bzw. *Abgangs- und Zugangskurve* beschrieben, und man erhält daher Aussagen über den indirekten bzw. direkten Zustand und die indirekte bzw. direkte Durchlaufzeit. Da das gesamte Kennzahlenblatt hauptsächlich zur Steuerung des Arbeitsplatzes gedacht ist, sind im vierten Kennzahlblock auch noch die Sollwerte für den direkten Bestand (BEL-SOLL DIREKT) und die direkte gewichtete mittlere Durchlaufzeit (M-D-SOLL DIREKT) mit aufgeführt.

Der letzte und *fünfte Block* des Kontrollberichtes zeichnet das Geschehen *zwischen Abgang und Abschluß* der Aufträge nach, die durch diesen Arbeitsplatz gelaufen sind, und benutzt hierzu dieselben Kennzahlen wie für den zweiten und dritten Block.

Der bisher beschriebene Kontrollbericht zielt darauf ab, den Arbeitsplatz mit seinen vor- und nachgelagerten Ablaufschritten zu charakterisieren. Zur detaillierten Betrachtung des direkten Geschehens zeigt *Bild 5.36* eine noch genauere *Beschreibung des Direktbestandes* in fünf Kennzahlblöcken.

Der *erste Block* beschreibt den *Zugang* mit der Anzahl je Periode zugehender Arbeitsvorgänge (ANZAHL ZUG) und kumuliert (ANZAHL-KUM ZUG), der Menge in Tausend Stück je Periode (MENGE ZUG) und kumuliert (MENGE-KUM ZUG) und der zugehenden Arbeit je Periode. Neben dem Istzugang an Arbeit je Periode (BELAST ZUG) sind noch der Sollzugang je Periode (B-SOLL ZUG) und die kumulativen Werte dieser beiden Größen (BELAST KUM ZUG und B-SOLL-KUM ZUG) angegeben. Der letzte Wert in diesem Block beschreibt die Terminabweichung der Zugangskurve, hier als mittlerer Terminverzug M-VERZUG ZUG bezeichnet.

Während der *zweite Block* das Geschehen *zwischen Zugangs- und Abgangskurve* beschreibt, kennzeichnet der *dritte Block* die *Abgangskurve* mit denselben Kennzahlen wie die Zugangskurve. Im zweiten Kennzahlblock wird zusätzlich zu der bereits erläuterten Angabe des Bestandes nach der Anzahl Arbeitsvorgänge (ANZAHL DIREKT) der Menge (MENGE DIREKT) und der Arbeit nach Istwerten (BELAST DIREKT) und Sollwerten (BEL-SOLL DIREKT), auch der mittlere Bestand mit Istwerten (M-BELAST DIREKT) und Sollwerten (M-B-SOLL DIREKT) angeführt. Weiterhin folgt noch die mittlere Reichweite mit Istwerten (M-REICHW DIREKT) und Sollwerten (M-R-SOLL) sowie die schon erläuterte gewichtete mittlere Durchlaufzeit mit Istwerten (M-DLZEIT DIREKT) und Sollwerten (M-D-SOLL DIREKT).

D161116   MASCHINE 161116   DIREKT-BESTAND ZUGANG ABGANG

WOCHE	ANF	40	41	42	43	44	45	46	47	IST	49	50	51	END
ARBEITSTAGE GES *BKT		5	5	5	5	4	5	5	4	5	5	5	5	58
ANZAHL ZUG		10	19	32	17	8	9	12	15	2				122
ANZAHL-KUM ZUG	85	95	114	146	163	171	180	192	207	209	209	209	209	207
MENGE ZUG *TST		23	35	69	12	9	23	50	30	2				252
MENGE-KUM ZUG *TST	135	158	192	262	274	283	307	356	386	388	388	388	388	386
BELAST ZUG *STD		24	33	60	13	10	24	47	25	26	40	21		236
B-SOLL ZUG *STD		22	52	49	29	19	72	30	36	2				396
BELAST-KUM ZUG *STD	134	157	191	251	264	274	298	345	369	371	371	371	371	369
B-SOLL-KUM ZUG *STD	74	96	148	198	226	245	317	346	382	409	449	470	470	470
M-VERZUG ZUG *BKT		8.2	5.1	9.8	1.1	3.3	-1.2	1.0	0.2					4.4
ANZAHL DIREKT *TST	32	22	27	40	36	27	8	7	6	12	5	1	0	6
MENGE DIREKT *STD	50	39	50	78	70	72	36	33	20		15	10		20
BELAST DIREKT *STD	54	41	49	72	63	66	25	32	16					16
BEL-SOLL DIREKT *STD	6	12	13	4	7	2	28	7	4					
M-BELAST DIREKT *STD		49	44	62	67	66	41	36	24					49
M-B-SOLL DIREKT *STD		9	23	24	12	8	24	21	13					14
M-REICHW DIREKT *BKT		6.8	8.8	8.3	14.9	34.7	3.2	4.7	2.4	2.0	2.1	2.0	2.0	6.8
M-R-SOLL DIREKT *BKT		2.7	2.3	2.1	2.3	1.3	2.1	2.1	1.3					2.1
M-DLZEIT DIREKT *BKT		8.8	9.2	7.0	7.3	9.0	8.2	11.7	2.7	2.1	2.0	2.2	3.0	7.8
M-D-SOLL DIREKT *BKT		2.4	2.2	2.2	2.2	1.5	2.0	2.6	2.0					2.2
ANZAHL ABG		20	14	19	21	17	28	13	16	4				148
ANZAHL-KUM ABG	53	73	87	106	127	144	172	185	201	205	205	205	205	201
MENGE ABG *TST		33	24	41	21	7	60	53	43	6				282
MENGE-KUM ABG *TST	85	118	142	183	204	211	271	324	366	373	373	373	373	366
BELAST ABG *STD		36	25	37	22	8	65	39	41	5	35	25		273
B-SOLL ABG *STD		17	51	59	26	24	46	50	39	31				402
BELAST-KUM ABG *STD	80	116	141	179	201	209	273	312	353	358	358	358	358	353
B-SOLL-KUM ABG *STD	68	84	135	194	219	244	289	339	378	409	444	469	470	470
M-VERZUG ABG *BKT		0.1	-0.7	1.3	-0.3	-2.5	-3.0	-1.0	2.7					-0.4
M-LOSGROESSE *STK		1673	1713	2154	988	406	2130	4078	2679					1902
M-LAUFZEIT *STD		1.8	1.8	2.0	1.1	0.4	2.3	3.0	2.5					1.8
M-LAUFZEIT *SCH		0.3	0.3	0.4	0.3	0.1	0.5	0.7	0.6					0.5
M-BEST-VERH		2.2	3.0	2.5	2.4	2.6	3.4	2.9	3.9					2.7
M-POSITION		3.0	3.0	3.2	3.4	2.8	3.0	2.4	3.3					3.0

Bild 5.36 Beispiel einer KOSYF-Kontrolltabelle für den Direktbestand eines Arbeitsplatzes [Bechte]

Zur Beurteilung der durchlaufenden Aufträge enthält der *vierte Block* noch Angaben über die mittlere Losgröße in Stück (M-LOSGROESSE), die mittlere Auftragszeit in Stunden, hier mittlere Laufzeit M-LAUFZEIT genannt, sowie die Durchführungszeit in Schichten, hier ebenfalls M-LAUFZEIT genannt.

Abschließend folgen im *fünften Block* noch die Kennzahlen, die die *Position* dieses Arbeitsplatzes im Ablauf der durchgesetzten Aufträge kennzeichnen. Dies ist zunächst das Verhältnis der Summe von Indirekt- und Direktbestand zum Direktbestand (als mittleres Bestandsverhältnis M-BEST-VERH bezeichnet), ferner die mittlere Position M-POSITION dieses Arbeitsplatzes in den Arbeitsfolgen der durchlaufenden Aufträge.

Die beiden beschriebenen Kontrollberichte erscheinen zunächst sehr umfangreich, stellen jedoch infolge ihres logischen Aufbaus und dank der Tatsache, daß sie für alle Arbeitsplätze und -gruppen bis hin zur Verdichtungsstufe Gesamtbetrieb immer gleich sind, nach einer gewissen Eingewöhnungszeit eine wertvolle Unterstützung für die Disposition, Fertigungssteuerung und Arbeitsverteilung dar.

Zum schnellen Erkennen von Unregelmäßigkeiten sind Graphiken allerdings wesentlich besser geeignet. Daher bietet sich die Visualisierung des Prozesses mit Hilfe des Durchlaufdiagramms in vereinfachter Form an.

Für denselben Zeitraum wie im vorhergehenden Bild zeigt *Bild 5.37 a* und *b* den Verlauf der fünf Durchlaufkurven für die in den Bildern 5.35 und 5.36 betrachtete Maschine 16116 im Ist- und Soll-Zustand als Kontrolldiagramm, wie es vom Graphikprogramm des Personal-Computers erzeugt wurde [21]. In beiden Graphiken ist vereinbarungsgemäß der Verlauf der Anlagekurve der gleiche, so daß der Unterschied zu den übrigen Kurven besonders deutlich wird.

Obwohl die Freigabe im Ist-Zustand wesentlich früher erfolgte als vorgesehen, blieb die erreichte Leistung bis zur Woche 47 um fast die Hälfte gegenüber der Soll-Leistung zurück, und die mittlere direkte Durchlaufzeit ist mit 7,8 Betriebskalendertagen mehr als dreimal so groß wie der Planwert 2,2 Tage (vgl. Bild 5.35, 4. Kennzahlblock, letzte Spalte). Die Ursache für die geringe Leistung liegt wahrscheinlich in der zu geringen Kapazität in den ersten vier Wochen, denn Arbeitsmangel hatte der Arbeitsplatz zu keinem Zeitpunkt. Die lange Durchlaufzeit ist wiederum eindeutig auf die unabgestimmte Freigabe und einen mit dem Abgang nicht abgestimmten Zugang zurückzuführen.

Besonders drastisch nimmt daher auch die Reichweite RWT in den Wochen 43 und 44 zu, wie aus der Kontrollgraphik der Durchlaufzeiten im Direktbestand hervorgeht (*Bild 5.38*).

Insgesamt zeigt der Arbeitsplatz gegenüber dem geplanten Durchlauf eine nachhaltig unkontrollierte Arbeitsweise.

Die Tabellen und Graphiken widerlegen auch den häufig erhobenen Einwand, daß es sich bei derartigen Auswertungen um das Aufarbeiten der Vergangenheit handle, an der man ja sowieso nichts mehr ändern könne. Das zuletzt gezeigte Beispiel demonstriert aber gerade das Gegenteil. Schon der Soll-Zustand ist unrealistisch, und der Ist-Zustand offenbart, daß wenig planmäßig gesteuert wird. Der Einsatz eines Kontrollsystems eröffnet also Möglichkeiten, mit Hilfe des bestehenden Dispositions- und Steuerungssystems gezielt in den Ablauf einzugreifen.

Wie bereits erwähnt, muß ein Kontrollsystem der geschilderten Art in die betriebliche Datenverarbeitung eingebunden werden. *Bild 5.39* deutet eine informationstechnische Lösungsmöglichkeit an. Die vorhandenen Rückmeldungen sind mit den Auftragsdaten in einem Programm zu *Bewegungsdaten* aufzubereiten. Jeder Datensatz beschreibt ein Durchlaufelement mit den in Bild 5.33 als Beispiel gezeigten Daten. In diesem Programm erfolgt auch die Prüfung der Daten auf Plausibilitätsfehler. Das nachfolgende Programm erzeugt aus den Bewegungsdaten die *Kontrolltabellen,* wobei Kontrollparameter die Auswertungszeiträume und Verdichtungsstufen steuern. Mit Hilfe eines *Filetransfer-Programms* fließen die

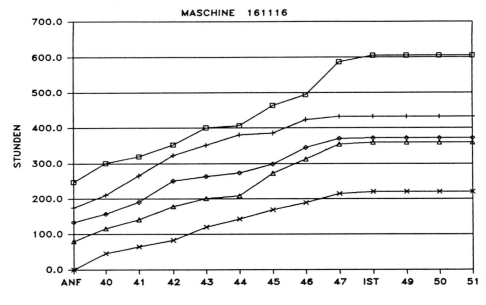

a) Ist – Zustand

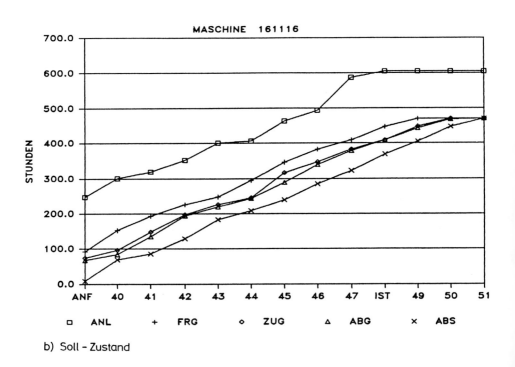

ANL: Anlage   FRG: Freigabe   ZUG: Zugang   ABG: Abgang   ABS: Abschluß

b) Soll – Zustand

Bild 5.37 KOSYF-Kontrolldiagramm der Bewegungen und Bestände eines Arbeitsplatzes im Ist- und Soll-Zustand [Bechte]

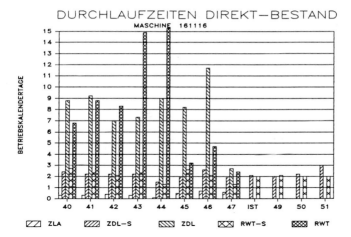

ZLA : mittlere Laufzeit (Durchführungszeit) in Schichten
ZDL : mittlere Durchlaufzeit im Ist-Zustand
ZDL-S: mittlere Durchlaufzeit im Soll-Zustand
RWT: mittlere Reichweite im Ist-Zustand
RWT-S: mittlere Reichweite im Soll-Zustand

Bild 5.38 KOSYF-Kontrollgraphik ausgewählter Durchlaufzeitkennwerte im Direktbestand [Bechte]

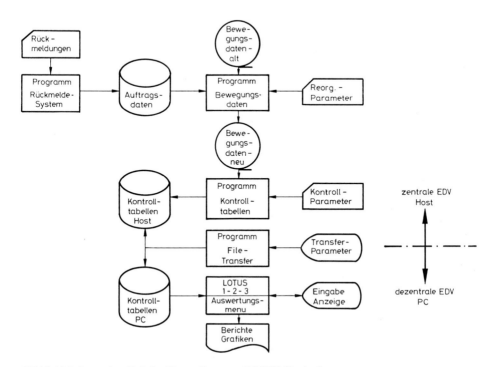

Bild 5.39 Informationsfluß des Kontrollsystems KOSYF [Bechte]

Daten von der zentralen Datenverarbeitungsanlage, auf der die vorgenannten Programme wegen des Daten- und Rechenumfanges wirtschaftlich laufen, zu einem handelsüblichen Personal Computer mit integriertem Platten- und Diskettenlaufwerk. Ein auf diesem Rechner installiertes Standardpaket zur Listen- und Graphikerstellung erzeugt die vorher definierten *Benutzerberichte und -graphiken*, die sowohl farbig auf dem Bildschirm angezeigt als auch über angeschlossene Drucker bzw. Plotter ausgegeben werden können. Derartige Personal-Computersysteme befinden sich heute bereits vielfach in den Betriebsabteilungen, so daß damit eine dezentrale Benutzung und Aufbereitung der Kontrollberichte und -graphiken möglich wird.

Die verschiedenen Anwendungsbereiche eines Kontrollsystems sind in *Bild 5.40* angedeutet. Während die Produktions- und Geschäftsleitung mehr an den globalen auftrags- und betriebsbezogenen Kennzahlen interessiert ist, werden Vertrieb und Disposition mehr den Auftragsdurchlauf betrachten, um richtige Liefertermine und Vorlaufzeiten zu planen. Die Kontrollberichte und -graphiken der Kostenstellen und Arbeitsplatzgruppen sind schließlich auch eine Unterstützung der Stellen, von denen die Aufträge durchgesetzt werden müssen.

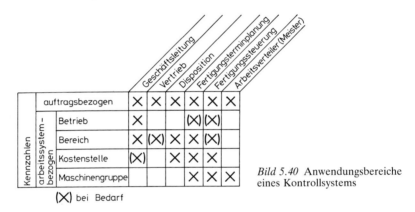

Bild 5.40 Anwendungsbereiche eines Kontrollsystems

(X) bei Bedarf

Die Realisierung eines Kontrollsystems in der geschilderten Weise stellt einen wertvollen Baustein für eine flußorientierte Fertigungssteuerung dar. Die Ergebnisse des Systems müssen aber noch interpretiert werden, um sie in entsprechende Maßnahmen umsetzen zu können. Diese einer Diagnose ähnliche Tätigkeit erfordert viel Erfahrung und Wissen und kann vorläufig nur von den Mitarbeitern des Betriebes, der Disposition und der Fertigungssteuerung erfüllt werden. Die in anderen Bereichen zunehmend aktuell werdenden sogenannten Expertensysteme können hier in Zukunft eine Hilfe leisten. Im letzten Abschnitt dieses Kapitels sollen jedoch bereits einige Überlegungen vorgestellt werden, die eine weitere Differenzierung des mittleren Bestandes und der gewichteten mittleren Durchlaufzeit anstreben, um diese dann wiederum auf ihre jeweiligen Ursachen zurückführen zu können.

5.4 Diagnose des Fertigungsablaufs im Durchlaufdiagramm

5.4.1 Bestandszerlegung

Der Fertigungsbestand an einem Arbeitssystem wird – wie gezeigt – durch den Verlauf der Zugangs- und Abgangskurve bestimmt. Dieser gestattet aber z. B. keine Aussagen darüber, welchen Mindestbestand ein Arbeitsplatz erfordert und welche Einflüsse insgesamt für die Höhe des Mindestbestandes maßgeblich sind. Zur Beantwortung dieser Fragen läßt sich der Bestand in Anlehnung an einen Vorschlag von Lorenz in mehrere Bestandsanteile zerlegen [19].

In *Bild 5.41* wird ein Durchlaufdiagramm mit einer fiktiven Zugangs- und Abgangskurve gezeigt. Die Bestandfläche FB zwischen Zugang und Abgang wird nun in vier Flächenarten zerlegt.

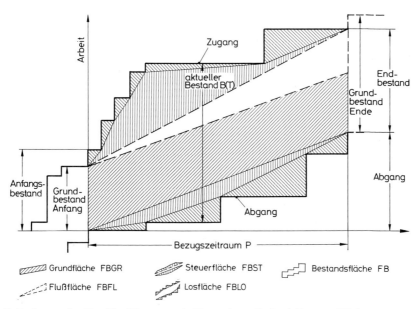

Bild 5.41 Zerlegung des Durchlaufdiagramms in Bestandsanteile [nach Lorenz, IFA]

Die *Grundfläche* FBGR entspricht dem Rechteck „Grundbestand Anfang mal Bezugszeitraum". *Als Grundbestand wird der Anfangsbestand abzüglich der Auftragszeit des am letzten Tag der Vorperiode zugegangenen Auftrages definiert.* Dabei geht man von der Überlegung aus, daß die Geraden, die den Grundbestand begrenzen, den Idealprozeß darstellen. Im Idealprozeß befindet sich der zuletzt zugegangene Auftrag möglicherweise bereits in Arbeit und zählt daher nicht mehr zum Grundbestand.

Ersetzt man im nächsten Schritt idealisierend den Zugangs- und Abgangsverlauf durch eine Gerade, so entsteht eine *Flußfläche* FBFL immer dann, wenn im Bezugszeitraum der Zugang an Arbeit größer oder kleiner ist als der Abgang. *Die Flußfläche kann demnach positiv oder negativ sein und stellt somit ein Maß für die Zunahme bzw. Abnahme des Bestandes im Bezugszeitraum dar.*

Die *Steuerfläche* FBST *entsteht dadurch, daß die Zugangs- und die Abgangskurve mit ihren Fuß- bzw. Kopfpunkten nicht auf der idealen Zugangs- bzw. Abgangsgeraden liegen, sondern gegenüber dieser zeitlich verschoben sind.* Im vorliegenden Beispiel liegen sie auf der Zugangskurve alle zu früh und auf der Abgangskurve alle zu spät. Dadurch entsteht eine bestandsaufbauende Steuerfläche sowohl im Zugang (hier definitionsgemäß positiv) als auch im Abgang (hier definitionsgemäß negativ). Beide Flächen können aber sowohl positive als auch negative Werte annehmen.

Schließlich erkennt man in Bild 5.41 noch eine als *Losfläche* FBLO bezeichnete Flächenart. *Sie entsteht durch den endlichen und unterschiedlichen Arbeitsinhalt der zu- bzw. abgehenden*

Aufträge. Da der Arbeitsinhalt der Lose immer größer als Null ist, sind die Losflächen im Zu- und Abgang bestandsaufbauend und per Definition immer positiv.

Der aktuelle Bestand B(T) zu irgendeinem Zeitpunkt T läßt sich also immer in die definierten Bestandsarten zerlegen. Am Ende des Bezugszeitraums ergibt sich infolge des sich aufbauenden Flußbestandes ein neuer Wert für den Grundbestand, hier „Grundbestand Ende" genannt. Er stellt für den nächsten Bezugszeitraum den „Grundbestand Anfang" dar. Die Bestimmung des Endbestandes wird später noch genau erläutert.

Aus den so gewonnenen Bestandsflächenarten läßt sich ein entsprechender Bestandsanteil berechnen. Dazu ist es zweckmäßig, Zugangs- und Abgangsprozeß getrennt zu betrachten (Bild 5.42).

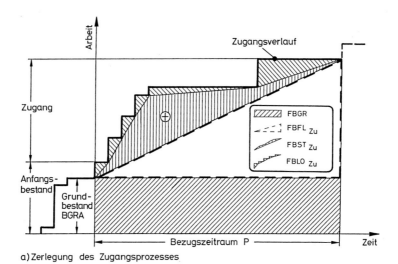

a) Zerlegung des Zugangsprozesses

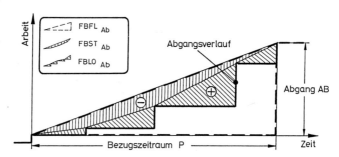

b) Zerlegung des Abgangsprozesses

Grundbestand Anfang	BGRA
Mittlerer Flußbestand	MBFL = FBFL / P
Mittlerer Steuerungsbestand	MBST = FBST / P
Mittlerer Losbestand	MBLO = FBLO / P

$$\text{Mittlerer Bestand } MB = BGRA + MBFL_{Zu} + MBST_{Zu} + MBLO_{Zu} - MBFL_{Ab} - MBST_{Ab} + MBLO_{Ab}$$

Bild 5.42 Zerlegung des Zugangs- und Abgangsprozesses in Bestandsanteile [nach Lorenz, IFA]

Dann ergibt sich folgende Beziehung für den mittleren Bestand MB:

$$
\begin{aligned}
MB = BGRA &+ (MBFL_{Zu} - MBFL_{Ab}) \\
&+ (MBST_{Zu} - MBST_{Ab}) \\
&+ (MBLO_{Zu} + MBLO_{Ab})
\end{aligned}
\tag{5.1}
$$

Grundbestand Anfang BGRA	$= FBGR/P$
mittlerer Flußbestand MBFL	$= (FBFL_{Zu} - FBFL_{Ab})/P$
mittlerer Steuerbestand MBST	$= (FBST_{Zu} - FBST_{Ab})/P$
mittlerer Losbestand MBLO	$= (FBLO_{Zu} + FBLO_{Ab})/P$
Periodendauer P	

Den nicht seltenen Fall, daß gleichzeitig zwei oder mehr Zugänge oder Abgänge zur selben Zeit an einem Arbeitsplatz erfolgen, zeigt *Bild 5.43* am Beispiel der Abgangskurve von Bild 5.41.

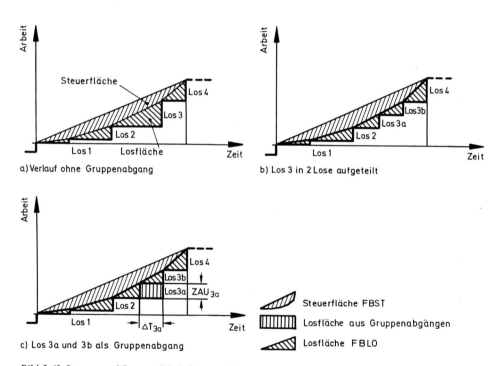

Bild 5.43 Steuer- und Losanteil bei Gruppenabgängen

Fall a in Bild 5.43 ist deckungsgleich mit der Abgangskurve in Bild 5.41. In Fall b soll das Los 3 in zwei Teillose zerlegt werden, die zeitlich versetzt so abgemeldet werden, daß sich die Steuerfläche nicht verändert. Es verringert sich jedoch die Losfläche, weil Los 3 a den Bestand durch seinen früheren Abgang verringert. In Fall c ist schließlich angenommen worden, daß das Teillos 3 a zum selben Zeitpunkt abgemeldet wird wie das Teillos 3 b. Dann vergrößert sich die Losfläche wiederum um die aus den Gruppenabgängen resultierenden Rechteckflächen, obwohl die (unnötige) Bestandsbindung nicht durch den Arbeitsinhalt des betreffenden Auftrages, sondern durch seine (unnötig) späte Abmeldung bedingt ist. Entsprechendes gilt für den Zugangsprozeß.

Eine Überprüfung an dem vorliegenden Praxisbeispiel hat gezeigt, daß der Fehler, der dadurch entsteht, daß dieser Effekt nicht berücksichtigt wird, im Bereich von 1 bis 3% bezogen auf die gesamte Bestandsfläche liegt. Bezieht man ihn auf die Losfläche, kann er 5 bis 40% betragen.

In Anlehnung an Lorenz, der in seinen Untersuchungen auf eine gesonderte Berechnung dieses Flächenanteils verzichtet hat und die Losfläche einschließlich dieses Anteiles Los- und Gruppenbestandsfläche genannt hat, wird im folgenden der Fehler vernachlässigt. Eine überschlägige Abschätzung dieses Anteils sollte dennoch erfolgen, um alle Möglichkeiten der Bestandssenkung aufzuzeigen.

Bei der Berechnung der Flächenanteile nach Gleichung 5.1 ist besonders auf die Vorzeichenregelung zu achten (*Bild 5.44*). Die *Grundfläche* ist immer positiv. Die *Flußfläche* des Gesamtprozesses wird als Differenz aus den definitionsgemäß positiven Flußflächen des Zu- und Abgangsprozesses gebildet. Sie kann somit sowohl ein positives als auch ein negatives Vorzeichen annehmen. Die *Steuerfläche* ist positiv, wenn sie oberhalb des idealisierten Zu- bzw. Abgangsverlaufes liegt, und negativ, wenn sie unterhalb der Ideallinie liegt.

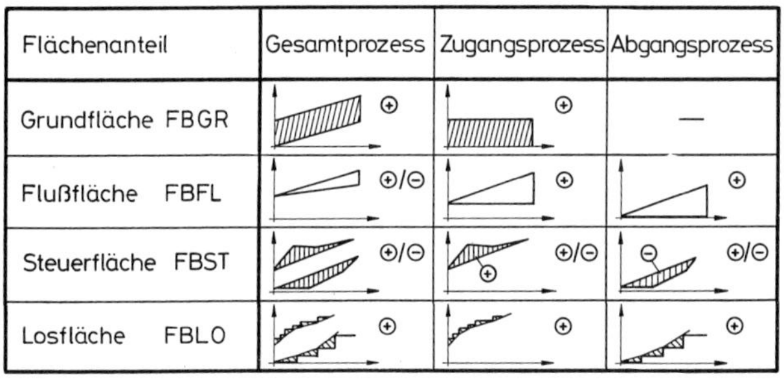

Flächenanteil	Gesamtprozess	Zugangsprozess	Abgangsprozess
Grundfläche FBGR	⊕	⊕	—
Flußfläche FBFL	⊕/⊖	⊕	⊕
Steuerfläche FBST	⊕/⊖	⊕/⊖	⊖ ⊕/⊖
Losfläche FBLO	⊕	⊕	⊕

⊕　nur positives Vorzeichen möglich
⊖　nur negatives Vorzeichen möglich
⊕/⊖　positives oder negatives Vorzeichen möglich

Bild 5.44 Vorzeichenregelung der Flächenanteile im Durchlaufdiagramm [von Wedemeyer, IFA]

Schließlich ist die *Losfläche* als letzter Flächenanteil des Bestandes im Zu- und Abgangsprozeß immer positiv, da der Arbeitsinhalt der Aufträge stets größer Null ist und die Losfläche im Zu- und im Abgang grundsätzlich bestandsaufbauend wirkt.

Neben der Vorzeichenregelung ist bei der Zerlegung der Bestandsfläche in die oben definierten Flächenanteile insbesondere auch eine exakte Festlegung der *Anfangs- und Endpunkte* der verschiedenen Kurvenverläufe erforderlich. Für den Fall, daß sowohl am letzten Tag der betrachteten als auch am letzten Tag der vorausgegangenen Periode jeweils Zu- bzw. Abgänge erfolgt sind, ist die in Bild 5.41 vorgenommene Flächenzerlegung eindeutig. Den Fall, daß an den jeweils letzten Tagen keine Zu- oder Abgänge registriert wurden, zeigt *Bild 5.45*.

Der Grundbestand am Periodenanfang wird dann ermittelt, indem zunächst die Losfläche im Zu- und Abgang periodengrenzüberschreitend angezeichnet wird. Der *Grundbestand Anfang* BGRA ist dann der Abstand zwischen den die Losfläche bildenden Geraden im Zeitpunkt T_0. Ähnlich ist auch am Periodenende zu verfahren. Jedoch ist es möglich, daß Arbeitsinhalt und Zeitpunkt des nächsten Zu- bzw. Abgangs zum betrachteten Zeitpunkt T_1 noch nicht bekannt sind. Es stehen dann zwei Möglichkeiten zur Wahl. Entweder wird auf den nächsten Zu- bzw.

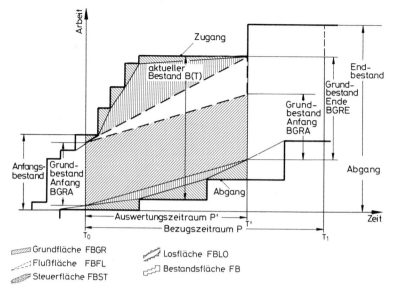

Bild 5.45 Zerlegung der Bestandsfläche im Durchlaufdiagramm in die verursachenden Bestandteile für den Fall fehlender Zu- und Abgänge am letzten Tag des Auswertungszeitraumes [von Wedemeyer, IFA]

Abgang gewartet oder das Periodenende T' wird so weit in die Vergangenheit verschoben, bis eine Aussage möglich wird. In Bild 5.45 ist der zweite Weg dargestellt (der Auswertungszeitraum P' ist kleiner als der Bezugszeitraum P), wohingegen das Praxisbeispiel im Anhang B auf die erste Methode zurückgreift.

In der Praxis wird man im allgemeinen stets mehrere Perioden gleichzeitig betrachten. Für die weiter zurückliegenden Perioden ist es immer möglich, die Auswertung über den gesamten Bezugszeitraum vorzunehmen, da die nächsten Zu- und Abgänge in der Folgeperiode bekannt sind. Lediglich für die letzte Periode wird es u. U. notwendig, den Auswertungszeitraum gegenüber dem Bezugszeitraum entsprechend Bild 5.45 zu verkürzen.

5.4.2 Durchlaufzeitzerlegung

Zur laufenden Diagnose des Fertigungsablaufs an einem Arbeitsplatz bietet es sich an, die Bestandsanteile je Periode in Reichweitenanteile umzurechnen, indem man sie durch den jeweiligen Abgang der Periode dividiert.

Dann gilt für die *mittlere Reichweite* MR:

$$
\begin{aligned}
\text{MR} &= \text{MRGR} + \text{MRFL} + \text{MRST} + \text{MRLO} \\
\text{MR} &= \frac{1}{\text{AB}} \cdot \text{FBGR} + (\text{FBFL}_{Zu} - \text{FBFL}_{Ab}) \\
&\qquad\qquad + (\text{FBST}_{Zu} - \text{FBST}_{Ab}) \\
&\qquad\qquad + (\text{FBLO}_{Zu} + \text{FBLO}_{Ab})
\end{aligned}
\tag{5.2}
$$

MRGR	= mittlere Grundreichweite	FBGR	= Grundfläche
MRFL	= mittlere Flußreichweite	FBFL	= Flußfläche der Zugangs- bzw. Abgangsfunktion
MRST	= mittlere Steuerreichweite	FBST	= Steuerfläche der Zugangs- bzw. Abgangsfunktion
MRLO	= mittlere Losreichweite	FBLO	= Losfläche der Zugangs- bzw. Abgangsfunktion

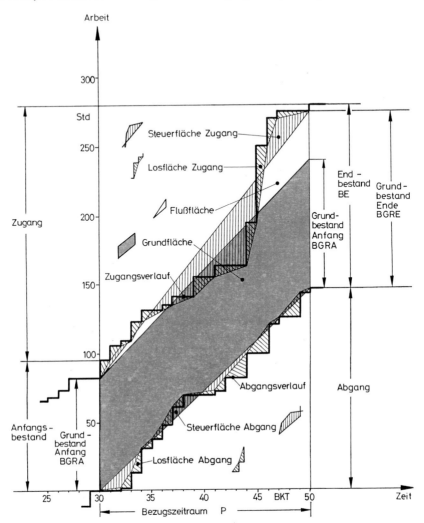

a) Graphik

BGRA	Grundfläche FBGR	[Std·BKT]	=1636,0
+ BGRE / BGRA	Flußfläche FBFL (Zugang - Abgang)	[Std·BKT]	1936,0 -1458,3 = 478,0
+	Steuerfläche FBST (Zugang - Abgang)	[Std·BKT]	-248,4- (-11,8)=-236,6
+	Losfläche FBLO	[Std·BKT]	123,0+ 104,8 = 227,8
=	Bestandsfläche FB	[Std·BKT]	= 2105,4

b) Zahlenwerte

Bild 5.46 Entwicklung der Bestandsanteile an einem Arbeitsplatz [von Wedemeyer, IFA]

In *Bild 5.46 a* sind die Flächenanteile des Fertigungsbestandes für das bisher als Beispiel benutzte Durchlaufdiagramm graphisch dargestellt. Man erkennt sehr deutlich die positive *Flußfläche*, die dadurch entstanden ist, daß der Zugang größer ist als der Abgang. Im Zugangsprozeß überlagern sich stark schwankende *Steuer- und Losflächen*, während der Abgangsprozeß vergleichsweise kontinuierlich verläuft, wenn – wie hier – keine längeren Stillstände bei der Abarbeitung der Aufträge auftreten. Die Zahlenwerte in *Bild 5.46 b* sind *Tabelle 5.4* entnommen. (Die in Tabelle 5.4 erwähnten Tabellen und Bilder finden sich im Anhang B, S. 346 ff.)

	KENNGRÖSSE	FORMEL-ZEICHEN	EINHEIT	BERECHNUNG	PERIODE 1	PERIODE 2	PERIODE 3	PERIODE 4	PERIODE 1–4
1	Anfangsbestand	BA	[Std]	Tabelle B1	95,8	92,8	85,8	152,0	95,8
2	Zugang	ZU	[Std]	Tabelle B1	34,9	24,4	96,3	29,3	184,9
3	Abgang	AB	[Std]	Tabelle B1	37,9	31,4	30,1	46,6	146,0
4	Endbestand	BE	[Std]	Tabelle B1	92,8	85,8	152,0	134,7	134,7
5	Periodenlänge	P	[BKT]		5	5	5	5	20
6	Grundbestand Anfang	BGRA	[Std]	Bild B1	81,8	88,9	77,2	84,3	81,8
7	Grundbestand Ende	BGRE	[Std]	Bild B1	88,9	77,2	84,3	129,6	129,6
8	Grundfläche	FBGR	[Std·BKT]	Zeile 5 · Zeile 6	409,0	444,5	386,0	421,5	1636,0
9	Mittlere Grundreichweite	MRGR	[BKT]	Zeile 8 : Zeile 3	10,8	14,2	12,8	9,0	11,2
10	Flußfläche	FBFL	[Std·BKT]	(Zeile 7 – Zeile 6)·P/2	+ 17,6	– 29,2	+ 17,7	+ 113,4	478,0
11	Mittlere Flußreichweite	MRFL	[BKT]	Zeile 10 : Zeile 3	0,5	– 0,9	0,6	2,4	3,3
12	Mittlerer Flußbestand	MBFL	[Std]	Zeile 10 : Zeile 5	3,5	– 5,8	3,5	22,7	23,9
13	Steuerfläche	FBST	[Std·BKT]	Bild B1 u. 5.44	+ 48,0	– 35,1	– 31,7	+ 116,5	– 236,6
14	Mittlere Steuerreichweite	MRST	[BKT]	Zeile 13 : Zeile 3	1,3	– 1,1	– 1,1	2,5	– 1,6
15	Mittlerer Steuerbestand	MBST	[Std]	Zeile 13 : Zeile 5	9,6	– 7,0	– 6,3	23,3	– 11,8
16	Losfläche	FBLO	[Std·BKT]	Bild B1 u. 5.44	45,8	38,4	59,9	83,7	227,8
17	Mittlere Losreichweite	MRLO	[BKT]	Zeile 16 : Zeile 3	1,2	1,2	2,0	1,8	1,6
18	Mittlerer Losbestand	MBLO	[Std]	Zeile 16 : Zeile 5	9,2	7,7	12,0	16,7	11,4
19	Bestandsfläche	FB	[Std·BKT]	Zeilen : 8 + 10 + 13 + 16	520,4	418,6	431,9	735,1	2105,4
20	Mittlere Reichweite	MR	[BKT]	Zeile 19 : Zeile 6	13,7	13,3	14,3	15,8	14,4
21	Mittlerer Bestand	MB	[Std]	Zeile 19 : Zeile 5	104,1	83,7	86,3	147,0	105,3
22	Bestandsentwicklungsanteil	BEZ	[BKT]	Tabelle B2 u. A 4	5,2	– 0,5	0,0	– 2,5	0,4
23	Mittlerer Vorlauf	MV	[BKT]	Zeile 20 + Zeile 22	18,9	12,8	14,3	13,3	14,9
24	Reihenfolgeanteil	RF	[BKT]	Tabelle B2 u. A5	– 2,5	– 4,7	+ 1,2	– 5,0	– 3,0
25	Mittlere Durchlaufzeit	MZ	[BKT]	Zeile 23 + 24	16,5	8,1	15,5	8,2	11,8

Anmerkung : Abweichungen hinter dem Komma sind auf Rundungsfehler zurückzuführen

Tabelle 5.4 Berechnung der Bestandsanteile- und Reichweiten sowie der wesentlichen Kenngrößen eines Arbeitsplatzes (je Periode und für den Gesamtbezugszeitraum) [von Wedemeyer, IFA]

Für den Fall, daß keine größeren Störungen auftreten und pünktlich abgemeldet wird, muß die Steuerfläche im Abgangsprozeß immer relativ klein sein, während die Losfläche des Abgangsprozesses durch Mittelwert und Streuung der abgearbeiteten Aufträge bestimmt wird. Die Steuerfläche des Zuganges resultiert aus den ungleichmäßigen Zwischenankunftszeiten und den Reihenfolgevertauschungen. (Die Begriffe Zwischenankunfts- und Zwischenabfertigungszeit entstammen der Warteschlangentheorie und bezeichnen die Zeitdauer zwischen zwei Zu- bzw. Abgängen.)

Dazu zeigt *Bild 5.47* im einzelnen die Entwicklung des Fluß-, Steuer- und Losbestandes für den Zugangs- und Abgangsprozeß des in Bild 5.46 dargestellten Arbeitsplatzes periodenweise und für den Gesamtbezugszeitraum. Man erkennt, daß die Bestandsanteile zeitweise starken Schwankungen unterworfen sind. Beim *Flußbestand* (Bild 5.47 a) ist dies auf die schlechte Abstimmung des Zugangsprozesses mit dem Abgangsprozeß zurückzuführen. Im Falle des Steueranteils (Bild 5.47 b) sind die starken Abweichungen vom Idealprozeß (d. h. Steueranteil gleich Null) auf Ungleichmäßigkeiten im Zugangs- und Abgangsverlauf zurückzuführen. Hier fällt vor allem der große Sprung im Steuerbestand des Zugangs von Periode 3 zu Periode 4 auf. Aus Bild 5.46 ist unschwer zu erkennen, daß dies aus dem extrem hohen

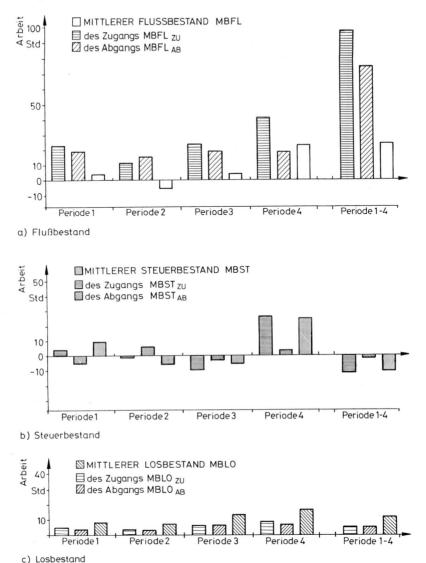

Bild 5.47 Entwicklung des mittleren Bestandes und seiner Bestandsanteile an einem Arbeitsplatz getrennt nach Zugang und Abgang [von Wedemeyer, IFA]

Zugang am Ende der Periode 3 resultiert. Der *Losbestand* in Bild 5.47 c unterliegt zwar keinen derart extremen Schwankungen, jedoch streuen auch hier die Werte erheblich. Dies ist auf die Schwankungen im Arbeitsinhalt der Einzelaufträge zurückzuführen.

Die resultierenden Fluß-, Steuer- und Losbestandsanteile aus dem Zugangs- und Abgangs-prozeß sind nochmals in Bild 5.48 dargestellt und um den Grundbestand zum mittleren Bestand ergänzt.

Die Einzelwerte für die Bilder 5.47 und 5.48 sind Tabelle 5.4 entnommen. Dort ist zu jeder Kenngröße das zugehörige Formelzeichen und die Berechnungsvorschrift angegeben oder ein

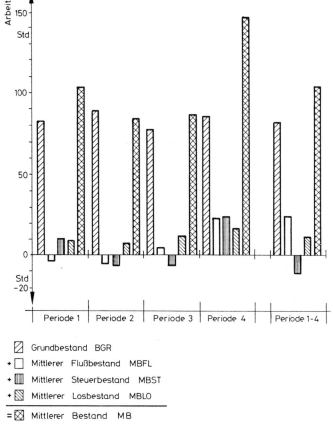

Bild 5.48 Entwicklung des mittleren Bestandes und seiner Bestandteile resultierend aus Zugangs- und Abgangsverlauf [von Wedemeyer, IFA]

Verweis, wo der betreffende Wert ermittelt wurde. Es soll daher an dieser Stelle nicht näher auf die relativ umfangreichen Berechnungen eingegangen werden, die Tabelle 5.4 zugrunde liegen. Nähere Angaben sowie eine periodenweise graphische Darstellung der Bestandszerlegung im Durchlaufdiagramm enthält *Anhang B* ab S. 346 ff.

Es sei an dieser Stelle darauf hingewiesen, daß die für die Periode 1 bis 4, also den Gesamtbezugszeitraum, zusammengefaßten Kennwerte nicht mit den in Kapitel 4 berechneten Werten übereinstimmen. Zwar werden die Berechnungen jeweils mit der gleichen Datenbasis durchgeführt, jedoch erfolgt in Kapitel 4 die Auswertung in *Kalendertagen* (d. h. einschließlich der arbeitsfreien Tage) und hier in *Betriebskalendertagen* (d. h. ausschließlich in Arbeitstagen). Für einen direkten Vergleich sei daher auf die Tabellen A1 bis A7 im Anhang A (S. 339 ff.) verwiesen.

Die gefundenen Begriffe zur Diagnose von Bestand und Durchlaufzeit lassen sich in eine Diagnosetabelle umsetzen, die *Bild 5.49* für das in Bild 5.46 dargestellte Durchlaufdiagramm zeigt. Sie ist in Anlehnung an die Kontrolltabelle Bild 5.29 aufgebaut und enthält neben dem *Bestand,* der *Reichweite und ihren Anteilen* noch den *Reihenfolge-* und *Bestandsentwicklungsanteil,* um so wieder die Verbindung zur *mittleren gewichteten Durchlaufzeit* herzustellen.

DIAGNOSE – KENNGRÖSSEN		PERIODE 1	PERIODE 2	PERIODE 3	PERIODE 4	PERIODE 1-4
		1	2	3	4	
1	Kalendertage [Tag]	205-211	212-218	219-225	226-232	205-232
2	Arbeitstage [BKT]	30-34 (5)	35-39 (5)	40-44 (5)	45-49 (5)	30-49 (20)
3	Mittlerer Bestand [Std]	104,1	83,7	86,3	147,0	105,3
4	Grundreichweite [BKT]	10,8	14,2	12,8	9,0	11,2
5	Flußreichweite [BKT]	- 0,5	- 0,9	0,6	- 2,4	3,3
6	Steuerreichweite [BKT]	1,3	- 1,1	- 1,1	2,5	- 1,6
7	Losreichweite [BKT]	1,2	+ 1,2	2,0	1,8	1,6
8	Mittlere Reichweite [BKT]	13,7	13,3	14,3	15,8	14,4
9	Reihenfolgeanteil [BKT]	- 2,5	- 4,7	1,2	- 5,0	- 3,0
10	Bestandsentw.anteil [BKT]	5,2	- 0,5	0,0	- 2,5	0,4
11	Gew. mittl.Durchlaufzeit [BKT]	16,5	8,1	15,5	8,2	11,8

Bild 5.49 Diagnosetabelle der Durchlaufzeit eines Arbeitsplatzes

Auch diese Werte lassen sich zweckmäßig in eine Säulengraphik umsetzen (*Bild 5.50*). Im oberen Teil erkennt man die Zerlegung der *Reichweite* in ihre Bestandteile, während die untere Diagnosegraphik die Bestandteile der *Durchlaufzeit* veranschaulicht.

Die Ausführungen haben deutlich gemacht, daß es an einem Arbeitsplatz eine überschaubare Anzahl eindeutig definier- und berechenbarer Einflußgrößen auf Bestand und Durchlaufzeit gibt. Diese Erkenntnisse gilt es nun in entsprechende Maßnahmen umzusetzen.

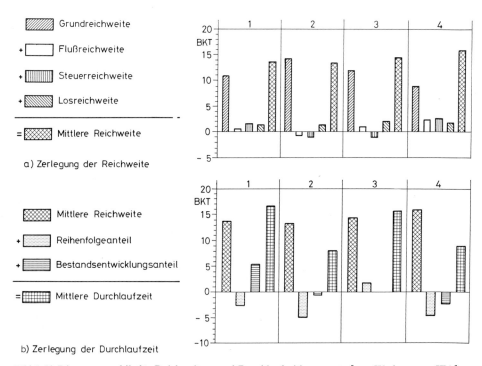

Bild 5.50 Diagnosegraphik für Reichweiten- und Durchlaufzeitkennwerte [von Wedemeyer, IFA]

5.4.3 Ableitung von Maßnahmen aus der Kontrolle und Diagnose des Fertigungsablaufs

Aus der Analyse, Kontrolle und Diagnose des Ablaufprozesses läßt sich eine Reihe von verursachungsorientierten Maßnahmen zur dauerhaften Verringerung des Bestandes und der Durchlaufzeit ableiten, die *Bild 5.51* mit einigen Stichworten verdichtet und die teilweise schon in Bild 5.24 angesprochen wurden. Der Abstand zwischen der idealisierten Zugangs- und Abgangskurve und damit der *Grundbestand* hängt nur von der Häufigkeitsverteilung der Übergangszeiten ab. Die Übergangszeit setzt sich aus Prüf- und Transportvorgängen sowie den damit verbundenen Liegezeiten zusammen. Es gilt also, die Prüf- und Transportzeiten durch organisatorische Maßnahmen zu verkürzen und zu vergleichmäßigen, um anschließend durch eine Bestandsregelung dafür zu sorgen, daß der als realistisch erkannte Grundbestand auch wirklich eingehalten wird. Diese Bestandsregelung muß in das Verfahren der Fertigungssteuerung integriert sein.

DURCHLAUFZEIT-ANTEIL AUS	GRENZWERT-KRITERIUM	MASSNAHME	
Grundbestand	Transport- und Kontrollzeit		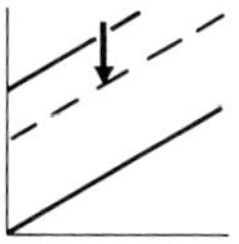 • Bestandsregelung • Transportorganisation • Prüforganisation
Flußbestand	Differenz von Zugang und Abgang		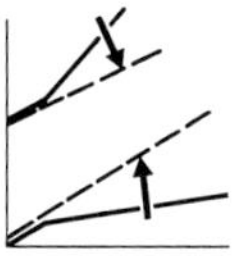 • Freigaberegelung • Kapazitätsanpassung
Steuerbestand	Zwischenankunfts-zeit		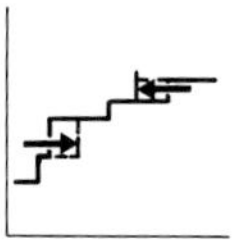 • Feinsteuerung Auftragszuteilung • FIFO
Losbestand	Streuung der Auftragszeit		 • Harmonisierung der Losarbeitsinhalte • Rüstzeitreduktion • Lossplitting

Bild 5.51 Verursachungsorientierte Maßnahmen zur dauerhaften Durchlaufzeit- und Bestandsverringerung

Sobald Zugang und Abgang in einer Periode nicht übereinstimmen, ergibt sich ein positiver oder ein negativer *Flußbestand*. Grundsätzlich bestehen zwei Möglichkeiten, einen Flußbestand zu vermeiden. Entweder man sorgt dafür, daß bei gegebener Kapazität der in der nächsten Periode zufließende Arbeitsstrom *(Belastung)* so groß ist wie der voraussichtlich abgearbeitete Arbeitsstrom, oder man paßt die *Kapazität* so an, daß der voraussichtliche Abgang dem gewünschten Zugang entspricht. Die erste Maßnahme läßt sich gut mit dem Regelungsverfahren kombinieren, das auch den Bestand regelt. Die Kapazitätsregelung erfordert demgegenüber ein eigenständiges Verfahren, weil sich gegebenenfalls bei Kapazitätsveränderungen gegenüber dem bei der Disposition angenommenen Planwert der mittleren Durchlaufzeit einerseits Durchlaufzeitveränderungen infolge der veränderten Durchführungszeiten ergeben und sich andererseits auch die Abgangstermine ändern und damit die Terminsituation der betroffenen Aufträge.

Der *Steuerbestand* wird hauptsächlich durch die Zugangskurve bestimmt, denn in der Abgangskurve haben die Durchlaufelemente wegen der auch in der Praxis meist lückenlosen Abarbeitung der Durchführungselemente praktisch keinen Spielraum. Die Steuerfläche der Abgangskurve ergibt sich bei lückenloser Abfertigung nämlich direkt aus der Verteilung der Durchführungszeiten und damit der Auftragszeiten. Anders sieht es beim Zugangsprozeß aus. Dieser wird durch Ereignisse bestimmt, die zufällig an verschiedenen anderen vorgelagerten Arbeitsplätzen ablaufen, und davon, ob die Aufträge in der Reihenfolge abgearbeitet werden, in der sie ankommen. Offensichtlich vergrößert eine Reihenfolgevertauschung den Steuerbestand, weshalb grundsätzlich die Abfertigungsregel FIFO (First In – First Out) zu empfehlen ist. Die Ankunftszeiten können nicht an diesem Arbeitsplatz, sondern müssen von den vorgelagerten Arbeitsplätzen gesteuert werden. Am betrachteten Arbeitsplatz kann die Feinsteuerung dafür sorgen, daß dies auch geschieht, indem beispielsweise mit Hilfe eines Auskunftssystems die entsprechenden Aufträge bei der Transportsteuerung angemahnt werden.

Die von der Fertigungssteuerung nicht direkt beeinflußbare Bestandsgröße ist der *Losbestand*. Er ergibt sich aus der Auftragszeitstreuung der im Zugang bzw. Abgang befindlichen Lose. Ideal wären unendlich viele Lose mit unendlich kleinem, gleichen Arbeitsinhalt, also ein kontinuierlicher Arbeitsstrom. Da dies in der Stückgutproduktion nicht möglich ist, ist anzustreben, diesem Ideal unter den gegebenen Umständen so nahe wie möglich zu kommen. Die Auftragsinhalte der Lose entstehen im Rahmen der Disposition in Form der Losgrößenbestimmung nach Kostengesichtspunkten, auch als wirtschaftliche oder optimale Losgrößenbestimmung bezeichnet. Dabei versucht man, die Summe der für ein Los insgesamt anfallenden Kosten zu minimieren. Bisher ist es nicht üblich, hierbei auch die Bestandskosten einzubeziehen, die durch die Auftragszeitstreuung entstehen, nämlich den Losbestand. Generell ist zu empfehlen, zunächst die *Streuung der Arbeitsinhalte* zu verringern. Entweder man teilt die Lose so auf, daß eine bestimmte Auftragszeit von beispielsweise 16 Stunden entsprechend einer Durchführungszeit von zwei Tagen bei Einschichtbetrieb nicht überschritten wird, oder man untersucht die Rüstkosten genauer, um sie durch technische oder organisatorische Maßnahmen zu verringern und damit zu kleineren Losgrößen zu gelangen. Es ist aber zu beachten, daß durch die Verringerung der Losgrößen mehr Aufträge entstehen und in dem Fall, daß die Lose nur geteilt wurden, zusätzliche Kapazität durch häufigeres Rüsten erforderlich ist. Neben der Verringerung der Streuung der Auftragszeiten ist als zweite Maßnahme zur Absenkung des Losbestandes der *mittlere Arbeitsinhalt der Aufträge zu verkleinern.* Dies ist im allgemeinen nicht durch Maßnahmen der Disposition und Fertigungssteuerung, sondern durch technische Investitionen in flexible Fertigungszellen und Systeme zu erreichen, in denen umrüstfrei (genauer: das Umrüsten geschieht während der Hauptzeit) verschiedene Werkstücke einzeln in beliebiger Reihenfolge gefertigt werden können. Den Einfluß der Losgröße auf den Auftragsdurchlauf behandelt Abschnitt 8.1.1 noch genauer.

Wie in Abschnitt 4.3 ausführlich erläutert wurde, üben neben diesen vier Bestandsanteilen noch der Reihenfolgezeitanteil und der Bestandsentwicklungsanteil einen Einfluß auf die mittlere Durchlaufzeit einer Periode aus. Der *Reihenfolgeanteil* verschwindet dann, wenn keine Reihenfolgevertauschungen mehr stattfinden. Alle Maßnahmen, die den Steuerbestand mindern, verringern also auch den Reihenfolgeanteil der Durchlaufzeit. Der *Bestandsentwicklungsanteil* wird durch mehrere Faktoren beeinflußt. Da bei einem Bestandsentwicklungsanteil Null Anfangs- und Endbestandsfläche gleich sein müssen, bedeutet dies, daß sowohl der Flußbestand als auch der Steuer- und Losbestand der Zugangs- und Abgangskurve einer Periode gleich sein müssen.

5.5 Einsatz von Farbgraphiken zur Darstellung von Durchlaufdiagrammen und Kenngrößen

Die in den bisherigen Ausführungen vorgestellten zahlreichen graphischen Darstellungen des Durchlaufdiagramms und der daraus abgeleiteten Kenngrößen haben die große Aussagefähigkeit der Visualisierung des komplexen Prozeßablaufs einer Werkstättenfertigung anschaulich vor Augen geführt. Die Erzeugung solcher Darstellungen auf Farbgraphik-Bildschirmen und die Ausgabe mit Hilfe von Farbplottern werden immer preiswerter; ihr Einsatz ist daher nicht nur für wissenschaftliche Untersuchungen oder einmalige Präsentationen sinnvoll, sondern bietet sich auch zunehmend für den täglichen Einsatz in der industriellen Praxis an. Die folgenden Darstellungen sollen dazu dienen, sich solche Graphiken zunächst einmal vorstellen zu können, um daraus Anregungen für eine eigenständige Gestaltung zu gewinnen.

Als Beispiele wurden drei Bildserien ausgewählt, deren Anwendung im Rahmen von *Betriebsanalysen,* eines *Leitstandes* und eines *Kontrollsystems* denkbar ist. Bei der folgenden Kommentierung steht deshalb weniger die Frage im Vordergrund, wie diese Bilder entstanden sind; daher erfolgen nur Verweise auf die entsprechenden Abschnitte, in denen die Berechnungsgrundlagen behandelt werden. Vielmehr sollen die Graphiken aus der Sicht eines gedachten Benutzers betrachtet werden, der sie zu kurz-, mittel- und langfristig wirkenden Verbesserungsmaßnahmen des Produktionsablaufs einsetzen will. Zwar müssen die Grundlagen des Trichtermodells und der im Durchlaufdiagramm enthaltenen Zielgrößen bekannt sein; es soll aber nicht etwa erforderlich sein, alle Einzelheiten der Berechnung dieser Diagramme zu erlernen. Dies ist ein mit dem Controlling-Konzept vergleichbarer Ansatz, wie er in größeren Unternehmen zunehmend praktiziert wird.

5.5.1 Ergebnisdarstellung von Betriebsanalysen

Die folgenden Diagramme veranschaulichen Ergebnisse von Betriebsanalysen. Sie wurden als Demonstrationsobjekte mit Hilfe eines Standard-Graphikpakets auf einem PC als Laborversion realisiert. Die Daten entstammen einer Betriebsuntersuchung, die mit Hilfe des Programmpakets DUBAF ausgewertet wurden (vgl. Abschnitt 5.2).

Bild 5.52 zeigt zunächst das *Durchlaufdiagramm* einer Arbeitsplatzgruppe, in das zusätzlich noch der Bestandsverlauf mit eingeblendet wurde. Die Zugangs- und Abgangskurve wurde hier durch Geradenstücke zwischen den täglichen Summenwerten angenähert (statt Stufenkurven zu bilden), um so den Eindruck eines zu- und abfließenden Arbeitsstromes zu erzeugen.

In *Bild 5.53* wurde die *Durchlaufzeitverteilung* der Aufträge ausgewertet, die der Arbeitsplatz aus Bild 5.52 in dem im Durchlaufdiagramm erfaßten Zeitraum abfertigte. Die statistischen Angaben über die Anzahl ANZ der Aufträge sowie den Mittelwert MIT und die Standardabweichung STA der ungewichteten Durchlaufzeit sind zur Information ebenfalls mit angegeben.

In den früheren Ausführungen erfolgte bereits eine Erläuterung der Bedeutung der Lorenzkurve zur anschaulichen Darstellung von gewichteten und ungewichteten Durchlaufzeit- und Auftragszeitverteilungen. *Bild 5.54* zeigt die *Lorenzkurve der Auftragszeiten* derjenigen Aufträge, die den Arbeitsplatz in Bild 5.52 im dort dargestellten Zeitraum verließen. Der Kurvenzug entstand aus der Verbindung der einzelnen Punkte durch Geradenstücke. Die statistischen Angaben oberhalb der Kurve nennen zunächst die Anzahl der insgesamt abgefertigten *Stunden.* Der zugehörige Mittelwert und die Standardabweichung stellen damit

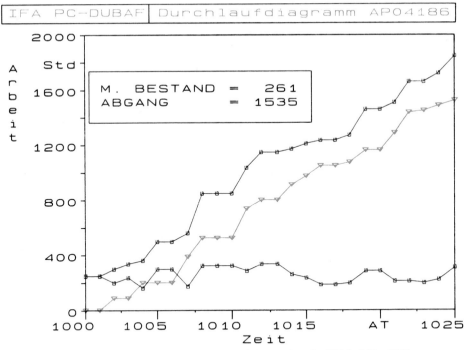

Bild 5.52 Durchlaufdiagramm eines Arbeitsplatzes mit Bestandsverlauf [Nyhuis/Fu, IFA]

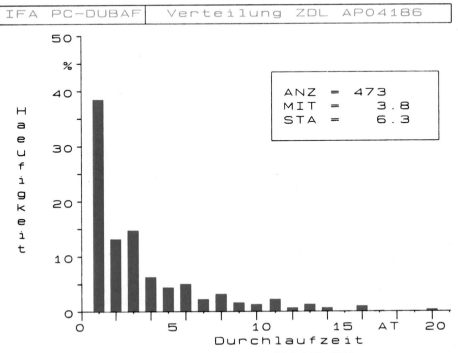

Bild 5.53 Verteilung der Durchlaufzeit eines Arbeitsplatzes [Nyhuis/Fu, IFA]

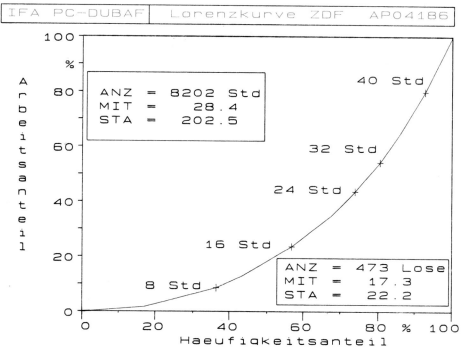

Bild 5.54 Lorenzkurve der Auftragszeit eines Arbeitsplatzes [Nyhuis/Fu, IFA]

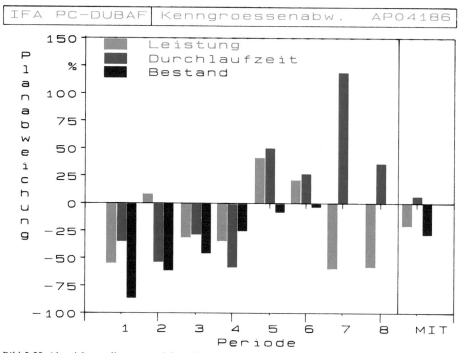

Bild 5.55 Abweichungsdiagramm einiger Kenngrößen eines Arbeitsplatzes [Nyhuis/Fu, IFA]
(MIT = Mittelwert der 8 Perioden)

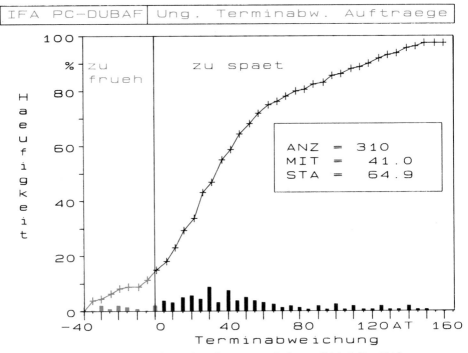

Bild 5.56 Terminabweichungsverteilung einer Gruppe von Aufträgen [Nyhuis/Fu, IFA]

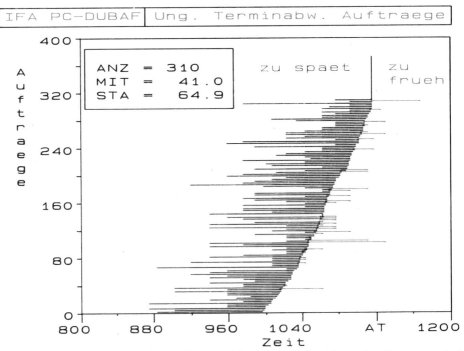

Bild 5.57 Terminabweichungsdiagramm der ungewichteten Terminabweichung einer Gruppe von Aufträgen [Nyhuis/Fu, IFA]

die *gewichtete* mittlere Auftragszeit bzw. die Standardabweichung der Aufträge dar. Im unteren Bildteil ist weiterhin die Anzahl der abgefertigten *Lose* angeführt. Der zugehörige Mittelwert und die Standardabweichung entspricht damit der *ungewichteten* oder einfachen mittleren Auftragszeit bzw. deren Standardabweichung.

Abschließend zu den Beispielen von Arbeitsplatzanalysen zeigt *Bild 5.55* den *Soll-Ist-Vergleich* der Kenngrößen Leistung, Durchlaufzeit und Bestand des Arbeitsplatzes aus Bild 5.2 als Zeitreihe über 8 Perioden in Form relativer Planabweichungen. Die unter MIT angegebenen Werte stellen die Mittelwerte aller acht Perioden dar.

Mit den folgenden zwei Bildern soll abschließend zur Auswertung von Betriebsanalysen die Terminabweichung von Aufträgen verdeutlicht werden. *Bild 5.56* zeigt eine „klassische" Darstellung der *ungewichteten Terminabweichung* von 310 Aufträgen mit den Einzelwerten je Abweichungsklasse und der zugehörigen Summenkurve sowie dem ungewichteten Mittelwert und der Standardabweichung.

Bild 5.57 macht die *ungewichtete Terminabweichung* in einem *Durchlaufdiagramm* deutlich, das die Ist- und Soll-Abgangszeitpunkte der Aufträge enthält. Jeder Isttermin ist mit dem zugehörigen Soll-Termin des entsprechenden Auftrages durch eine Gerade verbunden, so daß die stochastische Natur der Zielgröße Terminabweichung unmittelbar hervortritt. Wenn man jeden Auftrag mit seinem Arbeitsinhalt „gewichtet", d.h. als Rechteck mit den Abmessungen Terminabweichung und Auftragszeit abbildet, erhält man eine Darstellung der gewichteten Terminabweichung, wie sie in Abschnitt 4.3.7 abgeleitet wurde.

5.5.2 Graphiken zur mittelfristigen Fertigungsablaufkontrolle

Die folgenden Graphiken wurden mit dem in Abschnitt 5.3 vorgestellten Kontrollsystem KOSYF mit einer Auswertungsfrequenz von 1 Woche und einem Auswertungsbereich von 12 Wochen erzeugt [21]. Die Daten entstammen einem Unternehmen, in dem Folien üblicherweise in fünf Arbeitsgängen in zahlreichen Varianten und unterschiedlichen Losgrößen hergestellt werden [22].

In *Bild 5.58* und *Bild 5.59* sind zunächst die fünf *Durchlaufkurven des Gesamtbetriebes* von der Kalenderwoche 44 (durch ANF = Anfang gekennzeichnet) bis zur Woche 04 des Folgejahres dargestellt. Die Graphik zeigt die Situation am Ende der 51. Woche (durch IST = aktuelle Woche gekennzeichnet).

Während Bild 5.58 den *Soll-Zustand* aufgrund der Durchlaufzeitplanwerte sichtbar macht, stellt Bild 5.59 den *Ist-Zustand* dar, der von der 52. Woche an natürlich noch keine Aussagen ermöglicht; deshalb verlaufen die Durchlaufkurven von diesem Zeitpunkt an waagerecht. Die Anlagekurve ist in beiden Bildern identisch, da sie den Ausgangspunkt der Planung darstellt.

Bild 5.58 ermöglicht anhand des *Soll-Zustandes* zunächst eine kritische Prüfung der *Planung*. Man sieht sofort, daß diese unrealistisch ist: Zum einen reagiert die Freigabe auf den verstärkten Auftragseingang ab Woche 46 viel zu spät, nämlich erst ab Woche 52; zum anderen sind unrealistisch geringe indirekte und direkte Bestände und damit Durchlaufzeiten vorgesehen. Der *Ist-Zustand* in Bild 5.59 zeigt, daß zwar einerseits früher freigegeben wurde als geplant, andererseits aber die tatsächliche Ablieferung (gekennzeichnet durch die Abschlußkurve ABS) gegenüber der geplanten Ablieferung um nahezu 9000 Stunden im Rückstand ist. Man erkennt dies auch daraus, daß der Beginn der Soll-Kurve für den Abschluß nicht beim Wert Null, sondern bei etwa 9000 Stunden liegt.

Bild 5.60 und *Bild 5.61* zeigen die Situation in diesem Betrieb zwei Jahre später; die Ist-Woche fällt hier mit der Kalenderwoche 16 zusammen. Die Planung in Bild 5.60 weist realistischere Werte auf als vor zwei Jahren, allerdings sind immer noch Lieferverzüge von etwa 7000 Stunden festzustellen, wenn man den Sollwert der Abschlußkurve von etwa 42 000 Stunden

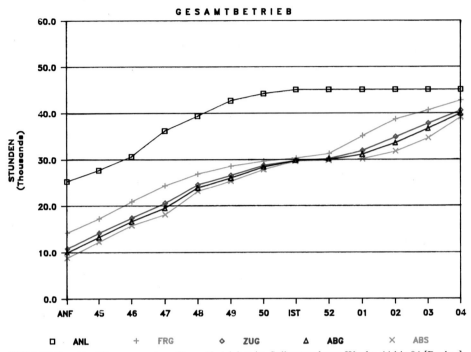

Bild 5.58 Durchlaufdiagramm eines Gesamtbetriebes im Sollzustand von Woche 44 bis 04 [Bechte]
(ANL = Anlage, FRG = Freigabe, ZUG = Zugang, ABG = Abgang, ABS = Abschluß)

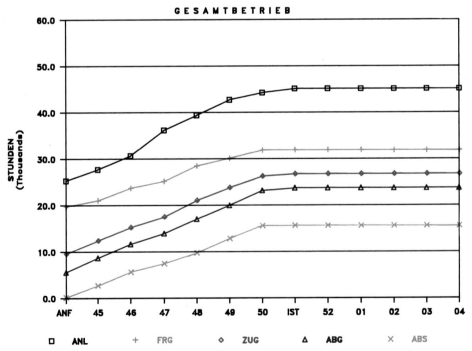

Bild 5.59 Durchlaufdiagramm Gesamtbetrieb Ist-Zustand von Woche 44 bis 04 [Bechte]

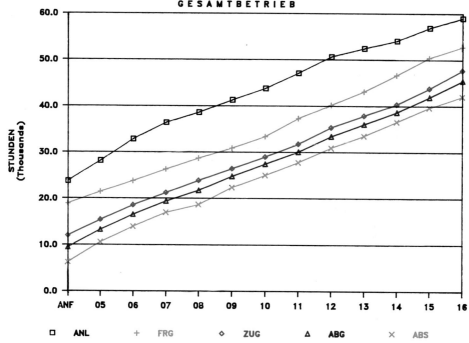

Bild 5.60 Durchlaufdiagramm Gesamtbetrieb Soll-Zustand von Woche 04 bis 16 [Bechte]

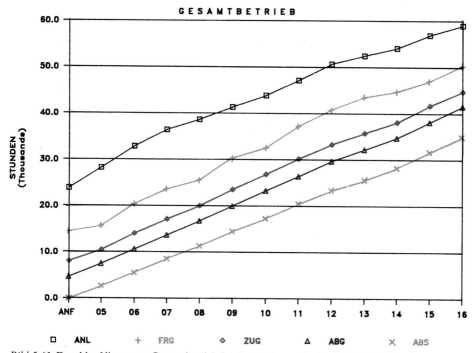

Bild 5.61 Durchlaufdiagramm Gesamtbetrieb Ist-Zustand von Woche 04 bis 16 [Bechte]

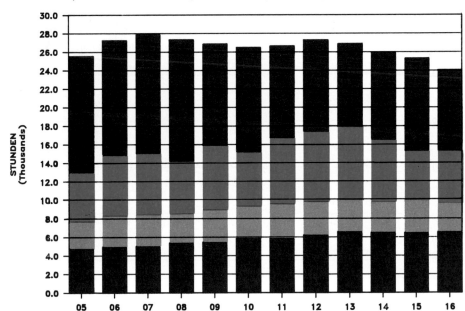

Bild 5.62 Bestandsentwicklung Gesamtbetrieb Ist-Zustand von Woche 05 bis 16 [Bechte]
(NACH = Nachbestand, DIREKT = Direktbestand, INDIR = Indirektbestand, DISPO = Dispositionsbestand)

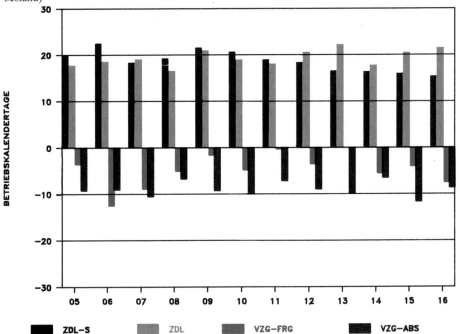

Bild 5.63 Entwicklung von Soll- und Ist-Durchlaufzeit sowie des Terminvorzugs, der Freigabe und des
Auftragsabschlusses des Umlaufbestandes für den Gesamtbetrieb von Woche 05 bis 16 [Bechte]
(ZDL-S = Soll-Durchlaufzeit, ZDL = Ist-Durchlaufzeit, VZG-FRG = Terminverzug Freigabe, VZG-
ABS = Terminverzug Abschluß)

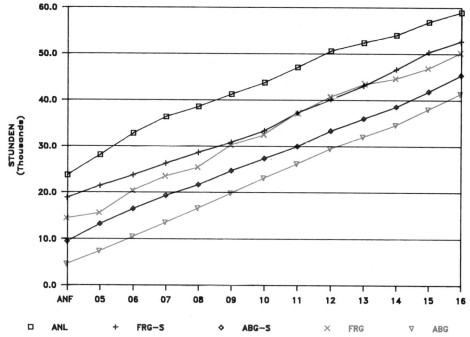

Bild 5.64 Vergleich von Soll-Freigabe- und Ist-Freigabeverlauf sowie von Soll-Abgangs- und Ist-Abgangsverlauf für den Gesamtbetrieb von Woche 04 bis 16 [Bechte]

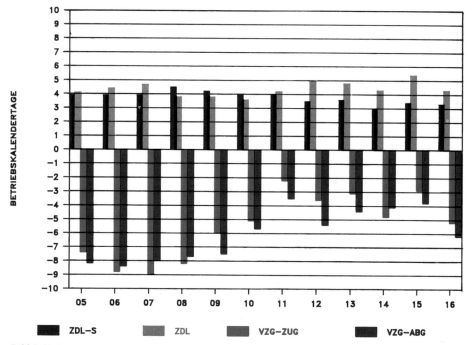

Bild 5.65 Entwicklung von Soll- und Ist-Durchlaufzeit sowie vom Terminverzug des Zugangs und des Abgangs für den Gesamtbetrieb von Woche 05 bis 16 [Bechte]

mit dem Istwert der Abschlußkurve von etwa 35 000 Stunden vergleicht (Bild 5.61). Auch die Freigabe ist noch nicht gut auf den Auftragseingang abgestimmt.

Die Durchlaufzeit spiegelt sich in den *Beständen,* deren Zusammensetzung für denselben Zeitraum *Bild 5.62* zeigt; die schwankende Freigabe kommt vor allem im schwankenden Indirekt-Bestand zum Ausdruck.

Interessant ist die Entwicklung der *Durchlaufzeit* und des *Terminverzuges* aufgrund des Bestands- und Freigabeverhaltens. In *Bild 5.63* sind sowohl die Werte für die Soll-Durchlaufzeit des Umlaufbestandes zwischen Freigabe und Abschluß der Aufträge (ZDL-S) und die zugehörige Ist-Durchlaufzeit (ZDL) als auch der Terminverzug der Freigabe (VZG-FRG) und der Ablieferung (VZG-ABS) wochenweise dargestellt. Die Soll-Durchlaufzeit wurde ab Woche 9 allmählich von 21 auf 15 Tage abgesenkt, die Istwerte folgten dieser Vorgabe aber nicht dauerhaft, weil sich der dafür verantwortliche Umlaufbestand als Summe aus Nach-, Direkt- und Indirektbestand nicht entsprechend verringerte (vgl. Bild 5.62). Dadurch ergaben sich auch Terminverzögerungen im Abschluß (VZG-ABS) zwischen 8 und 11 Tagen, die nur zum Teil durch die verspätete Freigabe (VZG-FRG) verursacht waren.

Um die Terminsituation besser in den Griff zu bekommen, verfolgt das Unternehmen die Freigabe-Soll- und -Ist-Kurve sowie die Abschluß-Soll- und -Ist-Kurve in einem eigenen Durchlaufdiagramm (*Bild 5.64*). Zwischen der Woche 9 und der Woche 13 wurde nahezu plangemäß freigegeben; deshalb sind in *Bild 5.63* in diesem Zeitraum nur relativ geringe Terminverzüge bei der Freigabe zu erkennen.

Während die bisher vorgestellten Diagramme mehr der Gesamtübersicht und der Unterstützung von Disposition und Freigabe dienen, läßt die Überwachung des *Direktbestandes* die Situation in der Werkstatt selbst deutlich werden. Ein Beispiel zeigt *Bild 5.65,* welches wie Bild 5.63 aufgebaut ist, jedoch die Durchlaufzeit und die Terminabweichung des Direktbestandes verfolgt. Während die Durchlaufzeiteinhaltung in der Woche 5 bis 11 aufgrund des Vergleichs der Soll- und Ist-Durchlaufzeit als befriedigend angesehen werden kann, beträgt die mittlere Terminabweichung der abgehenden Aufträge (VZG-ABG) mit 6 bis 9 Tagen im selben Zeitraum ungefähr das Doppelte der mittleren direkten Durchlaufzeit, was offensichtlich aus dem zu späten Zugang (VZG-ZUG) resultiert, der seinerseits die Folge der zu späten Freigabe ist.

Hier wird in besonders einleuchtender Weise deutlich, daß Durchlaufzeit und Termineinhaltung zwei Zielgrößen sind, die jede für sich überwacht und mit verschiedenen Maßnahmen gesteuert werden müssen. Während die Durchlaufzeit letztlich eine Funktion des mittleren Bestandes und der Kapazität ist, unterliegt die Terminabweichung zwei anderen Einflüssen, nämlich zum einen der Abweichung von Soll- und Ist-Durchlaufzeit und zum anderen der Abweichung von Soll- und Ist-Freigabetermin.

5.5.3 Graphiken zur kurzfristigen Arbeitsplatzsteuerung

Die folgenden Graphiken entsprechen dem in Kapitel 4 entwickelten Durchlaufdiagrammen und der Darstellung der Zielgrößen Bestand, Auslastung, Durchlaufzeit und Terminabweichung. Es handelt sich dabei um versuchsweise auf einem hochauflösenden Bildschirm entwickelte Bilder, die man sich auf einem Leitstandmonitor zur Abbildung des aktuellen Fertigungsablaufs an einzelnen Arbeitsplatzgruppen vorstellen könnte.

Bild 5.66 zeigt zunächst das *Durchlaufdiagramm* eines Arbeitsplatzes mit den Stufenkurven der zu- und abgehenden Arbeit (in Vorgabestunden) über der Zeit (in Kalendertagen), und zwar mit den Soll- und Istwerten. Bei den Daten handelt es sich um Vergangenheitsdaten; der Auswertezeitpunkt ist deshalb durch die rechte senkrechte Linie gekennzeichnet. Generell sagt das Diagramm etwas darüber aus, ob der Arbeitsplatz gleichmäßig mit Arbeit versorgt wurde, ob die Auftragszeiten stark unterschiedlich sind, ob die Aufträge gleichmäßig abgemeldet wurden und wie weit Soll- und Ist-Zugangs- und -Abgangskurve zeitlich versetzt sind.

Füllt man die Fläche zwischen Zu- und Abgangskurve aus (hier durch senkrechte Linien im Abstand von einem Tag), erhält man eine Vorstellung von der *Bestandsentwicklung* an diesem Arbeitsplatz (*Bild 5.67*), die ja immer eine Folge beider Einflußgrößen ist, nämlich der Belastung (sie entspricht der Steigung der Zugangskurve) und der Leistung (sie entspricht der Steigung der Abgangskurve). Neben dem Einfluß des Bestandes auf das am Arbeitsplatz gebundene Kapital läßt sich aus der Bestandsschwankung auch bereits auf schwankende Durchlaufzeiten dieses Arbeitsplatzes schließen; denn ein höherer bzw. niedrigerer Bestand bedeutet ja im Mittel längere bzw. kürzere Liegezeiten für die wartenden Aufträge.

Um die *Auslastung* des Arbeitsplatzes abschätzen zu können, blendet man in das Durchlaufdiagramm den geplanten Kapazitätsverlauf ein (*Bild 5.68*). Hier zeigen die waagerechten Abschnitte in der ansonsten stetig verlaufenden Kapazitätskurve die arbeitsfreien Tage. Der Vergleich der Abgangs- mit der Kapazitätskurve deutet bei Abweichungen darauf hin, daß die Kapazität entweder gestört war oder die Vorgabezeit nicht ausgereicht hat oder aber die Rückmeldungen nicht dem tatsächlichen Arbeitsfortschritt entsprechend erfolgten.

Schließlich zeigt die Überlagerung der Durchlaufelemente der abgelieferten Aufträge mit dem Durchlaufdiagramm die Entwicklung der *Durchlaufzeit* an diesem Arbeitsplatz (*Bild 5.69*). Neben der starken Streuung der Einzelwerte kann man unter Umständen auch das Abfertigungsverhalten erkennen. In die Durchlaufelemente wurde darüber hinaus noch die aus der Auftragszeit errechnete *Durchführungszeit* eingetragen, so daß man einen Eindruck vom *Durchführungszeitanteil* erhält (zur Berechnung vgl. Abschnitt 3.5.3).

Von hoher Anschaulichkeit ist die graphische Darstellung der *Terminabweichung der Abgänge* (Bild 5.70), in der jedem abgemeldeten Auftrag der Soll-Termin zugeordnet und daraus das Terminabweichungselement erzeugt wird. Die links von der Abgangskurve liegenden Flächen kennzeichnen verspätete Aufträge, die rechts davon liegenden Flächen gehören zu verfrüht abgefertigten Aufträgen.

Die *Terminabweichung der Zugänge* (*Bild 5.71*) bietet eine Unterstützung zur Analyse der Terminabweichung des Abgangs; denn man erkennt sofort, welche Aufträge schon verspätet am Arbeitsplatz angekommen sind.

Zur Analyse des *Alters des gegenwärtigen Bestandes* eignet sich eine Darstellung der im Bestand befindlichen Aufträge mit ihrem Zugangstermin (*Bild 5.72*).

Ergänzt man die Darstellung um den Soll-Abgangstermin dieser Aufträge und die Kapazitätskurve der nächsten Perioden, ergibt sich *Bild 5.73,* welches eine Unterstützung für eine terminorientierte Reihenfolgebildung bieten kann.

Die hier mit einem automatischen Zeichengerät erzeugten Darstellungen des Durchlaufdiagramms wird man in der Regel nicht auf Papier ausgeben; sie sind vielmehr als Auskunftsbilder in einem Leitstand gedacht und sollen in Verbindung mit dem im vorhergehenden Abschnitt vorgestellten Kontrollsystem helfen, den Produktionsablauf besser zu verstehen, um gegebenenfalls gezielt eingreifen zu können.

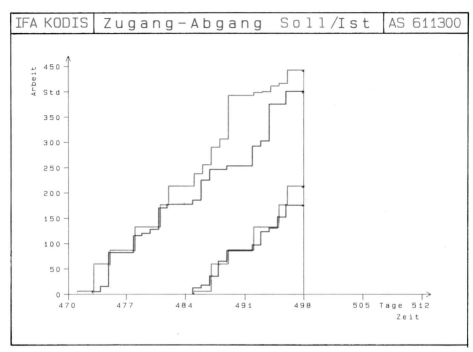

Bild 5.66 Durchlaufdiagramm eines Arbeitssystems mit Soll-Ist-Zugangs- und -Abgangskurve [Timm, IFA]

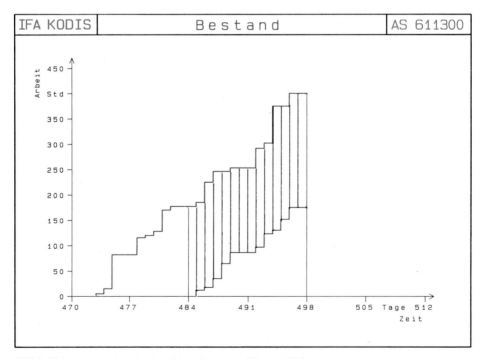

Bild 5.67 Bestandsverlauf im Durchlaufdiagramm [Timm, IFA]

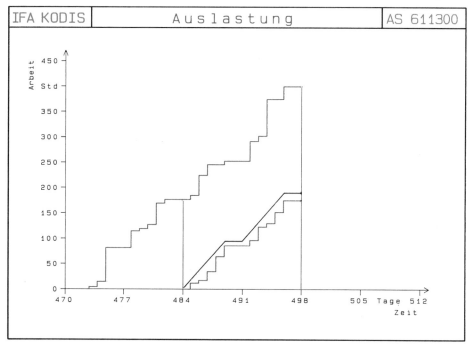

Bild 5.68 Kapazitätsverlauf im Durchlaufdiagramm [Timm, IFA]

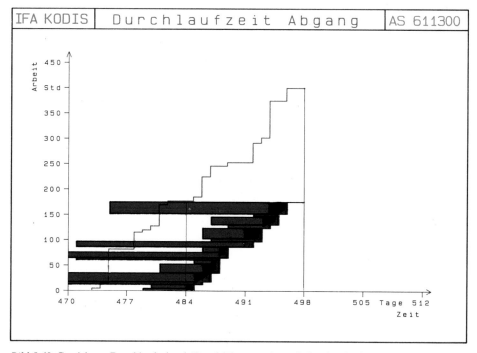

Bild 5.69 Gewichtete Durchlaufzeit mit Durchführungszeitanteil der abgefertigten Aufträge im Durchlaufdiagramm [Timm, IFA]

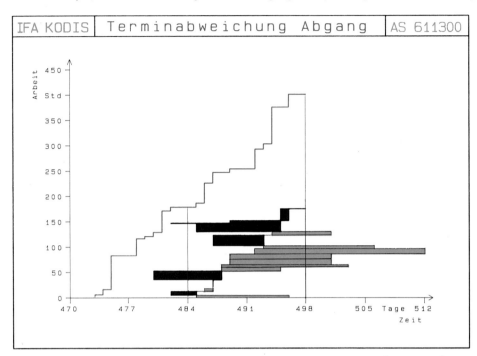

Bild 5.70 Terminabweichung der abgefertigten Aufträge im Durchlaufdiagramm [Timm, IFA]

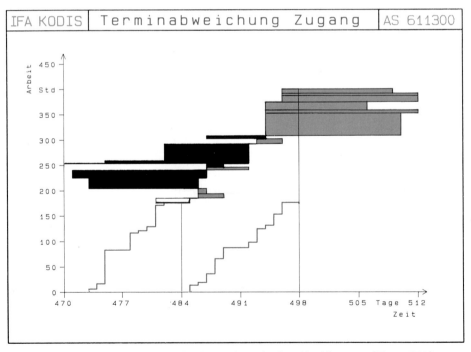

Bild 5.71 Terminabweichung der zugehenden Aufträge im Durchlaufdiagramm [Timm, IFA]

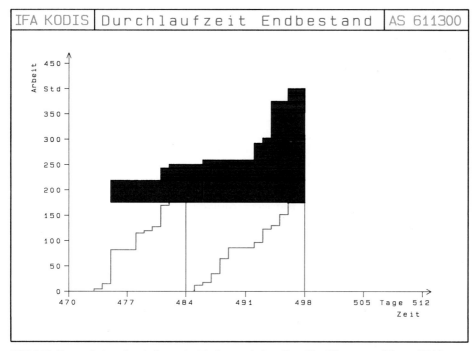

Bild 5.72 Bestandsalter der Aufträge im Endbestand eines Durchlaufdiagramms [Timm, IFA]

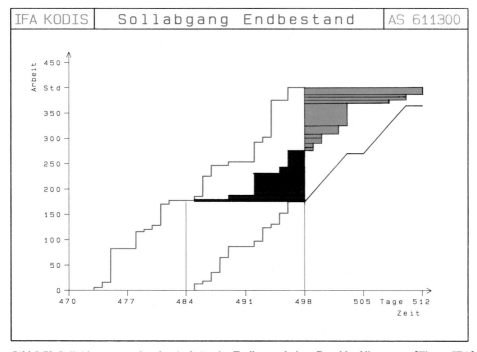

Bild 5.73 Soll-Abgangstermine der Aufträge im Endbestand eines Durchlaufdiagramms [Timm, IFA]

5.6 Schlußfolgerungen für die Fertigungssteuerung

So einfach der grundsätzliche Aufbau der Durchlaufdiagramme und ihrer verschiedenen Formen zunächst erscheinen mag, so deutlich wird doch am praktischen Beispiel, daß es nicht immer leicht ist, aus Abweichungen zwischen Soll- und Istwerten auf die jeweiligen Ursachen zu schließen und aufgrund dessen die richtigen Maßnahmen zur Verbesserung einzuleiten.

Es konnte jedoch im Abschnitt 5.4 anhand der Bestands- und Durchlaufzeiterzerlegung gezeigt werden, daß die Durchlaufzeit durch ein Arbeitssystem von wenigen, eindeutig beschreibbaren Ursachen abhängt, die aus dem Zusammenhang zwischen der Zugangs- und Abgangskurve abzuleiten sind. Sie lassen sich durch den *Grundbestand,* den *Flußbestand,* den *Steuerbestand* und den *Losbestand* kennzeichnen. Diesen Ursachen gilt es nun, Maßnahmen zur gezielten Verbesserung des Prozeßablaufs im Sinne kurzer Durchlaufzeiten, hoher Termintreue, niedriger Bestände und guter Auslastung zuzuordnen. Eine Reihe dieser Maßnahmen kann in einem direkten *Eingriff* in den Ablauf auf der Informationsgrundlage eines Kontroll- und Diagnosesystems bestehen. Einige Maßnahmen lassen sich aber offensichtlich auch als *Regelverfahren* konzipieren, die dann Bestandteil eines Programmsystems der Fertigungssteuerung sein müßten.

Die wohl wichtigste Aufgabe einer Fertigungssteuerung ist nach den bisherigen Darlegungen, Grundbestand und Flußbestand zu regeln. Erst dann sollten Maßnahmen der Feinsteuerung zur Verringerung des Steuerbestandes einsetzen. Parallel dazu sind Maßnahmen zur Kapazitätsplanung und zur Losgrößenplanung zu überlegen.

Das Durchlaufdiagramm ist als Modell für derartige Regelverfahren besonders geeignet, da alle Maßnahmen zur Veränderung einer Zielgröße – z. B. Durchlaufzeit – in ihren Auswirkungen auf die anderen Zielgrößen – z. B. Auslastung und Termintreue – verdeutlicht werden und insbesondere durch das Kontroll- und Diagnosesystem überprüfbar sind.

Im folgenden Kapitel soll daher zunächst ein neuartiger Baustein zur Fertigungssteuerung in der Einzel- und Serienfertigung vorgestellt werden, welcher unter dem Namen „belastungsorientierte Auftragsfreigabe" bekannt geworden ist. Er bewirkt in erster Linie die Regelung des mittleren Bestandes und beeinflußt damit unmittelbar die mittlere Durchlaufzeit der Arbeitsvorgänge und Aufträge.

Das Verfahren wurde von Jendralski in einer ersten Version im Rahmen seiner Simulationsuntersuchungen „entdeckt" [24], von Bechte zu einem einfach handhabbaren Verfahren entwickelt [25], von Buchmann in ein PPS-System integriert [26] und von Erdlenbruch in wichtigen Punkten weiterentwickelt [27]. Die folgenden Ausführungen bauen auf diesen vier Arbeiten auf.

5.7 Literatur

[1] *Kettner, H. (Hrsg.):* Neue Wege der Bestandsanalyse im Fertigungsbereich. Fachbericht des Arbeitsausschusses Fertigungswirtschaft (AFW) der Deutschen Gesellschaft für Betriebswirtschaft (DGfB). Institut für Fabrikanlagen der Technischen Universität Hannover. Hannover 1976.

[2] *Kettner, H., Kreutzfeldt, H.-F.:* DUBAF – eine Methodenbeschreibung zur Durchlaufzeit- und Bestandsanalyse im Fertigungsbereich. wt 68 (1978) 3, S. 157–162.

[3] *Dombrowski, U.:* Durchlaufzeit- und Bestandsanalyse im Fertigungsbereich (DUBAF). In: Dokumentation zum Fachseminar „Statistisch orientierte Fertigungssteuerung" des Instituts für Fabrikanlagen der Universität Hannover, 1984, S. 190–214.

[4] *Bechte, W.:* Durchlaufzeit- und Bestandsanalysen als bewährter Einstieg in die Rationalisierung von Fertigungsabläufen. In: Dokumentation zum Fachseminar „Statistisch orientierte Fertigungssteue-

rung" des Instituts für Fabrikanlagen der Universität Hannover am 14./15. 05. 1984 in Hannover, S. 215–225.

[5] *Nyhuis, F.:* Fertigungsablaufanalyse benötigt für gute Ergebnisse systematische Planung. Maschinenmarkt 90 (1984) 20, S. 442–445.

[6] *Hackstein, R.:* Produktionsplanung und -steuerung (PPS) – Ein Handbuch für die Betriebspraxis. Düsseldorf 1984.

[7] *Bobenhausen, F.:* Analyse der arbeitsvorgangsbezogenen Durchlaufzeitstruktur in Betrieben der Einzel- und Kleinserienfertigung. Dissertation Universität Dortmund 1985.

[8] *Buß, P.:* Integrierte Planung der Lagerstruktur bei Neuplanung von Betrieben mit Werkstattfertigung. Dissertation Universität Hannover 1985 (veröffentlicht in: Fortschritt-Berichte der VDI-Zeitschriften, Reihe 2, Nr. 28, Düsseldorf 1985).

[9] *Greim, H.-R.:* Reorganisationsplanung der Zwischenlagerstruktur in Betrieben mit Werkstattfertigung. Dissertation Universität Hannover 1985 (veröffentlicht in: Fortschritt-Berichte der VDI-Zeitschriften, Reihe 2, Nr. 110, Düsseldorf 1986).

[10] *Kettner, K., Bechte, W.:* Neue Wege der Fertigungssteuerung durch belastungsorientierte Auftragsfreigabe, VDI-Z 123 (1981) 11, S. 459–466.

[11] *Lorenz, W.:* Organisatorische Maßnahmen zur Steuerung und Kontrolle des Fertigungsablaufs bei NC-Maschinen in einer Werkstattfertigung. Vortrag zum Seminar „NC-Technologie Forum NC/CNC/DNC-Einsatz in der betrieblichen Praxis" der Gesellschaft für Management und Technologie (gfmt) am 25./26. 06. 1984 in München.

[12] *Wiendahl, H.-P.:* Erprobte Methoden zur Reduzierung von Durchlaufzeiten in der Produktion. Ind. Org. 53 (1984) 9, S. 391–395.

[13] *Autorenkollektiv:* Methodik und Praxis der Durchlaufzeitverkürzung in der Einzel- und Kleinserienfertigung. VDI/ADB-Fachtagung am 7./8. 03. 1985 in Fellbach bei Stuttgart. Düsseldorf, 1985.

[14] *Nyhuis, F.:* Rüstzeitanalyse – Voraussetzung für eine systematische Rüstzeitreduzierung. In: Dokumentation zum Fachseminar „Statistisch orientierte Fertigungssteuerung" des Instituts für Fabrikanlagen der Universiät Hannover, 1984, S. 242–261.

[15] *Holzkämper, R.:* Konzeption eines Kontroll- und Diagnosesystems zur Überwachung des Fertigungsablaufs. ZwF 79 (1984) 9, S. 451–455.

[16] *Holzkämper, R.:* Voraussetzungen für die Realisierung eines Kontroll- und Diagnosesystems zur organisatorischen Fertigungsablaufüberwachung. ZwF 80 (1985) 6, S. 238–243.

[17] *Bechte, W.:* Arbeitsinhalt-Zeit-Funktionen – ein Kontrollinstrument für die Fertigungssteuerung. FB/IE 32 (1983) 2, S. 7–14.

[18] *Wiendahl, H.-P.:* Beeinflußbarkeit von Durchlaufzeiten, Beständen, Leistung und Termintreue mit Hilfe von PPS-Systemen. VDI-Bericht Nr. 490 (1983), S. 85–91.

[19] *Lorenz, W.:* Differenzierte Bestandsanalyse im Fertigungsbereich – eine neue Methode zur Bestandskontrolle. AV 20 (1983) 4, S. 104–107.

[20] *Lorenz, W.:* Differenzierte Durchlaufzeitanalyse im Fertigungsbereich – ein Verfahren zur Durchlaufzeitkontrolle. AV 20 (1983) 5, S. 144–149.

[21] *Bechte, W.:* Rechnergestütztes Durchlaufzeit- und Bestands-Kontrollsystem (KOSYF) als Basis einer flußorientierten Fertigungssteuerung. Krautzig und Bechte, Unternehmensberater. Hannover 1985.

[22] *Schumacher, E.:* Darstellung und Überwachung von Kennzahlen auf PC's – Eine realisierte Lösung. Kongreß PPS '85 des AWF am 6.–8. 11. 1985 in Böblingen.

[23] *Schumacher, E., Bechte, W.:* Design and Implementation of Floworiented Manufacturing Control System in a Plastic Foils Factory. First World Congress of Production and Inventory Control am 27.–29. 05. 1985 in Wien.

[24] *Jendralski, J.:* Kapazitätsterminierung zur Bestandsregelung in der Werkstattfertigung. Dissertation Technische Universität Hannover 1978.

[25] *Bechte, W.:* Steuerung der Durchlaufzeit durch belastungsorientierte Auftragsfreigabe bei Werkstattfertigung. Dissertation Universität Hannover 1980 (veröffentlicht in: Fortschritt-Berichte der VDI-Zeitschriften, Reihe 2, Nr.70, Düsseldorf 1984).

[26] *Buchmann, W.:* Zeitlicher Abgleich von Belastungsschwankungen bei der belastungsorientierten Fertigungssteuerung. Dissertation Universität Hannover 1983 (veröffentlicht in: Fortschritt-Berichte der VDI-Zeitschriften, Reihe 2, Nr. 63, Düsseldorf 1983).

[27] *Erdlenbruch, B.:* Grundlagen neuer Auftragssteuerungsverfahren für die Werkstattfertigung. Dissertation Universität Hannover 1984 (veröffentlicht in: Fortschritt-Berichte der VDI-Zeitschriften, Reihe 2, Nr. 71, Düsseldorf 1984).

6 Belastungsorientierte Auftragsfreigabe

6.1 Grundlegende Zusammenhänge

In Abschnitt 4.3.6 wurde analytisch aufgrund einer Flächenbilanz im Durchlaufdiagramm gezeigt, daß sich unter bestimmten Annahmen die gewichtete mittlere Durchlaufzeit eines Arbeitsplatzes proportional zum mittleren Bestand und umgekehrt proportional zur mittleren Leistung dieses Arbeitsplatzes verhält. *Bild 6.1* zeigt hierzu noch einmal ein reales Durchlaufdiagramm, dem der idealisierte Zugangs- und Abgangsverlauf überlagert wurde.

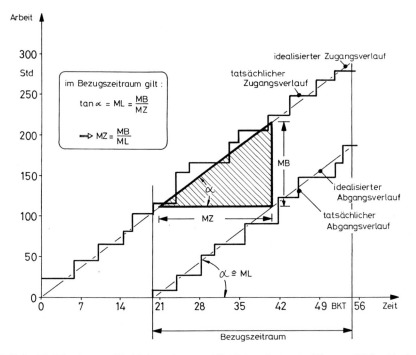

Bild 6.1 Analytische Ableitung zwischen Durchlaufzeit, Leistung und Bestand in der Fertigung [nach Bechte, IFA]

Unter der Annahme, daß die idealisierten Zugangs- und Abstandsgeraden parallel verlaufen, läßt sich das schraffierte Dreieck einzeichnen, in dem die geometrische Beziehung gilt:

$$\tan \alpha = \frac{MB}{MZ}$$

$$\tan \alpha = ML$$

$$\boxed{MZ = \frac{MB}{ML}}$$

MZ = gewichtete mittlere Durchlaufzeit
MB = mittlerer Bestand
ML = mittlere Leistung

(6.1)

Diesen auch als Trichterformel bezeichneten Zusammenhang kann man aber nicht nur für Analysezwecke, sondern auch für Steuerungszwecke nutzen. *Will man nämlich an einem Arbeitsplatz eine bestimmte Durchlaufzeit erzielen, muß man dafür sorgen, daß immer ein bestimmter mittlerer Bestand eingehalten wird.* Dies wiederum erreicht man dadurch, daß man in einem Bezugszeitraum nur so viel Arbeit zugehen läßt, wie in demselben Zeitraum voraussichtlich wieder abgehen wird. Will man die mittlere Durchlaufzeit verändern, kann man dies durch Veränderung entweder des Zuganges – also der Belastung – oder des Abganges – also der Leistung – erreichen. Die Leistung ergibt sich aus dem Produktionsprogramm und wird im allgemeinen für einen längeren Zeitraum – z. B. mehrere Wochen – festgelegt. *Als wesentliche Steuergröße für die mittlere Durchlaufzeit ergibt sich dann der mittlere Bestand.*

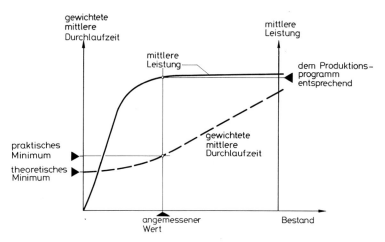

Bild 6.2 Prinzipieller Zusammenhang zwischen Durchlaufzeit, Leistung und Bestand in der Fertigung [nach Bechte, IFA]

Verändert man nun den Bestand an einem Arbeitsplatz in weiten Grenzen, und damit den Abstand von Zugangs- und Abgangskurve, wird sich auch eine entsprechende mittlere Durchlaufzeit ergeben. Daraus lassen sich sogenannte Betriebskennlinien entwickeln, deren prinzipiellen Verlauf *Bild 6.2* zeigt. Man erkennt deutlich die Veränderung der mittleren Leistung und der mittleren Durchlaufzeit in Abhängigkeit vom mittleren Bestand. Die Leistung verändert sich oberhalb eines bestimmten Bestandswertes – hier „angemessener Wert" genannt – nicht mehr wesentlich, weil immer genügend Arbeit vorliegt, so daß keine Beschäftigungsunterbrechungen entstehen. Unterhalb dieses Wertes werden allerdings zunehmend zeitweise Arbeitsunterbrechungen auftreten, so daß die Leistung bis auf den Wert Null absinken kann, wenn kein Bestand vorhanden ist.

Mit der Veränderung des Bestandes wird sich oberhalb des „angemessenen Wertes" die Durchlaufzeit proportional mit dem Bestand erhöhen, da ja die Leistung konstant bleibt; hier gilt also die „Trichterformel". Unterhalb dieses Wertes gilt die Trichterformel jedoch nicht mehr; vielmehr sinkt die Durchlaufzeit mit abnehmendem Bestand nur auf die gewichtete mittlere Durchführungszeit zuzüglich der mittleren Transportzeit ab.

Daraus ergibt sich folgende einfache Schlußfolgerung: *Für jeden Arbeitsplatz muß der Bestand so gesteuert werden, daß einerseits ein Leistungseinbruch gerade vermieden und andererseits das praktische Minimum der Durchlaufzeit erreicht wird.* Wie noch gezeigt wird (siehe Abschnitt 6.5), hängt diese realistische Mindestdurchlaufzeit nur von der Spannweite der Durchführungszeiten und von der Spannweite der Übergangszeiten ab.

Die Realisierung dieses Grundgedankens erfordert aber die Berücksichtigung einiger praktischer Randbedingungen. Die eine davon ist die Tatsache, daß in einer Werkstatt eben keine idealen Zugangs- und Abgangsverläufe vorliegen. Wie in Abschnitt 5.4 gezeigt wurde, überlagern sich dem Idealverlauf zunächst drei Einflüsse des realen Produktionsablaufs:

- Der Betrag der zugehenden und abgehenden Arbeit an einem Arbeitsplatz ist nicht immer gleich groß. (Dadurch entsteht der sogenannte *Flußbestand*.)
- Die Zugangs- und Abgangskurve verläuft meist nicht entlang einer Geraden. (Dadurch entsteht der sogenannte *Steuerbestand*.)
- Zugänge und Abgänge erfolgen mit zum Teil sehr stark streuenden Werten. (Dadurch entsteht der sogenannte *Losbestand*.)

Die zweite wichtige praktische Randbedingung ist die *flexible Verknüpfung der Arbeitsplätze* einer Werkstatt durch die stets wechselnden Arbeitsvorgangsfolgen der durchlaufenden Aufträge. In Abschnitt 2 wurde dargelegt, daß es um so schwieriger wird, den Zugangs- und Abgangszeitpunkt eines bestimmten Loses an einem bestimmten Arbeitsplatz vorherzusagen, je mehr Arbeitsplätze zwischen dem jetzigen und diesem bestimmten Arbeitsplatz zu durchlaufen sind und je weiter dieser Vorgang in der Zukunft liegt.

Als dritte Randbedingung ist schließlich zu berücksichtigen, daß manche Aufträge in einer Fertigung terminlich miteinander in der Weise verknüpft sind, daß sie *zu einem bestimmten Termin gemeinsam bearbeitet werden müssen*, z. B. das Ober- und Unterteil eines Getriebegehäuses, davor und danach aber unterschiedliche Arbeitsfolgen durchlaufen.

Von den genannten drei Randbedingungen ist die Berücksichtigung der flexiblen Verknüpfung der Arbeitsplätze zunächst die wichtigste. Es gilt also, ein Steuerungsverfahren zu entwickeln, das die Bestände und damit die Durchlaufzeiten an allen Arbeitsplätzen einer Werkstatt so steuert, daß die bei der Durchlaufterminierung angenommenen Durchlaufzeiten für jeden Auftrag tatsächlich erreicht werden. Entscheidend hierfür ist im Durchlauf der Aufträge offensichtlich der Zeitpunkt, zu dem die Aufträge freigegeben werden. Aus dieser Überlegung heraus wurde die „belastungsorientierte Auftragsfreigabe" von Kettner und Bechte entwickelt [1], auf die die folgenden Abschnitte ausführlich eingehen.

6.2 Verfahren

Zunächst sei wieder ein einzelner Arbeitsplatz betrachtet. *Bild 6.3* zeigt die Situation am Ende einer Planperiode [2, 3]. Man erkennt im Bildteil a jeweils ein Stück der Zugangs- und Abgangskurve aus der jüngsten Vergangenheit sowie das zukünftige *ideale Durchlaufdiagramm* für die nächste Periode. Weiterhin wurde eine mittelfristig festgelegte Planleistung ML angenommen, der ein *Planabgang* AB entspricht. Schließlich soll eine ebenfalls angenommene *mittlere Plandurchlaufzeit* MZ erreicht werden. Da im idealen Durchlaufdiagramm die Zugangskurve parallel zur Abgangskurve verläuft, ergibt sich daraus der *mittlere Planbestand* MB, der über die ganze Planperiode P konstant ist.

Der reale Anfangsbestand (im Bild „Restbestand BR" genannt) weicht aber vom idealen mittleren Planbestand ab; in Bild 6.3 ist er größer als dieser. *In der nächsten Periode darf also an diesem Arbeitsplatz nicht so viel Arbeit als Planzugang ZU freigegeben werden, daß sie dem Wert des Planabganges entspricht, sondern nur so viel Arbeit, daß die Summe aus Restbestand BR und Freigabe FR der Summe von Planabgang AB und mittlerem Bestand MB entspricht.*

Die Summe aus mittlerem Planbestand und Planabgang heißt Belastungsschranke BS, die Differenz zwischen Belastungsschranke und Restbestand Freigabe FR. Das daraus entwickelte Verfahren wird deshalb *belastungsorientierte Auftragsfreigabe* genannt. Im Gegensatz zum

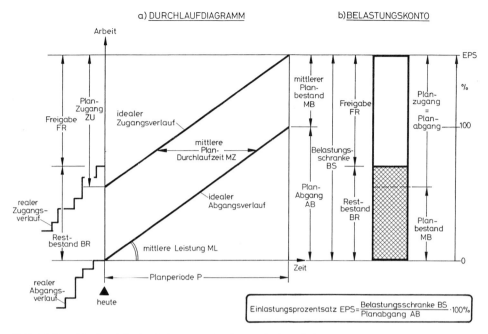

Bild 6.3 Durchlaufmodell der belastungsorientierten Auftragsfreigabe für ein Arbeitssystem [nach Bechte/Erdlenbruch, IFA]

herkömmlichen Kapazitätsterminierungsverfahren wird hier also nicht versucht, einzelne Aufträge tage- oder stundengenau entlang der Abgangskurve einzuplanen, sondern man stellt *periodenweise* eine *Bilanzbetrachtung* aufgrund der voraussichtlichen Zugänge und Abgänge an.

Eine solche Denkweise ist aus dem kaufmännischen Rechnungswesen gut bekannt und wird dort in der Buchhaltung in Form der Kontenführung praktiziert. Auf der rechten Bildhälfte in *Bild 6.3 b* ist daher symbolisch das *Belastungskonto* dieses Arbeitsplatzes zum Zeitpunkt „heute" dargestellt. Man erkennt den rautiert angelegten *Restbestand* und die *Freigabe*. Auf dem Konto werden die für die nächste Periode vorgesehenen Zugänge bis zur *Belastungsschranke* gebucht, d. h. freigegeben. Im Laufe der Planperiode gehen nun Aufträge zu und ab, so daß am Ende der Periode wieder ein neuer Saldenstand mit einem neuen Restbestand vorliegt.

Man erkennt bereits eine wichtige Eigenschaft dieses Verfahrens: *Es wird je Arbeitsplatz nur ein einziges Konto geführt, das in jeder Periode aktualisiert wird.* Somit entfällt die Führung je eines Kontos für mehrere zukünftige Planperioden, wie es bisher üblich war. Das Konto entspricht genau dem Trichter, und aus dem Verlauf des Kontos läßt sich exakt das Durchlaufdiagramm dieses Arbeitsplatzes konstruieren.

Demnach gelten an einem Arbeitssystem folgende Beziehungen (vgl. Bild 6.3):

$$ZU + MB = AB + MB \tag{6.2}$$
$$FR + BR = AB + MB \tag{6.3}$$
$$BS = AB + MB \tag{6.4}$$

$$\boxed{FR = BS - BR} \tag{6.5}$$

FR = freigegebene Arbeit für eine Planperiode in Std
BS = Belastungsschranke in Std
AB = Planabgang in der Planperiode in Std
MB = mittlerer Planbestand in Std
BR = Restbestand zum Beginn der Planperiode in Std
ZU = Planzugang in der Planperiode in Std

Um die Belastungsschranke bei sich ändernder Planleistung nicht immer neu festsetzen zu müssen, ist es zweckmäßig, sie auf den Planabgang zu beziehen. Der so berechnete Wert heißt *Einlastungsprozentsatz* EPS und ist definiert als

$$EPS = \frac{BS}{AB} \cdot 100\% = \frac{MB + AB}{AB} \cdot 100\%$$

$$EPS = (1 + \frac{MB}{AB}) \cdot 100\% \tag{6.6}$$

Dieser Wert steht aber nicht nur mit den Bestandsgrößen AB und MB, sondern auch mit den Zeitgrößen MZ und P in Beziehung, wie sich aus Bild 6.3 leicht ersehen läßt:

Aus $\quad \dfrac{MB}{MZ} = \dfrac{AB}{P}$

folgt $\quad \dfrac{MB}{AB} = \dfrac{MZ}{P} \tag{6.7}$

so daß für den Einlastungsprozentsatz EPS auch gilt:

$$EPS = (1 + \frac{MZ}{P}) \cdot 100\% \tag{6.8}$$

MZ = gewichtete mittlere Plandurchlaufzeit in Arbeitstagen
P   = Dauer der Planperiode in Arbeitstagen

Die hier gefundene Beziehung läßt sich auch graphisch darstellen *(Bild 6.4)*. Man erkennt die Kurvenschar, die für beliebige Werte von MZ und P entsteht, sowie die Kurven, die sich ergeben, wenn man den Quotienten aus MZ und P als unabhängige Variable wählt. Das Diagramm gilt unabhängig von der gewählten Dimension (hier Woche); nur muß diese für P und MZ jeweils gleich sein.

In der Maschinenbaubranche liegt die Planperiodendauer P meist bei einer Woche; bei den dort üblichen mittleren Durchlaufzeiten von einer bis zwei Wochen pro Arbeitsgang ergeben sich dann Einlastungsprozentsätze von 200 bis 300 Prozent. In anderen Fällen können sie wesentlich niedriger liegen. Bei einer Planperiode von 10 Tagen und einer Plandurchlaufzeit von 4 Tagen ergibt sich beispielsweise 140 Prozent für EPS.

Bei der Betrachtung von Bild 6.3 drängt sich allerdings auch sofort die Frage auf: Wie kann man den Zugang von Aufträgen planen, die unter der Annahme einer bestimmten Durchlaufzeit voraussichtlich erst in der nächsten, übernächsten oder einer noch späteren Periode an diesem Arbeitsplatz eintreffen? Wie wird sichergestellt, daß sie dann auf freie Kapazität treffen, obwohl die betreffende Periode doch noch gar nicht verplant wird?

Um diese Fragen zu beantworten, müssen die Durchlaufterminierung der Aufträge und die Umrechnung der Belastung zukünftiger Perioden auf die nächste Periode in die Freigabe einbezogen werden. Die daraus resultierenden Schritte sind in *Bild 6.5* (nach [2]) dargestellt.

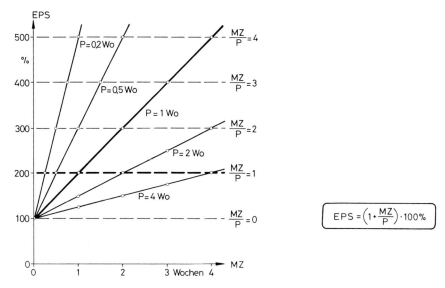

Bild 6.4 Einlastungsprozentsatz EPS als Funktion von gewichteter mittlerer Plandurchlaufzeit MZ und Planperiodendauer P

Den Ausgangspunkt für die Freigabe bilden die aus der Disposition bekannten Fertigungsaufträge nach Art, Menge und Endtermin. Weiterhin wird vorausgesetzt, daß die zu den Aufträgen gehörenden Arbeitspläne mit Menge, Arbeitsvorgangsfolge, Arbeitsplatzgruppe sowie Rüst- und Stückzeit bekannt sind. Der erste Schritt des Freigabeverfahrens besteht in der *Durchlaufterminierung* sämtlicher bekannter, aber noch nicht freigegebener Fertigungsaufträge. Als Durchlaufzeitwert wird dabei die gewichtete mittlere Plandurchlaufzeit angenommen, die je Arbeitsplatzgruppe bestimmt wurde. Die Festlegung dieser Werte erfolgt prinzipiell nach den in den Abschnitten 5.4.3 und 6.1 dargelegten Grundgedanken. Ein Vorschlag für ein programmierbares Berechnungsverfahren, als Baustein der belastungsorientierten Auftragsfreigabe, wird später in Abschnitt 6.5 erläutert.

Als Ergebnis der Durchlaufterminierung liegt eine nach dem Soll-Starttermin geordnete Liste der noch nicht freigegebenen Aufträge vor, wobei der Starttermin der ersten Aufträge auch in der Vergangenheit liegen kann. Als dringlich werden nun in dieser Liste diejenigen Aufträge bezeichnet, die innerhalb einer sogenannten *Terminschranke* liegen. *Die Zeitspanne zwischen der Terminschranke und dem Planungszeitpunkt heißt Vorgriffshorizont* und wird zweckmäßig in Anzahl Perioden angegeben.

Für die Wahl der Terminschranke ist folgende Überlegung maßgebend. Eigentlich sind nur diejenigen Aufträge dringlich, deren planmäßiger Starttermin in der nächsten Planperiode liegt. Da es aber unwahrscheinlich ist, daß diese Aufträge die Konten sämtlicher Kapazitätsgruppen bis zur Belastungsschranke füllen werden, läßt man einen gewissen *Vorgriff* auf die nächsten Planungsperioden zu. Die anschließende Belastungsrechnung sorgt durch die Belastungsschranke dafür, daß danach aber nur solche Aufträge jenseits der Planperiode bis zur Terminschranke freigegeben werden, welche nur die noch freien Kapazitäten auslasten. Als praktischer Wert für den Vorgriffshorizont haben sich zwei bis drei Planungsperioden herausgestellt, ohne daß hierfür bisher eine analytische Ableitung vorliegt. Ganz allgemein kann man jedoch sagen, daß der Vorgriffshorizont um so größer sein sollte, je stärker der aktuelle Auftragsmix einer Planungsperiode von demjenigen langfristigen Mittelwert abweicht, auf den die Kapazitäten abgestimmt sind.

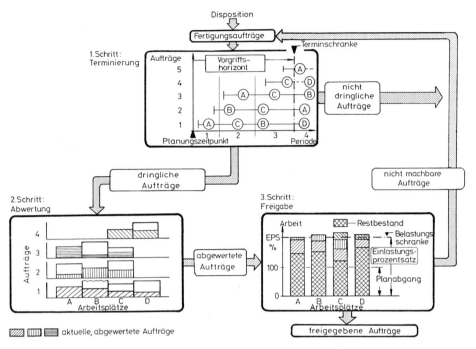

Bild 6.5 Schritte der belastungsorientierten Freigabe [nach Bechte, IFA]

Aus dem ersten Schritt der belastungsorientierten Auftragsfreigabe ergibt sich zum einen eine Liste der *nicht dringlichen Aufträge*. Diese werden in den *nicht freigegebenen Auftragsbestand* zurückgestellt und in der nächsten Planungsrunde zusammen mit allen übrigen dann bekannten und nicht freigegebenen Aufträgen erneut dem Freigabeverfahren unterzogen. Zum anderen erhält man – sortiert nach Soll-Starttermin – eine Liste der *dringlichen Aufträge* mit den Soll-Startterminen, den Arbeitsgangfolgen mit Vorgabezeiten und Arbeitsplatzgruppen sowie den Soll-Endterminen. In der Liste sind keine sonstigen Prioritätsangaben enthalten, wie sie den Aufträgen in vielen herkömmlichen Planungssystemen zugeordnet werden. *Die allein maßgebliche Priorität ist der Soll-Starttermin.* Dieser kann auch in der Vergangenheit liegen.

Der nächste Schritt der belastungsorientierten Auftragsfreigabe besteht in der Überprüfung, ob die dringlichen Aufträge nach ihrer Freigabe beim Durchlauf in den einzelnen Arbeitsplatzgruppen tatsächlich die Bestandsverhältnisse antreffen, die bei der Durchlaufterminierung angenommen wurden. Dies läuft auf die Frage hinaus, ob durch die Freigabe eines Auftrages an jedem Arbeitsplatz, den dieser durchlaufen muß, die Belastungsschranke voraussichtlich in der Zukunft nicht überschritten wird. In Bild 6.5 ist dies der mit „Freigabe" bezeichnete dritte Verfahrensschritt.

Zu diesem Zweck wird der erste Arbeitsgang des Auftrags 1 der Liste der dringlichen Aufträge hergenommen und das Belastungskonto der entsprechenden Arbeitsplatzgruppe A mit dem entsprechenden Vorgabezeitwert ZAU belastet. In der Regel wird der Kontostand damit noch nicht die Belastungsschranke erreicht haben, so daß nun der zweite Arbeitsgang des Auftrags 1 probehalber eingelastet werden kann; in diesem Fall auf das Belastungskonto von Arbeitsplatz C.

Nun wird aber dieser zweite Arbeitsgang des Auftrags 1 im gewählten Beispiel wahrscheinlich erst in der zweiten Planperiode am Arbeitsplatz C zur Verfügung stehen. Das Belastungskonto gilt aber immer nur für die nächste Periode. Es ist jedoch nicht auszuschließen, daß der zweite Arbeitsgang in der ersten Periode am Arbeitsplatz C ankommt. Dies wäre nämlich dann der Fall, wenn er aus irgendeinem Grunde als Eilauftrag am Arbeitsplatz A abgefertigt worden wäre. Wie die ausführlich dargelegten Durchlaufzeituntersuchungen in der Praxis gezeigt haben, ist dies ein durchaus nicht seltener Fall. Um eine solche Möglichkeit zu berücksichtigen, müßte man also die *Wahrscheinlichkeit* kennen, mit der dieser Fall eintritt. Wäre dieser Wert bekannt, könnte man den Belastungswert des zweiten Arbeitsganges um diesen Wahrscheinlichkeitsfaktor abwerten und den abgewerteten Belastungswert in die nächste Planperiode – also das Belastungskonto – einlasten. Wenn man diesen *Abwertungsvorgang* für jeden Arbeitsvorgang durchführte, wäre damit sichergestellt, daß das Belastungskonto im Mittel richtig belastet wird.

Die Abwertung der Auftragszeiten zukünftig zugehender Aufträge auf ihren Wahrscheinlichkeitswert in der nächsten Planperiode entspricht dem zweiten Schritt „Abwertung" in Bild 6.5 und stellt den wohl wichtigsten Gedanken der gesamten belastungsorientierten Auftragsfreigabe dar. Er wurde von Bechte im Rahmen seiner Forschungsarbeiten entwickelt und auch in seiner Dissertation, jedoch nur relativ kurz, beschrieben [2]. Da dieses Abwertungsverfahren erfahrungsgemäß zunächst auf Verständnisschwierigkeiten stößt, wird es im folgenden Abschnitt ausführlich beschrieben. Vorher soll jedoch noch der dritte Verfahrensschritt in Bild 6.5 zu Ende gebracht werden.

Nach dem zweiten Arbeitsvorgang wird nun der dritte Arbeitsvorgang mit seiner abgewerteten Auftragszeit auf das Belastungskonto der Arbeitsplatzgruppe B eingelastet und die Überschreitung der Belastungsschranke abgefragt. Das gleiche wird mit dem vierten und letzten Arbeitsgang durchgeführt. Ergibt diese Probebelastung, daß auch bei Arbeitsplatz D die Belastungsschranke nicht überschritten wird, erfolgt die *Freigabe* dieses Auftrages in der Weise, daß er in die Liste der *freigegebenen Aufträge* eingetragen wird und die vier betroffenen Arbeitsplatzkonten A, C, B und D mit der abgewerteten Auftragszeit des jeweiligen Arbeitsvorganges belastet werden.

Nun wird der zweite Auftrag in der gleichen Weise in bezug auf seine Freigabe geprüft, dann der dritte, der vierte usw. Sobald durch die Belastung eines Arbeitsganges die Belastungsschranke des zugehörigen Kontos *erstmals* überschritten wird, wird dieses Konto gesperrt. Der *nächste* Arbeitsvorgang, der auf dieses gesperrte Konto trifft, wird dann zusammen mit allen übrigen Arbeitsvorgängen, die zu seinem Auftrag gehören, abgewiesen und der gesamte Auftrag in die Liste der *nicht machbaren Aufträge* eingetragen. Zusammen mit den nicht dringlichen Aufträgen und den neu disponierten Aufträgen gelangt er in der nächsten Planungsrunde in die Durchlaufterminierung und wird dann wahrscheinlich freigegeben, weil der zuvor abweisende Arbeitsplatz inzwischen ja Abgänge hatte und damit neue Zugänge möglich sind. *Die Freigabe wird also je Auftrag nur einmal durchgeführt.*

Als Ergebnis der belastungsorientierten Freigabe entsteht eine Liste der nicht dringlichen, der dringlichen, der nicht machbaren und der freigegebenen Aufträge. Das Verfahren erlaubt es aber, in begründeten Fällen auch nicht freigegebene Aufträge dennoch zu starten. Dies ist beispielsweise dann denkbar, wenn der als Engpaß erkannte Arbeitsplatz durch eingeleitete oder noch einzuleitende Maßnahmen bis zum Eintreffen dieses Auftrages voraussichtlich seinen Planbestand erreicht haben wird, oder aber für Fälle, in denen man bewußt einen kurzfristigen Bestandsaufbau und damit eine Durchlaufzeitverlängerung zu Lasten aller übrigen Aufträge in Kauf nimmt. Der Kontenabgleich am Ende der Periode stellt aber sicher, daß dieser Vorgang nicht „vergessen", sondern durch eine verminderte Freigabe in der nächsten Periode berücksichtigt wird. Im übrigen sorgt das mitlaufende Kontrollsystem dafür, daß eine solche „Regelverletzung" in ihren Auswirkungen auch in den Kontrolldiagrammen und -tabellen sichtbar wird.

6.3 Abwertung einzulastender Aufträge

Mit der Abwertung soll die Frage beantwortet werden, mit welcher Wahrscheinlichkeit ein Auftrag in der nächsten Periode an einem Arbeitsplatz zur Verfügung steht, wenn er vorher noch andere Arbeitsplätze durchlaufen muß. Dazu sei zunächst ein Arbeitssystem AS_p betrachtet *(Bild 6.6)*. In einer Periode P stehen die im Restbestand BR vorhandenen und die in der Freigabe FR befindlichen Aufträge zur Abarbeitung zur Verfügung. Abgearbeitet können nur soviel Aufträge werden, daß ihre Auftragszeit dem Abgang AB entspricht.

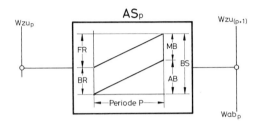

Abgangswahrscheinlichkeit am Arbeitssystem AS_p:

$$Wab_p = Wzu_p \cdot \frac{\text{Planabgang AB}}{\text{Freigabe FR + Restbestand BR}}$$

$$Wab_p = Wzu_p \cdot \frac{\text{Planabgang AB}}{\text{Belastungsschranke BS}}$$

$$\boxed{Wzu_{(p+1)} = Wab_p = Wzu_p \cdot \frac{100}{\text{Einlastungsprozentsatz}}}$$

AS_p = Arbeitssystem p	FR = Freigabe
Wzu = Zugangswahrscheinlichkeit	BR = Restbestand
Wab = Abgangswahrscheinlichkeit	MB = Mittlerer Bestand
	AB = Abgang
	BS = Belastungsschranke

Bild 6.6 Abgangswahrscheinlichkeit eines Auftrages an einem Arbeitsplatz

Dann ist die Wahrscheinlichkeit Wab_p für *irgendeinen* Auftrag aus BR + FR, in der nächsten Periode bearbeitet zu werden, offensichtlich:

$$Wab_p = \frac{AB}{BR + FR}$$

AB = Abgang einer Periode
BR = Restbestand am Periodenbeginn
FR = freigegebene Arbeit

Es gilt aber (Gl. 6.3):

$$BR + FR = MB + AB$$

und (Gl. 6.6):

$$EPS = \frac{MB + AB}{AB} \cdot 100$$

so daß für die Abgangswahrscheinlichkeit des Arbeitsplatzes p für einen bereits zugegangenen Auftrag gilt:

$$Wab_p = \frac{100}{EPS_p} \tag{6.9}$$

MB   = mittlerer Planbestand
EPS_p = Einlastungsprozentsatz von Arbeitssystem p

Betrachtet sei nun eine *Folge* von Arbeitssystemen AS_1 bis AS_p. Mit welcher Wahrscheinlichkeit steht ein Auftrag, der vor dem Arbeitssystem AS_1 liegt, in der *nächsten Periode* am Arbeitssystem AS_p zur Verfügung *(Bild 6.7)*? Dazu muß er zuvor *sämtliche davorliegenden* Arbeitssysteme AS_1 bis AS_{p-1} passiert haben.

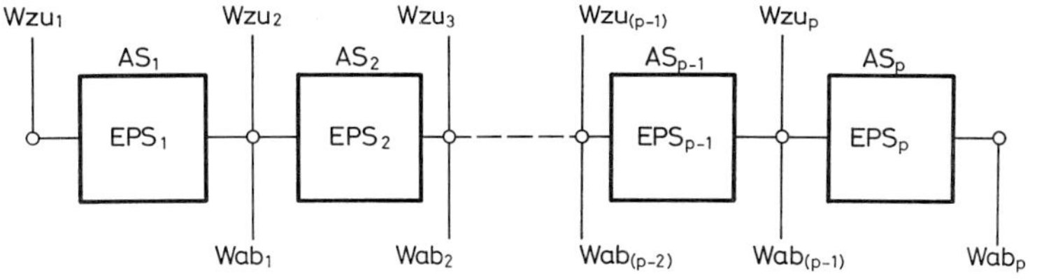

$$ABFA_p = Wab_1 \cdot Wab_2 \cdot \ldots \cdot Wab_{p-1} = \frac{100}{EPS_1} \cdot \frac{100}{EPS_2} \cdot \ldots \cdot \frac{100}{EPS_{(p-1)}}$$

EPS = Einlastungsprozentsatz   Wab = Abgangswahrscheinlichkeit
Wzu = Zugangswahrscheinlichkeit   ABFA = Abwertungsfaktor für Auftrags-Arbeitsinhalt

Bild 6.7 Abwertungsfaktor ABFA und Zugangswahrscheinlichkeit Wzu eines Auftrages an einem Arbeitsplatz p

Die Wahrscheinlichkeit Wzu_p hierfür ist:

$$Wzu_p = Wab_1 \cdot Wab_2 \cdot \ldots \cdot Wab_{(p-1)}$$

und wird als Abwertungsfaktor $ABFA_p$ bezeichnet. Aus Gl. 6.9 folgt dann:

$$ABFA_p = \frac{100}{EPS_1} \cdot \frac{100}{EPS_2} \cdot \ldots \cdot \frac{100}{EPS_{p-1}} \qquad (6.10)$$

Für den Fall, daß alle Arbeitssysteme denselben Einlastungsprozentsatz haben, vereinfacht sich die Gleichung zu:

$$ABFA_p = \left(\frac{100}{EPS}\right)^{p-1} \qquad (6.11)$$

Multipliziert man nun den Auftragsinhalt ZAU des entsprechenden Arbeitsvorganges mit diesem Abwertungsfaktor, ist der daraus resultierende abgewertete Auftragsinhalt ein Maß für die wahrscheinliche Belastung BEL_p des Arbeitsplatzes AS_p mit diesem Auftrag.

$$BEL_p = ABFA_p \cdot ZAU \qquad (6.12)$$

Nun soll die Wirkungsweise der Abwertung an einem Auftrag F 1 gezeigt werden, der vier Arbeitssysteme durchlaufen muß *(Bild 6.8)* [4]. In der Planperiode n befinde sich der Auftrag F 1 mit den Arbeitsvorgängen AVG 1 bis AVG 4 vor dem Arbeitssystem 1. Es soll nun der Abwertungsfaktor an den einzelnen vier Arbeitssystemen berechnet werden.

Zur Vereinfachung ist angenommen, daß der Einlastungsprozentsatz für alle vier Arbeitssysteme einheitlich 200 Prozent beträgt. Dann ist $ABFA_1$ offensichtlich gleich 1; denn die Arbeit kann jederzeit begonnen werden, steht also mit hundertprozentiger Wahrscheinlich-

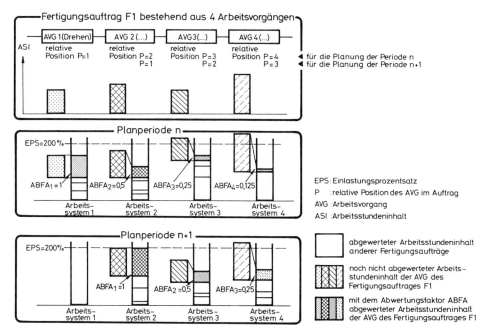

Bild 6.8 Abwertung der Arbeitsstundeninhalte von Arbeitsvorgängen bei der belastungsorientierten Auftragsfreigabe [Lorenz, IFA]

keit zur Verfügung. Anders der Arbeitsvorgang 2. Er kann nur dann in der nächsten Periode begonnen werden, wenn Arbeitsvorgang 1 zuvor beendet worden ist. Dies ist wegen EPS = 200 Prozent aber nur mit einer Wahrscheinlichkeit von 0,5 der Fall; denn am Arbeitsplatz kann nur halb soviel Arbeit abgehen, wie zur Verfügung steht. Der Abwertungsfaktor $ABFA_2$ beträgt also $100 : 200 = 0,5$. Beim dritten Arbeitsplatz müssen AVG 1 *und* AVG 2 erledigt sein, ehe AVG 3 in der nächsten Periode n begonnen werden könnte. $ABFA_3$ ist deshalb $0,5 \cdot 0,5 = 0,25$. Entsprechend ist $ABFA_4 = 0,5 \cdot 0,5 \cdot 0,5 = 0,125$.

Nun sei die nächste Periode n + 1 betrachtet. Der Arbeitsvorgang AVG 1 sei tatsächlich erledigt worden, der Auftrag liege also vor Arbeitssystem 2. Der Abwertungsfaktor für den Arbeitsgang 2 beträgt nunmehr 1. Er heißt hier deshalb auch $ABFA_1$, weil mit dem Index p die *relative* Position des Arbeitsganges im Arbeitsfortschritt bezeichnet wird. Entsprechend beträgt $ABFA_2$ nun 0,5, und $ABFA_3$ beträgt 0,25. Der Arbeitsinhalt „wächst" gewissermaßen, je näher er an den betrachteten Arbeitsplatz herankommt.

6.4 Demonstrationsbeispiel zum Freigabeverfahren

Zur Veranschaulichung des Freigabeverfahrens dient das folgende, etwas umfangreichere Beispiel. Gegeben sei eine Liste mit 12 Aufträgen, deren Starttermine innerhalb der (hier nicht betrachteten) Terminschranke liegen und die damit alle als dringliche Aufträge gelten.

Tabelle 6.1 enthält diese Aufträge mit ihrer *Auftragsnummer,* ihrem *Soll-Starttermin* als Betriebskalendertag und den jeweiligen *Arbeitsvorgangsfolgen* mit Zählnummer, Auftragszeit ZAU (in Stunden) und der Bezeichnung des zugehörigen Arbeitssystems (A bis E).

Auftrags-Nr.	Soll-Start-Termin BKT	Arbeitsvorgangszählnummer mit Belastung (BEL) in Stunden und Arbeitssystemen (AS)										Reihenfolge bei Einlastung
		10		20		30		40		50		
		Bel	AS	Bel	AS	Bel	AS	Bel	AS	Bel	AS	
3001	501	10	B	15	A	20	E	80	D	80	C	1
3002	510	20	D	30	C	30	A	40	E			8
3003	505	20	B	10	C	40	D	20	E			5
3004	520	40	A	40	D	60	C	40	E			12
3005	503	20	A	30	B	60	C	80	D	40	E	3
3006	504	10	C	10	D	30	A	80	B	80	E	4
3007	502	5	D	10	C	40	B	40	A			2
3008	515	40	E	60	D	40	C	60	A	80	B	10
3009	507	15	B	20	C							7
3010	513	5	A	20	D	30	E					9
3011	506	20	A	20	B	20	C	80	D			6
3012	519	20	B	40	C	40	A	40	E	40	D	11

Tabelle 6.1 Liste dringlicher Aufträge vor Auftragsfreigabe (Periode 1)

Arbeitssystem	A	B	C	D	E
Rest – Bestand vor Periode 1 in Stunden	30	40	35	25	30
Kapazität für Periode 1 in Stunden / Woche	40	50	40	30	20
Kapazität für Periode 2 in Stunden / Woche	40	40	45	50	30
Belastungsschranke Periode 1 bei EPS=200%	80	100	80	60	40
Belastungsschranke Periode 2 bei EPS=200%	80	80	90	100	60

Tabelle 6.2 Liste der Arbeitssysteme vor Auftragsfreigabe (Periode 1)

Tabelle 6.2 enthält darüber hinaus die zur Auftragsfreigabe benötigten Informationen, nämlich die *Kapazität* für die nächsten beiden Perioden 1 und 2 sowie den *Anfangsbestand* auf dem jeweiligen Belastungskonto, hier als „Restbestand vor Periode 1" bezeichnet.

Für die beiden folgenden Perioden sind die dringlichen Aufträge soweit wie möglich einzulasten und die freigegebenen und zurückgestellten Aufträge zu kennzeichnen. Vereinfachend sei weiterhin angenommen, daß der Einlastungsprozentsatz einheitlich 200 Prozent beträgt, das Abfertigungsverhalten streng nach FIFO (First In – First Out) erfolgt und die Auslastung

100 Prozent beträgt. Weiterhin wird vorausgesetzt, daß die Aufträge, welche die Restbelastung darstellen, nach ihrer Fertigstellung nicht mehr an anderen Arbeitsplätzen bearbeitet werden müssen.

Im ersten Schritt werden die Aufträge nach ihrer Dringlichkeit sortiert, wobei der Soll-Starttermin als Kriterium dient. Daraus ergibt sich die Reihenfolge der Einlastung (Tabelle 6.1, letzte Spalte).

Nun erfolgt die Abwertungsberechnung der Auftragszeiten der einzelnen Arbeitsvorgänge *(Tabelle 6.3)*. Alle ersten Arbeitsvorgänge werden nicht abgewertet, da sie ja zur Verfügung stehen. Alle Auftragszeiten der zweiten Arbeitsvorgänge werden dagegen mit $100 : EPS = 0,5$; alle die der dritten Arbeitsvorgänge mit $0,5 \cdot 0,5 = 0,25$; alle die der vierten mit $0,5 \cdot 0,5 \cdot 0,5 = 0,125$ und schließlich alle die der fünften Arbeitsvorgänge mit $0,5 \cdot 0,5 \cdot 0,5 \cdot 0,5 = 0,0625$ multipliziert.

Lfd. Nr. = Reihen- folge	Auf- trags- Nr.	Arbeitsvorgangszählnummer mit abgewerteter Belastung (Bel) in Stunden u. Arbeitssystemen (AS)										Kennzeichen: freigegeb.(F) zurückgest.(X)
		10 Bel	AS	20 Bel	AS	30 Bel	AS	40 Bel	AS	50 Bel	AS	
1	3001	10	B	7,5	A	5	E	10	D	5	C	F
2	3007	5	D	5	C	10	B	5	A			F
3	3005	20	A	15	B	15	C	10	D	2,5	E	F
4	3006	10	C	5	D	7,5	A	10	B	5	E	F
5	3003	20	B	5	C	10	D	2,5	E			X
6	3011	20	A	10	B	5	C	10	D			F
7	3009	15	B	10	C							F
8	3002	20	D	15	C	7,5	A	5	E			X
9	3010	5	A	10	D	7,5	E					X
10	3008	40	E	30	D	10	C	7,5	A	5	B	X
11	3012	20	B	20	C	10	A	5	E	2,5	D	X
12	3004	40	A	20	D	15	C	5	E			X

Tabelle 6.3 Liste der dringlichen Aufträge mit abgewerteter Belastung vor Auftragsfreigabe (Periode 1)

In *Bild 6.9* erkennt man die Konten der Arbeitssysteme A bis E, die zunächst den *Restbestand* aus Tabelle 6.2 enthalten. Nun werden die *abgewerteten Auftragszeiten* der dringlichen Aufträge aus Tabelle 6.3 in die Konten eingelastet. Beispielsweise ist der erste Arbeitsvorgang von Auftrag 3001 in das Konto B mit 10 Stunden einzulasten. Als erster Arbeitsvorgang steht er dort körperlich zur Verfügung. Der zweite Arbeitsvorgang wird mit der (abgewerteten) Belastung von 7,5 Stunden in das Arbeitssystem-Konto A eingelastet, der dritte mit 5 Stunden in Konto E, der vierte mit 10 Stunden in Konto D und schließlich der fünfte mit 5 Stunden in Konto C. *Da keiner der Arbeitsvorgänge des betrachteten Auftrags die jeweilige Belastungsschranke überschritten hat, erhält der Auftrag 3001 einen Freigabevermerk F in* Tabelle 6.3. Vom zweiten Arbeitsgang an wurde die Auftragszeit aller Aufträge abgewertet, die Aufträge sind am jeweiligen Arbeitsplatz also noch nicht körperlich verfügbar. Sie wurden in Bild 6.9 dadurch gekennzeichnet, daß die entsprechenden Belastungselemente nicht mit einem Punktmuster hinterlegt sind.

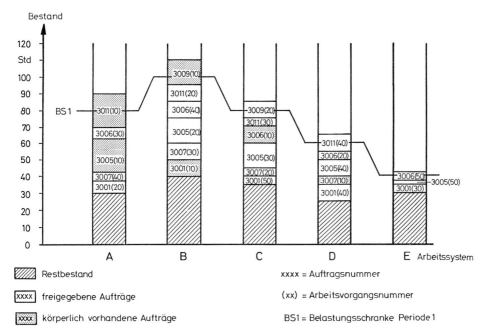

Bild 6.9 Stand der Belastungskonten vor Freigabe Periode 1 nach Belastung mit abgewerteten Aufträgen

Die Liste der dringlichen Aufträge wird nun weiter abgearbeitet. Die Aufträge 3007 und 3005 können ebenfalls freigegeben werden. Auftrag 3006 dagegen *überschreitet* im Arbeitssystem E *erstmals* die Belastungsschranke und wird daraufhin *zwar noch freigegeben;* Konto E ist *aber nun gesperrt.* Bei dem Versuch, auch den nächsten Auftrag 3003 freizugeben, stößt dieser mit seinem vierten Arbeitsgang auf das gesperrte Konto E. Der Auftrag wird *komplett abgewiesen,* obwohl drei der vier Arbeitsvorgänge machbar gewesen wären. Er wird mit einem Sperrzeichen X versehen und *zurückgestellt.* Die Aufträge 3011 und 3009 treffen noch auf offene Belastungskonten, Auftrag 3002 und die folgenden scheitern jedoch an allen Arbeitsplätzen. Von den 12 Aufträgen werden bei diesem Freigabelauf also 6 freigegeben und 6 zurückgestellt.

Nun beginnt die Werkstatt nach der Abfertigungsregel FIFO zu arbeiten. Jeder Arbeitsplatz leistet die in Tabelle 6.2 angegebenen Kapazitätsstunden innerhalb der Periode 1 ab. Arbeitsplatz A kann dadurch neben der Restbelastung auch noch die Hälfte von Auftrag 3005 abarbeiten; denn dieser ist als erster Auftrag laut Belastungskonto (Bild 6.9) verfügbar, obwohl die Aufträge 3001 und 3007 terminlich dringender sind. Am Arbeitsplatz B kann neben der Restbelastung der Auftrag 3001 mit allen Auftragsstunden für diesen Arbeitsplatz fertiggestellt werden, an Arbeitsplatz C ein Teil von Auftrag 3006 und an Arbeitsplatz D der Auftrag 3007. Am Arbeitsplatz E kann die Restbelastung nicht vollständig abgearbeitet werden; vielmehr muß ein Teil in die nächste Periode übertragen werden.

Für die Freigabeplanung ist es wichtig, daß die abgearbeiteten Aufträge bis zum Zeitpunkt der Planung auch *zurückgemeldet* werden. Bei großen Aufträgen ist es ratsam, zum Ende der abgelaufenen Planungsperiode *Teilrückmeldungen* über den bis dahin geleisteten Stundenumfang abzugeben, um eine Blockierung des Arbeitsplatzes zu vermeiden. Diese Möglichkeit wurde auch im vorliegenden Beispiel genutzt.

Dies ist der Stand der Freigabeplanung zu Beginn der nächsten Periode. Ein neuer Freigabezyklus beginnt. Als erstes wird die Liste der dringlichen Aufträge auf den neuesten Stand

Lfd. Nr. = Reihenfolge	Auf-trags-Nr.	10 Bel	10 AS	20 Bel	20 AS	30 Bel	30 AS	40 Bel	40 AS	50 Bel	50 AS	Kennzeichen: bereits frei (•) freigegeb. (F) zurückgest.(X)
1	3001	erledigt	B	15	A	10	E	20	D	10	C	•
2	3007	erledigt	D	10	C	20	B	10	A			•
3	3005	20	A	15	B	15	C	10	D	2,5	E	•
4	3006	10	C	5	D	7,5	A	10	B	5	E	•
5	3003	20	B	5	C	10	D	2,5	E			F
6	3011	20	A	10	B	5	C	10	D			•
7	3009	15	B	10	C							•
8	3002	20	D	15	C	7,5	A	5	E			F
9	3010	5	A	10	D	7,5	E					F
10	3008	40	E	30	D	10	C	7,5	A	5	B	X
11	3012	20	B	20	C	10	A	5	E	2,5	D	X
12	3004	40	A	20	D	15	C	5	E			F

Tabelle 6.4 Liste der dringlichen Aufträge mit abgewerteter Belastung vor Auftragfreigabe (Periode 2)

gebracht *(Tabelle 6.4)*. Von Auftrag 3001 konnte der erste Arbeitsgang erledigt werden. Damit vergrößern sich aber sofort die Belastungswerte der noch offenen Arbeitsvorgänge, da sich nunmehr ihre relative Position verändert hat. Gegenüber der Vorperiode verdoppeln sie sich wegen der Belastungsschranke von 200 Prozent, wie der Vergleich mit Tabelle 6.3 zeigt. Auch beim Auftrag 3007 konnte der erste Arbeitsvorgang am Arbeitssystem D abgeschlossen werden; die übrigen Belastungswerte erhöhen sich jeweils auf das Doppelte. Sonst wurden keine Arbeitsvorgänge abgeschlossen, die Belastungswerte der übrigen Aufträge ändern sich also *nicht* gegenüber der Vorperiode.

Als nächstes erfolgt die *Einlastung*. Es wird angenommen, daß keine neuen Aufträge bekannt sind. Gemäß Tabelle 6.2 liegen aber nun andere Kapazitätswerte vor. Dadurch ändern sich bei einem gleichbleibenden Einlastungsprozentsatz die Belastungsschranken für die nächste Periode. In *Bild 6.10* erkennt man sie als BS 2. Nun erfolgt wieder die Einlastung der dringlichen Aufträge auf den Restbestand, und zwar jeweils so lange, bis die Belastungskonten sperren. Die Rechnung kann in Verbindung mit Tabelle 6.4 nachvollzogen werden. Es können weitere vier Aufträge freigegeben werden, zwei Aufträge bleiben gesperrt.

Ein wichtiges Ergebnis des Freigabeverfahrens ist neben der Liste der freizugebenden Aufträge eine Liste der als „nicht machbar" gesperrten Aufträge, aus der hervorgeht, welche Arbeitssysteme die Freigabe verhindern. *Tabelle 6.5* zeigt für das betrachtete Beispiel eine derartige Liste nach dem ersten Freigabelauf. Sie enthält neben der Auftragsnummer und einem Zähler für die Anzahl der erfolglos versuchten Freigaben die Kennzeichnung der Arbeitssysteme in der Reihenfolge, in der sie bei der Probeeinlastung als gesperrt erkannt wurden. Damit erhält der Fertigungssteuerer sehr konkrete Hinweise, welche Maßnahmen erforderlich sind, um den Auftrag dennoch freigeben zu können.

Bei der Anwendung des Verfahrens in der Praxis stellt sich naturgemäß die Frage, welcher Wert der Belastungsschranke einzustellen ist. Hierzu sollen im folgenden einige Überlegungen angestellt werden.

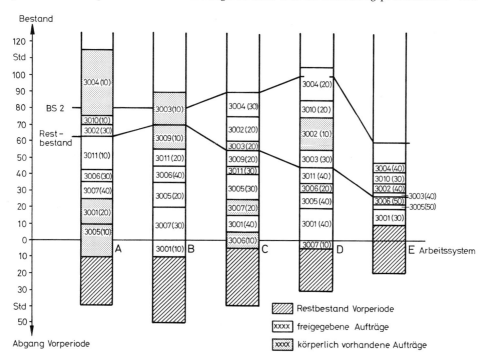

Bild 6.10 Stand der Belastungskonten vor Freigabe Periode 2 nach Belastung mit abgewerteten Aufträgen

Auftrags Nr.	Zuteilungs- versuch	Abweisendes Arbeitssystem				
		A	B	C	D	E
3003	1					1
3002	1	3		2	1	4
3010	1	1			2	3
3008	1	4	5	3	2	1
3012	1	3	1	2	5	4
3004	1	1		3	2	4

Tabelle 6.5 Liste der zurückgestellten Aufträge nach Periode 1 mit Reihenfolge der abweisenden Arbeitssysteme

6.5 Wahl der Belastungsschranke und des Einlastungsprozentsatzes

Die Belastungsschranken und die Einlastungsprozentsätze können entweder an allen Arbeitssystemen gleich oder aber unterschiedlich sein. Bei der Entwicklung des Verfahrens der belastungsorientierten Auftragsfreigabe gingen Jendralski [6] und Bechte[2] noch von einheitlichen Werten für den ganzen Betrieb aus. Erdlenbruch [3] hat gezeigt, daß es bei sehr stark streuenden Durchführungszeiten sinnvoll ist, individuelle Belastungsschranken zu wählen. Allerdings muß dann sichergestellt sein, daß diese bei der Durchlaufterminierung aufeinander abgestimmt sind und das Verfahren dadurch nicht zu kompliziert wird.

Zunächst soll daher wieder ein einzelnes Arbeitssystem betrachtet und die Frage beantwortet werden, welches die „richtige" Belastungsschranke bzw. der „richtige" Einlastungsprozentsatz ist und wie man ihre Werte ermitteln kann. Im folgenden Abschnitt 6.6 wird dann die Verknüpfung der Einzelwerte der Arbeitsplatzdurchlaufzeiten mit der Durchlaufterminierung der Aufträge gezeigt.

Die Frage nach der „richtigen" Belastungsschranke eines Arbeitssystems läßt sich am besten anhand des Durchlaufmodells in Bild 6.3 diskutieren. Bei gegebener Kapazität ist die Belastungsschranke offensichtlich nur noch vom mittleren Bestand abhängig, aus dem sich über die „Trichterformel" (mittlere Durchlaufzeit gleich mittlerer Bestand durch mittlere Leistung) wiederum eine mittlere Durchlaufzeit ergibt. Damit stellt sich also die Frage nach dem „richtigen" Bestand an einem Arbeitsplatz. Im Durchlaufdiagramm läßt sich diese Frage scheinbar sehr einfach beantworten: *Zugangskurve und Abgangskurve müssen so verlaufen, daß der Arbeitsplatz mit hoher Wahrscheinlichkeit immer beschäftigt ist.*

Anhand von *Bild 6.11* sollen nun Ansätze zur Ermittlung einer realistischen Plandurchlaufzeit abgeleitet werden. *Bild 6.11 a* zeigt hierzu fiktive Durchlaufelemente eines Arbeitssystems, die so angeordnet sind, daß sich die in ihnen enthaltenen Durchführungselemente lückenlos aneinanderreihen, wie dies bei einem Prozeß ohne Unterbrechungen durch Störungen immer der Fall ist.

Die maximale Durchlaufzeit ZDL_{max} dieses Arbeitssystems wird dann nur durch den *Maximalwert* der Summe von Durchführungszeit ZDF und Übergangszeit ZUE bestimmt. In der Übergangszeit ist definitionsgemäß die Transport- und Kontrollzeit ZTR enthalten. Beim störungsfreien Ablauf ohne Reihenfolgevertauschung ist als Übergangszeit demnach nur die maximale Transport- und Kontrollzeit ZTR_{max} zu berücksichtigen, so daß sich ein Idealprozeß konstruieren läßt, der nur aus Durchlaufelementen mit den Bestandteilen ZDF und ZTR_{max} besteht.

Bild 6.11 b zeigt diesen idealisierten Prozeß, der folgende Eigenschaften besitzt (s. auch Abschn. 5.4.1):

– Die maximale Durchlaufzeit aller betrachteten Durchlaufelemente besteht aus der Summe der maximalen Durchführungszeit dieser Elemente und der maximalen Transport- und Kontrollzeit.

– Die Flußfläche des Zuganges ist gleich der Flußfläche des Abganges, da immer genausoviel Arbeit zufließt wie abfließt. Die resultierende Flußfläche ist also Null.

– Die Steuerfläche des Abganges ist Null, weil sich die Durchführungselemente bei gleichbleibender Kapazität lückenlos entlang einer Geraden aneinanderreihen.

– Die Steuerfläche des Zuganges ist ebenfalls Null, weil die Zugänge derart auf die Abgänge abgestimmt sind, daß sie in einem konstanten zeitlichen Abstand zum Abgang eintreffen und damit Zugangskurve und Abgangskurve deckungsgleich sind.

– Die Losfläche von Zugang und Abgang ist über lange Zeiträume dem Betrag nach gleich groß und entspricht der Durchführungszeitfläche. Die resultierende Losfläche aus Zu- und Abgang entspricht bei einer periodenweisen Betrachtung wegen der zeitlichen Verschiebung der Aufträge im Zu- und Abgang aber nicht diesem Betrag.

– Die Grundbestandsfläche resultiert bei gegebener Leistung nur aus der maximalen Transport- und Kontrollzeit.

Der maximale Bestand eines Arbeitssystems in einer Periode hängt bei gegebener Leistung und störungsfreiem Ablauf ohne Reihenfolgevertauschung also nur von der maximalen Transport- und Kontrollzeit sowie von der maximalen Durchführungszeit in dieser Periode ab.

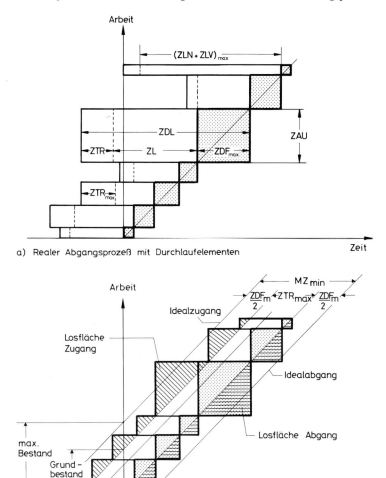

a) Realer Abgangsprozeß mit Durchlaufelementen

b) Idealer Zu-und Abgangsprozeß mit unveränderten Auftragszeiten

Bild 6.11 Ableitung des Idealdurchlaufs von Aufträgen durch einen Arbeitsplatz bei streuenden Auftragszeiten

Wegen der zufälligen und teilweise stark schwankenden Auftragszeiten, die ja unmittelbar auch die Streuung der Durchführungszeiten bewirken, ist es nicht sinnvoll, den Mindestwert von Bestand und Durchlaufzeit je Periode nach dem Maximalwert der Auftragszeit zu bestimmen. Vielmehr wird sich eine längerfristige Auswertung der Auftragszeiten z. B. über mehrere Perioden in Form der bereits erläuterten Lorenzkurve anbieten. In *Tabelle 6.6* wurde dies für den Beispielarbeitsplatz aus Kapitel 4 durchgeführt, der die in den Spalten 1 und 2 aufgeführten Aufträge abgeliefert hat. (Die Werte entstammen Tabelle 4.1 und sind nach steigenden Auftragszeiten geordnet.)

Bild 6.12 zeigt die Lorenzkurve dieser Werte. Geht man einmal davon aus, daß als Maximalwert der Durchführungszeit derjenige Wert zugelassen werden soll, der 95 Prozent aller

Auftrags - Nr.	Auftrags - Zeit ZAU	Klasse	Anzahl je Klasse			Arbeit je Klasse		
			Einzelwerte		Kumul.	Einzelwerte		Kumul.
–	[Std]	[Std.]	[–]	[%]	[%]	[Std]	[%]	[%]
1	2	3	4	5	6	7	8	9
1	0,5	1	1	5	5	0,5	0,3	0,3
2	2,1	2	0	0	5	0	0	0,3
3	2,1	3	3	15	20	6,8	4,7	5,0
4	2,6	4	1	5	25	3,8	2,6	7,6
5	3,8	5	1	5	30	4,2	2,9	10,5
6	4,2	6	3	15	45	15,5	10,6	21,1
7	5,1	7	2	10	55	13,7	9,4	30,5
8	5,1	8	2	10	65	15,1	10,3	40,8
9	5,3	9	1	5	70	8,8	6,0	46,8
10	6,8	10	1	5	75	9,6	6,6	53,4
11	6,9	11	0	0	75	0	0	53,4
12	7,4	12	1	5	80	11,4	7,8	61,2
13	7,7	13	0	0	80	–	0	61,2
14	8,8	14	3	15	95	41,2	28,2	89,4
15	9,6	15	0	0	95	0	0	89,4
16	11,4	16	1	5	100	15,4	10,6	100
17	13,6	Summe	20	100	100	146,0	100	100
18	13,8							
19	13,8							
20	15,4							
20	146,0	◀ Summe						

Tabelle 6.6 Berechnung der Kennwerte der Lorenz-Kurve der Auftragszeit eines Arbeitsplatzes

Aufträge umfaßt, ergibt sich ein Wert von rund 14 Stunden Auftragszeit, was einer Durchführungszeit von 14 : 8 = 1,8 Arbeitstagen entspricht (unter der Annahme, daß die Leistung an diesem Arbeitsplatz 8 Stunden pro Arbeitstag beträgt). Nimmt man weiterhin an, daß aufgrund der betrieblichen Erfahrungen eine maximal zulässige Kontroll- und Transportzeit von 2 Tagen gilt, beträgt die *ideale mittlere Durchlaufzeit* dieses Arbeitsplatzes 3,8, also rund 4 Arbeitstage.

Wegen der nie zu vermeidenden zeitlichen Verschiebungen im Ablauf durch Reihenfolgevertauschungen aufgrund von Eilaufträgen, Unterbrechungen der Produktion, Verspätung von Anlieferungen usw. erscheint eine *Mindestpufferzeit* von einem Tag sinnvoll, so daß sich ein *realistischer Planwert* der gewichteten mittleren Durchlaufzeit von MZ = rund 5 Arbeitstagen für diesen Arbeitsplatz ergibt.

In *Bild 6.13* ist unter Verwendung der aus Kapitel 4 bekannten gemessenen Abgangskurve der Idealprozeß mit 5 Tagen mittlerer Durchlaufzeit konstruiert worden, und man erkennt die erheblichen Reserven, die hier gegenüber der tatsächlichen Zugangskurve und damit dem gemessenen Durchlaufzeitwert von 11,1 Arbeitstagen vorhanden sind.

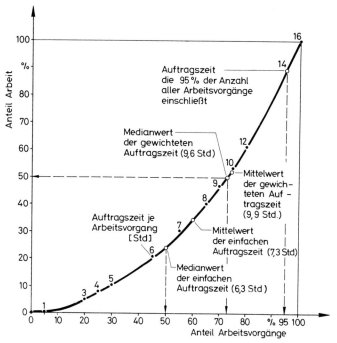

Bild 6.12 Lorenzkurve der Auftragszeit abgefertigter Lose an einem Arbeitsplatz

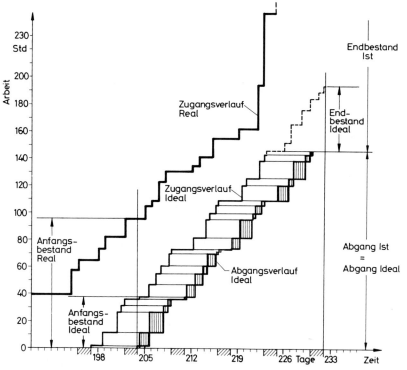

Bild 6.13 Konstruktion des Plan-Durchlaufdiagramms eines realen Arbeitsplatzes [Bechte, IFA]

Zusammengefaßt läßt sich der Schluß ziehen, daß *zur Bestimmung der Plan-Belastungs-schranke die Betrachtung von Mittelwert und Streuung der Transportzeit und Durchführungs-zeit ausreicht.* Aus diesen beiden Werten läßt sich dann eine gewichtete mittlere Plandurch-laufzeit MZ berechnen. Daraus folgt unter der Annahme, daß 95 Prozent aller Durchfüh-rungs- und Transportzeiten abgedeckt werden sollen:

$$MZ = ZDF^* + ZTR^* + ZPU \qquad\qquad (6.13)$$

ZDF^* = 95%-Wert in der Lorenzkurve der Durchführungszeit
ZTR^* = 95%-Wert in der Lorenzkurve der Transportzeit
ZPU = Pufferzeit für Kapazitätsstörungen und Reihenfolgevertauschungen

Die Belastungsschranke ergibt sich dann nach folgender Überlegung:

Gegeben: mittlere Plandurchlaufzeit MZ, mittlere Planleistung ML und Planperiodenlänge P

Gesucht: Belastungsschranke BS

Gl. 6.1: Aus $MZ = \dfrac{MB}{ML}$

folgt $MB = MZ \cdot ML$

Gl.6.4: Aus $BS = AB + MB$
und $AB = ML \cdot P$
folgt $BS = ML \cdot P + MB$
$\qquad\quad = ML \cdot P + MZ \cdot ML$

$$\boxed{BS = ML\,(MZ + P)} \qquad\qquad (6.14)$$

Der Einlastungsprozentsatz ergibt sich unmittelbar aus Gleichung 6.8 zu:

$$EPS = (1 + \frac{MZ}{P}) \cdot 100\%$$

Für den Beispielfall errechnet sich dann mit einem Wert von 8 Std/BKT für ML, 5 BKT für MZ und 5 BKT für P die Belastungsschranke BS zu:

$$BS = 8\ \text{Std/BKT} \cdot (5\ \text{BKT} + 5\ \text{BKT}) = 80\ \text{Std}$$

Der Einlastungsprozentsatz EPS nimmt dann folgenden Wert an:

$$EPS = (1 + \frac{5\ \text{BKT}}{5\ \text{BKT}}) \cdot 100\% = 200\%$$

In *Bild 6.14,* welches eine Übersicht über einige Verfahren zur Bestimmung der Belastungs-schranke gibt, ist diese Methode als *Schätzverfahren mit Lorenzkurven* angeführt. Für die Praxis bedeutet dies, daß die Übergangszeit- und Durchführungszeitverteilung mit Hilfe des in Abschnitt 5.3 geschilderten Kontrollsystems überwacht werden muß, um längerfristige Veränderungen – z. B. infolge von Verbesserungen der Fertigungsverfahren oder der Ablauf- und Transportorganisation – erkennen und die Einlastungsprozentsätze anpassen zu können.

Ein *Schätzverfahren,* welches nicht auf den Verteilungen von Übergangszeit und Durchfüh-rungszeit, sondern nur auf dem Mittelwert der *gewichteten Durchführungszeit* beruht, ist als zweite Methode in Bild 6.14 angeführt und wurde von Erdlenbruch vorgeschlagen [3, 5]. Dabei geht man auch von drei Bestandteilen des Durchlaufelementes aus, nämlich dem Transport-, Puffer- und Durchführungszeitanteil. Man faßt also die in Bild 3.5 erläuterten fünf Bestandteile zu drei Bestandteilen zusammen. Diese drei Bestandteile werden nun als gewichtete Mittelwerte aufgefaßt, die sich nur über einen längeren Zeitraum ändern [3].

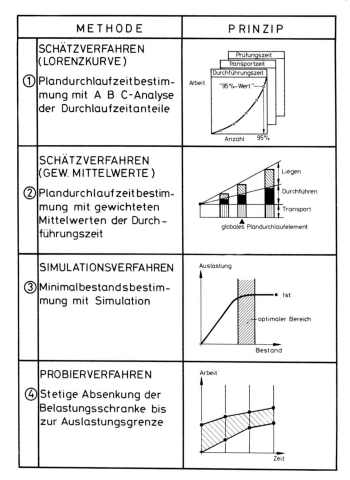

Bild 6.14 Methoden zur Bestimmung der Belastungsschranke im Rahmen der belastungsorientierten Auftragsfreigabe

Bild 6.15 zeigt den mittleren Wert der Arbeitsvorgangsdurchlaufzeit einer kompletten mechanischen Fertigung im Ist-Zustand mit 13,5 Arbeitstagen. Die gewichtete mittlere Durchlaufzeit und die gewichtete mittlere Durchführungszeit wurden gemessen, der Transportanteil wurde abgeschätzt.

Nun geht man zur Bestimmung des Planzustandes von der Überlegung aus, daß die Transportzeit unabhängig von Bestandsveränderungen ist. Weiterhin hat sich aufgrund von Simulationsexperimenten und Erfahrungen gezeigt, daß eine *Pufferzeit in Höhe der gewichteten mittleren Durchführungszeit* im allgemeinen ausreicht, um die ausführlich diskutierten Einflüsse durch extreme Auftragszeiten, Eilaufträge, Transportverzögerungen, Arbeitsplatzausfälle usw. abzufangen.

Daraus ergibt sich dann bei einem Pufferfaktor von zwei (d. h. Pufferzeit gleich gewichtete mittlere Durchführungszeit) ein mittleres Plandurchlaufelement von $3 \cdot 2 + 2 = 8$ Arbeitstagen, bestehend aus mittlerer Transportzeit, gewichteter mittlerer Durchführungszeit und mittlerer Liegezeit (Bild 6.15 b). Diesen Wert betrachtet man nun als globales Plandurchlaufelement (Bild 6.15, Methode 2, Mitte).

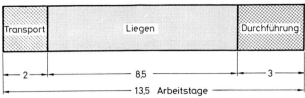

a) <u>Istzustand</u> : Durchführungszeitanteil=$\frac{3}{13,5}$=0,22

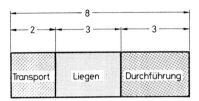

b) <u>Planzustand</u> : Durchführungszeitanteil =$\frac{3}{8}$=0,38

Bild 6.15 Zusammensetzung der mittleren Werte der Bestandteile des Durchlaufelementes für eine mechanische Fertigung [Erdlenbruch, IFA]

Bei den einzelnen Arbeitsplätzen ergeben sich teilweise starke Abweichungen von dem Mittelwert der gewichteten Durchführungszeit. Daher setzt man den individuellen Planwert für die einzelnen Arbeitssysteme in der Weise fest, daß man die individuelle gewichtete mittlere Durchführungszeit mit dem erläuterten Pufferfaktor (hier 2) multipliziert. Der so ermittelte *individuelle Pufferzeitwert* ergibt dann zusammen mit dem *individuellen mittleren Durchführungszeitwert* und der Transportzeit den *individuellen Plandurchlaufzeitwert* für jedes Arbeitssystem. *Bild 6.16* zeigt das Berechnungsprinzip in Form einer Skizze, aus der deutlich wird, wie sich die Plandurchlaufzeit MZ in Abhängigkeit von der arbeitsplatzspezifischen gewichteten mittleren Durchführungszeit ZDF ändert.

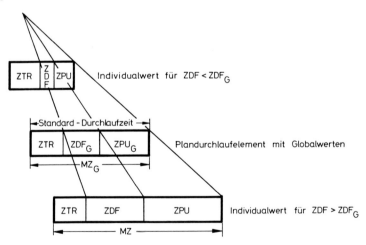

ZTR = mittlere konstante Transportzeit
ZPU = mittlere gewichtete Pufferzeit
ZDF = gewichtete mittlere Durchführungszeit
MZ = gewichtete mittlere Durchlaufzeit

Bild 6.16 Ableitung der arbeitsplatzspezifischen Plandurchlaufzeit [nach Erdlenbruch, IFA]

Die Wirkungsweise individueller Belastungsschranken auf die Durchlaufzeit gegenüber einer einheitlichen Belastungsschranke soll an einem einfachen Beispiel verdeutlicht werden [5]. Gegeben sei ein Auftrag mit drei Arbeitsvorgängen, von denen der erste 52 Stunden, der zweite 39 Stunden und der dritte 22 Stunden Arbeitsinhalt umfaßt. In *Tabelle 6.7* sind die einheitlichen Einlastungsprozentsätze mit 250 Prozent und die individuellen mit 480, 420 und 240 Prozent vorgegeben. Die Abwertungsfaktoren errechnen sich gemäß Gleichung 6.9 bzw. 6.10 zu 0,4 bzw. 0,21, 0,24 und 0,42, woraus sich die abgewerteten Auftragszeiten ZAU_A entsprechend Zeile 5 in Tabelle 6.7 ergeben.

Kennwert	allgemeiner Einlastungs – prozentsatz EPS = 250% (A)			individueller Einlastungs – prozentsatz (B)		
	AG 1	AG 2	AG 3	AG 1	AG 2	AG 3
1	2	3	4	5	6	7
1 Einlastungsprozentsatz [%]	250	250	250	480	420	240
2 100 / EPS [-]	0,4	0,4	0,4	0,21	0,24	0,42
3 Abwertungsfaktor [-]	1,0	0,4	0,16	1,0	0,21	0,05
4 Auftragszeit [Std]	52,0	39,0	22,0	52,0	39,0	22,0
5 Auftragszeit abgewertet [Std]	52,0	15,6	3,5	52,0	8,2	1,1
6 Mittl. Plandurchlaufzeit [x)][BKT]	7,5	7,5	7,5	19,0	16,0	7,0
7 Durchführungszeit [xx)] [BKT]	6,5	4,9	2,8	6,5	4,9	2,8
8 Transportzeit [BKT]	2	2	1	2	2	1
9 Pufferzeit [BKT]	- 1,0	0,6	3,7	10,5	9,1	3,2

[x)]Periode P = 5 Betriebskalendertage [BKT]
[xx)]Tageskapazität TKAP = 8 Stunden / BKT

Tabelle 6.7 Durchlaufzeitberechnung eines Auftrages mit stark unterschiedlichen Auftragszeiten ZAU bei allgemeinem und individuellem Einlastungsprozentsatz

Die Plandurchlaufzeiten MZ wurden aus der Umformung von Gleichung 6.8 berechnet. Diese lautete:

$$EPS = (1 + \frac{MZ}{P}) \, 100\%$$

Dann gilt:

$$MZ = (\frac{EPS}{100} - 1) \cdot P \qquad (6.15)$$

EPS = Einlastungsprozentsatz
P   = Periodenlänge

Erwartungsgemäß sind die Plandurchlaufzeiten im Fall A (allgemeine Belastungsschranke) mit 7,5 Arbeitstagen gleich und im Fall B (individuelle Belastungsschranken) sehr unterschiedlich.

Interessant ist die Zusammensetzung der Durchlaufzeit MZ. Sie besteht nach der Vereinbarung in Bild 6.13 aus der *Durchführungszeit* ZDF (berechnet in Tabelle 6.7, Zeile 7), der *Transportzeit* ZTR (angenommen für AG 1 und AG 2 mit je 2 Arbeitstagen und für AG 3 mit 1 Arbeitstag) und der *Pufferzeit* ZPU. Tabelle 6.7, Zeile 9, zeigt die Werte für die sich ergebende Pufferzeit ZPU für beide Fälle.

In *Bild 6.17* sind die Durchlaufzeiten und ihre Bestandteile für die Fälle A und B einander gegenübergestellt. Man erkennt im Fall A, daß beim Arbeitsgang 1 eine *negative* Pufferzeit entsteht, beim Arbeitsgang 2 eine relativ kurze Pufferzeit und beim Arbeitsgang 3 eine Pufferzeit, die in der Nähe der Durchführungszeit liegt.

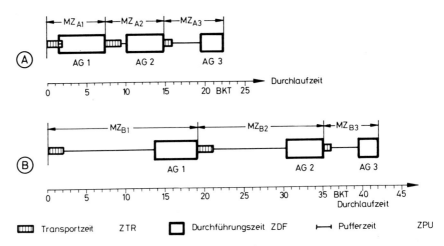

Bild 6.17 Zusammensetzung der Durchlaufzeit MZ eines Auftrages
A: bei allgemeiner Belastungsschranke
B: bei individuellen Belastungsschranken
[nach Erdlenbruch, IFA]

Insgesamt ist der Auftragsdurchlauf in dieser Form schon schlecht geplant und wird mit Sicherheit zu Schwierigkeiten in der Realisierung führen. Anders im Fall B: An den Arbeitsplätzen mit großem Arbeitsinhalt entstehen entsprechend große Pufferzeiten, am Arbeitsplatz 3 entsprechend kleinere, die aber immer noch ausreichend sind.

Die Anwendung unterschiedlicher Belastungsschranken wird sich also immer dann anbieten, wenn die Auswertung der Durchführungszeiten für die einzelnen Arbeitsplatzgruppen, die gesteuert werden sollen, deutliche Unterschiede ergibt.

Als dritte Methode zur Ermittlung von Plandurchlaufzeiten sind in Bild 6.15 *Simulationsverfahren* angeführt. Diese können z. B. auf ereignisorientierten diskreten Modellansätzen beruhen, wie sie auch zur Untersuchung der belastungsorientierten Auftragsfreigabe von Jendralski [6], Bechte [2], Buchmann [7] und Erdlenbruch [3] eingesetzt wurden. Der Aufwand hierfür ist allerdings noch beträchtlich und für diesen Zweck allein auch nicht wirtschaftlich.

Vielversprechend scheint demgegenüber ein auf dem Durchlaufdiagramm und seinen Bestandsanteilen basierendes *Warteschlangenmodell* zu sein, welches Lorenz entwickelt hat und das bei relativ geringem Aufwand eine befriedigende Vorhersagegenauigkeit besitzt. Auf das Modell selbst geht Abschnitt 9.5 noch näher ein. *Bild 6.18* zeigt die Kennlinien eines einzelnen Arbeitsplatzes, die mit diesem Warteschlangenmodell berechnet wurden [9]. Man erkennt den „Abknickbereich" der Leistungskurve und einen sinnvollen Bestandsbereich von etwa 280 Stunden, der damit nicht wesentlich unter dem gemessenen mittleren Bestand von

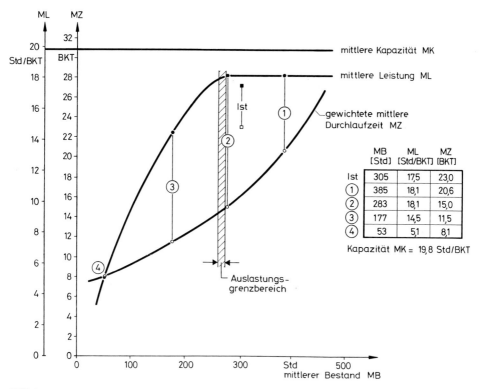

Bild 6.18 Simulierte Betriebskennlinien für eine NC-Arbeitsplatzgruppe [Lorenz, IFA]

305 Stunden liegt. Praktische Erfahrungen liegen mit diesem Verfahren jedoch bisher nicht vor.

Schließlich bietet sich besonders für die Praxis die in Bild 6.14 als *Probierverfahren* bezeichnete Methode an. Mit Hilfe des Kontrollsystems tastet man sich durch allmähliches Absenken der Belastungsschranke an den Knickpunkt der Leistungskurve heran. Dabei kann man im Plandurchlaufdiagramm abschätzen, wie lange es dauert, bis sich eine Veränderung der Belastungsschranke bemerkbar macht, nämlich mindestens etwa die mittlere bisherige Durchlaufzeit. Eine dauernde und planlose Veränderung der Belastungsschranke ist also nicht zu empfehlen.

Bild 6.19 zeigt an einem in der Praxis gemessenen Fall, wie sich die Übergangszeit und die Auslastung einer NC-Drehmaschinengruppe mit dem Einlastungsprozentsatz geändert haben [10]. Offensichtlich erfolgte eine zu starke Absenkung der Belastung nach Monat 6 des 1. Jahres, so daß im darauffolgenden Monat 7 eine Unterauslastung auftrat, allerdings bei einem nahezu halbierten Wert der Übergangszeit. Die dann wieder heraufgesetzte Belastung verbesserte zwar die Auslastung, erhöhte aber auch die Übergangszeit wieder deutlich. Nach zwei weiteren Anläufen hat sich dann der Arbeitsplatz auf eine mittlere Übergangszeit von 9 Tagen eingependelt.

Von den geschilderten vier Methoden zur Bestimmung der Belastungsschranke entspricht das Probierverfahren den Bedürfnissen der Praxis am besten und wird von den Anwendern des Verfahrens bisher ausschließlich praktiziert. Die beiden Abschätzverfahren bieten sich dann an, wenn es darum geht, Grenzwerte der Durchlaufzeit zu berechnen und Maßnahmen zu

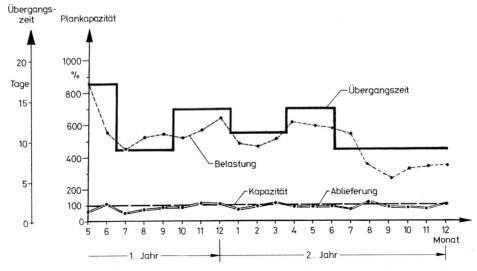

Bild 6.19 Verlauf von Übergangszeit, Belastung und abgelieferter Arbeit an einer NC-Drehmaschinengruppe [Ritter, Dräger AG]

ihrer Annäherung auszuarbeiten. Simulationen werden demgegenüber erst in einer neuen Generation von PPS-Systemen möglich. Was bisher an Simulationsfunktionen in PPS-Systemen angeboten wird, sind nämlich meist keine echten Simulationen in dem Sinne, daß auch Rückmeldungen erzeugt werden; man sollte daher besser von *Probeeinlastungen* sprechen. Wichtig ist in jedem Fall ein dauernder Vergleich von Plan- und Istwerten der Durchlaufzeit sowie ein behutsames Verändern der Belastungsschranken.

Die mittleren Planwerte der Arbeitsplatz-Durchlaufzeiten – wie immer sie bestimmt wurden – müssen nun in der Durchlaufterminierung berücksichtigt werden, um so die Auftragssteuerung mit der Fertigungssteuerung zu verknüpfen.

6.6 Verknüpfung von Auftragssteuerung und Fertigungssteuerung

Überträgt man bei der Durchlaufterminierung den Planwert der Durchlaufzeit jedes Arbeitsplatzes auf die zugehörigen Arbeitsvorgänge eines Auftrages, wird sichergestellt, daß die arbeitsvorgangsbezogenen und die arbeitsplatzbezogenen Durchlaufzeiten *als Mittelwerte* übereinstimmen.

Wie bereits bei der Erläuterung des Verfahrens in Abschnitt 6.2 deutlich wurde, erfolgt die Durchlaufterminierung der Werkstattaufträge vom Bedarfstermin ausgehend rückwärts, und zwar Arbeitsvorgang für Arbeitsvorgang anhand des Arbeitsplans. Jeder Arbeitsvorgang wird dabei mit der Plandurchlaufzeit des entsprechenden Arbeitsplatzes eingeplant und zur *Auftrags-Durchlaufzeit* zusammengesetzt, wobei neben den *Arbeitsvorgangs-Durchlaufzeiten* noch drei weitere Zeitabschnitte eingeschlossen werden *(Bild 6.20)* [5]. Es handelt sich um die *Bereitstellzeit* zwischen dem Beginn des ersten Arbeitsvorganges und der Freigabe des Auftrages zur Bereitstellung der Arbeitspapiere und des Materials, ferner um die *Vorgriffszeit* zwischen Freigabe und Disposition zur Bedarfs- und Verfügbarkeitsprüfung von Mate-

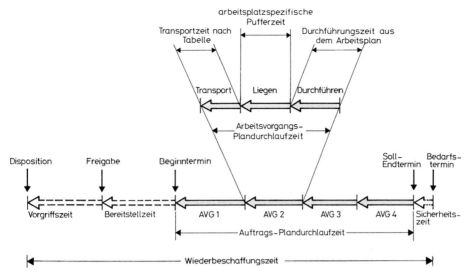

Bild 6.20 Bestimmung der Auftrags-Plandurchlaufzeit [Erdlenbruch, IFA]

rial, NC-Programmen, Werkzeug usw. sowie um eine *Sicherheitszeit* zwischen dem Soll-Endtermin und dem Bedarfstermin, die u. a. zur Ablieferung an den Verbrauchsort (Lager, Montage, Versand usw.) erforderlich ist. Die Summe aller genannten Zeiten ergibt die *Wiederbeschaffungszeit,* die im Rahmen der Disposition teileabhängig gepflegt und eingesetzt wird.

Im Bild 6.20 ist darüber hinaus noch die vorher diskutierte Möglichkeit angedeutet, jeden Arbeitsvorgang aus seinen drei Bestandteilen zusammenzusetzen. Statt der gesamten Durchlaufzeit entnimmt man dabei aus einer Arbeitsplatztabelle nur die arbeitsplatzspezifische Pufferzeit, addiert die aus dem Arbeitsplan bekannte Auftragszeit – umgerechnet in die Durchführungszeit – hinzu und fügt noch die Transportzeit an, die in vielen Betrieben einer Transportzeittabelle entnommen werden kann.

Der Fertigungssteuerung werden die Freigabetermine und Soll-Endtermine übergeben. *Durch die Belastungsschranke wird sichergestellt, daß der Auftrag – wann immer er im Einzelfall am jeweiligen Arbeitsplatz ankommt – eine Bestandssituation vorfindet, die der Plandurchlaufzeit entspricht.* Damit ist der Regelkreis der Fertigungssteuerung geschlossen.

6.7 Wirkungsweise der Parameter Belastungsschranke und Terminschranke in Simulation und Praxis

6.7.1 Simulation von Betriebsabläufen als Hilfsmittel zur Prüfung von Steuerungsalgorithmen

Die umfassende Prüfung von Verfahren der Fertigungssteuerung sowie der Wirkung ihrer Parameter ist im Gegensatz zu technischen Regelvorgängen in einem realen Betrieb nicht möglich, da einerseits keine reproduzierbaren Fertigungssituationen darstellbar sind und andererseits extreme Grenzwerteinstellungen aus wirtschaftlichen Gründen nicht zugelassen werden können. Hier bietet sich das Hilfsmittel der Simulation an.

Studien des Instituts für Fabrikanlagen über bekannte Simulationsmodelle ergaben, daß sie den gestellten Anforderungen hinsichtlich eines realitätsnahen Ablaufes nicht entsprachen. Daher wurden von diesem Institut eine Reihe von Simulationspaketen entwickelt [6, 2, 7], von denen das von Erdlenbruch entworfene und programmierte System PROSIM den vorläufig letzten Stand der Entwicklung darstellt [3, 11].

Die Struktur des Systems, wie es zur Untersuchung des Verfahrens der belastungsorientierten Fertigungssteuerung benutzt wurde, zeigt *Bild 6.21* [3]. Das Hauptprogramm ist mit dem Betriebssystem des Großrechners (Regionales Rechenzentrum Niedersachsen) verbunden und ruft seinerseits vier Module als Unterprogramme auf.

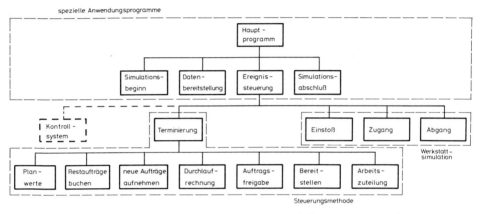

Bild 6.21 Funktionales Baumdiagramm eines Simulationsmodells [Erdlenbruch, IFA]

Der Modul *Simulationsbeginn* eröffnet eine zentrale Informationsdatei, in welcher allgemeine Untersuchungsdaten, Steuerungsparameter zur Durchführung der beabsichtigten Experimente, die Beschreibungen von Datei- und Satzaufbau, die Anwesenheitsbeschreibung des Personals, die Beschreibung der Arbeitssysteme, die Auftragssätze, die ausgewerteten Kennwerte der Arbeitssysteme und die Daten zur Erzeugung von Durchlaufdiagrammen enthalten sind.

Der Modul *Datenbereitstellung* verwaltet die Datei der Betriebsaufträge. Dabei handelt es sich um Aufträge, die so in einer real existierenden Fabrik durchgelaufen sind und dort mit Hilfe von Rückmeldungen und zugehörigen Arbeitspapieren erhoben wurden.

Mit dem Modul *Ereignissteuerung* wird der Ablauf des Fertigungsprozesses in seinen einzelnen Phasen und Schritten gesteuert und dateimäßig verwaltet. Dabei stößt der Modul *Ereignissteuerung* zum einen periodisch den Modul *Terminierung* an, der seinerseits die Schritte des untersuchten Verfahrens darstellt, in diesem Fall die der belastungsorientierten Fertigungssteuerung. Dieser Modul könnte auch ein anderes Steuerungsverfahren abbilden, so wie es in der Praxis eingesetzt wird.

Nach dem Abschluß der Terminierung startet der Modul *Ereignissteuerung* andererseits den Modul *Werkstattsimulation*. Dieser arbeitet die vom Modul *Terminierung* vorgegebene Auftragsmenge mit der vorgegebenen Betriebsstruktur ab und erzeugt dabei für jedes einzelne Ereignis eine Rückmeldung, die genauso aufgebaut ist wie die Rückmeldungen, die in der realen Fabrik erhoben wurden.

Der Modul *Simulationsabschluß* schließt nach dem Durchlauf aller Aufträge die verwendeten Dateien, speichert die zur Auswertung benötigten Daten in der zentralen Informationsdatei und beendet den Simulationslauf.

Die Simulation läuft ereignisorientiert ab, indem die Simulationsuhr zum jeweils anliegenden nächsten Zeitpunkt vorgestellt wird. Ein Zusammenhang zwischen dem Simulationszeitraum und der Simulationsrechenzeit ist dadurch nicht gegeben. Störungen berücksichtigt das Modell nicht, weil diese im Verhältnis zur Durchlaufzeit nur von geringer Dauer sind. Allerdings ist der durch Störungen bedingte Kapazitätsausfall in den Kapazitätsangaben der Arbeitsplätze enthalten.

Zur Interpretation der Simulationsergebnisse ist das Verständnis der Simulation des Werkstattablaufs wichtig. Daher soll dieser anhand von *Bild 6.22* näher betrachtet werden.

Man erkennt die einzelnen Schritte, die ein Auftrag während der Abarbeitung seiner Arbeitsvorgänge durchläuft. Nach *Freigabe* des Auftrags (hier Einstoß genannt) erfolgt der erste *Transportvorgang* zum ersten Arbeitsplatz laut Arbeitsplan. Ist der betreffende Arbeits-

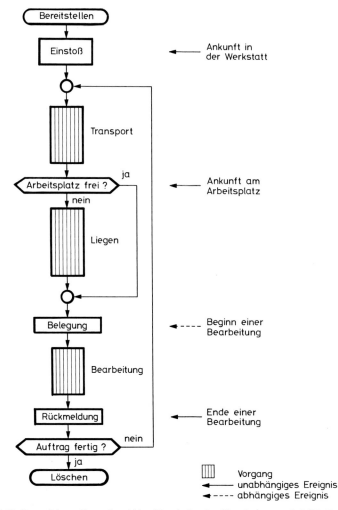

Bild 6.22 Prozeßdarstellung der Ablaufsimulation im Simulationsmodell [Erdlenbruch, IFA]

platz frei, wird er *belegt*; wenn nicht, wird der Auftrag in die *Warteschlange* übernommen, in die er entsprechend seiner Dringlichkeit eingereiht wird. Als Dringlichkeitskriterium dient ausschließlich der Soll-Fertigstellungstermin an diesem Arbeitsplatz. Nach Ablauf des aktuellen Bearbeitungsvorganges verläßt der betreffende Auftrag das betrachtete Arbeitssystem und wird befragt, ob dies sein letzter Arbeitsgang ist. Lautet die Antwort „ja", wird er gelöscht, andernfalls zum nächsten Arbeitsplatz transportiert. Wie lange der Auftrag in der Warteschlange liegt, ist nur von der Menge der anliegenden Aufträge und seiner relativen terminlichen Dringlichkeit abhängig. Jedes Ereignis pro Arbeitsvorgang und Auftrag findet seine Eintragung in einem Datensatz, der im System verbleibt.

Um die Güte des Modells und der verwendeten Daten zu prüfen, ist es üblich, einen Testlauf durchzuführen, bei dem ohne eine spezielle Auftragssteuerung der Ablauf mit den gemessenen Daten des untersuchten Betriebes nachgebildet wird. Dabei wird die Kapazität entsprechend der erfaßten Istleistung festgelegt, um einen Vergleichszustand zu erhalten. Die wirklichen Kapazitäten können also auch größer sein. Das tatsächliche Abfertigungsverhalten ist mit einer Simulation nicht vollständig abzubilden, da sich der möglicherweise vorhandenen Abfertigungsregel meist viele Einflüsse überlagert haben, die nicht mehr rekonstruierbar sind, wie z. B. Eilaufträge oder Personalausfall. Man benutzt daher für den Modelltest zweckmäßigerweise die sogenannte Schlupfzeitregel, welche die Aufträge an einem Arbeitsplatz nach dem Terminverzug ordnet. Dadurch wird die Einhaltung der Endtermine begünstigt.

Die Daten des durchgeführten Modelltests werden nun mit den Daten des erhobenen Ist-Zustandes verglichen. *Bild 6.23* stellt den Abfertigungs- und Bestandsverlauf des in Kapitel 3, Tabelle 3.5, vorgestellten Betriebes und eines typischen Arbeitsplatzes im Ist-Zustand und nach dem Modelltest gegenüber [3]. Für die Realitätstreue des Modells spricht, daß neben der sehr guten Übereinstimmung in der Gesamtleistung auch die Bestandsabweichungen im Untersuchungszeitraum deutlich unter 10 Prozent bleiben.

Von besonderer Bedeutung ist die Überprüfung der Verteilung der Auftrags- und Arbeitsvorgangs-Durchlaufzeiten. *Bild 6.24* zeigt als Beispiel den Vergleich zwischen den Istwerten und den Daten aus dem Modelltest [3]. Im Modell werden extreme Eilaufträge und extreme Langläufer nicht abgebildet. Dadurch sind die mittleren Klassen im Modelltest stärker besetzt als im Ist-Zustand, und es ergibt sich ein niedrigerer Variabilitätskoeffizient. Insgesamt kann man von einer guten Anpassung des Modells an die Realität sprechen.

Das Modell ermöglicht die Simulation realer Betriebe bis zu 200 Arbeitssystemen und wurde auf einem Großrechner implementiert. Die Anzahl der Aufträge und die Länge des Simulationszeitraums sind praktisch nur von der zulässigen Rechenzeit abhängig.

Um das Simulationsverfahren etwas anschaulicher zu machen, wurde es auf einem Mikrorechner so programmiert, daß man die einzelnen Simulationsphasen verfolgen kann [12]. Das Programm zeigt nach dem Start *(Bild 6.25)* zunächst die drei Parameter der Auftragsfreigabe, nämlich die *Periodenlänge* (hier 200 Stunden), die *Terminschranke* (hier mit einem Vorgriffshorizont von dreifacher Periodenlänge) und die *Belastungsschranke* (hier 1,5 entsprechend einem Einlastungsprozentsatz von 150). Der Benutzer kann nun über eine Menükennzahl entweder die Freigabeplanung anstoßen (Kennzahl 0), die drei oben genannten Parameter einstellen (Kennzahl 1), die Kapazitäten verändern (Kennzahl 2), die Liste der Aufträge aufrufen (Kennzahl 3) oder die Simulation beenden (Kennzahl 4).

Für die folgende Demonstration wurden Daten von acht Arbeitsplätzen eines realen Betriebes benutzt. Nach dem Programmstart wurden 40 Perioden mit je 80 Stunden entsprechend 3200 Stunden Arbeitszeit simuliert, um einen eingeschwungenen Zustand des Systems zu erhalten. Nach dem Ende jeder Periode wurden alle Konten berichtigt, die Daten gesichert und die Freigabeplanung automatisch gestartet. *Bild 6.26* zeigt die stark verdichtete Auftragsliste nach der Durchlaufterminierung.

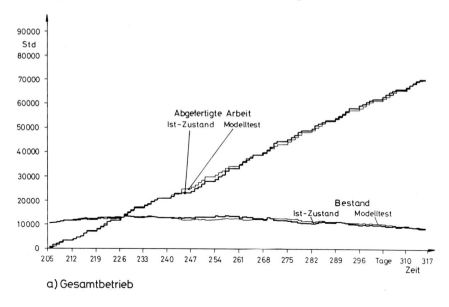

a) Gesamtbetrieb

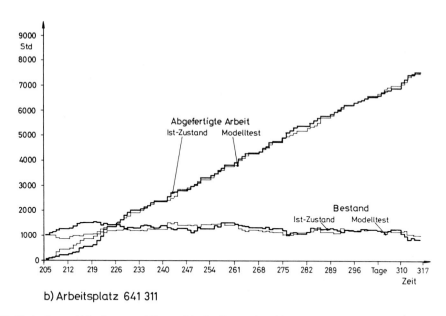

b) Arbeitsplatz 641 311

Bild 6.23 Verlauf von Abfertigung und Bestand im Ist-Zustand und im Modelltest für den Gesamtbetrieb [Erdlenbruch, IFA]

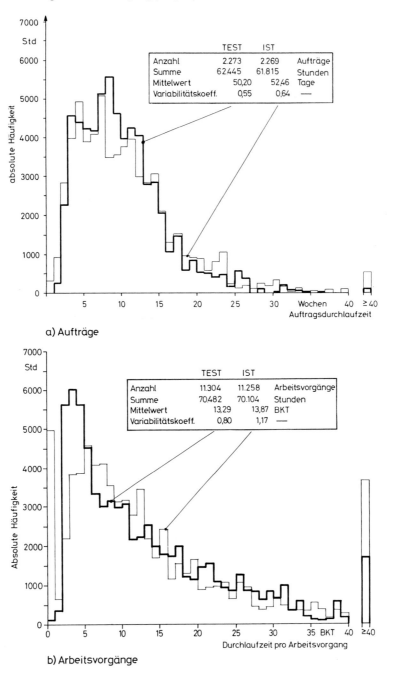

Bild 6.24 Vergleich der Durchlaufzeitverteilung im Ist-Zustand und im Modelltest für den Gesamtbetrieb [Erdlenbruch, IFA]

Bild 6.25 Parameter der Auftragsfreigabe und Eingriffsmöglichkeiten in den Programmablauf einer Simulation auf einem Personal-Computer [Erdlenbruch, IFA]

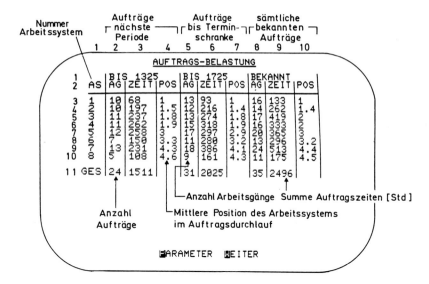

Bild 6.26 Auftragsbelastung vor Beginn der Freigabe, unterteilt in anstehende (bis Periodenende 1325), innerhalb der Terminschranke befindliche (bis Periode 1725) und überhaupt bekannte Aufträge

Man erkennt je eine Zeile für jedes Arbeitssystem AS 1 bis AS 8 sowie eine Zeile GES für das Gesamtsystem. Der Auftragsbestand ist in jeder Zeile in drei Gruppen unterteilt. In der ersten Gruppe (Spalten 2 und 3) ist der *direkte Auftragsbestand* jedes Arbeitssystems für die nächste anstehende Periode angezeigt, die mit der Stunde 1325 endet. Da die Periodenlänge hier 200 Stunden beträgt, beginnt die Periode also bei der Stunde 1125. (Daraus erkennt man, daß das Modell schon fünf Perioden abgearbeitet hat, wobei der Beginn nicht bei der Stunde Null, sondern bei Stunde 125 lag.)

Die Auftragsbelastung wird mit zwei Werten beschrieben. Der erste Wert AG (Spalte 2) gibt an, wieviel *Arbeitsvorgänge,* also Lose, vor dem betreffenden Arbeitssystem liegen, und der zweite Wert ZEIT (Spalte 3) nennt die *Auftragszeit,* die in den Losen enthalten ist. In der

Zeile GES bedeutet der Wert für AG allerdings nicht die Summe der Lose aller Arbeitssysteme (diese wäre in der nächsten Periode nämlich $10 + 10 + 11 + 11 + 12 + 7 + 13 + 5 = 79$), sondern die Anzahl der *Betriebsaufträge,* hier 24. Die Spalte 4 (POS) kennzeichnet die *mittlere Position* des betreffenden Arbeitssystems im Auftragsdurchlauf der 24 Aufträge. Nach diesem Wert sind auch die Arbeitssysteme Zeile 3 bis 10 geordnet.

Die zweite Gruppe des Auftragsbestandes (Spalte 5 bis 7) umfaßt alle Aufträge, die *innerhalb der Terminschranke* liegen. Darin sind also auch die Aufträge der ersten Gruppe enthalten. Die Terminschranke endet mit der Stunde 1725. (Der Periodenbeginn liegt bei Stunde 1125, der Vorgriffshorizont beim Dreifachen der Periodenlänge, also ergibt sich das Ende der Terminschranke mit Stunde $1125 + 3 \cdot 200 = 1725$.)

In der dritten Auftragsgruppe sind schließlich alle zum Zeitpunkt „heute" (hier die Stunde 1125) *bekannten Aufträge* gekennzeichnet.

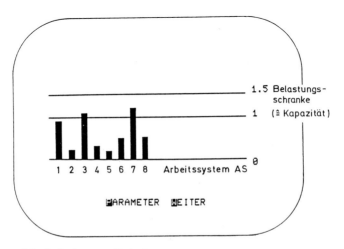

a) Restbelastung vor Freigabe

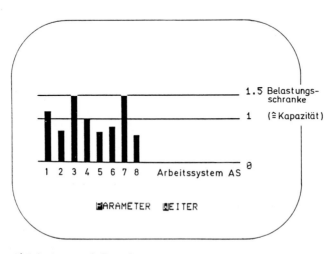

b) Belastung nach Freigabe

Bild 6.27 Belastung der acht Arbeitsplätze einer Werkstatt vor bzw. nach der Auftragsfreigabe [Erdlenbruch, IFA]

Die Auftragsfreigabe lastet nun die nach Startterminen sortierten Aufträge arbeitsgangweise in die Belastungskonten ein. *Bild 6.27a* zeigt den Stand der acht *Belastungskonten* vor der Freigabe.

Die beiden waagrechten Linien deuten die *Kapazität* (1) bzw. die *Belastungsschranke* (1,5) an. Die Arbeitssysteme 1, 3 und 7 haben noch Arbeit für etwa eine Periode, die übrigen Systeme haben nur noch einen knappen Arbeitsvorrat. Nach der Auftragsfreigabe zeigt sich die Belastung der Konten gemäß *Bild 6.27b*.

Die Arbeitssysteme 3 und 7 sind bis zur Belastungsschranke ausgebucht, die übrigen Systeme dagegen konnten nicht mit Aufträgen innerhalb der Terminschranke bis zur Belastungsschranke gefüllt werden. An dieser Stelle kann der Benutzer in den Programmablauf eingreifen, indem er entweder die Belastungsschranke oder die Terminschranke verändert, um eine bessere Auslastung zu erzielen. Auch eine Veränderung der Kapazitäten ist prinzipiell möglich (vgl. Bild 6.25, Menükennziffer 2), wird aber hier nicht vorgeführt, weil nur die Parameter der belastungsorientierten Auftragsfreigabe demonstriert werden sollen.

Wird das Ergebnis der Auftragsfreigabe akzeptiert, startet die eigentliche Simulation des Auftragsdurchlaufes. Hierzu erscheint auf dem Bildschirm jedes Arbeitssystem, symbolisiert als Trichter *(Bild 6.28)*.

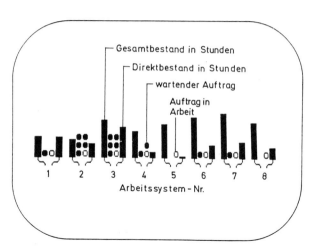

Bild 6.28 Darstellung der Werkstatt als Trichtermodell mit Aufträgen und Säulen für Gesamt- und Direktbestand [Erdlenbruch, IFA]

Man erkennt acht Trichter. Die rechte Säule an jedem Trichter ist ein Maß für den *Bestand an Arbeit* (gemessen in Stunden), die sich *momentan* an diesem Trichter befindet (Direktbestand). Die *Anzahl Lose,* die dieser Arbeit entsprechen, sind durch Kugeln gekennzeichnet, die sich im Trichter befinden. Die schwarzen Kugeln stellen dabei wartende Aufträge dar, die weißen Kugeln kennzeichnen die Lose, an denen gerade gearbeitet wird. Die linke Säule an jedem Trichter kennzeichnet die *Arbeit* (gemessen in Vorgabestunden), die *im freigegebenen Auftragsbestand* insgesamt für dieses Arbeitssystem enthalten ist, aber u. U. noch am Vorgänger-Arbeitssystem liegt (Indirektbestand plus Direktbestand). Beispielsweise hat Arbeitssystem 5 nur einen einzigen Auftrag in Arbeit (die rechte Säule zeigt einen entsprechend niedrigen Arbeitsinhalt), aber noch viel Arbeit zu erwarten (hohe linke Säule).

Das Simulationsprogramm durchläuft nun 40 Perioden je 80 Stunden. Jedes Ereignis wird mit Ort und Zeitpunkt registriert. Insgesamt wurden neben der Auswertung des Ist-Zustandes fünf Versuchsläufe mit unterschiedlichen Belastungsschranken durchgeführt. Daraus entstehen dann nach Abschluß jeder Simulation Dateien, die ausgezählt werden, um die charakteristischen Werte berechnen zu können. *Bild 6.29 a* zeigt zunächst als Beispiel für die Auswertung eines Simulationslaufs (hier Versuchsnummer 2) die *Verteilung der gewichteten Durchlaufzeiten* mit den in Kapitel 3 ausführlich erläuterten charakteristischen Daten und einer Säulengraphik der Klassenwerte. In diesem Fall ergibt sich eine gewichtete mittlere Durchlaufzeit pro Arbeitsvorgang von 67,4 Stunden, was bei einer Kapazität von 8 Stunden pro Tag rund 8,4 Arbeitstagen entsprechen würde.

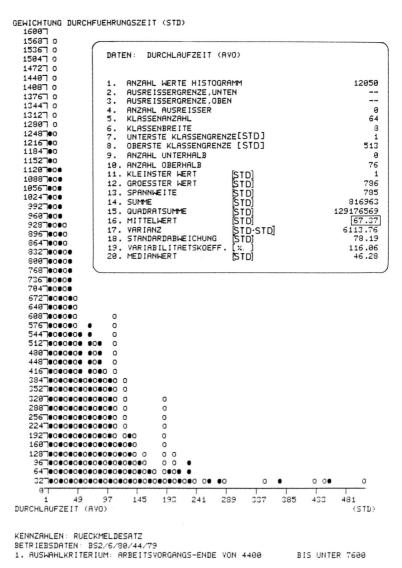

Bild 6.29a Verteilung der gewichteten Durchlaufzeit je Arbeitsvorgang (Simulationslauf 2) [Erdlenbruch, IFA]

Die zweite wichtige Auswertung betrifft die *Verteilung der Durchführungszeit*. In *Bild 6.29 b* erkennt man wiederum zum Simulationslauf Nr. 2 die Häufigkeitsverteilung, ergänzt um die charakteristischen Daten dieser Verteilung. Der Mittelwert beträgt 7,9 Stunden, die Standardabweichung 13,2 Stunden. Die Anzahl der Werte in dieser Auszählung entspricht der Anzahl der Arbeitsvorgänge (hier 1483); daher entspricht der Summenwert der Anzahl der in diesen Arbeitsvorgängen enthaltenen Vorgabestunden (hier 12 126). Da diese im Simulationszeitraum abgeliefert werden, entspricht der Summenwert also dem Gesamtabgang AB im Simulationszeitraum.

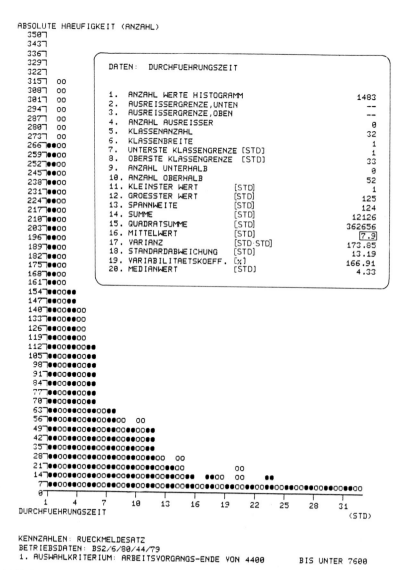

Bild 6.29 b Verteilung der Durchführungszeit je Arbeitsvorgang (Simulationslauf 2)
[Erdlenbruch, IFA]

Aus den beiden Häufigkeitsverteilungen überträgt man die wichtigsten Aussagen in eine Ergebnistabelle *(Tabelle 6.8),* die noch einmal anhand der Werte für den Simulationslauf 2 nachvollzogen wird. Der *Abgang AB* ist mit 12 126 Stunden der Tabelle in Bild 6.29 b, Wert Nr. 14, entnommen, ebenso wie der Wert ZDF_m mit 7,9 Stunden für die *mittlere Durchführungszeit* (Wert Nr. 16) und ZDF_s mit 13,2 Stunden für die *Standardabweichung der Durchführungszeit* (Wert Nr. 18). Die *gewichtete mittlere Durchführungszeit* ZDF_{mg} läßt sich nach der im Kapitel 3, Gleichung 3.22, und der in Tabelle 3.1, angegebenen Vorgehensweise berechnen.

Wert		IST	Ergebnisse Simulationslauf ①	②	③	④	⑤
AB	[Std]	12038	9739	12126	12833	13677	13899
ZDF m	[Std]	7,6	7,2	7,9	8,1	8,5	8,5
ZDF s	[Std]	11,4	12,4	13,2	14,0	14,7	14,7
ZDF mg	[Std]	24,6	28,5	29,9	32,4	33,8	34,0
MZ	[Std]	132,4	35,1	67,4	100,3	130,4	174,1
MZs	[Std]	225,0	12,7	78,2	135,0	179,4	316,2
MB	[Std]	498,1	106,7	255,4	402,2	557,3	756,2
MA	[%]	47	38	47	49	51	51
EPS	[%]	266	144	185	225	263	318

Basis: 8 Arbeitssysteme, Untersuchungszeitraum 3 200 Std.
ca. 12 000 Std. Auftragszeit, ca. 1550 Arbeitsvorgänge

Tabelle 6.8 Zusammenstellung der Simulationsergebnisse für acht Arbeitssysteme bei Veränderung der Belastungsschranke

Man kann auch folgende, von Erdlenbruch abgeleitete Formel für ZDF_{mg} benutzen [3]:

$$ZDF_{mg} = ZDF_m + \frac{ZDF_{s^2}}{ZDF_m} \tag{6.16}$$

ZDF_m = einfache mittlere Durchführungszeit
ZDF_{s^2} = Varianz der Durchführungszeit

Dann ergibt sich für den Simulationslauf 2 (der Wert für die Varianz entstammt der Tabelle in *Bild 6.29 b*, Nr. 17):

$$ZDF_{mg} = 7,9 \text{ Std} + \frac{173,9 \text{ Std} \cdot \text{Std}}{7,9 \text{ Std}} = 29,9 \text{ Std}$$

In diesem speziellen Fall konnte auf eine Unterscheidung von Auftragszeit ZAU und Durchführungszeit ZDF dadurch verzichtet werden, daß das Zeitraster nicht in Kalender*tagen* oder Arbeits*tagen,* sondern in Arbeits*stunden* gewählt wurde. Damit entfällt die Umrechnung der Auftragszeit ZAU in die Durchführungszeit ZDF; beide Kennwerte haben denselben numerischen Wert. Man praktiziert dieses Vorgehen bei Simulationen gern, um den hier nicht interessierenden Einfluß der Tageskapazität zu eliminieren.

Als nächstes folgen in der Ergebnistabelle *(Tabelle 6.8)* die Werte für die gewichtete mittlere Durchlaufzeit aus Bild 6.29 a mit 67,4 Stunden und die zugehörige Standardabweichung mit 78,2 Stunden.

Der *mittlere Bestand,* der einen weiteren wichtigen Wert darstellt, leitet sich auf folgende Weise aus Bild 6.29 a ab. Die exakte Berechnung erfolgt normalerweise nach der in Abschnitt

4.3.2 dargelegten und in Tabelle 4.2 am Beispiel demonstrierten Vorgehensweise anhand der Fläche zwischen Zugangs- und Abgangskurve vom Beginn bis zum Ende des Untersuchungszeitraums.

In Abschnitt 4.3.6 wurde aber auch dargelegt, daß für längere Zeiträume gilt:

$$MZ = MV = MR = \frac{MB}{ML} \tag{6.17}$$

MZ = gewichtete mittlere Durchlaufzeit
MV = mittlerer Vorlauf
MR = mittlere Reichweite
MB = mittlerer Bestand
ML = mittlere Leistung

Dann gilt:

$$MB = MZ \cdot ML = MZ \cdot \frac{AB}{P \cdot n}$$

AB = Abgang im Bezugszeitraum
P = Periodenlänge
n = Anzahl Perioden im Bezugszeitraum

Mit den Werten für den Simulationsfall 2 ergibt sich dann:

$$MB = 67,4 \text{ Std} \cdot \frac{12\,126 \text{ Std}}{80 \cdot 40 \text{ Std}} = 255,4 \text{ Std}$$

Die *Auslastung* MA ist ebenfalls leicht aus der abgegangenen Arbeit AB und der in diesem Zeitraum verfügbaren Kapazität von 8 Std/Std (da 8 Arbeitsplätze vorhanden sind) zu berechnen. Die Kapazität im Bezugszeitraum beträgt demnach 8 Std/Std · 3200 Std 25 600 Std, so daß sich im Simulationsfall 2 mit AB = 12 126 Stunden eine Auslastung MA = 12 126 Std : 25 600 Std = 0,47 oder 47 Prozent ergibt.

Der tatsächliche mittlere Einlastungsprozentsatz ergibt sich aus Gleichung 6.8 wie folgt:

$$EPS = (1 + \frac{MZ}{P}) \cdot 100\%$$

Die Periodenlänge beträgt hier 80 Stunden, so daß sich für den Simulationsfall 2 ergibt:

$$EPS = (1 + \frac{67,8 \text{ Std}}{80,0 \text{ Std}}) \cdot 100\% = 185\%$$

Der bei der Auftragsfreigabe eingestellte Einlastungsprozentsatz betrug in diesem Fall 200 Prozent. Die Abweichung zwischen dem eingestellten und dem berechneten Wert ist wie folgt zu erklären: Bei dem berechneten Einlastungsprozentsatz handelt es sich um den Mittelwert der Einlastungsprozentsätze von acht Arbeitsplätzen. Offensichtlich war es bei dem gegebenen Auftragsmix nicht möglich, alle Arbeitsplätze bis zur Belastungsschranke auszulasten, so daß der mittlere Bestand an einigen Arbeitsplätzen niedriger war als der aufgrund der eingestellten Belastungsschranke zu erwartende Wert.

Es kommt auch vor, daß der berechnete Wert des Einlastungsprozentsatzes höher liegt als der eingestellte Wert. Dies ist entweder dann der Fall, wenn bereits früher freigegebene und noch im System befindliche Aufträge Restbelastungen verursachen, die höher sind als die Belastungsschranke, oder es wurden Aufträge mit einem sehr großen Arbeitsinhalt freigegeben, die die Belastungsschranke überschreiten. Wie bei der Erläuterung der Auftragsfreigabe dargelegt wurde, sperrt das Verfahren ein Belastungskonto erst *nach* der erstmaligen Überschreitung, weil sonst große Aufträge immer wieder zurückgewiesen würden.

Wie mit Bild 6.2 bereits verdeutlicht wurde, lassen sich aus den Ergebnissen derartiger wiederholter Simulationsläufe Kennlinien für die abgelieferte Arbeit und die gewichtete

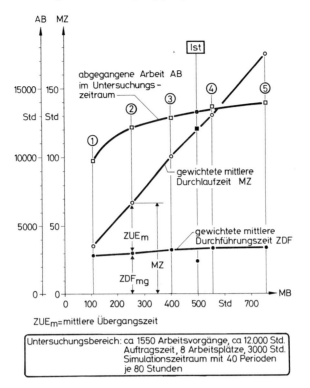

Bild 6.30 Kennlinien für abgefertigte Arbeit AB und gewichtete mittlere Durchlaufzeit je Arbeitsvorgang MZ einer Arbeitsplatzgruppe mit acht Arbeitsplätzen [nach Erdlenbruch, IFA]

mittlere Durchlaufzeit entwickeln, die *Bild 6.30* für den hier diskutierten Fall mit acht Arbeitsplätzen zeigt.

Die abgelieferte *Arbeit* AB nimmt mit sinkendem *mittleren Bestand* MB erwartungsgemäß erst wenig, dann immer mehr ab; sie endet theoretisch im Nullpunkt des Koordinatensystems. Die *gewichtete mittlere Durchlaufzeit* MZ besteht aus der *gewichteten mittleren Durchführungszeit* ZDF_{mg} und der mittleren Übergangszeit ZUE_m. Die Transportzeit wurde hier vereinfachend mit dem Wert Null angesetzt, so daß die Durchlaufzeit mit immer geringerem Bestand und damit immer geringerer Liegezeit dem Wert für die gewichtete Durchführungszeit zustrebt. Die *mittlere Übergangszeit* ZUE_m stellt demnach eine reine Liegezeit aufgrund der Warteschlangen an den einzelnen Arbeitsplätzen dar.

Das Beispiel stellt insofern einen Sonderfall dar, als sich die Kennlinie für die abgelieferte Arbeit einem Wert annähert, der einem Auslastungsgrad von nur etwa 50 Prozent entspricht. Wie bereits die Diskussion des Unterschiedes zwischen dem eingestellten und dem tatsächlich erreichten Einlastungsprozentsatz verdeutlichte, wird hier ein weiterer Anhaltspunkt dafür geliefert, daß es sich um eine extrem ungleichmäßig ausgelastete Arbeitsplatzgruppe handelt, bei der einige wenige Arbeitsplätze den Engpaß darstellen. Aus Bild 6.27 b ist zu vermuten, daß es sich um die Arbeitsplätze 3 und 7 handelt.

Simulationen mit acht Arbeitsplätzen sind jedoch nicht repräsentativ für einen realen Werkstattbetrieb; sie sind hauptsächlich für Demonstrations-, Test- und Schulungszwecke geeignet. Daher wird im folgenden eine umfangreichere Simulation zum Test der Belastungsschranke vorgestellt.

6.7.2 Wirkung der Belastungsschranke

Zur Untersuchung der Wirkung der Belastungsschranke soll der in Kapitel 3, Tabelle 3.5, vorgestellte Betrieb als Testobjekt dienen. Die in einem Zeitraum von ca. 6 Monaten erhobenen Rückmeldungen wurden zunächst ausgewertet und dann zum „Betrieb" des Simulationsprogramms benutzt. Vor dem Start der Simulationsläufe erfolgte ein *Modelltest* des erhobenen Ist-Zustandes, wie im vorhergehenden Abschnitt beschrieben. Danach begannen die eigentlichen *Simulationsversuche*. Hierzu startete man den Auftragsdurchlauf noch einmal, diesmal jedoch unter kontrollierten Versuchsbedingungen. Im vorliegenden Fall handelte es sich um rund 3000 Fertigungsaufträge mit insgesamt ca. 16 000 Arbeitsvorgängen, die mit einem Arbeitsinhalt von 69 700 Stunden auf 50 Arbeitsplatzgruppen mit 90 Einzelarbeitsplätzen abgefertigt wurden. Der Versuchsparameter war die *Belastungsschranke,* die bei einer Periodenlänge von fünf Arbeitstagen im Bereich von EPS = 100 bis 400 Prozent nacheinander auf sechs verschiedene Werte eingestellt wurde, nämlich auf 100, 150, 200, 250, 300 und 400 Prozent.

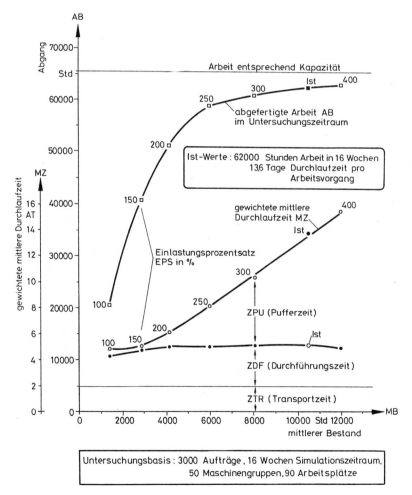

Bild 6.31 Kennlinien für abgefertigte Arbeit und gewichtete mittlere Durchlaufzeit je Arbeitsvorgang mit ihren Bestandteilen bei Veränderung der Belastungsschranke [nach Erdlenbruch, IFA]

In *Bild 6.31* sind die Ergebnisse der Simulationsläufe zusammengefaßt [3]; sie wurden gegenüber der Darstellung von Erdlenbruch jedoch entsprechend den in Bild 6.2 vorgestellten Kennlinien umgezeichnet. Man erkennt zunächst eine Kennlinie für die *abgefertigte Arbeit,* die durch Verbinden der Ergebnisse der einzelnen Punkte entstanden ist. Sie läßt sich in eine Kennlinie für die mittlere Leistung transformieren, wenn man die Skalenwerte für die Arbeit auf der Y-Achse durch den Simulationszeitraum von 16 Wochen dividiert. Beispielsweise ergibt diese Berechnung, daß im Ist-Zustand im Mittel 62 000 : 16 = 3875 Stunden pro Woche geleistet wurden, was einer täglichen mittleren Leistung pro Arbeitsplatz von 3875 : (5 · 90) = 8,6 Stunden pro Arbeitstag entspricht. Die Arbeitsplätze waren also vorwiegend einschichtig mit 8 Stunden pro Tag besetzt.

Die X-Achse stellt den *mittleren Bestand* MB dar, der sich als Mittelwert im Untersuchungszeitraum aufgrund des jeweils eingestellten Einlastungsprozentsatzes ergeben hat. Man erkennt, daß die Kennlinie für die abgefertigte Arbeit – beginnend mit EPS = 400 – über weite Bereiche zunächst allmählich und dann ab ca. 250 Prozent immer stärker abfällt. Dies ist so zu erklären, daß mit sinkendem Bestand zunächst zeitweise und nur an einigen Arbeitsplätzen, dann jedoch immer häufiger und an immer mehr Arbeitsplätzen die Trichter „leerlaufen", also die Arbeitsplätze zeitweise ohne Arbeit sind. Mit eingetragen in das Diagramm ist noch die Arbeit AB, die von den Arbeitsplätzen im Untersuchungszeitraum als *Kapazität* gemeldet wurde. Der senkrechte Abstand zur Kennlinie „abgefertigte Arbeit" kennzeichnet also den theoretischen Kapazitätsverlust bei den jeweiligen Versuchsläufen.

Die zweite Kennlinie stellt den Verlauf der *gewichteten mittleren Durchlaufzeit pro Arbeitsvorgang* MZ dar. Zusätzlich sind noch die drei Bestandteile erkennbar, aus denen sie sich zusammensetzt. Die *Transportzeit* ZTR wurde bei den Simulationsläufen einheitlich mit 2 Tagen angenommen, um gegenüber dem Realbetrieb nicht zu günstige Verhältnisse zu simulieren. Die (gewichtete) *Durchführungszeit* ZDF wurde aus dem Arbeitsstundeninhalt der jeweils abgefertigten Arbeitsvorgänge berechnet und verändert sich deswegen etwas bei den einzelnen Simulationsläufen, weil – bedingt durch den endlichen Simulationszeitraum – nicht exakt dieselben Aufträge abgefertigt werden. Die *Pufferzeit* ZPU ist die Differenz zwischen der gewichteten mittleren Durchlaufzeit MZ und der Summe von ZDF und ZTR.

Der Verlauf der Durchlaufzeitkennlinie ist ebenfalls nicht linear. Sie sinkt, beginnend mit einem Wert von rund 15,3 Tagen bei EPS = 400, zunächst annähernd linear ab, um sich ab etwa EPS = 250 allmählich dem Wert von ZDF plus ZTR anzunähern. Dies ist so zu erklären, daß mit sinkenden Beständen, aber noch immer ausgelasteten Arbeitsplätzen, die mittlere Durchlaufzeit zunächst der „Trichterformel" (gewichtete mittlere Durchlaufzeit gleich mittlerer Bestand durch mittlere Leistung) folgt. Beispielsweise gilt im Kennlinienpunkt EPS = 400: Mittlere Leistung ML = 63 000 Stunden : 16 · 5 Arbeitstage = 787,5 Std je Arbeitstag. Dann beträgt die mittlere Durchlaufzeit: 12 000 Std : 787,5 Std/Tag = 15,2 Arbeitstage, was mit dem aus der Simulation gewonnenen Wert von 15,3 Arbeitstagen gut übereinstimmt.

Sinkt jedoch der Bestand unter die Auslastungsgrenze, kommen immer stärker die in der Durchlaufzeit enthaltenen Anteile zum Tragen, die nicht vom Bestand, also der Länge der Warteschlangen, abhängen. Dies sind die bereits erwähnte Durchführungszeit ZDF, die nur von der Kapazität, und die Transportzeit ZTR, die von der Transportleistung abhängt.

Aus beiden Kennlinien ergibt sich der sinnvolle Einstellbereich für den Einlastungsprozentsatz, der hier etwa zwischen 250 und 300 Prozent liegt. Gegenüber dem Ist-Zustand kann so z. B. bei EPS = 300 eine Bestands- und Durchlaufzeitverringerung von rund 25 Prozent erreicht werden, wobei die Auslastung nur um etwa 4 Prozent sinken würde. In der Praxis wird man im vorliegenden Fall die Engpaßkostenstellen sicher mit einem Einlastungsprozentsatz fahren, der näher bei 300 Prozent liegt, und diesen bei den übrigen Kostenstellen eher auf 250 Prozent einstellen.

Das Beispiel verdeutlicht in besonderer Weise, daß es bei dem angeblichen Dilemma zwischen Auslastung und Durchlaufzeit nicht um eine Entweder-oder-Entscheidung geht, sondern um das Finden des wirtschaftlichen Optimums auf einer betriebsspezifischen Kennlinie.

Um die Wirkungsweise der Belastungsschranke als dem wichtigsten Parameter der belastungsorientierten Fertigungssteuerung weiter zu verdeutlichen, sollen noch die Verteilung der Durchlaufzeiten und das Abfertigungsverhalten betrachtet werden.

Bild 6.32 stellt hierzu die *Verteilung der Arbeitsvorgangs-Durchlaufzeiten* bei drei verschiedenen Einlastungsprozentsätzen dem Ist-Zustand gegenüber [2]. Bei dieser Simulation handelt es sich zwar um denselben Betrieb wie in Bild 6.31, jedoch nicht um dieselben Aufträge. Daher ist auch der Ausgangswert für die gewichtete mittlere Durchlaufzeit von 14,1 Arbeitstagen pro Arbeitsvorgang etwas höher als im Bild 6.32 mit 13,6 Arbeitstagen. Man erkennt, daß mit sinkender Belastungsschranke die Verteilung deutlich steiler und symmetrischer wird, was sich auch in kleineren Werten für die Standardabweichung ausdrückt. Dies ist darauf zurückzuführen, daß mit sinkendem Bestand immer weniger Möglichkeiten bestehen, Reihenfolgevertauschungen vorzunehmen. Die dadurch erzwungene Abfertigungsregel FIFO bewirkt die geringere Streuung.

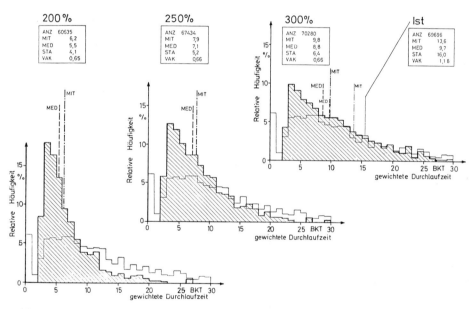

Bild 6.32 Verteilungen der Arbeitsvorgangs-Durchlaufzeiten für den Gesamtbetrieb bei einem Einlastungsprozentsatz von 200% [Bechte, IFA]

Für die Beurteilung von Kennwerten, die über einen längeren Zeitraum (hier 16 Wochen entsprechend 8 Perioden) gemittelt werden, ist der Verlauf der periodenbezogenen Mittelwerte von Interesse. Daher zeigt *Bild 6.33* den Verlauf der gewichteten mittleren Durchlaufzeit für den gesamten in Tabelle 3.5 beschriebenen Betrieb. Die Auswertung entstammt derselben Simulation, die auch Bild 6.32 zugrunde liegt [2].

Man erkennt, daß die Durchlaufzeit im Ist-Zustand mit einer Spannweite von über zwei Tagen um den langfristigen Mittelwert von 13,6 Arbeitstagen schwankte. Bei den Simulationen mit verschiedenen Einlastungsprozentsätzen stellte sich zunächst ein sehr viel niedrigerer Wert ein, was mit dem „Einschwingen" des Simulationsmodells in den stationären Zustand zusammenhängt. Bei den Simulationen zeigt sich ein wesentlich ruhigerer Verlauf der

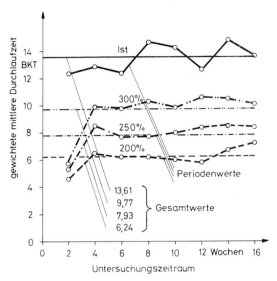

Bild 6.33 Verlauf der gewichteten mittleren Durchlaufzeit für den Gesamtbetrieb bei verschiedenen Einlastungsprozentsätzen [Bechte, IFA]

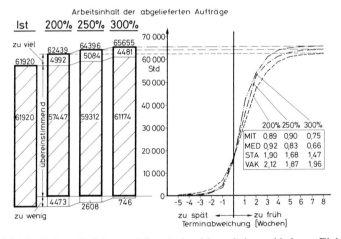

Bild 6.34 Abgelieferte Aufträge und Terminabweichung bei verschiedenen Einlastungsprozentsätzen [Bechte, IFA]

Durchlaufzeitwerte, was auf die größere Abfertigungsdisziplin infolge der strikten Einhaltung der vorgegebenen Abfertigungsregel gegenüber dem Ist-Zustand zurückzuführen ist.

Die Spannweite der Durchlaufzeitschwankungen hat sich auf etwa einenTag reduziert, was wiederum der *Termineinhaltung* der Aufträge zugute kommt. *Bild 6.34* [2] zeigt im linken Teil zunächst noch einmal den Arbeitsinhalt der abgelieferten Aufträge bei verschiedenen Belastungsschranken gegenüber dem Ist-Zustand und im rechten Teil die Terminabweichung. Die mittlere Auftragsdurchlaufzeit beträgt hier rund 10 Wochen. Bei einem Einlastungsprozentsatz von 300 werden die Aufträge im Mittel 0,75 Wochen früher abgeliefert als im Ist-Zustand, die Standardabweichung STA beträgt 1,47 Wochen. Bei EPS = 250 erhöht sich der Mittelwert MIT auf 0,9 Wochen, desgleichen die Standardabweichung STA auf

1,68 Wochen. Die Aufträge werden also im Mittel noch schneller fertig als bei EPS = 300. Allerdings ist zu beachten, daß nicht genau dieselben Aufträge abgefertigt werden. Deshalb sind auch der Mittelwert und die Standardabweichung der Terminabweichung mit 0,89 bzw. 1,90 Wochen bei EPS = 200 nur mit Einschränkungen vergleichbar, weil sich hier der Anteil der mit dem Ist-Zustand übereinstimmenden Aufträge gegenüber den übrigen Werten weiter verringert hat. Generell verbessern sich aber die Auftragsdurchlaufzeit und die Termineinhaltung mit sinkender Belastungsschranke.

Man kann diese Erscheinung auch im Durchlaufdiagramm der einzelnen Arbeitsplatzgruppen erkennen. *Bild 6.35 a bis c* zeigt als Beispiel das Durchlaufdiagramm der Maschinengruppe 622 341, die gemäß Tabelle 3.5 aus zwei Futterdrehautomaten besteht [13].

Der Ist-Zustand (Bildteil a) offenbart ein *ungeregeltes Zugangsverhalten* mit *starker Streuung der Durchlaufzeiten.* Bei einem simulierten Einlastungsprozentsatz von 300 Prozent (Bildteil b) ist der Abstand zwischen Zugangs- und Abgangskurve deutlich geringer geworden. Die gewichtete *mittlere Durchlaufzeit* hat sich von etwa 20 Tagen auf etwa 10 Tage *halbiert,* und extrem lange Einzelwerte treten nicht mehr auf, was auf die bei der Simulation eingehaltene Abfertigungsdisziplin zurückzuführen ist. Bei der weiteren Absenkung der Belastungsschranke auf EPS = 200 (Bildteil c) tritt zwar eine weitere Verbesserung des Auftragsdurchlaufs hinsichtlich Durchlaufzeit und Bestand auf, nun aber auf *Kosten der Auslastung.* Am Arbeitsplatz ist zeitweise keine Arbeit vorhanden, so z. B. um die Tage 220, 240, 280 und 300. Für diesen Arbeitsplatz ist demnach eine Belastungsschranke sinnvoll, die zwischen 200 und 300 Prozent liegt, wenn eine Unterbelastung vermieden werden soll. Allerdings ist zu berücksichtigen, daß man in der Praxis einem vorhersehbaren Leerlauf des Arbeitsplatzes nicht tatenlos zusehen wird.

Die bisherigen Betrachtungen galten für eine einheitliche Belastungsschranke an allen Arbeitsplätzen. Wie schon bei der Diskussion über die „richtige" Belastungsschranke gezeigt wurde, ist es wegen der in manchen Unternehmen stark unterschiedlichen mittleren Durchführungszeiten in einzelnen Kostenstellen und Maschinengruppen sinnvoller, die Belastungsschranken unterschiedlich einzustellen. In *Bild 6.36* sind die von Erdlenbruch simulierten Kennlinien für die abgefertigte Arbeit und die mittlere Durchlaufzeit pro Arbeitsvorgang für *einheitliche* und *individuelle* Belastungsschranken gegenübergestellt [2], um die Wirkung angepaßter Belastungsschranken zu verdeutlichen.

Die Kennlinie der abgefertigten Arbeit zeigt, daß oberhalb einer mittleren Belastungsschranke von EPS = 200 bei der Einstellung individueller Belastungsschranken *mehr Arbeit* durchgesetzt wird als bei einer einheitlichen Belastungsschranke für alle Arbeitsplätze. Die *Durchführungszeit* der abgearbeiteten Arbeitsvorgänge ist um etwa 10 Prozent größer, was darauf schließen läßt, daß bei der allgemeinen Belastungsschranke größere Aufträge benachteiligt werden. Durch individuelle Belastungsschranken lassen sich also im vorliegenden Fall die *Kapazitäten besser ausnutzen,* wobei sich die *mittleren Durchlaufzeiten* allerdings nur *unwesentlich verbessern.* Jedoch ist die *Pufferzeit* wegen der höheren mittleren Durchführungszeit *geringer.*

Generell läßt sich feststellen, daß der analytisch abgeleitete Zusammenhang zwischen Durchlaufzeit, Bestand und Auslastung durch die realitätsnahe Simulation bestätigt wird und *die Belastungsschranke bzw. der Einlastungsprozentsatz* den *zentralen Parameter der belastungsorientierten Fertigungssteuerung darstellt.*

Mittlerweile liegen auch eine Reihe praktischer Erfahrungen aus verschiedenen Unternehmen der Elektrotechnik, der Elektronik und der Feinwerktechnik vor. So konnte z. B. durch den Einsatz der belastungsorientierten Auftragsfreigabe in einer Flachbaugruppenfertigung (das sind mit elektronischen Bauelementen bestückte Leiterplatten) die mittlere Durchlaufzeit bei einem wöchentlichen Freigabelauf von 48 auf 22 Tage verbessert werden und sank nach Umstellung auf eine Freigabefrequenz von einem auf zwei Abrufe pro Woche nochmals auf 16 Tage ab. Begleitet war die Einführung des Verfahrens von Maßnahmen zur Verbesse-

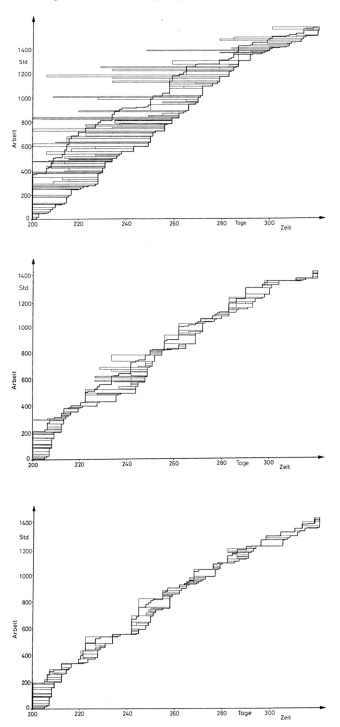

Bild 6.35 Ankunfts- und Abfertigungsverhalten einer Maschinengruppe im Ist-Zustand (a) und bei einem Einlastungsprozentsatz von 300% (b) bzw. 200% (c) im Durchlaufdiagramm [Krautzig, IFA]

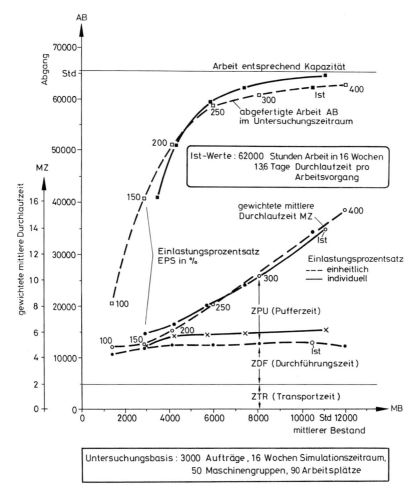

Bild 6.36 Kennlinien bei allgemeiner und individueller Belastungsschranke [nach Erdlenbruch, IFA]

rung der Rückmeldequalität und Abfertigungsreihenfolge. In anderen Fertigungen von Leiterplatten, Filterdrosseln und Spulen desselben Unternehmens wurden vergleichbare Verbesserungen erzielt [14].

In einem anderen Unternehmen, welches hochwertiges Befestigungsmaterial herstellt (Dübel, Bolzen, Nägel), wurde eine Verkürzung der mittleren Artikel-Durchlaufzeiten in ca. 6 Monaten von 33 auf 23 Tage erzielt; gleichzeitig ging die „Ware in Arbeit", also der Werkstattbestand, um 25 Prozent zurück, und die Aufträge mit Verzug verminderten sich von rund 1100 auf 500, also um etwa 50 Prozent [15].

Da alle eingesetzten Systeme zur belastungsorientierten Auftragsfreigabe als „Nebenergebnis" auch die Durchlaufzeit- und Bestandsentwicklung verfolgen, ist gewährleistet, daß die Verbesserungen auch von Dauer sind.

6.7.3 Wirkung der Terminschranke

Als zweiter wesentlicher Parameter der belastungsorientierten Auftragsfreigabe wurde die Terminschranke bzw. der Vorgriffshorizont vorgestellt. Der *Vorgriffshorizont* ist die Zeitspanne, in der die Starttermine der dringlichen Aufträge liegen. Der Beginn dieser Zeitspanne ist der Planungszeitpunkt „heute", das Ende wird als *Terminschranke* bezeichnet. Um die Wirkung des Vorgriffshorizontes auf die mittlere Leistung und die mittlere Durchlaufzeit zu untersuchen, hat Lorenz mit Hilfe eines Simulationsmodells, dessen Zuverlässigkeit ebenfalls mit einem Modelltest anhand von Istdaten und der ereignisorientierten Simulation nachgewiesen wurde (s. Abschnitt 9.5), den Vorgriffshorizont bei verschiedenen Einlastungsprozentsätzen zwischen Null und sechs Wochen in Schritten von je zwei Wochen verändert [8]. Das Ergebnis dieser Experimente zeigt *Bild 6.37*.

Auch hier lag wieder der in Abschnitt 3 vorgestellte Modellbetrieb zugrunde, so daß die Ergebnisse mit den Kennlinien von Erdlenbruch in Bild 6.31 vergleichbar sind. Man erkennt, *daß der Einfluß des Vorgriffshorizontes auf die Leistung und die Durchlaufzeit um so stärker ist, je höher der Einlastungsprozentsatz und damit der mittlere Bestand ist.* Wie auch in

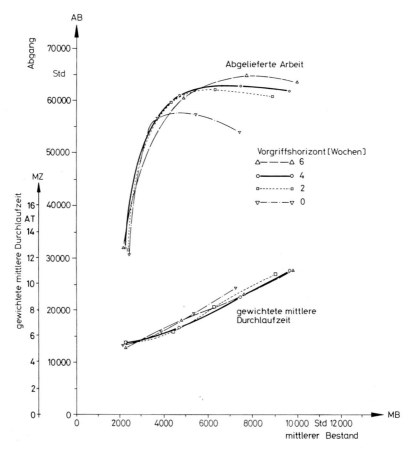

Bild 6.37a Wirkung des Parameters Vorgriffshorizont VH bei unterschiedlichen Einlastungsprozentsätzen EPS auf die abgefertigte Arbeit und auf die gewichtete mittlere Durchlaufzeit im Kennlinienfeld [nach Lorenz, IFA]

		mittlerer Bestand [Std]	mittlere Durchlaufzeit [AT]	mittlerer Abgang [Std
EPS = 400 %	△ VH = 6 Wo	9850	11,0	63042
	○ VH = 4 Wo	9650	11,0	62845
	□ VH = 2 Wo	9000	10,7	61660
	▽ VH = 0 Wo	7250	9,7	54431
EPS = 300 %	△ VH = 6 Wo	7650	9,2	64306
	○ VH = 4 Wo	7500	9,0	63990
	□ VH = 2 Wo	6250	8,1	62094
	▽ VH = 0 Wo	5350	7,8	57868
EPS = 200 %	△ VH = 6 Wo	4800	6,7	59685
	○ VH = 4 Wo	4700	6,6	60040
	□ VH = 2 Wo	4450	6,3	59369
	▽ VH = 0 Wo	3950	6,2	56406
EPS = 100 %	△ VH = 6 Wo	2250	5,1	30810
	○ VH = 4 Wo	2250	5,5	30613
	□ VH = 2 Wo	2250	5,5	30850
	▽ VH = 0 Wo	2150	5,3	30613

EPS = Einlastungsprozentsatz
VH = Vorgriffshorizont

Bild 6.37b Kennwerte der Wirkung des Parameters Vorgriffshorizont [Lorenz, IFA]

Simulationen von Buchmann bestätigt wurde [7], erweist sich hier ein Vorgriffshorizont von drei Perioden als sinnvoll, während mit sinkendem Bestand der Vorgriffshorizont „mangels Masse" an Wirkung verliert.

Da die Wirkung des Vorgriffshorizontes offensichtlich davon abhängt, wie gut der jeweils anstehende Kapazitätsbedarf infolge des aktuell zu fertigenden Auftragsmixes mit dem Kapazitätsangebotsprofil der nächsten Periode übereinstimmt, läßt sich für den Vorgriffshorizont auch kein einfaches Abschätzverfahren für den „richtigen" Wert angeben, wie es für die Belastungsschranke vorgestellt wurde. Daher bietet sich hier das Probierverfahren an, wobei aufgrund von Simulationen und Erfahrungen drei Perioden einen vernünftigen Anfangswert darzustellen scheinen [7, 14].

6.8 Regleranalogie der belastungsorientierten Auftragsfreigabe

Zur Veranschaulichung der beiden Steuerparameter „Belastungsschranke" und „Terminschranke" ist ein Analogiemodell hilfreich, das aus dem Trichtermodell abgeleitet ist und aus drei miteinander verbundenen Trichtern besteht *(Bild 6.38)*.

Der unterste Trichter enthält die für einen Arbeitsplatz *freigegebenen Aufträge,* die ihrerseits aus körperlich vorhandenen Losen am Arbeitsplatz bestehen, und aus solchen, die sich noch an Vorgänger-Arbeitsplätzen befinden, sowie aus Aufträgen, die an einem Vorgänger-Arbeitsplatz abgemeldet wurden, aber infolge von Prüf- und Transportvorgängen noch nicht

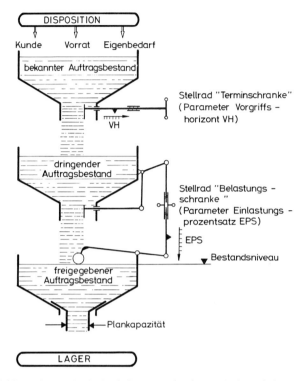

Bild 6.38 Regler-Analogie der belastungsorientierten Auftragsfreigabe

am untersuchten Arbeitsplatz angekommen sind. Der Trichter hat eine zunächst fest eingestellte Kapazität.

Ein Bestandsniveaufühler – hier durch einen Schwimmer angedeutet – überträgt den aktuellen Bestandswert auf den Schieber des zweiten, mittleren Trichters, der die *dringlichen und machbaren Aufträge* enthält. In dem Maße, wie die Arbeit im unteren Trichter abfließt, wird der Zustrom an Aufträgen nachgeregelt. Das Bestandsniveau im unteren Trichter – und damit die mittlere Durchlaufzeit – wird durch das Stellrad „Belastungsschranke" eingestellt, indem über eine Spindelmutter mit Rechts- und Linksgewinde der Abstand der unteren und oberen Gelenkstange verändert werden kann. Unabhängig von Kapazitätsschwankungen wird so das Bestandsniveau auf dem gewünschten Wert gehalten.

Der dritte, obere Trichter enthält den gesamten *bekannten Auftragsbestand.* Das Stellrad „Terminschranke" läßt nur diejenigen Aufträge in den dringlichen Auftragsbestand, die innerhalb des eingestellten Vorgriffshorizontes liegen.

In der Realität sind die Aufträge nicht stetig und infinitesimal klein, sondern fließen stochastisch mit finiten Auftragszeiten durch das System. Der Grundgedanke der belastungsorientierten Auftragsfreigabe ist dennoch als Analogie richtig in diesem Modell enthalten; denn das Verfahren „denkt" integral, d. h. *es werden nicht einzelne Elemente deterministisch in ihrem Durchlauf verfolgt, sondern über das Bestandsniveau wird die gewünschte Plandurchlaufzeit sichergestellt.* Dabei kann ein einzelner Auftrag zu Lasten oder zum Vorteil der übrigen Aufträge auch schneller bzw. langsamer durchfließen. Dies wird üblicherweise durch die Prioritätsregeln gesteuert, welche die kurzfristige Reihenfolgebildung in den Warteschlangen beeinflussen.

6.9 Prioritätsregeln und Reihenfolgebildung im Rahmen der belastungsorientierten Auftragsfreigabe

In der Vergangenheit wurde der Reihenfolgebildung an den Arbeitsplätzen im Rahmen der Fertigungssteuerungsprogramme große Bedeutung zugemessen. Angeregt durch die Entwicklung von Operations-Research-Methoden entstanden vielfältige Abfertigungsregeln, deren Wirkung auf die Termineinhaltung in zahlreichen Arbeiten untersucht wurde (zitiert in [16]). Eine kritische neuere Untersuchung in einem Unternehmen brachte jedoch die ernüchternde Erkenntnis, daß „... die dem Benutzer zur Verfügung stehenden Terminierungsregeln (Prioritätsregeln, Auftragsfreigaberegel, Leerzeitregel, Vorziehregel) in ihren Auswirkungen nicht überschaubar sind und deshalb eine gezielte Anwendung nicht erlauben" [16].

Betrachtet man die Wirkung von Abfertigungsregeln im Durchlaufdiagramm, so läßt sich zunächst feststellen, daß sie keinen Einfluß auf die gewichtete mittlere Durchlaufzeit haben, wie in *Bild 6.39* an einem einfachen Beispiel gezeigt werden soll.

Man erkennt in Bild 6.39 a das Durchlaufdiagramm eines Arbeitsplatzes, der drei Aufträge mit unterschiedlichem Arbeitsstundeninhalt abzufertigen hat. Die Aufträge werden nach der FIFO-Regel abgearbeitet, d. h. in der Reihenfolge ihres Eintreffens. Die Berechnung der einfachen mittleren Durchlaufzeit ZDL_{me} ergibt 8,3 Tage, die der gewichteten mittleren Durchlaufzeit ZDL_{mg} 8,7 Tage. Im Fall b werden dieselben Aufträge nach der KOZ-Regel geordnet, d. h. der Auftrag mit dem geringsten Arbeitsstundeninhalt wird zuerst gefertigt, dann der mit der zweitgrößten Vorgabezeit und dann der mit der größten Auftragszeit. Die ungewichtete mittlere Durchlaufzeit sinkt auf 7,3 Tage, was eine scheinbare Verbesserung andeutet. Die gewichtete mittlere Durchlaufzeit weist demgegenüber denselben Wert wie bei der FIFO-Abfertigung auf. Auch die LIFO-Regel (Last In – First Out) in Bild 6.39 c bringt nur scheinbar eine Verbesserung, während die Zufallsabfertigung (Random-Service) einen schlechteren Durchschnittswert der Arbeitsplatz-Durchlaufzeit zu bewirken scheint.

Die Berechnung der „richtigen", nämlich der „gewichteten" mittleren Durchlaufzeit zeigt jedoch, *daß die Prioritätsregel überhaupt keinen Einfluß auf den Mittelwert der Durchlaufzeit eines Arbeitsplatzes ausübt,* weil diese auf die Kapazität bezogen ist und weil nach der Trichterformel die mittlere Durchlaufzeit durch ein Arbeitssystem nur vom mittleren Bestand und von der mittleren Leistung abhängt.

Dennoch gibt es einen indirekten Einfluß von Reihenfolgeregeln auf die Durchlaufzeit. Er wird sichtbar, wenn man sich die Durchlaufdiagramme mit Zugangs- und Abgangsfunktion sowie den Durchlaufelementen der abgefertigten Aufträge ansieht, die Bild 6.35 a bis c für einen Arbeitsplatz im Ist-Zustand und bei verschiedenen Belastungsschranken zeigte. Es fällt sofort auf, daß die Länge der Durchlaufelemente im Ist-Zustand stark streut, während dies bei den simulierten Abläufen in deutlich geringerem Maße der Fall ist; dabei ist allerdings anzumerken, daß in den Simulationen ausnahmslos die Schlupfzeitregel angewendet wurde. Diese sortiert die Aufträge in einer Warteschlange nach ihrer terminlichen Dringlichkeit.

Folgende Schlußfolgerung kann zunächst daraus gezogen werden: *Prioritätsregeln haben nur einen Einfluß auf die Streuung der Durchlaufzeiten, nicht auf den Mittelwert.*

Von Bechte wurden hierzu interessante Untersuchungen durchgeführt. Er verglich nämlich die Streuung der gewichteten mittleren Durchlaufzeiten im Ist-Zustand, bei Abfertigung nach FIFO und bei Abfertigung nach der Schlupfzeitregel und bei unterschiedlichem mittleren Bestand [2].

Betrachtet sei zunächst noch einmal Bild 6.32. Vergleicht man die gewichtete mittlere Durchlaufzeit MIT und ihre Standardabweichung STA im Ist-Zustand und bei den verschiedenen Belastungsschranken, fällt zunächst auf, daß sich im simulierten Zustand die Standard-

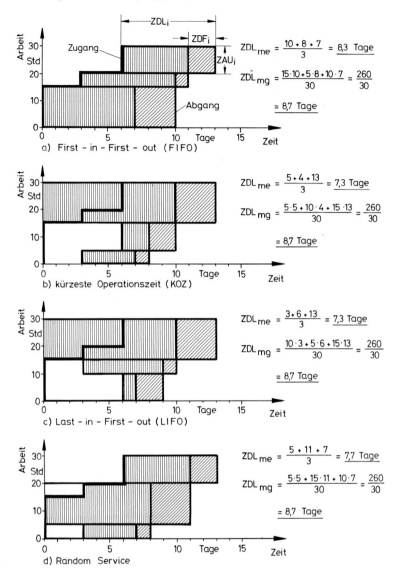

Bild 6.39 Ungewichtete und gewichtete mittlere Durchlaufzeit bei verschiedenen Abfertigungsregeln

abweichung STA proportional mit dem Mittelwert MIT verändert. In *Bild 6.40* sind die Werte für die drei simulierten Zustände mit den Einlastungsprozentsätzen 200, 250 und 300 gegenübergestellt [2].

Aus dem Variationskoeffizienten VAK (definiert als VAK = STA : MIT) geht dies auch zahlenmäßig deutlich hervor. Auffällig abweichend hiervon sind die Standardabweichung und der Variationskoeffizient im Ist-Zustand. Hier ist gegenüber den simulierten Abläufen ein überproportionaler Anstieg der Standardabweichung festzustellen, was letzten Endes auf eine Abfertigung nach mehreren verschiedenen Regeln zurückzuführen ist.

Generell bleibt zunächst festzustellen, daß die Streuung der Durchlaufzeiten in erster Linie von ihrem gewichteten Mittelwert abhängt.

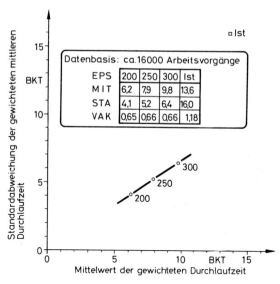

Datenbasis: ca. 16000 Arbeitsvorgänge

EPS	200	250	300	Ist
MIT	6,2	7,9	9,8	13,6
STA	4,1	5,2	6,4	16,0
VAK	0,65	0,66	0,66	1,18

Bild 6.40 Veränderung der Standardabweichung der gewichteten mittleren Durchlaufzeit pro Arbeitsvorgang in Abhängigkeit von ihrem Mittelwert [nach Bechte, IFA]

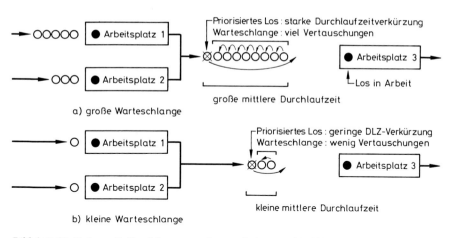

Bild 6.41 Einfluß von Reihenfolgevertauschungen bei unterschiedlichen Warteschlangen [Ulfers, Siemens AG]

Dies läßt sich auch anschaulich begründen *(Bild 6.41)* [14]. Betrachtet sei zunächst ein kleines Arbeitssystem mit drei Arbeitsplätzen, an denen große Warteschlangen liegen (Fall a). Jede Abweichung der Abfertigungsreihenfolge von der FIFO-Regel begünstigt den bevorzugten Auftrag sehr stark, bewirkt aber auch zahlreiche Vertauschungen und damit große Streuungen der Durchlaufzeiten. Bei kleinen Warteschlangen (Fall b) ist der Effekt deutlich geringer, sowohl bezüglich der (positiven) möglichen Durchlaufzeitverkürzung als auch der (negativen) daraus folgenden Vertauschungen der anderen Aufträge.

Daraus kann man bereits zwei weitere Schlußfolgerungen ziehen: *Erstens ist die Wirkung einer Prioritätsregel um so geringer, je kleiner der mittlere Bestand und damit die Warteschlange vor den Arbeitsplätzen ist. Zweitens erzwingt ein sinkender Bestand in immer stärkerem Maße die Abfertigungsregel FIFO.* Diese ist damit die „natürliche" Abfertigungsregel und bewirkt von allen Prioritätsregeln die geringste Streuung der Durchlaufzeit.

In der Praxis ist die FIFO-Regel aber häufig nicht einzuhalten, weil sich aufgrund unvermeidbarer Einflüsse von außen (z. B. durch Eilaufträge) oder von innen (z. B. durch Störungen) Reihenfolgevertauschungen nicht immer vermeiden lassen. In solchen Fällen ist nach der Schlupfzeitregel vorzugehen.

In einer Gegenüberstellung der FIFO-Regel und der Schlupfzeitregel wurde bei einem Einlastungsprozentsatz von 200 die Wirkung auf die Arbeitsvorgangs-Durchlaufzeiten und die Auftragstermineinhaltung von Bechte untersucht. *Bild 6.42* stellt die Häufigkeitsverteilung der Durchlaufzeiten an den 50 Arbeitsplatzgruppen des Beispielbetriebes bei Anwendung der FIFO- und der Schlupfzeitregel gegenüber [2]. Während die Mittelwerte praktisch gleich sind, liegt die Standardabweichung bei FIFO mit 3,7 Arbeitstagen erwartungsgemäß niedriger als bei der Schlupfzeit-Abfertigung mit 4,1 Arbeitstagen. (Die Standardabweichung im Ist-Zustand betrug 16,0 Arbeitstage, vgl. Bild 6.32.)

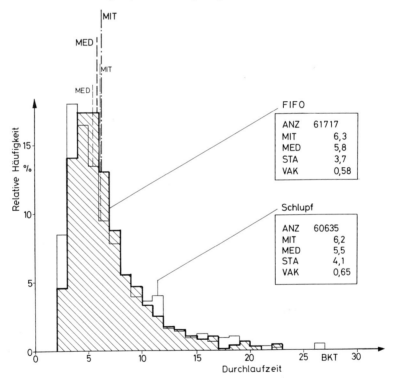

Bild 6.42 Verteilung der Arbeitsvorgangs-Durchlaufzeit für den Gesamtbetrieb bei der Schlupfzeit- und der FIFO-Regel bei einem Einlastungsprozentsatz von 200% [Bechte, IFA]

In *Bild 6.43* erkennt man darüber hinaus die Auswirkung der zwei Prioritätsregeln auf die Termineinhaltung der ca. 3000 abgefertigten Aufträge [2]. Als Bezugsgröße wurden die Ist-Termine gewählt. Gegenüber dem Ist-Zustand werden zunächst nicht genau dieselben Aufträge abgefertigt, im Arbeitsvolumen aber praktisch gleich viele. Bei der Abfertigung nach FIFO beträgt die (positive) Terminabweichung 0,95 Wochen und die Standardabweichung der Terminabweichung 2,24 Wochen. Etwa 18 000 von rund 60 000 Stunden, also rund 25% der Auftragsstunden, gelangen zu spät an.

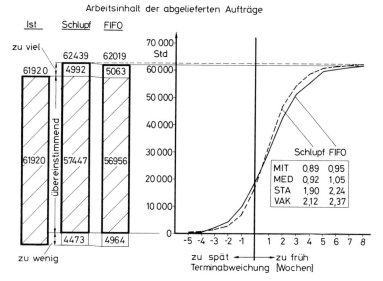

Bild 6.43 Abgelieferte Aufträge und Terminabweichung bei der Schlupfzeit- und der FIFO-Regel bei einem Einlastungsprozentsatz von 200% [Bechte, IFA]

Bei der Abfertigung nach der Schlupfzeitregel sinkt der Mittelwert der Termineinhaltung auf 0,89 Wochen – also unwesentlich – ab; es verringert sich aber die Standardabweichung von 2,24 auf 1,90 Wochen, also immerhin um rund 18 Prozent, was auch an dem etwas steileren Verlauf der gestrichelt gezeichneten Summenkurve (für Schlupf) gegenüber der durchgezogenen Kurve (für FIFO) erkennbar ist. Die Anzahl der zu spät abgelieferten Auftragsstunden geht dadurch ebenfalls etwas zurück. Man erkennt hieraus besonders deutlich, daß für die bessere Termineinhaltung eine größere Streuung der Durchlaufzeiten in Kauf genommen werden muß, was in der Praxis einen zusätzlichen Steuerungs- und Dispositionsaufwand bedeutet.

Zusammenfassend ist zum Thema Prioritätsregeln im Rahmen der belastungsorientierten Auftragsfreigabe folgendes festzustellen:

– Die Regelung des Bestandes an den Arbeitsplätzen auf dem sinnvoll niedrigsten Niveau begünstigt die „natürliche" Abfertigungsreihenfolge „First In – First Out".
– Abfertigungsregeln, die von FIFO abweichen, verändern nicht den Mittelwert, sondern vergrößern die Streuung der Arbeitsplatz-Durchlaufzeiten.
– Grundsätzlich sollte nach der FIFO-Regel abgefertigt werden, da sie die geringste Durchlaufzeitstreuung verursacht und keinen Feinsteuerungsaufwand erfordert.
– In begründeten Einzelfällen kann von FIFO abgewichen werden; dann sollte die Schlupfzeitregel benutzt werden. Der Steuerungsmehraufwand hierfür ist gegenüber dem tatsächlich zu erwartenden Nutzen kritisch abzuwägen.
– Andere Prioritätsregeln sind nicht zu empfehlen und führen nur deshalb zu vermeintlichen Verbesserungen, weil zur Beurteilung ihrer Wirkung einerseits die ungewichtete Durchlaufzeit verwendet und andererseits die Bestandssituation nicht berücksichtigt wurde.

Bei diesen Feststellungen ist immer zu beachten, daß die Prioritätsregeln ausschließlich unter dem Gesichtspunkt des schnellen und pünktlichen Auftragsdurchlaufs diskutiert wurden. Bei komplexen Fertigungseinrichtungen, z. B. flexiblen Fertigungssystemen, können andere Einflüsse auf die Abfertigungsreihenfolge hinzutreten, wie z. B. die Verfügbarkeit von Werkzeugen und Vorrichtungen (s. Abschnitt 8.5), die wegen ihrer Bedeutung für die Nutzung der kapitalintensiven Anlagen Vorrang vor dem „optimalen" Auftragsdurchlauf haben.

6.10 Literatur

[1] *Kettner, H., Bechte, W.:* Neue Wege der Fertigungssteuerung durch belastungsorientierte Auftragsfreigabe. VDI-Z 123 (1981) 11, S. 459–466.

[2] *Bechte, W.:* Steuerung durch Durchlaufzeit durch belastungsorientierte Auftragsfreigabe bei Werkstattfertigung. Dissertation Universität Hannover 1980 (veröffentlicht in: Fortschritt-Berichte der VDI-Zeitschriften, Reihe 2, Nr. 70, Düsseldorf 1984).

[3] *Erdlenbruch, B.:* Grundlagen neuer Auftragssteuerungsverfahren für die Werkstattfertigung. Dissertation Universität Hannover 1984 (veröffentlicht in: Fortschritt-Berichte der VDI-Zeitschriften, Reihe 2, Nr. 71, Düsseldorf 1984).

[4] *Lorenz, W.:* Begrenzung des Auftragsbestandes – Angemessene Fertigungsbestände und -durchlaufzeiten durch belastungsorientierte Fertigungssteuerung. Schweizer Maschinenmarkt. 84 (1984), 23, S. 28–32.

[5] *Erdlenbruch, B.:* Belastungsorientierte Auftragsfreigabe – Grundlagen, Verfahren, Weiterentwicklung, Voraussetzungen für den praktischen Einsatz. In: Fachdokumentation zum Seminar „Statistisch orientierte Fertigungssteuerung" des Instituts für Fabrikanlagen der Universität Hannover, 1984, S. 20–45.

[6] *Jendralski, J.:* Kapazitätsterminierung zur Bestandsregelung in der Werkstattfertigung. Dissertation Technische Universität Hannover 1978.

[7] *Buchmann, W.:* Zeitlicher Abgleich von Belastungsschwankungen bei der belastungsorientierten Fertigungssteuerung. Dissertation Universität Hannover 1983 (veröffentlicht in: Fortschritt-Berichte der VDI-Zeitschriften, Reihe 2, Nr. 63, Düsseldorf 1983).

[8] *Lorenz, W.:* Entwicklung eines arbeitsstundenorientierten Warteschlangenmodells zur Prozeßabbildung der Werkstattfertigung. Dissertation Universität Hannover 1984 (veröffentlicht in: Fortschritt-Berichte der VDI-Zeitschriften, Reihe 2, Nr. 72, Düsseldorf 1984).

[9] *Lorenz, W.:* Organisatorische Maßnahmen zur Steuerung und Kontrolle des Fertigungsablaufs bei NC-Maschinen in einer Werkstattfertigung. Vortrag vom Seminar der gfmt am 25./26. 6. 1984 in München.

[10] *Ritter, K.-H.:* Belastungsorientierte Auftragsfreigabe. Institut für angewandte Arbeitswissenschaft (1983) 96, S. 34 ff.

[11] *Lüssenhop, Th.:* Ein modulares Simulationsmodell – Instrument bei der Entwicklung neuer Methoden der Produktionssteuerung. In: Dokumentation zum Fachseminar „Statistisch orientierte Fertigungssteuerung" des Instituts für Fabrikanlagen der Universität Hannover, 1984, S. 128–142.

[12] *Erdlenbruch, B.:* Auswirkungen von Fertigungssteuerungsmaßnahmen – Simulation auf der Basis realer Betriebsdaten. Vortrag Nr. 8 zum Seminar „Neue Wege der Fertigungssteuerung" des Instituts für Fabrikanlagen der Universität Hannover am 16./17. 3. 1982 in Hannover. Hannover 1982.

[13] *Krautzig, J.:* Planung der Kapazitätsreservierung unter Berücksichtigung der Personalflexibilität bei Werkstattfertigung. Dissertation Universität Hannover 1981.

[14] *Ulfers, H.-A.:* Erfahrungen mit der belastungsorientierten Auftragssteuerung ABS bei Siemens. In: Fachbericht zum Seminar „Praxis der belastungsorientierten Fertigungssteuerung" des Instituts für Fabrikanlagen der Universität Hannover, Hannover 1986, S. 149–169.

[15] *Knecht, R.:* Zwei Jahre belastungsorientierte Auftragsfreigabe. In: Fachbericht zum Seminar „Praxis der belastungsorientierten Fertigungssteuerung" des Instituts für Fabrikanlagen der Universität Hannover, Hannover 1986, S. 119–148.

[16] *Pabst, H.-J.:* Analyse der betriebswirtschaftlichen Effizienz einer computergestützten Fertigungssteuerung mit CAPOSS-E in einem Unternehmen der Einzel- und Kleinserienfertigung. Dissertation Universität Erlangen 1985 (veröffentlicht in: Europäische Hochschulschriften, R. V., Vol. 645, Frankfurt/Bern/New York 1985).

7 Terminorientierte Kapazitätsplanung und -steuerung

7.1 Problemstellung und Lösungsansatz

Das Verfahren der belastungsorientierten Auftragsfreigabe geht von fest eingestellten Kapazitäten aus. Dies wird so begründet, daß eine „funktionierende" Grobplanung, die zeitlich weit vor der Auftragsfreigabe liegt, das Kapazitätsangebot der Kapazitätsnachfrage anpaßt. Über längere Zeiträume und auf einer hohen Verdichtungsstufe der Kapazität – z. B. auf der Ebene von Teilbetriebsbereichen oder für den Gesamtbetrieb – ist dies auch tatsächlich erstaunlich genau der Fall. Auf der Ebene der Belastungsgruppen oder Kostenstellen werden sich jedoch im Zeitablauf mehr oder weniger große Differenzen ergeben, die entweder zu Terminabweichungen führen oder zu kurzfristigen Kapazitätsanpassungen zwingen.

Ein weiterer Mangel der bisher geschilderten Auftragsfreigabe besteht darin, daß die *Termineinhaltung* als eigenständige Zielgröße nicht berücksichtigt wurde. Vielmehr geht man davon aus, daß sich bei kürzeren Durchlaufzeiten und einem gleichmäßigen Belastungsverlauf auch eine geringe Streuung der Durchlaufzeiten und damit eine geringe Terminabweichung einstellt. Diese Annahme ist zwar prinzipiell richtig und konnte auch durch Simulationsexperimente und Praxisergebnisse bestätigt werden [1, 2, 3]. Dennoch ist festzustellen, daß ein nennenswerter Anteil von Aufträgen trotz sorgfältiger Planung und ausreichender Kapazität nicht termingerecht fertiggestellt wird. Dies ist auf Ereignisse zurückzuführen, die bei der Termin- und Kapazitätsplanung noch nicht bekannt sind, sondern erst nach dem Start der Aufträge auftreten. Es handelt sich dabei einerseits um Veränderungen auf der Auftragsseite in Form von Mengen- und Terminänderungen sowie Eilaufträgen und andererseits um Störungen auf der Kapazitätsseite infolge von Personal- und Maschinenausfall, nicht verfügbarem Material oder fehlenden Betriebsmitteln.

Damit erhebt sich die Forderung, daß man den Kapazitätsbedarf über die nächste Periode hinaus möglichst genau in seinem *zeitlichen Verlauf* kennen sollte, um die einzelnen Arbeitsplatzkapazitäten im Rahmen der vorhandenen betrieblichen Flexibilität anpassen zu können.

Bei der Auftragsfreigabe ist es für eine derartige Kapazitätsplanung zu spät; denn größere Kapazitätsveränderungen – wie eine zweite Schicht, die Umsetzung von Personal oder die Auswärtsvergabe von Aufträgen – erfordern einen oft mehrwöchigen Vorlauf und müssen bei größeren Kapazitätsänderungen auch über einen längeren Zeitraum wirken, z. B. mindestens ein oder zwei Wochen.

Die Auftragsfreigabe kann demgegenüber nur noch auf Abweichungen zwischen Kapazitätsnachfrage und -angebot hinweisen und reagiert darauf entweder mit dem Zurückstellen (durch die Belastungsschranke) oder mit dem Vorziehen (innerhalb der Terminschranke) von Aufträgen. Lediglich kleinere Korrekturen der Kapazitäten – durch begrenzte Überstunden in einem längerfristig vereinbarten Rahmen oder durch ein kurzfristiges Umsetzen speziell ausgebildeter Springer – sind dann noch möglich.

Daraus wird deutlich, daß besonders in Fertigungsunternehmen mit einem rasch wechselnden Auftragsmix unmittelbar nach der Planung der Fertigungsaufträge die Planung der Kapazitäten erforderlich ist. Diese müssen sich einerseits im Rahmen der übergeordneten Grobplanung bewegen und andererseits die realistischen betrieblichen Möglichkeiten zur Kapazitätsanpassung berücksichtigen. Dies wird um so wichtiger, je kürzer die angestrebten Durchlaufzeiten sind. Kurze Durchlaufzeiten haben nämlich zur Folge, daß die Pufferzeiten sehr klein

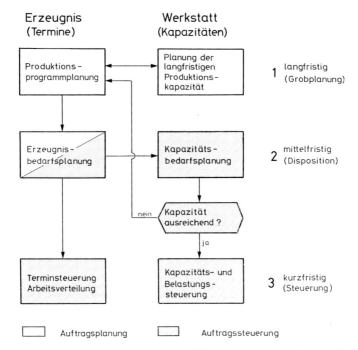

Bild 7.1 Funktionen der Produktionssteuerung [Plossl, zitiert nach Erdlenbruch]

sind und damit Ungleichmäßigkeiten im Fertigungsablauf durch streuende Auftragszeiten und Terminänderungen weniger gut auszugleichen sind.

Bild 7.1 zeigt den prinzipiellen Lösungsansatz von Plossl [4] hierzu, der die parallele Betrachtung von Erzeugnis- und Kapazitätsplanung betont und der von Erdlenbruch in neuartiger Weise realisiert wurde [1]. Man erkennt zwei Funktionsketten, die einerseits der *Terminplanung der Erzeugnisse* und andererseits der *Kapazitätsplanung der Werkstatt* dienen, und zwar lang-, mittel- und kurzfristig. Während die belastungsorientierte Auftragsfreigabe in der kurzfristigen Steuerung für die Abstimmung zwischen den vorgegebenen Kapazitätswerten und den ebenfalls vorgegebenen Auftragsterminen sorgt, fehlt bislang ein vergleichbares Verfahren in der Disposition und Grobplanung.

Um ein solches Verfahren zu entwickeln, ist es zunächst erforderlich, den Durchlauf der Werkstattaufträge, der bisher nur zwischen Freigabe und Ablieferung betrachtet wurde, im Zusammenhang mit dem übergeordneten Bedarfsnetz zu sehen (Bild 7.2) [5].

In der bedarfsgesteuerten (im Gegensatz zur verbrauchsgesteuerten) Disposition werden – ausgehend vom Primärbedarfstermin des Erzeugnisses – pro Erzeugnisstufe die Sekundärbedarfe mengenmäßig aufgrund der Stücklistenstruktur und terminmäßig aufgrund der Wiederbeschaffungszeiten bestimmt. Dies ist im oberen Bildteil durch das Bedarfsnetz verdeutlicht.

Die *Wiederbeschaffungszeit* für den Einzelbedarf setzt sich aus der Auftrags-Durchlaufzeit – wie sie bisher betrachtet wurde – und zwei weiteren Zeitanteilen zusammen (Bild 7.2 Mitte): Die *Vorgriffszeit* ermöglicht es, Aufträge im Rahmen der Terminschranke zeitlich früher zu starten, als es aufgrund des Bedarfstermins erforderlich wäre. Würde diese Zeitspanne in der Wiederbeschaffungszeit nämlich nicht berücksichtigt, könnte die belastungsorientierte Auftragsfreigabe keine Aufträge vorziehen, weil Material und Betriebsmittel noch nicht bereitgestellt sind. Die *Sicherheitszeit* hat demgegenüber die Aufgabe, die unvermeidlichen Streuun-

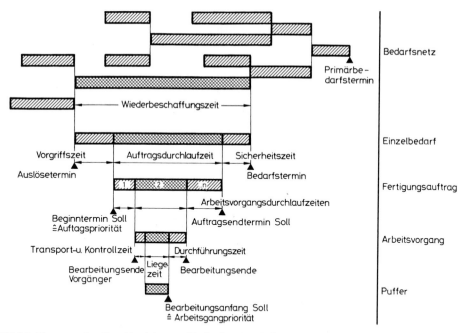

Bild 7.2 Elemente der Durchlaufplanung [Erdlenbruch, IFA]

gen der Auftrags-Durchlaufzeit aufzufangen. Nur darf diese Sicherheitszeit nicht gleich von vornherein als Liegezeitpuffer auf die einzelnen Arbeitsvorgänge verteilt werden. Vielmehr ist der Soll-Auftragsendtermin als Bedarfstermin minus der Sicherheitszeit vorzugeben.

Die einzelnen Arbeitsvorgänge bestehen wiederum aus den drei ausführlich diskutierten Zeitanteilen *Durchführungszeit, Liegezeit* und *Transportzeit,* wobei in der letzt genannten auch die Qualitätsprüfung oder kleinere Nacharbeiten, wie z. B. Entgraten oder Reinigen, enthalten sein können. Daraus ergibt sich für jeden Arbeitsvorgang ein *Soll-Termin für den Bearbeitungsanfang,* der gleichzeitig als Sortierkriterium in der Warteschlange des betreffenden Arbeitsplatzes dient und somit eine Arbeitsgangpriorität darstellt.

Durch die lückenlose Vernetzung der einzelnen Arbeitsvorgänge zu Fertigungsaufträgen und zu den Wiederbeschaffungszeiten im Bedarfsnetz ist es so möglich, realistische Durchlaufzeiten anzusetzen.

Nun kann man die Argumentation auch umkehren, indem man aus dem langfristigen Produktionsprogramm zunächst die gewichteten mittleren *Durchführungszeiten* für die einzelnen Belastungsgruppen ermittelt. Zur Durchführungszeit werden die notwendige mittlere *Liegezeit* und die mittlere *Transportzeit* addiert. Die *Liegezeit* errechnet sich aus der mittleren Durchführungszeit mit einem Proportionalfaktor, der je nach Streuung der Durchführungszeiten zwischen 0,8 und 1,0 liegt (zur Begründung des Faktors vgl. Abschnitt 6.5). Die mittlere *Transportzeit* wird betriebsüblich je Belastungsgruppe festgelegt, wobei im Werkstättenbetrieb 0,5 bis 1 Tag anzusetzen ist. Mit der so gefundenen gewichteten mittleren Durchlaufzeit je Belastungsgruppe liegen bei einer gewählten Periodenlänge auch die Belastungsschranken bzw. Einlastungsprozentsätze und damit die mittleren Bestände fest. Durch den Vergleich mit den laufend gemessenen Durchlaufzeiten wird so frühzeitig deutlich, ob aufgrund eines veränderten Auftragsmix in Zukunft veränderte Durchlaufzeiten an den Arbeitsplätzen und damit für die Aufträge zu erwarten sind.

Führt man nun nach Festliegen der tatsächlichen Bedarfstermine eine Durchlaufterminierung mit den so ermittelten Arbeitsvorgangs-Durchlaufzeiten durch, ist sichergestellt, daß diese im Mittel auch erreicht werden.

Mit diesen Überlegungen ist aber noch nichts über den erforderlichen *Kapazitätsbedarf* ausgesagt. Es gilt daher nun, die aus der Durchlaufterminierung bekannten Beginntermine mit den aus den Arbeitsplänen bekannten Vorgabezeiten zu einer *Kapazitätsbelastung* zu kombinieren. Dazu müssen aber zunächst Belastungsgruppen bekannt sein. Bevor die eigentliche Kapazitätsplanung erläutert wird, sind deshalb zunächst einige Hinweise zur Bestimmung der *Belastungsgruppen* erforderlich.

7.2 Festlegen der Belastungsgruppen

In der Fertigungssteuerung ist es im allgemeinen nicht üblich, einzelne Arbeitsplätze zu steuern. Vielmehr faßt man technologisch gleichartige Arbeitsplätze zu *Belastungsgruppen* zusammen. *Bei der belastungsorientierten Fertigungssteuerung entspricht jede Belastungsgruppe einem Trichter im Trichtermodell.*

Ein Auftrag, der durch die betreffende Fertigung zu steuern ist, kann also eine derartige Belastungsgruppe durchlaufen oder nicht. Nur in Sonderfällen besteht eine Belastungsgruppe aus einem einzigen Arbeitsplatz, zum Beispiel einem Bearbeitungszentrum, das in dieser Form nur einmal vorhanden ist. Auch der Beispielbetrieb in Tabelle 3.5 enthält eine größere Menge derartiger Einzelarbeitsplätze.

Ein zweites Beispiel für die Strukturierung einer Fertigung in derartige Belastungsgruppen zeigt *Bild 7.3* [6]. Hier werden die über 300 Arbeitsplätze einer Flachbaugruppenfertigung (Flachbaugruppen sind Platinen, die mit elektronischen Bauelementen bestückt sind) in nur 50 Belastungsgruppen gegliedert. Die an anderer Stelle vorbereiteten Platinen durchlaufen je nach Typ der Flachbaugruppe unterschiedliche Bestück- und Prüfplätze, aber nur eine Löt- und Waschstrecke, die letztgenannte zum Teil mehrfach [6].

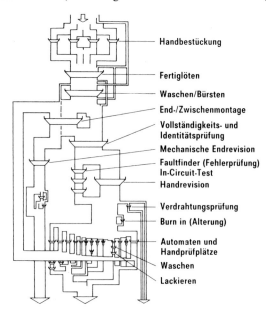

Handbestückung

Fertiglöten

Waschen/Bürsten

End-/Zwischenmontage

Vollständigkeits- und Identitätsprüfung

Mechanische Endrevision

Faultfinder (Fehlerprüfung) In-Circuit-Test

Handrevision

Verdrahtungsprüfung

Burn in (Alterung)

Automaten und Handprüfplätze

Waschen

Lackieren

Bild 7.3 Trichtermodell einer Flachbaugruppenfertigung [Ulfers, Siemens AG]

Beim Aufstellen derartiger *Trichtermodelle* und der darin enthaltenen Belastungsgruppen ist die in Kapitel 5 mit Bild 5.16 und Bild 5.17 vorgestellte *Materialflußmatrix* hilfreich, die ihrerseits aus einer repräsentativen Auswertung von Rückmeldungen aus dem Fertigungsprozeß resultiert. Bei neu konzipierten Fertigungen wird diese Matrix aus einem repräsentativen Produktionsprogramm mit zugehörigen Arbeitsplänen entwickelt.

Es werden verschiedene Typen von Belastungsgruppen unterschieden [6, 7, 8].

Der überwiegende Teil der Belastungsgruppen wird so beschaffen sein, daß ihre Kapazität primär durch die Anwesenheitszeit des Personals oder durch die Verfügbarkeit der maschinellen Kapazität, z. B. eines Automaten, bestimmt wird. Diese Belastungsgruppe heißt *Normalbelastungsgruppe.* In ihr wird entweder der gleiche technologische Prozeß, wie z. B. Drehen oder Schleifen, durchgeführt, oder es werden fertigungstechnisch zwangsläufig zusammengehörende Arbeitsfolgen vereinigt, wie z. B. Löten und Reinigen oder Fräsen und Entgraten. Für diese Gruppen wird jeweils nur ein Belastungskonto geführt.

In manchen Belastungsgruppen beruht die Kapazität auf einer Verknüpfung von maschineller und personeller Kapazität. Dies ist z. B. dann der Fall, wenn die Anzahl der Maschinen größer ist als die Anzahl der Mitarbeiter. *Bild 7.4* deutet diesen Fall an [8]. Sechs Maschinengruppen einer Kostenstelle sind zwei Personalgruppen zugeordnet, die ihrerseits aus Stammpersonal und einigen „Springern" bestehen; das sind Personen, die je nach Belastungssituation in einer von drei Maschinengruppen arbeiten können. In einem solchen Fall wird neben den Konten für jede technische Kapazität noch ein Sammelkonto für die personelle Kapazität geführt, die auch *Summenbelastungsgruppe* genannt wird [6]. Bei der Auftragsfreigabe wird dann für jeden Auftrag geprüft, ob sein (abgewerteter) Auftragsinhalt die Belastungsschranke der zugehörigen maschinellen Einzelkapazität *und* die der summarischen Personalkapazität nicht überschreitet.

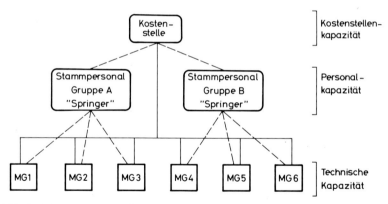

Bild 7.4 Verknüpfung von personeller und technischer Kapazität in einer Kostenstelle bei Mehrmaschinenbedienung [Ritter, Dräger AG]

Eine für die Praxis wichtige Möglichkeit des Kapazitätsausgleichs besteht im Austausch von Personal zwischen verschiedenen Belastungsgruppen, wenn in derselben Periode eine Unterbelastung in der einen und eine Überbelastung in einer anderen Belastungsgruppe auftritt [9]. Eine derartige Ausweichmöglichkeit wird durch einen Hinweis in den Stammdaten der betreffenden Belastungsgruppen auf eine *Ausweichbelastungsgruppe* gekennzeichnet. *Bild 7.5* deutet diese Möglichkeit schematisch an drei Belastungsgruppen an [6]. Der Auftrag D erfährt zunächst an der Belastungsgruppe BGR 5 eine Ablehnung. Die Verkettung weist auf BGR 8 als Ausweichbelastungsgruppe hin, so daß der Auftrag freigegeben und in das Belastungskonto von BGR 8 eingebucht wird. Weitere Ausweichmöglichkeiten sind von BGR 8 auf BGR 9 sowie von BGR 9 auf BGR 5 angedeutet.

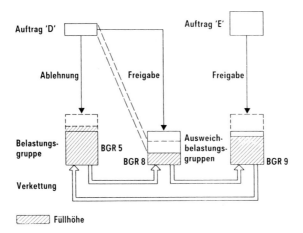

Bild 7.5 Wirkungsweise der Ausweichbelastungsgruppe [Ulfers, Siemens AG]

Weiterhin gibt es Arbeitsplatzgruppen, deren Belastungsüberprüfung im Rahmen der Freigabe unterbleiben kann, weil ihre verfügbaren Kapazitäten nur zu einem geringen Teil ausgelastet werden. Sie werden als *Zwischenbelastungsgruppen* oder *fiktive Belastungsgruppen* bezeichnet [6]. Jedoch werden auch hier Belastungsschranken und Plandurchlaufzeiten festgelegt, um davon betroffene Aufträge korrekt terminieren zu können. Aus den Plandurchlaufzeiten werden wiederum die zugehörigen fiktiven Belastungsschranken errechnet, um die Arbeitsinhalte der betreffenden Aufträge abzinsen und einlasten zu können.

Schließlich treten immer wieder Belastungsgruppen auf, deren Durchlaufzeiten praktisch unabhängig vom Arbeitsinhalt der abgearbeiteten Aufträge sind, weil es sich um prozeßbedingte Wartezeiten handelt. Dies gilt z. B. für Wärmebehandlungsprozesse zum Zweck des Einbrennens von Lack oder des Alterns von Werkstoffen. Hier handelt es sich um *prozeßtechnische Belastungsgruppen,* die mit einer konstanten Durchlaufzeit geplant werden [6].

Der Gliederung in Belastungsgruppen ist große Aufmerksamkeit zu widmen. Einerseits sollen zu viele und zu kleine Gruppen vermieden werden, um nicht unnötig viele Rückmeldungen und Zuteilungslisten zu erhalten. Andererseits führt eine zu grobe Gliederung zu großen „Trichterinhalten", und es besteht die Gefahr, daß weniger nach der Auftragsdringlichkeit als nach lokalen Optimierungsgesichtspunkten abgefertigt wird.

7.3 Verfahren der terminorientierten Kapazitätsplanung

Aus der Diskussion der konventionellen Kapazitätsterminierung in Kapitel 2 wurde deutlich, warum diese in der Praxis so schlecht funktioniert. *Bild 7.6* zeigt in den Teilen a und b noch einmal den Vorgang der Durchlaufterminierung mit der bisher üblichen anschließenden lückenlosen Belegung der einzelnen Arbeitsplätze durch Verschieben der Durchführungselemente im Rahmen der Pufferzeit. In Bild 7.6c ist die daraus entstehende Belastungsrechnung dargestellt, die zu einem Belastungsniveau führt, dargestellt durch die Belastungslinie. Die Gegenüberstellung mit dem Kapazitätsniveau (angedeutet durch die Kapazitätslinie) zeigt scheinbare Unter- bzw. Überbelastungen in den einzelnen Perioden auf.

Überträgt man diesen Vorgang in ein Durchlaufdiagramm, entsteht Bild 7.6d mit der *Abgangskurve* und der *Kapazitätskurve.* Bei einer störungsfreien Abarbeitung der Aufträge

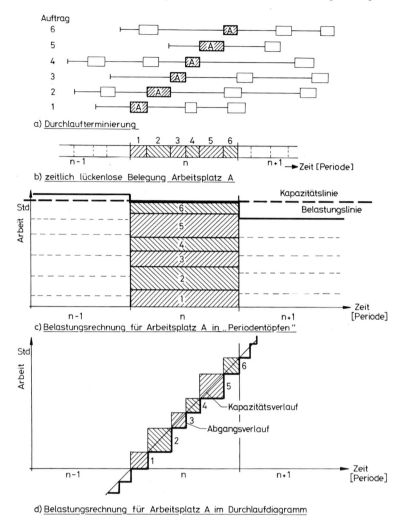

a) Durchlaufterminierung

b) zeitlich lückenlose Belegung Arbeitsplatz A

c) Belastungsrechnung für Arbeitsplatz A in „Periodentöpfen"

d) Belastungsrechnung für Arbeitsplatz A im Durchlaufdiagramm

Bild 7.6 Konventionelle Belastungsrechnung in Periodentöpfen und im Durchlaufdiagramm

reihen sich die Durchführungselemente mit ihren Eckpunkten lückenlos aneinander, so daß sich die Kapazitätskurve als Aneinanderreihung der Diagonalen durch die Durchführungselemente ergibt.

Die bisherige Kapazitätsrechnung ist also einerseits eindimensional, da sie nur die Abgangs-, nicht jedoch die Zugangskurve berücksichtigt; andererseits ist sie deterministisch, da sie voraussetzt, daß die Abfertigung von Aufträgen tatsächlich in der minutengenau ausgeplanten Reihenfolge stattfindet. Wegen der unvermeidlichen Streuung der Durchlaufzeit und der übrigen stochastischen Einflüsse auf den Arbeitsablauf ist dies aber bekanntlich nur kurze Zeit der Fall.

Bild 7.6d deutet jedoch bereits eine Lösung dieses Problems an. Man kann die Abgangskurve nämlich auch als *kumulierten Kapazitätsbedarf* interpretieren und die Kapazitätskurve als *kumuliertes Kapazitätsangebot.* Dann ist es aber nicht sinnvoll, die Abgangskurve durch

Verschieben der einzelnen Durchlaufelemente pseudogenau planen zu wollen, sondern es muß gerade umgekehrt sein:

Man ermittelt die Soll-Abgangskurve direkt aus der Durchlaufterminierung und stellt diese der mittelfristig geplanten Kapazitätskurve gegenüber.

Dadurch wird der wünschenswerte Kapazitätsverlauf unmittelbar deutlich. Darüber hinaus bietet die kumulative Betrachtung noch einen bedeutenden Vorteil. Reihenfolgevertauschungen bewirken praktisch keine Veränderung der Abgangskurve; denn für den Kapazitätsbedarf ist es unerheblich, wann ein Auftrag in der Warteschlange abgefertigt wird. Die Reihenfolgevertauschung hat nur Einfluß auf die Terminabweichung.

Der hier skizzierte Gedanke einer kumulativen Kapazitätsbetrachtung ist nicht neu; er wurde z. B. bereits von Brankamp als Entscheidungskriterium im Rahmen seines Kapazitätsabgleichs angewandt [10]. Eine Anwendung des Gedankens durch Ritter zeigt *Bild 7.7* [8]. In dem betreffenden Unternehmen wird der gesamte Bestand an Fertigungsaufträgen periodenweise durchlaufterminiert, die Belastung pro Belastungsgruppe entsprechend den Soll-Endterminen kumuliert und mit einem Plotter automatisch gezeichnet. Im selben Diagramm erscheint die Plankapazität.

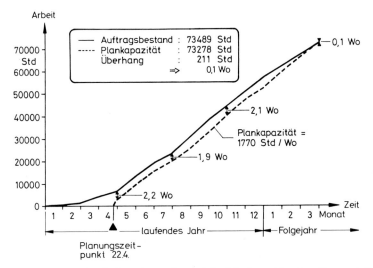

Bild 7.7 Summenkurve des Auftragsbestandes und der Plankapazität einer Kostenstelle (Futterdrehautomaten) nach Ursprungsterminen [Ritter, Dräger AG]

Der gesamte bekannte Auftragsbestand für diese Gruppe von Futterdrehautomaten betrug am 22. 4. des laufenden Jahres bis zum Ende März des Folgejahres rund 73 500 Stunden, die Plankapazität für denselben Zeitraum rund 73 300 Stunden, woraus sich der ausgewiesene Überhang von rund 200 Stunden am Ende des Planungszeitraums erklärt. Dividiert man zu einem beliebigen Zeitpunkt die Differenz zwischen dem kumulierten Auftragsbestand und der kumulierten Leistung durch den Planabgang, errechnet sich daraus eine Reichweite. Sie betrug beispielsweise Ende April des laufenden Jahres + 2,2 Wochen, was einen voraussichtlichen mittleren terminlichen Verzug aller Aufträge von 2,2 Wochen bedeutet, da die Kapazität der Nachfrage nacheilt. Der Verzug bleibt nach dem zum Planungszeitpunkt bekannten Auftragsbestand voraussichtlich bis zum Ende des laufenden Jahres erhalten und baut sich dann infolge des zurückgehenden Auftragsbestandes allmählich ab.

Eine ganz andere Situation zeigt sich in der Kostenstelle 3340, einer Montagekapazität *(Bild 7.8)*. Hier besteht zum selben Planungszeitpunkt wie in Bild 7.7 ein deutlich höherer

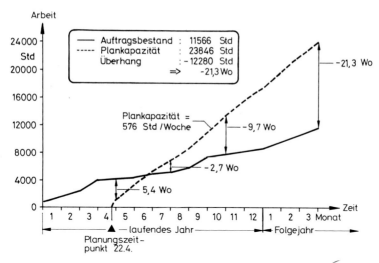

Bild 7.8 Summenkurve des Auftragsbestandes und der Plankapazität einer Kostenstelle (Montageabteilung) nach Ursprungsterminen [Ritter, Dräger AG]

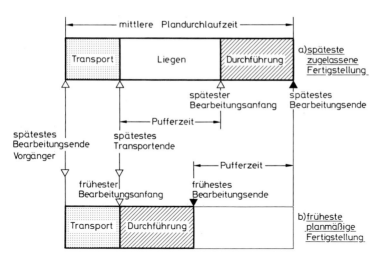

Bild 7.9 Modell-Durchlaufelement für die Durchlaufterminierung [Erdlenbruch, IFA]

Terminverzug der Aufträge. Durch den – verglichen mit der Kapazität – niedrigen Bedarf kann dieser voraussichtlich in zwei Monaten abgebaut werden. Danach empfiehlt sich eine Reduktion der Kapazität.

Die skizzierte Lösung zur Ermittlung des terminorientierten Kapazitätsbedarfs weist aber noch einen Mangel auf. Es wird nämlich im allgemeinen nicht möglich sein, den Kapazitätsverlauf exakt der Soll-Abgangskurve anzupassen.

Hier setzt der von Erdlenbruch formulierte Lösungsgedanke an [1]. Das mittlere Arbeitsplatz-Durchlaufelement, das in Bild 6.16 und Bild 6.20 bereits vorgestellt wurde, enthält nämlich die drei Bestandteile „Durchführung", „Transport" und „Liegen". *Bild 7.9* zeigt dieses Durchlaufelement noch einmal im Bildteil a.

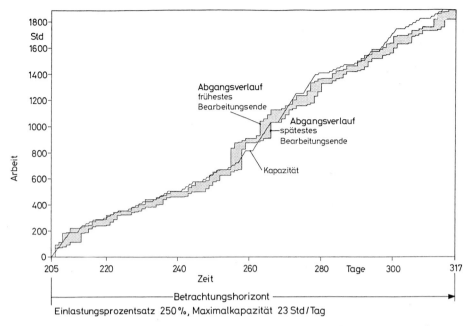

Bild 7.10 Kapazitätsplanungs-Diagramm für eine Fräsmaschinengruppe [Erdlenbruch, IFA]

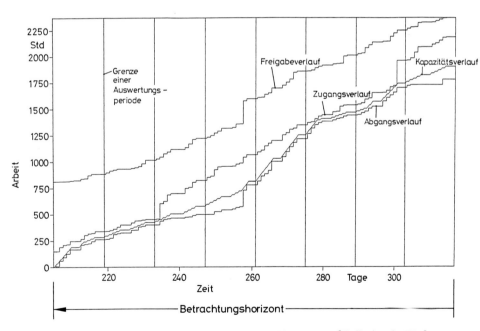

Bild 7.11 Kapazitätskontroll-Diagramm für eine Fräsmaschinengruppe [Erdlenbruch, IFA]

Nun kann man folgende modellhafte Vorstellung zur Durchführung eines konkreten Auftrages entwickeln [5]:

- Der Arbeitsvorgang soll spätestens zu dem Termin beendet sein, der in der Durchlaufzeitrechnung festgelegt wurde (Bild 7.9a).
- Das Los soll vom vorhergehenden Arbeitsplatz spätestens zum Termin „spätestes Transportende" am betrachteten Arbeitsplatz eintreffen, kann aber auch früher dort ankommen.
- Dann kann ein Arbeitsvorgang auch früher begonnen werden als geplant, und zwar sobald er verfügbar ist und der dringlichste aller Aufträge im Wartebestand ist (Bild 7.9b).
- Jeder Arbeitsvorgang hat also einen zeitlichen Puffer, welcher der Plandurchlaufzeit abzüglich Transportzeit und Durchführungszeit entspricht.

Sortiert man nun die Aufträge nach aufsteigenden Soll-Abgangsterminen, so läßt sich aus ihrem Arbeitsstundeninhalt und den Zeitpunkten „frühestes Bearbeitungsende" und „spätestes Bearbeitungsende" ein *Kapazitätsplanungs-Diagramm* aufbauen, das aus *zwei* Abgangskurven besteht. Sie lassen auf einfache und unmittelbar verständliche Weise den Zeit- und Bestandspuffer an diesem Arbeitsplatz erkennen, innerhalb dessen die Arbeitsvorgänge verschiebbar sind. So entsteht eine Art *Kapazitätsbedarfskorridor*. Ziel der Kapazitätsplanung ist es nun, den zukünftigen Kapazitätsverlauf im Rahmen des betrieblich Möglichen innerhalb dieses Korridors einzuplanen.

Bild 7.10 zeigt für eine bestimmte Maschinengruppe ein nach diesen Überlegungen entwickeltes Kapazitätsplanungs-Diagramm, das im Rahmen einer Simulation erzeugt wurde [1]. Gegenüber dem Ist-Zustand mit einer gleichmäßigen Kapazität wurde innerhalb des Betrachtungshorizontes von 112 Tagen entsprechend 16 Wochen dieselbe abgefertigte Arbeitsmenge eingeplant, jedoch mit einer zeitweisen Maximalkapazität von 23 Stunden je Tag und Arbeitsplatz. Man erkennt, daß der große Stundenbedarf um den Tag 260 herum trotz der maximalen Kapazität wahrscheinlich nicht ganz termingerecht erreicht werden kann.

In *Bild 7.11* ist das Ergebnis der Simulation mit dem aus Bild 7.10 ermittelten Kapazitätsverlauf dargestellt, wobei die Belastungsschranke mit einem Einlastungsprozentsatz von 250 eingestellt war [1]. Neben der Kapazitätskurve erkennt man noch die Freigabe- und die Zugangskurve sowie die Abgangskurve, die hinsichtlich der abgefertigten Arbeit etwas hinter dem geplanten Abgang zurückbleibt, weil – wie bereits aus dem Kapazitätsplanungs-Diagramm in Bild 7.9 erkennbar – die angebotene maximale Kapazität um den Tag 260 nicht ausreichte.

Interessant ist die Auswirkung der flexiblen Kapazität auf die Auftragsterminabweichung. *Bild 7.12* zeigt diese für die Aufträge der Werkstatt, deren Betriebskennlinien bereits in Bild 6.36 vorgestellt wurden [1]. Als Soll-Abliefertermine gelten die gemessenen Istwerte. Ausgangspunkt war ein simulierter Auftragsdurchlauf mit belastungsorientierter Auftragsfreigabe bei individuell eingestellten Belastungsschranken.

In einer Vergleichssimulation wurde zusätzlich die erläuterte terminorientierte Kapazitätsplanung eingesetzt. Hatte sich die Terminabweichung schon durch die individuellen Belastungsschranken gegenüber einheitlichen Belastungsschranken auf einen mittleren Wert von 7,6 Tagen früherer Fertigstellung verbessert, erhöhte sich dieser Wert durch die flexible Kapazität noch einmal um rund 0,4 Tage auf 8 Tage. Wichtiger als dieser Effekt ist jedoch, daß sich die Standardabweichung der Terminabweichung von 13,2 auf 6,6 Tage etwa halbierte; damit wird die positive Wirkung dieses Verfahrensbausteins auf die Termintreue deutlich. Die Wirkung kommt auch sehr gut in einem Terminabweichungs-Diagramm der Aufträge zum Ausdruck. *Bild 7.13* zeigt das Diagramm für den Simulationslauf mit individuellen Belastungsschranken und festen Kapazitäten [1]. Im Gegensatz zum Terminabweichungs-Diagramm der Arbeitsplätze – wie es Bild 4.18 in Kapitel 4 zeigt – wurden als Bezugs-Abgangskurve nicht die Ist-Termine, sondern die Soll-Termine gewählt, und von diesen aus wurde die Terminabweichungsfläche eingetragen. Zusätzlich wurde auch die Ist-Abgangs-

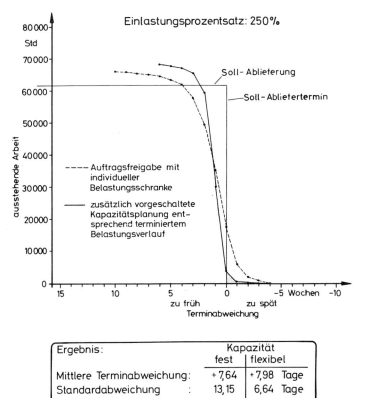

Bild 7.12 Verteilung der Auftrags-Terminabweichung bei fester und flexibel geplanter Kapazität [Erdlenbruch, IFA]

kurve in das Bild aufgenommen, woraus man die aus Bild 7.12 bekannte mittlere positive Terminabweichung von 7,6 Kalendertagen grob abschätzen kann. Besonders anschaulich tritt die starke Streuung der Terminabweichung zutage.

In *Bild 7.14* ist zum Vergleich der simulierte Auftrags-Durchlauf bei Anwendung der terminorientierten Kapazitätsplanung dargestellt [1]. Neben der etwas früheren Abfertigung fällt die sichtbare Verringerung der Streuung der Terminabweichung auf. Die nach wie vor vorhandenen großen Terminabweichungen *einzelner* Aufträge haben sich aber bezüglich der Anzahl der termingefährdeten Fälle so stark verringert, daß nunmehr ein gezieltes Eingreifen möglich ist.

Zusammenfassend ist zur terminorientierten Kapazitätsplanung folgendes festzustellen: *Die Darstellung des „Kapazitätskorridors" vermeidet durch die kumulative Betrachtung scheingenaue Belastungsplanungen.* Zum einen läßt sie erkennen, wann und wo welche *Engpässe* wahrscheinlich auftreten und welche Kapazitätsanpassung erforderlich ist, und zum anderen, ob die Anpassung im Rahmen der betrieblichen Möglichkeiten liegt. Schließlich sind auch die terminlichen Auswirkungen auf einzelne *Aufträge* abschätzbar, falls ein vollständiger Kapazitätsverlauf im „Kapazitätskorridor" nicht möglich ist [5].

Auch diese Planung kann natürlich extreme Veränderungen im Auftragsmix sowie starke und umfangreiche Terminverschiebungen nicht vollständig abfangen. Die Auswirkungen solcher Störungen werden aber weitaus früher deutlich als bisher, wodurch ein gezieltes Eingreifen

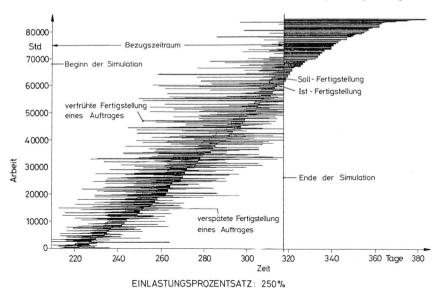

EINLASTUNGSPROZENTSATZ: 250%

Bild 7.13 Terminabweichungs-Diagramm bei fester Kapazität [Erdlenbruch, IFA]

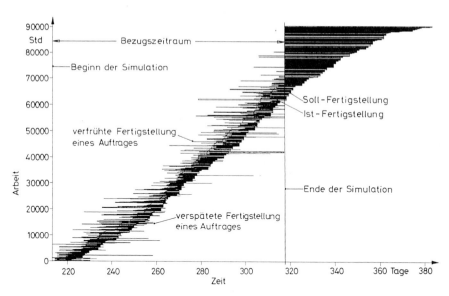

Bild 7.14 Terminabweichungs-Diagramm bei flexibel geplanter Kapazität [Erdlenbruch, IFA]

möglich wird, wo sonst oft intuitiv entschieden wird. Darüber hinaus wird die Wirkung der belastungsorientierten Auftragsfreigabe verbessert. Die terminorientierte Kapazitätsplanung verknüpft also die Zielgrößen „Auslastung" und „Terminabweichung" im Rahmen der durch den mittleren Bestand geregelten Zielgröße „Durchlaufzeit". *Je flexibler die Kapazität in ihrem zeitlichen Verlauf steuerbar ist, desto geringer wird die Terminabweichung sein.*

Die Kapazitätsplanung selbst ist in allen drei Genauigkeitsstufen der Produktionssteuerung wirksam (vgl. Bild 7.1): Im Rahmen der *langfristigen* Grobplanung erfolgt eine grobe

Bedarfsermittlung der Kapazität aufgrund des Produktionsprogramms. Der zeitliche Verlauf von Kapazitätsbedarf und -angebot wird hier in der Regel nicht beachtet. In der *mittelfristigen* Planung kann aufgrund der festliegenden Bedarfsmengen und -termine für die Betriebsaufträge der kumulative Kapazitätsbedarf in der vorstehend beschriebenen Weise festgelegt werden. Diese Kapazitätsangaben dienen wiederum in der *kurzfristigen* Steuerung als Vorgabe bei der Auftragsfreigabe. Die dort noch auftretenden Abweichungen machen sich als abgewiesene bzw. vorgezogene Aufträge bemerkbar und können im Rahmen der kurzfristig möglichen Kapazitätsanpassung noch ausgeglichen werden.

Damit liegt ein in sich geschlossenes Regelkonzept der belastungsorientierten Fertigungssteuerung vor, welches die vier Zielgrößen Auslastung, Bestand, Durchlaufzeit und Terminabweichung logisch miteinander verbindet. Das auf dem Durchlaufdiagramm basierende Kontrollsystem ergänzt das Konzept durch einen laufenden Soll-Ist-Vergleich und erlaubt aufgrund der nachvollziehbaren Abweichungsursachen den gezielten Eingriff des Anwenders im Sinne der Prozeßverbesserung.

7.4 Literatur

[1] *Erdlenbruch, B.:* Grundlagen neuer Auftragssteuerungsverfahren für die Werkstattfertigung. Dissertation Universität Hannover 1984 (veröffentlicht in: Fortschritt-Berichte der VDI-Zeitschriften, Reihe 2, Nr. 71, Düsseldorf 1984).

[2] *Knecht, R.:* Zwei Jahre belastungsorientierte Auftragsfreigabe bei Firma Hilti. In: Praxis der belastungsorientierten Fertigungssteuerung (Hrsg.: H.-P. Wiendahl), Institut für Fabrikanlagen der Universität Hannover, Hannover 1986, S. 119–148.

[3] *Möller, G.:* Reduzierung der Durchlaufzeit durch Einsatz eines PPS-Systems. ZwF 81 (1986) 3, S. 140–143.

[4] *Plossl, G. W.:* Manufacturing Control – The Last Frontier for Profits. Reston (USA) 1973.

[5] *Erdlenbruch, B.:* Aufbau eines Fertigungssteuerungssystems zur Kapazitäts-, Durchlaufzeit- und Bestandsplanung, – Terminorientierte Kapazitätsplanung, – Belastungsorientierte Auftragsfreigabe. In: Praxis der belastungsorientierten Fertigungssteuerung (Hrsg.: H.-P. Wiendahl), Institut für Fabrikanlagen der Universität Hannover, Hannover 1986, S. 181–195.

[6] *Ulfers, H.-A.:* Belastungsorientierte Auftragssteuerung – Erfahrungen mit dem ABS-Verfahren in einer Flachbaugruppenfertigung. VDI-Z 126 (1984) 4, S. 71–77.

[7] *Buchmann, W.:* Zeitlicher Abgleich von Belastungsschwankungen bei der belastungsorientierten Fertigungssteuerung. Dissertation Universität Hannover 1983 (veröffentlicht in: Fortschritt-Berichte der VDI-Zeitschriften, Reihe 2, Nr. 63, Düsseldorf 1983).

[8] *Ritter, K.-H.:* Voraussetzungen zum Einsatz der belastungsorientierten Auftragsfreigabe. In: Praxis der belastungsorientierten Fertigungssteuerung (Hrsg.: H.-P. Wiendahl), Institut für Fabrikanlagen der Universität Hannover, Hannover 1986, S. 53–71.

[9] *Krautzig, J.:* Planung der Kapazitätsreservierung unter Berücksichtigung der Personalflexibilität bei Werkstattfertigung. Dissertation Universität Hannover 1981.

[10] *Brankamp, K.:* Ein Terminplanungssystem für Unternehmen der Einzel- und Serienfertigung. 2. Aufl., Würzburg/Wien 1973.

8 Realisierung der belastungsorientierten Fertigungssteuerung

8.1 Voraussetzungen

Die belastungsorientierte Fertigungssteuerung ersetzt die bisher üblichen Verfahrensschritte „Durchlaufterminierung", „Belastungsrechnung", „Kapazitätsabgleich" und „Reihenfolgebildung", wie sie in Kapitel 2 vorgestellt wurden. Sie regelt die Zielgrößen Durchlaufzeit, Bestand, Auslastung und Terminabweichung mit einem ganzheitlichen Prozeßmodell, realisiert durch das Durchlaufdiagramm bzw. das Trichtermodell, und überwacht die Zielgrößen mit einem Kontrollsystem, das auf demselben Modell beruht. Die Auftragsfreigabe ist dabei auf der Ebene der kurzfristigen Fertigungssteuerung angesiedelt *(Bild 8.1)* [1]. Vorgelagert ist die bereits diskutierte Disposition mit dem Ziel, „machbare" Werkstatt- und Bestellaufträge zu erzeugen, und ferner die Produktionsplanung mit der Aufgabe, Kapazitätsnachfrage und -angebot langfristig aufeinander abzustimmen.

Die Fertigungssteuerung auf der untersten Ebene wird um so reibungsloser funktionieren, je besser in den zeitlich vorgelagerten Stufen geplant wurde. Darüber hinaus ist aber noch eine Reihe weiterer Voraussetzungen für den Einsatz der belastungsorientierten Fertigungssteuerung erforderlich. Diese werden in den folgenden Unterabschnitten näher erläutert [1, 2, 3, 4].

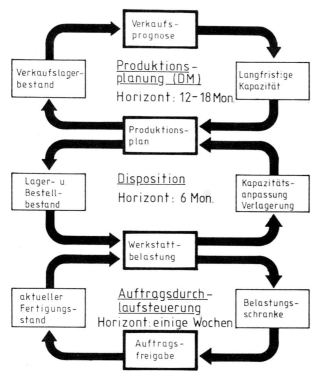

Bild 8.1 Die drei Ebenen der Fertigungssteuerung [Ritter, Dräger AG]

8.1.1 Einfluß der Losgröße auf Bestände und mittlere Durchlaufzeit

Die Losgröße wird im Rahmen der Disposition nach Vorliegen der Einzelbedarfe durch zeitliche Raffung festgelegt, wobei das jeweilige Kostenminimum der Auftragswiederholkosten und der Kosten für die Bestände an Fertigwaren zu berücksichtigen ist. *Damit ist die Losgröße eine Vorgabe für die Fertigungssteuerung.* Nur in Sonderfällen soll sie durch das sogenannte Losgrößensplitting von dieser noch verändert werden dürfen, z. B. bei Terminverzügen.

Diese auch als wirtschaftliche Losgrößenrechnung bekannte Vorgehensweise stößt jedoch zunehmend auf Kritik, da hierbei der Einfluß der Losgröße auf die Bestandsbindung an den Arbeitsplätzen (sogenannte Ware in Arbeit) und damit auf die Durchlaufzeit nicht berücksichtigt wird.

Deshalb wird vielfach die Forderung „Losgröße = 1" erhoben, was bedeuten würde, daß jedes Werkstück unabhängig von seiner gefertigten Menge gleichviel kosten soll. Damit könnte wiederum der Forderung nach einer Lieferung „Just-in-Time" entsprochen werden [5]. Die Forderung „Losgröße = 1" bedeutet aber auch, daß keine Auftragswiederholkosten mehr entstehen dürfen, was bei der Eigenfertigung von Teilen zur Forderung „Rüstzeit = 0" führt.

Nun ist im Sinne der belastungsorientierten Fertigungssteuerung zu fragen, ob die Forderung „Losgröße = 1" immer sinnvoll ist, zumal dabei folgendes zu bedenken ist:

– Gegenüber einer Losfertigung entstehen wesentlich mehr Aufträge, die zu steuern sind.
– Bei vorhandenen Maschinen, die die Engpässe für den Auftragsdurchlauf darstellen und die noch nicht automatisch während der Hauptzeit umzurüsten sind, tritt ein Kapazitätsverlust ein, der den gesamten Ausstoß der Werkstatt vermindert.
– Ein häufiger Teilewechsel führt zu höheren Ausschußraten.

Zur Vertiefung dieser Frage sei noch einmal an die Überlegungen zur Festlegung der Belastungsschranke an den einzelnen Belastungsgruppen erinnert. In Bild 6.11 wurde deut-

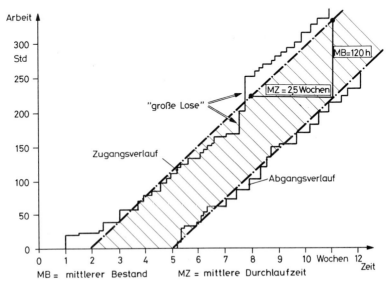

Bild 8.2 Einfluß großer Lose auf Durchlaufzeit und Bestand [Kettner/Bechte, IFA]

lich, daß die mittlere Durchlaufzeit nur von der Spannweite der Transportzeit und von der Spannweite der gewichteten Durchführungszeit abhängt. Da die Losgröße über die Berechnung der Auftragszeit direkt auf die Durchführungszeit einwirkt, hat sie also auch einen unmittelbaren Einfluß auf die gewichtete mittlere Durchlaufzeit pro Arbeitsvorgang. Dieser läßt sich in Form des Losbestandes auch quantifizieren (vgl. Abschnitt 5.4). *Bild 8.2* macht an einem Beispiel eines realen Arbeitsplatzes den störenden Einfluß großer Lose deutlich [2]. Sie führen zu Abweichungen von der als strichpunktierte Linie angedeuteten idealen Zu- und Abgangskurve, und verursachten schwankende Bestände und Durchlaufzeiten.

Daraus ergibt sich folgende Schlußfolgerung: *Aus der Sicht der Fertigungssteuerung kommt es darauf an, einerseits den Mittelwert und andererseits die Spannweite der gewichteten Durchführungszeit zu begrenzen.*

Zu diesem Zweck sei die Verteilung der Auftragszeiten des Beispielbetriebes für alle ausgewerteten Arbeitsvorgänge betrachtet. *Bild 8.3* zeigt die Häufigkeitsverteilung, *Bild 8.4* die daraus entwickelte Lorenzkurve [6]. (Die Berechnung einer Lorenzkurve ist in Abschnitt 6.5, Tabelle 6.6 beschrieben.)

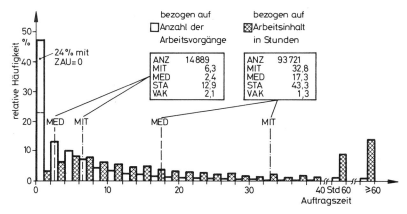

Bild 8.3 Verteilung der Auftragszeit je Arbeitsvorgang nach Anzahl Arbeitsvorgängen und Arbeitsinhalt für den Beispielbetrieb [Bechte, IFA]

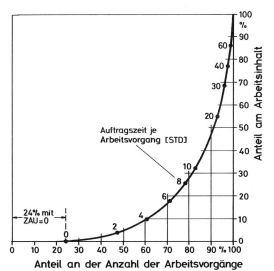

Bild 8.4 Lorenzkurve der Auftragszeit je Arbeitsvorgang für den Beispielbetrieb [Bechte, IFA]

Man erkennt, daß hier 80 Prozent der Arbeitsvorgänge im Bereich bis ca. 9 Stunden Auftragszeit liegen und nur einen Anteil von etwa 28 Prozent am Arbeitsinhalt darstellen, während umgekehrt 10 Prozent der größten Aufträge mehr als ca. 17 Stunden Auftragszeit beanspruchen und etwa 53 Prozent des Arbeitsinhaltes aller Aufträge umfassen. Das bedeutet, daß nur ein sehr geringer Anteil der Lose die Spannweite der Durchführungszeit bestimmt. *Daraus läßt sich folgern, daß ein Aufteilen der wenigen großen Lose in mehrere kleine Lose die Spannweite und damit auch den Mittelwert der Durchführungszeit merklich beeinflussen würde.* Statt also rigoros das Konzept „Losgröße = 1" zu verfolgen, scheint es sinnvoller, eine „Losgrößenharmonisierung" anzustreben. Beispielsweise würde im vorliegenden Fall eine Losbegrenzung auf einen Arbeitsinhalt von 20 Stunden nur etwa 7 Prozent der Anzahl Lose betreffen und eine Begrenzung auf 40 Stunden etwa 3 Prozent.

Um den Einfluß einer so begründeten Losbegrenzung auf die Zielgrößen Durchlaufzeit, Bestand, Auslastung und Terminabweichung abschätzen zu können, wurden mehrere Simulationen mit dem Datenbestand des Beispielbetriebes (Tabelle 3.5) durchgeführt, bei denen der Arbeitsinhalt auf 40 Stunden pro Los beschränkt wurde [6, 7].

Bild 8.5 zeigt die Kennlinien für die gewichtete mittlere Durchlaufzeit und die abgelieferte Arbeit mit und ohne Losteilung [7]. Man erkennt an der Ablieferungskurve, daß im hohen

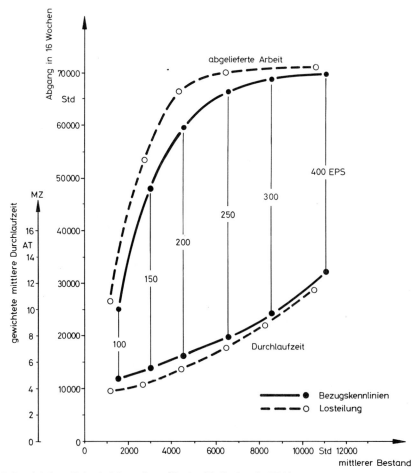

Bild 8.5 Betriebskennlinien bei Losteilung [Bechte/Erdlenbruch, IFA]

Bestandsbereich ab EPS = 300 – also dem Bereich, in dem alle Arbeitsplätze voll ausgelastet sind – die Ablieferung bei Losteilung höher ist als ohne diese. Hierin drückt sich die
durch die Losteilung zusätzlich erforderliche Rüstzeit aus. Sie betrug rund 1600 Stunden im
Simulationszeitraum von 16 Wochen, was einem Anstieg der Rüstzeit um 14 Prozent und
einer Steigerung der Gesamtleistung um 2,3 Prozent entsprach [6].

Mit sinkendem Bestand vergrößert sich der Abstand zwischen den beiden Kennlinien. Dies ist
darauf zurückzuführen, daß es durch die Vergleichmäßigung der Auftragszeiten gegenüber
dem Ist-Zustand zu weniger Stillständen an Folgearbeitsplätzen kommt. Der Gewinn an
zusätzlich abgelieferter Arbeit übersteigt bald den durch die zusätzliche Rüstzeit entstehenden Kapazitätsverlust. Beispielsweise läßt sich bei einem Einlastungsprozentsatz von EPS =
200 mit Losbegrenzung fast die gleiche Menge an Arbeit abfertigen wie bei EPS = 250 ohne
Losbegrenzung, wobei sich jedoch der *Bestand* von ca. 6500 auf ca. 4300 Stunden und damit
um rund 30 Prozent verringern läßt und die gewichtete mittlere *Durchlaufzeit* an den
Arbeitsplätzen von ca. 8 auf ca. 5,5 Tage sich ebenso um rund 30 Prozent verkürzt. Dies sind
bemerkenswerte Verbesserungsmöglichkeiten.

In *Bild 8.6* ist die Verteilung der Arbeitsvorgangsdurchlaufzeiten im Betriebspunkt EPS =
200 mit und ohne Losbegrenzung gegenübergestellt [6]. Die Senkung des gewichteten
Mittelwertes von 6,2 auf 5,5 Arbeitstage pro Arbeitsvorgang geht einher mit der deutlichen
Verringerung der Standardabweichung von 4,1 auf 2,9 Arbeitstage. Man sieht an der
Verteilung, daß dies auf die erheblich kleinere Anzahl bzw. den Wegfall von Werten in den
Durchlaufzeitklassen ab 10 Tagen zurückzuführen ist. (Daß die Klassen bis zu 2 Tagen nicht
besetzt sind, liegt an der bei der Simulation getroffenen Annahme einer Mindestübergangs-
zeit von 2 Tagen.)

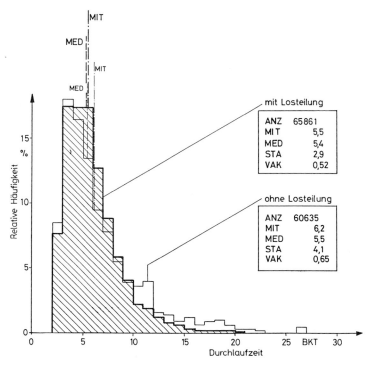

Bild 8.6 Verteilung der Arbeitsvorgangs-Durchlaufzeit für den Beispielbetrieb mit und ohne Losbegrenzung bei einem Einlastungsprozentsatz von 200% [Bechte, IFA]

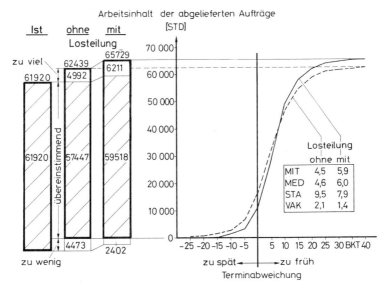

Bild 8.7 Abgelieferte Auftragsstunden und Auftragsterminabweichung bei geteilten und ungeteilten Losen und einem Einlastungsprozentsatz von 200% [Bechte, IFA]

Die Verringerung der gewichteten mittleren Durchlaufzeit pro Arbeitsvorgang und ihrer Streuung wirkt sich auch positiv auf die *Termineinhaltung* der abgelieferten Aufträge aus *(Bild 8.7)* [6].

Im Vergleichspunkt EPS = 200 verbessert sich die mittlere positive Terminabweichung der Aufträge gegenüber dem Zustand mit ungeteilten Losen von 4,5 auf 5,9 Arbeitstage, also um rund 25 Prozent, und die Standardabweichung von 9,5 auf 7,9 Arbeitstage, also um rund 17 Prozent. Der Anteil an Auftragsstunden mit Verspätung geht von rund 15 000 auf rund 10 000 Stunden, also um rund 30 Prozent, zurück.

Zusammenfassend läßt sich feststellen, *daß die Vergleichmäßigung der Auftragszeiten einen starken, positiven Effekt auf die Durchlaufzeit und die Termineinhaltung ausübt.* Im Rahmen der Disposition ist dieser Tatsache daher bei der Festlegung der Losgröße in Form einer Begrenzung des Arbeitsinhaltes Rechnung zu tragen.

Ähnliche Empfehlungen werden auch im Rahmen der Fertigungssteuerung nach dem Kanban-Prinzip gegeben. Demnach soll der Arbeitsinhalt eines Loses einen halben Arbeitstag nicht überschreiten.

8.1.2 Aufträge haben einen Endtermin

Zur Bestimmung der Soll-Endtermine der einzelnen Arbeitsvorgänge muß der Endtermin des Fertigungsauftrages bekannt sein. Werden im Rahmen der Disposition unrealistische Wiederbeschaffungszeiten zugrunde gelegt, muß es bei der späteren Auftragsfreigabe zwangsläufig zur Zurückstellung von an sich zu startenden Aufträgen kommen. Man könnte dann ironisch von einem „Auftrags-Freigabe-Verhinderungsalgorithmus" sprechen. Durch die permanente Kontrolle der Durchlaufzeiten mit Hilfe des beschriebenen Kontrollsystems werden jedoch die Ursachen für häufige Auftragszurückweisungen deutlich.

Dennoch werden sich immer mehr oder weniger große Abweichungen zwischen den Plandurchlaufzeiten auf der Basis der Belastungsschranken und den Ist-Durchlaufzeiten aufgrund der tatsächlichen Bestandssituation an den einzelnen Arbeitsplätzen ergeben. Zur Überprüfung, ob ein gewünschter Endtermin eines Fertigungsauftrages in einer konkreten Situation noch realistisch ist, kann man dies zusätzlich zur Durchlaufterminierung mit Planwerten über die *aktuellen Reichweiten* der davon betroffenen Arbeitsplätze kontrollieren [8]. Hierzu wird aus den aktuellen Daten des Auftragsbestandes die Soll-Abgangskurve der Aufträge der Soll-Kapazitätskurve an den jeweils betroffenen Arbeitsplätzen gegenübergestellt, wie dies bereits in Bild 7.7 vorgestellt wurde. *Bild 8.8* zeigt die graphische Reichweitenbestimmung am Beispiel eines Arbeitsplatzes mit etwa 20 Stunden Kapazität pro Arbeitstag. (Die so bestimmte Reichweite ist nicht identisch mit der in Abschnitt 4.3.3.1 definierten mittleren Reichweite. Sie heißt deshalb aktuelle Reichweite.) Am Ende der 38. Woche schneidet die Soll-Abgangskurve die Kapazitätskurve; von diesem Zeitpunkt an steht zunehmend freie Kapazität zur Verfügung.

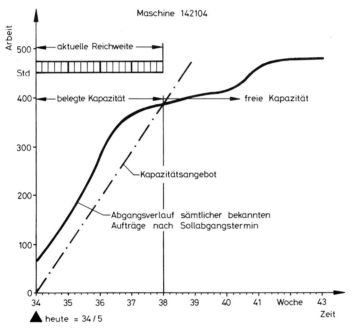

Bild 8.8 Bestimmung der aktuellen Reichweite für eine Maschine mit Hilfe der Kapazitäts- und Soll-Abgangskurve [Bechte]

Nun bildet man einen Arbeitsdurchlauf für den zu untersuchenden Fertigungsauftrag nach dem in *Bild 8.9* gezeigten Vorschlag ab [8]. Zunächst trägt man die *aktuellen Reichweiten* für die von diesem Auftrag berührten Arbeitsplätze graphisch als Zeitbalken vom Termin „heute" an auf der Zeitachse ab. So erkennt man für jeden Arbeitsplatz, wann frühestens Kapazität in welchem Umfang frei wird. In einem zweiten Schritt bildet man einen *Soll-Durchlaufplan* mit den Plandurchlaufzeiten der von diesem Auftrag betroffenen Arbeitsplätze. Diesen Soll-Durchlaufplan ordnet man so auf der Zeitachse an, daß die relativ längste Reichweite der betreffenden Arbeitsplätze nicht unterschritten wird, und erhält so einen realistischen *Liefertermin,* hier das Ende der 41. Woche. Dabei entstand am zeitkritischen Arbeitssystem 362500 für den Arbeitsvorgang 250 noch ein Puffer, so daß der Wunschtermin (Ende 42. Woche) zugesagt werden kann.

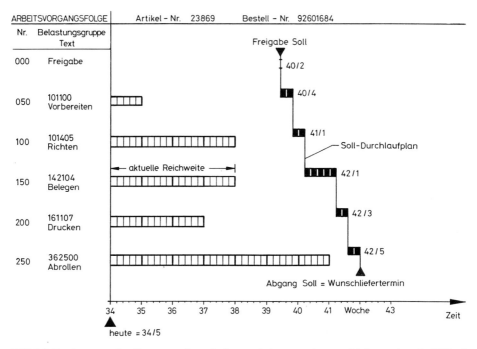

Bild 8.9 Bestimmung der Engpässe eines Auftrages bei vorgegebenem Liefertermin mit Hilfe der aktuellen Reichweite (Beispiel ohne Engpaß) [Bechte]

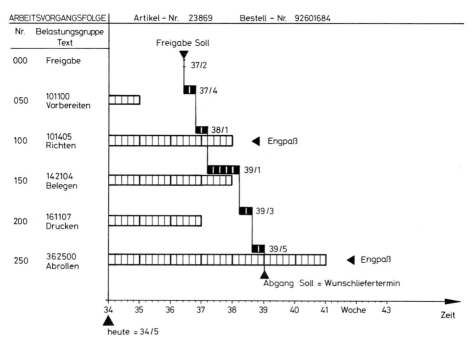

Bild 8.10 Bestimmung der Engpässe eines Auftrages bei vorgegebenem Liefertermin mit Hilfe der aktuellen Reichweite (Beispiel mit 2 Engpässen) [Bechte]

Das Bild erlaubt mehrere Aussagen. Liegt der realistische Liefertermin vor dem Wunsch-Liefertermin (= Abgang Soll), kann ein endgültiger Termin dazwischen festgelegt werden. Damit liegt auch der Freigabetermin fest. Liegt der realistische Liefertermin dagegen nach dem Wunschtermin, müssen ein oder mehrere Arbeitsplätze die Ursache sein. Eine solche Situation zeigt *Bild 8.10*.

Hier wurde die gleiche Belastungssituation der betroffenen Belastungsgruppen angenommen wie im vorhergehenden Bild, jedoch liegt diesmal der Wunsch-Liefertermin am Ende der 39. Woche. Man erkennt, daß bei den Arbeitsvorgängen Nr. 110 und 250 mit Engpässen zu rechnen ist (Arbeitsgang 150 ist deswegen nicht kritisch, weil die zugehörige Belastungs-gruppe 14 2104 vom Tag 38/5 an frei ist und in der Durchlaufzeit von 5 Tagen für den Arbeitsvorgang 150 nur ein Tag Durchführungszeit enthalten ist.) Nun verschiebt man entweder den Liefertermin oder sorgt für das zusätzlich erforderliche Kapazitätsangebot. Nur in Ausnahmefällen sollten andere Aufträge in den betroffenen Warteschlangen verschoben werden. Insgesamt sollte auf realistische Planvorgaben für die Durchlaufzeit und damit für den Soll-Endtermin großer Wert gelegt werden.

8.1.3 Arbeitsplan mit Vorgabezeiten ist vorhanden

Es ist unmittelbar einsichtig, daß die belastungsorientierte Fertigungssteuerung ohne Vorga-bezeiten nicht arbeiten kann; denn ihr Prinzip beruht ja gerade auf der Input-Output-Betrachtung der Arbeit an den einzelnen Arbeitssystemen. Nicht immer ist es aber sinnvoll oder möglich, für alle Arbeitsvorgänge Vorgabezeiten zu berechnen, beispielsweise dann nicht, wenn das Erzeugen, Verwalten und Verarbeiten dieser Daten in keinem wirtschaftli-chen Verhältnis zu dem möglichen Nutzen steht. In diesem Fall wird man feste Plandurchlauf-zeiten vorgeben, die betreffenden Arbeitsplätze aber nicht in die Auftragsfreigabe einbezie-hen, so daß diese auch nicht zur Ablehnung führen können.

8.1.4 Material, Werkzeuge, Vorrichtungen und NC-Programme sind verfügbar

Durch eine geeignete Verfügbarkeitsplanung im Rahmen des vorgelagerten Dispositionssy-stems ist sicherzustellen, daß Material, Werkzeuge, Vorrichtungen und NC-Programme bei der Auftragsfreigabe bzw. zum jeweils benötigten Termin vorhanden sind.

Ein interessanter Vorschlag zur *simultanen Verfügbarkeitsprüfung* besteht darin, sämtliche für einen Auftrag benötigten Elemente in den Fertigungsplan zu übernehmen [9]. *Bild 8.11 a* zeigt ein einfaches Beispiel für einen Fertigungsablauf des Teils X. Material A und B wird im Arbeitsgang 1 und 2 zusammengefügt, Material C und das in einem eigenen Arbeitsgang bearbeitete Material E im Arbeitsgang 3 hinzugefügt und schließlich durch Material D im Arbeitsgang 4 zum fertigen Erzeugnis „X" ergänzt. *Bild 8.11 b* zeigt den daraus entwickelten Fertigungsplan X und F. Das Zwischenerzeugnis F besteht seinerseits aus dem Material E, welches mit dem Werkzeug 11 im bereits erwähnten Arbeitsgang 1 bearbeitet wird.

Für jede Komponente des Arbeitsplans, nämlich die Arbeitsplätze, die Personengruppe, das Werkzeug und das Material, wird ein Bestandskonto mit Zu- und Abgang geführt (*Bild 8.12*). Bei der Terminfestlegung erfolgt dann eine simultane Verfügbarkeitsprüfung auf allen Konten. Beispielsweise enthält das Materialkonto auf der Bestandsseite (Zugänge) den aktuellen Lagerbestand und die laufenden Bestellungen und auf der Bedarfsseite (Abgänge) alle bereits eingelasteten Reservierungen. In einer terminlich sortierten Deckungsrechnung werden alle zukünftigen Zu- und Abgänge geprüft, und man erkennt die pro Termin verfügbaren Bestände. Ist eine der Komponenten nicht verfügbar, erfolgt eine Terminverschiebung aller Komponenten, und zwar so lange, bis ihre Verfügbarkeit gegeben ist [9]. (Die Zu- und Abgänge sind hier nicht identisch mit den entsprechenden Begriffen des Durchlauf-diagramms, sondern entsprechen der Soll-Abgangskurve bzw. Kapazitätskurve im Durch-laufdiagramm.)

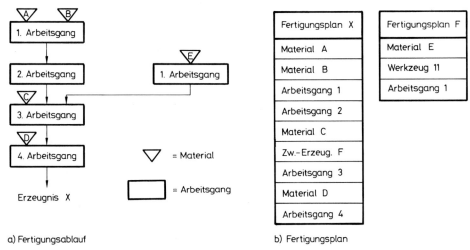

a) Fertigungsablauf   b) Fertigungsplan

Bild 8.11 Fertigungsplan mit integriertem Material- und Werkzeugbedarf [Kazmaier, Elring GmbH]

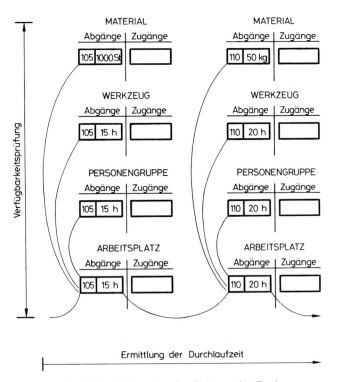

Bild 8.12 Simultane Verfügbarkeitsprüfung im Rahmen der Fertigungssteuerung [Kazmaier, Elring GmbH]

8.1.5 Verfügbare Kapazität von Maschinen und Personal ist bekannt

Dieser Punkt verdient besondere Aufmerksamkeit, wird aber in vielen Unternehmen vernachlässigt. Nur wenn die verfügbaren Kapazitäten nicht lediglich pauschal mit Monatswerten, sondern in ihrem täglichen Verlauf bekannt sind, läßt sich eine aussagefähige Belastungssteuerung verwirklichen und die vorhandene betriebliche Flexibilität im Sinne der terminorientierten Kapazitätsplanung gezielt nutzen (vgl. Kapitel 7).

Häufig wird auch die Frage erhoben, in welcher Weise *Störungen* im Betriebsablauf, die durch das Fehlen von Personal, Material oder Betriebsmitteln oder durch technische Ausfälle an den Maschinen verursacht werden, im Rahmen der Fertigungsplanung und -steuerung zu berücksichtigen sind.

Hierzu ist es hilfreich, sich zunächst über die Art, Häufigkeit und Dauer von Störungen in einer Fertigung Klarheit zu verschaffen. *Bild 8.13* zeigt das Ergebnis einer Störauswertung in einer nach dem Werkstättenprinzip organisierten mechanischen Fertigung, bestehend aus 390 Einzelarbeitsplätzen, über eine Dauer von rund 4 Monaten. Im Mittel traten rund 11 Störungen pro Tag auf, von denen 60 Prozent organisatorischen und 40 Prozent technischen Ursprungs waren.

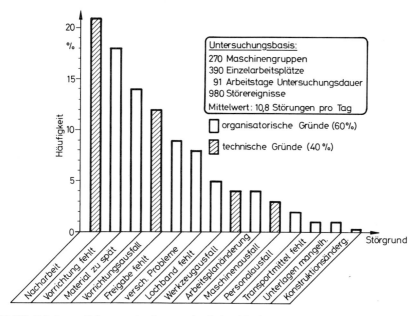

Bild 8.13 Häufigkeit von Störungen in einer mechanischen Fertigung

Die differenzierte Auswertung nach Kostenstellen (*Bild 8.14*) zeigt, daß nur 19 Prozent aller Störungen direkt an den Maschinen auftraten (3 Prozent Maschinenausfall, 4 Prozent Werkzeugausfall, 12 Prozent Vorrichtungsausfall). Die Schwerpunkte der Störereignisse lagen in der Automatendreherei, in der Großteilefertigung (einer komplizierten Gehäusefertigung mit automatischem Bohrkopfwechsel) und in der Fräserei. Der mittlere Störabstand betrug, bezogen auf die gesamte Fertigung, im Zweischichtbetrieb rund 1,5 Stunden.

Eine Störung der beschriebenen Art hat einerseits einen *Kapazitätsverlust* zur Folge, der erfahrungsgemäß bei einer gut geführten Werkstatt mit etwa 1,5 bis 2 Prozent im Kapazitäts-

Total: 91 Tage Untersuchung, 270 Maschinengruppen, 390 Arbeitsplätze

Störgrund	Gesamt Betrieb abs	%	KOSTENSTELLE Zurichten 1102	Härten 1113	Automat. drehen 1122	Revolver drehen 1123	Drehen 1124	Großteile-fertigung 1125	Zahnrad-bearbeitung 1126	Bohrerei 1127	Fräserei 1128	Schlei-ferei 1129	Gehäuse fertigung 1144	Teile-Schloss. 1149	Kontrolle 1362
1. Personalausfall	19	2					3		3	1		8			4
2. Maschinenausfall	25	3	13			1	3		1			6	1		
3. Werkzeugausfall	39	4				10	1	4		7	12	5			
4. Vorrichtungsausfall	116	12	1			9	1	15	29	2	47	9	3		
5. Vorrichtung fehlt	177	18				17		105			28	27			
6. Lochband fehlt	49	5					8	40		1					
7. Transportmittel fehlt	5	1										1			4
8. Unterlagen mangelhaft	5	1	2			2									1
9. Freigabe fehlt	93	9					1	12	24		1	8	3		44
10. Konstruktionsänderung	2	0,5							1						1
11. Arbeitsplanänderung	38	4					2	1	2		3	1	29		
12. Sonstige Probleme	74	8				5	1	4	2		3	1	3		57
13. Material zu spät	136	14	22	1	66		1	17	8		3	6			12
14. Nacharbeit	202	21			1	1	7	5		2	2	4	1		179
Summe Anzahl	980	100	38	2	101	16	69	220	6	46	100	43	37	0	302
Mittlere Störhäufigkeit pro Tag	10,8	–	0,4	0,02	1,1	0,2	0,8	2,4	0,06	0,5	1,1	0,5	0,4	0	3,2

Bild 8.14 Störgründe und Störhäufigkeit in einer mechanischen Fertigung

angebot zu berücksichtigen ist. Zum anderen wird der Arbeitsablauf des betreffenden Loses unterbrochen oder die Bearbeitung gar nicht erst begonnen. Die Maschinen stehen meist etwa 10 bis 20 Minuten still; nur sehr selten treten größere Schäden auf, die eine mehrtägige Unterbrechung bewirken. Das Los selbst kann allerdings mehrere Tage verzögert werden, wenn z. B. eine Vorrichtung oder ein Werkzeug nicht verfügbar ist. Dies wirkt sich jedoch im statistischen Mittel der Durchlaufzeit nicht erkennbar aus, so daß die in der Plandurchlaufzeit enthaltene Pufferzeit als ausreichend angesehen werden kann.

Mit zunehmender Automatisierung und Verkettung zu automatischen Produktionssystemen, wie z. B. flexiblen Fertigungs- und Montagesystemen, ist dem Störverhalten jedoch erhöhte Aufmerksamkeit zu schenken. So muß man z. B. bei flexiblen Fertigungssystemen beim gegenwärtigen Stand der Technik mit mittleren Störabständen im Bereich zwischen einer viertel und einer halben Stunde rechnen [10, 11]. Bei automatischen Montagesystemen, die im Taktbereich zwischen 4 und 20 Sekunden arbeiten, liegen Erfahrungen über Störabstände im Bereich zwischen 4 und 6 Minuten vor [12]. Durch eine entsprechende Störüberwachung und Instandhaltungsorganisation muß dafür gesorgt werden, daß die geplante Kapazität auch erreicht wird; denn es handelt sich überwiegend um sogenannte Kurzzeitstörungen.

8.1.6 Arbeitsgangrückmeldungen sind vollständig und hinreichend genau

Der rechtzeitigen und genauen Rückmeldung fertiggestellter Aufträge kommt ebenfalls eine große Bedeutung zu. Sie wird um so wichtiger, je kürzer die Durchlaufzeiten und je niedriger die Bestände sind. Dabei steht weniger die minutengenaue Abmeldung der einzelnen Arbeitsvorgänge im Vordergrund, als vielmehr die *Vollständigkeit* der Information über den Stand des Arbeitsfortschritts zu dem Zeitpunkt, zu dem die Aufträge freigegeben und zugeteilt werden. Bei den vielfach üblichen Durchlaufzeiten von 5 Tagen je Arbeitsvorgang reicht eine

tagesgenaue Rückmeldung völlig aus. Wichtig ist, daß auch Eilaufträge, die am Freigabeverfahren vorbei abgefertigt werden, als Rückmeldung im Abgang verbucht werden, damit eine
realisitische Kapazitätsüberwachung und -planung möglich ist, da ja Vergangenheitswerte in
die Planwerte der Folgeperioden einfließen.

Zusammenfassend ist zu den Voraussetzungen zum Einsatz der belastungsorientierten Ferti-
gungssteuerung festzustellen, daß es dieselben sind, die auch jedes andere Fertigungssteue-
rungssystem fordert, wenn es sinnvolle Aussagen liefern soll.

8.2 Programmbausteine der belastungsorientierten Fertigungssteuerung

8.2.1 Übersicht

Bild 8.15 ordnet in Erweiterung eines Vorschlages von Buchmann [3, 4] die bisher diskutierten Bausteine in einen *Datenflußplan* der belastungsorientierten Fertigungssteuerung ein und
verdeutlicht darüber hinaus die vorgelagerten Funktionen der Materialwirtschaft. Man
erkennt im oberen Bildteil ihre bekannten Funktionen der *Stücklistenauflösung,* der *Bedarfs-*
und Bestellrechnung sowie die Erzeugung der Fertigungsaufträge in der *Fertigungsprogramm-*
planung.

Die aktuellen Fertigungsaufträge stehen im zweiten Bereich „Belastungsorientierte Fertigungssteuerung" periodisch, z. B. wöchentlich, zunäcchst dem Modul „Kapazitätsplanung" zur
Verfügung, um den terminorientierten Kapazitätsbedarf zu ermitteln. Im Modul „Freigabeplanung" erfolgt dann aufgrund der aktuellen Kapazitätsdaten und der jeweils gültigen
Steuerparameter *Einlastungsprozentsatz* und *Terminschranke* die Unterscheidung in machbare und zurückzustellende Aufträge. Die erstgenannten gelangen in den Modul „Reihenfolgeplanung", der die kurzfristige Abarbeitungsreihenfolge an den Belastungsgruppen – z. B.
täglich – vorschlägt. Schließlich müssen im letzten Modul „Kontrolldatenberechnung" aus
den aktuellen Rückmeldungen die in Abschnitt 5.3 erläuterten Kontrolltabellen berechnet
werden, aus denen wiederum die Kontrollgraphiken und -diagramme entstehen.

8.2.2 Kapazitätsplanung

Die Kapazitätsplanung umfaßt mehrere Teilfunktionen (*Bild 8.16*). Zunächst geht es darum,
periodisch zu überprüfen, ob die für den Einlastungsprozentsatz maßgebliche gewichtete
mittlere Durchlaufzeit aufgrund des aktuellen Auftragsmix so noch richtig ist. Dazu wird die
gewichtete mittlere Auftragszeit für die betreffenden Belastungsgruppen ausgewertet, mit
der Plankapazität in eine mittlere Durchführungszeit umgerechnet und daraus durch Addi-
tion einer mittleren Planpufferzeit und der Plantransportzeit die gewichtete mittlere *Plan-*
Durchlaufzeit je Belastungsgruppe errechnet.

Bereits hier erkennt man ungewöhnlich große Auftragsinhalte, die bei Vorliegen einer
Auftragszeitschranke – z. B. 20 Stunden – zu einer Liste mit Vorschlägen zur Losteilung führt.
Ein Vergleich der so errechneten Durchlaufzeitwerte mit den aktuellen Planwerten einerseits
und den aktuellen, vom Kontrollsystem gelieferten Istwerten andererseits ermöglicht die
Entscheidung, ob eine Veränderung der Planwerte sinnvoll ist. Die Werte sollten jedoch nur
in Abständen verändert werden, die in etwa der mittleren Auftrags-Durchlaufzeit entsprechen, damit sie sich auch an den einzelnen Arbeitsplätzen auswirken können und es nicht zu
unkontrollierten Bestands-, Durchlaufzeit- und Auslastungsschwankungen kommt. Dieser

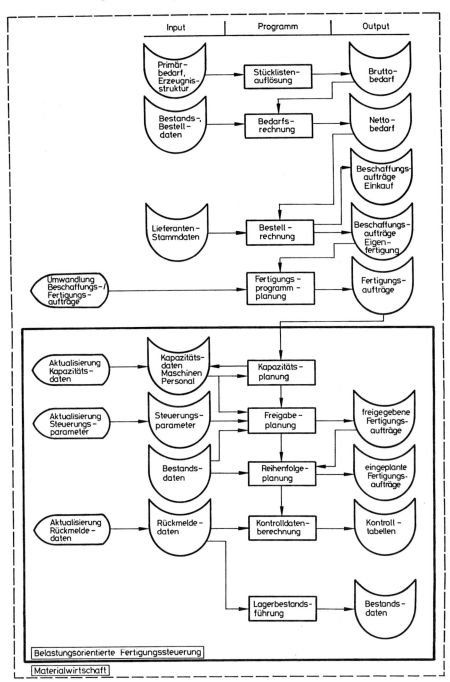

Bild 8.15 Datenflußplan der belastungsorientierten Fertigungssteuerung (Übersicht)

FUNKTION | INPUT | PROGRAMMMODUL | OUTPUT | DATEN

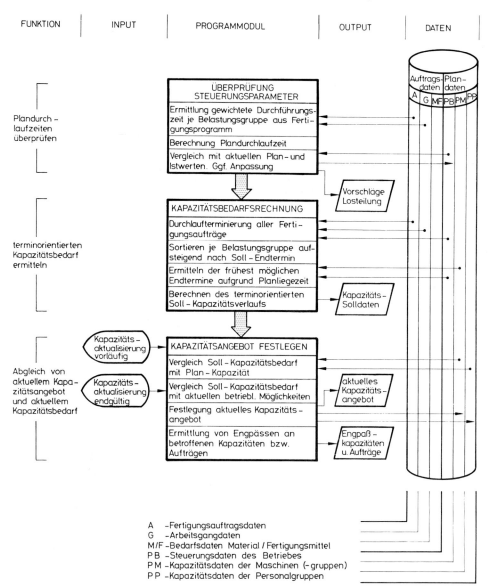

Bild 8.16 Datenfluß der Kapazitätsplanung

Teilmodul braucht deshalb auch nicht in jeder Planungsperiode abgerufen zu werden, sondern es reicht ein Lauf alle vier Perioden oder noch seltener.

Erst im nächsten Programmblock beginnt die eigentliche Kapazitätsplanung. In der beschriebenen Weise (vgl. Abschnitt 7.3) werden zwei Abgangskurven je Belastungsgruppe erzeugt und der daraus resultierende *terminorientierte Kapazitätsverlauf* bestimmt. Dabei ist zu berücksichtigen, daß in der Durchlaufterminierung eine Umrechnung der terminneutralen Durchlaufzeitwerte in Kalendertage erfolgen muß, um die Auswirkungen von arbeitsfreien Tagen, wie Wochenenden, Feiertage, verlängerte Wochenenden, Betriebsferien usw., erkennen zu können.

Der terminorientierte Kapazitätsbedarf muß nun im nächsten Programmschritt mit der im Jahresproduktionsplan festgelegten Kapazität und mit den aktuellen betrieblichen Veränderungsmöglichkeiten Kapazitätsgruppe für Kapazitätsgruppe verglichen werden.

Der daraufhin zwischen der Fertigungssteuerung, der Auftragssteuerung und dem Betrieb ausgehandelte Kompromiß geht als *aktuelles Kapazitätsangebot* in die Kapazitätsdatei des folgenden Programmoduls ein; auf Engpässe und Unterbeschäftigung bei einzelnen Kapazitätsgruppen ist hinzuweisen, und die von einem Terminverzug bedrohten Aufträge sind aufzuzeigen. Da diese Rechnung den gesamten bekannten Auftragsbestand umfaßt, können

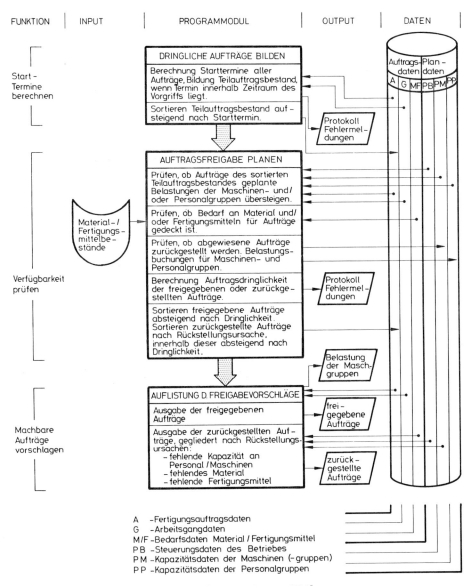

A   –Fertigungsauftragsdaten
G   –Arbeitsgangdaten
M/F –Bedarfsdaten Material / Fertigungsmittel
P B –Steuerungsdaten des Betriebes
P M –Kapazitätsdaten der Maschinen (–gruppen)
P P –Kapazitätsdaten der Personalgruppen

Bild 8.17 Datenfluß der Freigabeplanung [nach Buchmann, IFA]

gegebenenfalls Maßnahmen eingeleitet werden, die in der nächsten Planungsrunde wirksam werden. Die Rechnung weist gleichzeitig auch den Bestand an Arbeit an jeder Belastungsgruppe aus, der terminlich verspätet ist, und verdeutlicht so die vom Kontrollsystem errechnete Terminabweichung. Mit diesem Programmbaustein Kapazitätsplanung stehen der folgenden Auftragsfreigabe abgesicherte, aktuelle *Kapazitäts-Solldaten* zur Verfügung.

8.2.3 Freigabeplanung

Die Freigabeplanung erfüllt drei Teilfunktionen und besteht aus drei Unterprogrammen (*Bild 8.17*) [4].

Zunächst werden die Starttermine sämtlicher bekannten Aufträge mit den aktuellen Durchlaufzeitwerten berechnet, daraus der *dringliche Auftragsbestand* innerhalb des Vorgriffshorizontes gebildet und dieser nach aufsteigenden Startterminen sortiert.

Der zweite Teilmodul „Auftragsfreigabe planen" prüft mit Hilfe des ausführlich geschilderten Abwertungsalgorithmus (vgl. Kapitel 6), ob durch die Freigabe dieser dringlichen Aufträge die Belastungsschranken in den einzelnen Belastungskonten nicht bzw. höchstens einmal überschritten werden. Dann folgt die Abfrage, ob für diejenigen Aufträge, die hinsichtlich des Kapazitätsbedarfs machbar erscheinen, auch die Betriebsmittel zum verlangten Termin verfügbar sind. Es entsteht eine Liste der *freigegebenen* und eine Liste der *zurückgestellten Aufträge,* die nach terminlicher Dringlichkeit geordnet dem Teilmodul „Auflistung der Freigabevorschläge" auf Abruf zur Verfügung stehen.

Dieser Modul gibt die freigegebenen, d. h. machbaren Aufträge geordnet nach den Belastungsgruppen aus und erzeugt die sehr wichtige Liste der zurückgestellten Aufträge, sortiert nach den *Rückstellungsursachen,* die entweder Kapazitäten oder Betriebsmittel betreffen.

```
 NICHT FREIGEGEBENE AUFTRÄGE                    WOCHE/MONAT/JAHR


                                    ABWEISENDE BELASTUNGSGRUPPE
                                        W  W  E  H  R  A  A  A
                                        0  0  0  2  0  0  0  0
                                        7  8  4  8  8  3  6  3

  SACH-NR      LOS-NR  MENGE  KOST  ANFT  ENDT

  S 348 - B 47   67    100     55   205   285    . . X . .
  S 348 - B 49   87    200     55   ...   ...    . . X . .
  . ...                                          . . X . .
  . ...                                          . X . . .
  . ...                                          X . . . .
  . ...                                          . X . . .
  . ...                                          . . X . .
  . ...    . ..    ..    ...    ..    ...   ...   . . . . .

                                                1  1
  ANZAHL LOSE  43   MENGE  2540      ANZAHL  4 5 6 4 6 4 0 0

  KOST = KOSTENSTELLE, ANFT = ANFANGSTERMIN, ENDT = ENDTERMIN
```

Bild 8.18 Prinzipieller Aufbau der Liste der abgewiesenen Aufträge mit abweisender Belastungsgruppe [nach Siemens AG]

Ein Beispiel für eine Liste abgewiesener Aufträge zeigt *Bild 8.18.* Man sieht auf einen Blick, welche Belastungsgruppe wie häufig zu einer Auftragsabweisung geführt hat. Die Liste ist damit eine wichtige Ergänzung der Kapazitätsplanung im kurzfristigen Bereich. Da zwischen Freigabe und tatsächlichem Auftragsstart ja noch mindestens eine Periode liegt und in der Durchlaufzeit Pufferzeiten enthalten sind, können so für wichtige Aufträge gegebenenfalls noch Maßnahmen eingeleitet werden, um die Termineinhaltung dennoch sicherzustellen.

Die Liste der freigegebenen und die Liste der zurückgestellten Aufträge sind grundsätzlich als Empfehlung gedacht. Die endgültige Entscheidung über Freigabe oder Zurückstellung sollte dem Fertigungssteuerer unter Einbezug seiner Erfahrung und seiner Kenntnis der betrieblichen Zusammenhänge sowie der Bedeutung einzelner Aufträge überlassen bleiben, um so der Forderung nach einer situationsgerechten *rechnerunterstützten Fertigungssteuerung* zu genügen, bei der nicht ein vermeintlich „optimales", aber undurchsichtiges Rechnerprogramm, sondern ein kompetenter und qualifizierter „Produktionsmanager" den Betrieb steuert.

An die im Periodenabstand laufende Auftragsfreigabe schließt sich die üblicherweise im Schicht- oder Tageszyklus laufende Reihenfolgeplanung an, die in der Beschreibung von Bild 8.15 bereits erwähnt wurde.

8.2.4 Reihenfolgeplanung

Mit dem Unterprogramm „Reihenfolgeplanung" verteilt die Fertigungssteuerung ein Arbeitspaket – anschaulich auch Wochen- bzw. Tagesscheibe genannt – auf die einzelnen Arbeitsplätze, da sich ja die Freigabe meist auf Arbeitsplatzgruppen bezieht (*Bild 8.19*) [4]. Auch hier soll eine einfache und überschaubare Rechnung erfolgen, die als Vorschlag zu betrachten ist und der im Rahmen des vorgegebenen Dispositionsspielraums möglichst zu folgen ist.

Man erkennt wieder mehrere Teilmodule. Der erste Modul löst nach Entscheidung des Disponenten den „Abruf der Auftragspapiere" aus, d. h. Zeichnungen, NC-Programme, Laufkarten und Materialscheine. Falls wegen fehlender On-line-Rückmeldung noch Rückmeldebelege erforderlich sind, können diese für die einzelnen Arbeitsvorgänge ebenfalls abgerufen werden. Durch den spätestmöglichen Abruf der Unterlagen können Änderungen in den Arbeitsplänen, Terminen und Mengen erforderlichenfalls noch bis unmittelbar vor der Auftragsfreigabe erfolgen. Der anschließende Modul „Reihenfolgeplanung" berechnet für jede Belastungsgruppe die *Reihenfolge* in den Warteschlangen nach der terminlichen Dringlichkeit, wozu die jeweils aktuellen Rückmeldungen über den tatsächlichen Arbeitsfortschritt herangezogen werden. Mit diesem so sortierten Auftragsbestand ist der planerische Teil der belastungsorientierten Auftragsfreigabe abgeschlossen.

Mit dem folgenden Teilmodul „Arbeitszuteilung" sind die Aufträge auf die einzelnen Arbeitsplätze zu verteilen, zweckmäßigerweise durch den Meister der betreffenden Kostenstelle. Durch den freigegebenen Auftragsbestand entsteht ein Handlungsspielraum, der sich nach der in Kapitel 4 ausführlich diskutierten Reichweite in Tagen bemessen läßt. Beträgt beispielsweise der mittlere Auftragsbestand MB an einer Arbeitsplatzgruppe mit 5 Maschinen, die 16 Stunden pro Tag arbeiten, 240 Stunden, liegt eine Reichweite von 3 Tagen vor. Die Reichweite soll einen Kompromiß zwischen der genauen Abarbeitung nach der terminlichen *Dringlichkeit* und dem notwendigen *Handlungsspielraum* für die konkrete Maschinenbelegung unter dem Gesichtspunkt von Rüstfamilien, Spezialkenntnissen einzelner Werker und Qualitätsanforderungen einzelner Werkstücke ermöglichen. Dieser Modul kann durch Farbgraphiken ergänzt werden, wie sie im Abschnitt 5.5 vorgestellt wurden.

Mit der konkreten Zuordnung von Auftrag, Werker und Maschine ist der Auftrag „im System", und falls erforderlich, kann der Lohnschein ausgedruckt werden. Eine rechnerin-

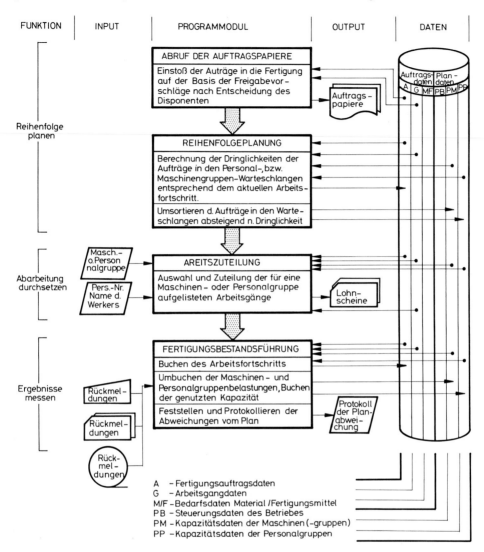

Bild 8.19 Datenfluß der Reihenfolgeplanung [nach Buchmann, IFA]

terne Trennung der personenbezogenen Lohndaten von den prozeßbezogenen Rückmeldedaten ermöglicht es, der häufig erhobenen Forderung nach aktuellen Auftragsfortschrittsdaten einerseits und einem davon völlig getrennten Kreis „Lohnfindung" andererseits zu entsprechen.

Der abschließende Teilmodul „Fertigungsbestandsführung" dient dazu, die Ergebnisse des laufenden Prozesses zu messen und fortzuschreiben. Die aus den Rückmeldungen erkannten Bewegungen der Lose von Arbeitsplatz zu Arbeitsplatz werden registriert und die Auftragszeiten des nächsten Arbeitsvorganges als Zugang beim zugehörigen Belastungskonto bzw. die Auftragszeit des beendeten Arbeitsvorgangs als Abgang beim soeben durchlaufenen Arbeitsplatz gebucht. Abweichungen von der vorgesehenen Arbeitsplatzgruppe sowie Mengenänderungen sind gleichfalls zu protokollieren, ebenso nicht plausible Rückmeldungen.

8.2.5 Kontrolldatenberechnung

Der auf den Rückmeldungen basierende Modul „Kontrolldatenberechnung" hat mehrere Aufgaben. Zunächst stellt er eine Art Qualitätsprüfung der Rückmeldedaten dar, indem er diese auf Plausibilität untersucht. Kriterien hierzu wurden in Bild 5.9 genannt. Weiterhin sollen Abweichungen zwischen Plan- und Istwerten möglichst frühzeitig erkannt werden, um gegebenenfalls in den Ablauf der freigegebenen Aufträge gezielt eingreifen zu können. Schließlich gestattet der Modul auch eine Überprüfung der Steuerparameter der belastungsorientierten Auftragsfreigabe und sichert damit realistische Termine für die zukünftigen Aufträge. Voraussetzung für eine wirkungsvolle Kontrolle sind jedoch aktuelle Auftragsdaten, aus denen wiederum die Kontrolldaten ermittelt werden. *Bild 8.20* zeigt die zu ihrer Berechnung erforderlichen Teilmodule. Zunächst müssen die sogenannten *Bewegungsdaten* erzeugt werden, indem die Rückmeldungen über abgelieferte Aufträge mit den zugehörigen Auftragsdaten bezüglich des Arbeitsinhaltes ergänzt werden.

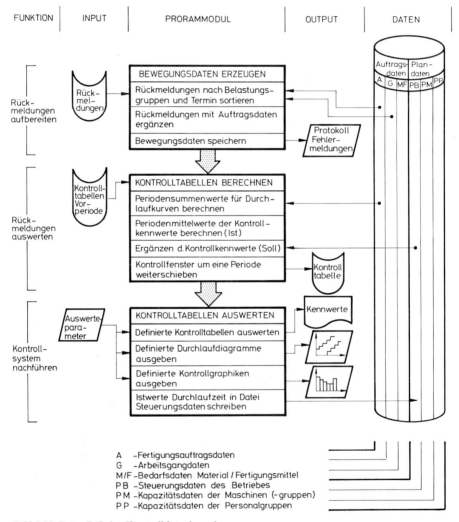

Bild 8.20 Datenfluß der Kontrolldatenberechnung

Der Teilmodul „Kontrolltabellen berechnen" summiert die in der vergangenen Periode abgemeldeten Arbeitsstundeninhalte je Belastungsgruppe zu einem einzigen Wert auf, und zwar für die neu angelegten (disponierten) Aufträge, die freigegebenen Aufträge, die zugegangenen, die abgegangenen und die abgeschlossenen Aufträge. Dann können die eigentlichen Kontrollkennwerte, wie Bestand, Durchlaufzeit, Auslastung und Terminabweichung, entsprechend den in den Kapiteln 4 und 5 abgeleiteten Formeln berechnet und den aktuellen Sollwerten gegenübergestellt werden. Nur eine begrenzte Anzahl von Perioden wird im aktuellen „Kontrollfenster" dargestellt, d. h. die unterste Durchlaufkurve wird auf den Nullpunkt des Durchlaufdiagramms verschoben. Die jeweils älteste Periode verschwindet mit ihren Werten aus der aktuellen Kontrolltabelle, wird jedoch für Langzeitauswertungen gespeichert.

Der anschließende Teilmodul „Kontrolltabellen auswerten" erzeugt entweder regelmäßig möglichst wenige Kontrolltabellen, -durchlaufdiagramme und -graphiken, oder aber die Daten stehen auf einem Personal-Computer zur wahlfreien Betrachtung zur Verfügung (vgl. Abschnitt 5.3). Es ist zweckmäßig, die Durchlaufzeitwerte periodisch fortzuschreiben, um sie dem Modul „Kapazitätsplanung" und „Freigabeplanung" zur Verfügung zu stellen. Bei sehr stark schwankenden Durchlaufzeiten, z. B. infolge einer großen Anzahl von Eilaufträgen, ist eine exponentielle Glättung der Werte zu empfehlen. Für den Fall, daß kein komplettes Kontrollsystem vorgesehen ist, sollte aber zumindest die gewichtete mittlere Durchlaufzeit je Belastungsgruppe berechnet werden.

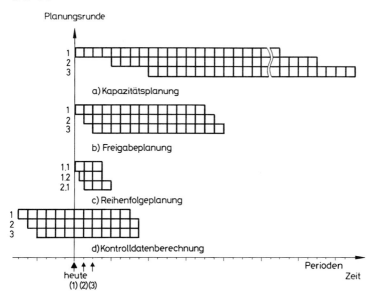

Bild 8.21 Planungsfrequenz und -horizont der Programmbausteine der belastungsorientierten Fertigungssteuerung

Abschließend macht *Bild 8.21* noch einmal den *Planungshorizont* und die *Planungsfrequenz* der einzelnen Module deutlich. Als Periodenraster ist im Beispiel eine Woche angenommen. Die Kapazitätsplanung erfolgt dann z. B. monatlich und umfaßt sowohl die vorhandenen als auch gegebenenfalls die geplanten Aufträge. Die Freigabeplanung befaßt sich dagegen nur mit aktuellen Aufträgen, aber wöchentlich, während die Reihenfolgeplanung wiederum nur die freigegebenen Aufträge betrachtet, dies jedoch z. B. zweimal pro Woche. Das Kontrollsystem wertet schließlich einen definierten Vergangenheitszeitraum mit Soll- und Istdaten wöchentlich aus, ergänzt um die Solldaten eines definierten zukünftigen Zeitraums.

8.3 Benutzerschnittstellen und Hardwarekonfiguration

Wie aus der Beschreibung der belastungsorientierten Fertigungssteuerung und ihrer programmtechnischen Realisierung deutlich geworden ist, handelt es sich bei den meisten Programmbausteinen um sequentielle Verarbeitungsabläufe, in die der Benutzer nicht eingreift.

Die Schnittstellen zwischen Benutzer und System sind im wesentlichen in folgenden Funktionen realisiert [4, 13]:

– Aktualisieren von Steuerparametern, Kapazitätsdaten und Rückmeldedaten
– Starten von Einzelmoduln und Interpretieren von Ergebnissen
– gezielter Eingriff in möglichst wenige Aufträge und Belastungsgruppen aufgrund auftrags- oder kapazitätsseitiger Störungen

Die Berechnungsverfahren an sich sind zwar einfach; die Programme selbst können dennoch kompliziert sein, weil die betriebsüblichen Fälle beherrscht werden müssen [13]. Diese sind im einzelnen:

– Belastungsgruppen nicht nur für Maschinen, sondern auch für Personen und Betriebsmittel sowie deren Verknüpfung sind darzustellen.
– Ausweichbelastungsgruppen und Auswärtsvergabe müssen möglich sein.
– Betriebskalender, wechselnde Personalanwesenheitszeiten und kapazitätsbeeinflussende Faktoren sind zu berücksichtigen.
– Eine Prüfung der Materialverfügbarkeit ist einzubeziehen.

Die Programmsysteme selbst werden je nach der vorhandenen Hardware- und Verfahrensumgebung des jeweiligen Unternehmens sowie der Anzahl der zu steuernden Belastungsgruppen und Werkstätten zentral oder dezentral eingesetzt.

Als Beispiel für eine zentrale Standardlösung eines Softwareanbieters zeigt *Bild 8.22* im Überlick ein für Produktionsunternehmen konzipiertes modulares, integriertes Gesamtsystem zum Planen, Steuern und Kontrollieren auf Datenbankbasis [14]. Man erkennt zunächst die Hauptfunktionen Vertrieb, Konstruktion, Materialwirtschaft, Zeitwirtschaft, Finanz- und Rechnungswesen und Personalwesen, ferner die übergeordnete Funktion Unternehmensleitung sowie einige Horizontalfunktionen.

Jede Hauptfunktion ist in zahlreiche Funktionen gegliedert, die *Bild 8.23* für das Teilsystem „Zeitwirtschaft" detailliert beschreibt. Der Modul *Fertigungssteuerung* entspricht der belastungsorientierten Auftragsfreigabe mit ihren erläuterten Teilschritten, ergänzt um die

Bild 8.22 Übersicht über das System PSK 2000 [Werkbild Strässle, Stuttgart]

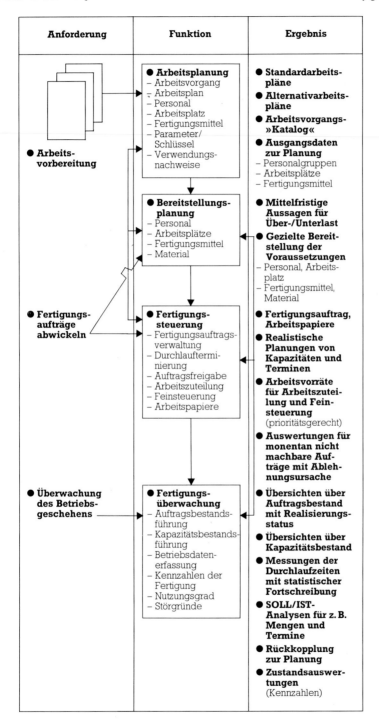

Bild 8.23 Übersicht über das Teilsystem Zeitwirtschaft in PSK 2000 [Werkbild Strässle, Stuttgart]

Fertigungsauftragsverwaltung, die als Dienstleistungsfunktion bei diesem Modul unverzichtbar ist.

Auch bei dieser Lösung wird die enge Verknüpfung der belastungsorientierten Auftragsfreigabe mit den übrigen Teilfunktionen der Fertigungssteuerung noch einmal deutlich. Die in Kapitel 7 beschriebene Kapazitätsplanung gehört hier zum Modul „Bereitstellungsplanung". Das Kontrollsystem ist der Fertigungsüberwachung zuzurechnen. Sie wurde in diesem Programmsystem bisher nur in Form ausgewählter statistischer Kennzahlen realisiert. Eine Ergänzung um die beschriebenen Graphiken und Tabellen ist aufgrund des modularen Systemaufbaus leicht möglich.

Zunehmend an Bedeutung gewinnen Fertigungssteuerungssysteme, die auf Personal-Computern (PC) lauffähig sind. Der PC erhält über eine Datenschnittstelle vom Zentralrechner periodisch den jeweils neuesten Auftragsbestand und die Informationen über den Auftragsfortschritt.

Bild 8.24 zeigt ein Beispiel für eine derartige PC-Version [15]. Vom übergeordneten PPS-System fließen die Auftragsdaten zum PC. Dort erfolgt eine Kapazitätsbedarfsplanung und die Auftragsfreigaberechnung. Der Auftragsfortschritt wird über integrierte Betriebsdatenerfassungsterminals verfolgt. Die übrigen Funktionen dienen dem Eingriff in einzelne Aufträge (Ausschuß, Stören, Entstören, Splitten), den bereits erläuterten Dialogfunktionen

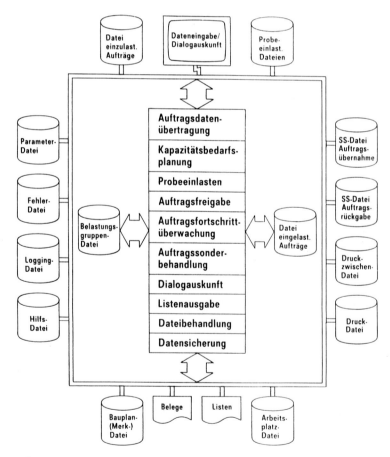

Bild 8.24 Übersicht über Programme und Dateien des Programms ABS-PC [Werkbild Siemens AG]

für Auskünfte, Änderung der Steuerdaten sowie zum Start von Programmoduln und statistischen Auswertungen.

Weitere kommerzielle Realisierungen des Verfahrens stammen von Bechte [8] und Erdlenbruch [13]. Bis Ende 1986 waren sieben kommerzielle Versionen verfügbar. Das Automobilunternehmen BMW entwickelte einen Baustein für die eigene Anwendung [16].

Die bisher realisierten Versionen der belastungsorientierten Fertigungsteuerung benötigen – verglichen mit den konventionellen Feinterminierungsverfahren – eine erheblich kürzere Laufzeit, so daß grundsätzlich ein Neuaufwurf erfolgt, d. h. alle Aufträge werden vollständig neu durchgerechnet. Lediglich gezielte Eingriffe in einzelne Aufträge aufgrund von Sondersituationen sind als Änderungsrechnung zu gestalten, da ihr relativ geringer Einfluß auf die gesamte Termin- und Belastungssituation einen Neuaufwurf nicht rechtfertigt.

8.4 Einführungsstrategie

Die Einführung der belastungsorientierten Fertigungssteuerung erfordert von der Firmenleitung über die Betriebsleitung bis hin zum Fertigungssteuerer und Meister die Bereitschaft, bisherige Denkgewohnheiten aufzugeben, wie sie im Kapitel 1 als Mythen der Fertigungssteuerung beschrieben wurden. Darüber hinaus müssen die in Abschnitt 8.1 genannten Voraussetzungen für den wirkungsvollen Einsatz der belastungsorientierten Fertigungssteuerung erfüllt sein.

Nicht immer ist die Bereitschaft zum kritischen Überdenken der bisherigen Vorgehensweise nur aufgrund von theoretischen Ausführungen und durch Beispiele aus anderen Unternehmen zu wecken; denn häufig hält man die Situation im eigenen Betrieb für besser, als sie in Wirklichkeit ist. Einen möglichen Vorgehensplan zeigt *Bild 8.25,* das auf Bild 5.1 aufbaut und von einer stufenweisen Einführung des Verfahrens mit direkt nutzbaren Zwischenergebnissen ausgeht.

Der erste Schritt zielt darauf ab, mit Hilfe der in Abschnitt 5.2 beschriebenen grundlegenden *Betriebsanalyse* verläßliche Zahlen über Durchlaufzeiten und Terminabweichungen zu erhalten sowie das Verständnis im Unternehmen für die Zusammenhänge zwischen Beständen, Durchlaufzeit und Auslastung zu wecken. Besonders die gewichtete Durchlaufzeit bereitet erfahrungsgemäß Auffassungsschwierigkeiten, die aber anhand realer Durchlaufdiagramme aus dem eigenen Unternehmen überwunden werden können. Darüber hinaus werden Schwächen im Rückmeldesystem aufgezeigt und Hinweise zur Verbesserung des Rückmeldewesens und zur Strukturierung der vorhandenen Kapazität in Belastungsgruppen gegeben.

Die Betriebsanalyse ist ebenso häufig Anlaß für *Verbesserungsmaßnahmen* technischer und organisatorischer Art zur Verkürzung der Durchlaufzeit und Herabsetzung der Bestände (Schritt 2 in Bild 8.25). Dazu gehören zum einen Produktkonstruktionen mit möglichst wenigen Montagestufen und zum anderen Arbeitsabläufe, die möglichst wenig Arbeitsplatzwechsel verursachen [17] (vgl. auch Abschnitt 5.2.4). Auch im Rahmen der laufenden Fabrik- und Investitionsplanung sollten alle Möglichkeiten der Durchlaufzeitverkürzung ausgeschöpft werden [18].

Bild 8.26 zeigt einige Ansätze hierzu, die sich am allgemeinen Durchlaufelement eines Arbeitsplatzes orientieren [19]. Es genügt in der Fabrikgestaltung längst nicht mehr, nur den Materialfluß zu optimieren und den Transportaufwand zu minimieren; darüber hinaus müssen durch Integration von Rüsten, Bearbeiten, Liegen und Transport auch die unproduktiven Liegezeitanteile möglichst weitgehend minimiert werden. Neben dem verstärkt einzusetzenden *erzeugnisorientierten Layout* nach gruppentechnologischen Aspekten (sogenannte

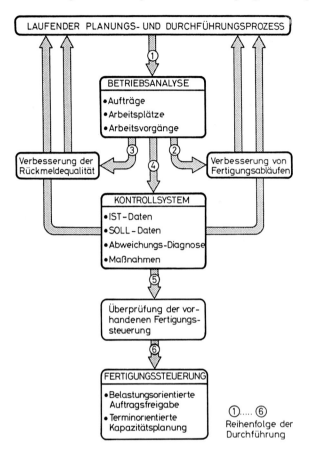

Bild 8.25 Schritte zur Einführung der belastungsorientierten Fertigungssteuerung

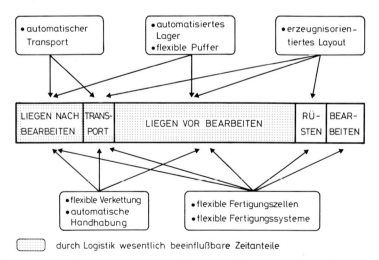

Bild 8.26 Ansätze zur Verbesserung des Produktionsablaufs im Rahmen der Fabrik- und Investitionsplanung

Fertigungszellen) verbessert auch die *Verkettung* von Arbeitsplätzen durch fahrerlose Transportsysteme oder flexible Transportbänder den Durchlauf, weil dadurch neben der Verkürzung der Transportzeit ein unkontrollierter Bestandsaufbau und eine dauernde Reihenfolgevertauschung der wartenden Aufträge an den Arbeitsplätzen erschwert wird. Auch Durchschieberegale vor Arbeitsplätzen haben sich bewährt, weil sie neben der Bestandskontrolle die Reihenfolgebildung nach FIFO erzwingen.

Will man neben dem Transport auch die Lagerung der Aufträge zwischen den Arbeitsplätzen automatisieren, ergibt sich häufig das Problem unterschiedlicher Schnittstellen bei Maschinen ungleichen Automatisierungsgrades. *Bild 8.27* zeigt hierfür eine bemerkenswerte Lösung, die ein automatisches Lager- und Transportsystem in den Maschinenpark integriert und als automatisierte Werkstättenfertigung bezeichnet werden könnte [19].

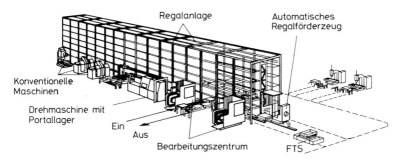

Bild 8.27 Werkstatt mit integriertem automatischen Lager- und Transportsystem [Bygg-Transport, Schweden]

Das Lagerregal übernimmt hier die Funktion der Bestandsbegrenzung; durch sein definiertes Fassungsvermögen stellt es sozusagen eine technische Belastungsschranke dar. Die einzelnen Maschinen sind durch Rollgänge an das Lagersystem angebunden. Der auf den Rollgängen bereitgestellte Arbeitsvorrat ist aufgrund des meist geringen Speichervermögens der Rollenbahnen (z. B. 2 bis 4 Paletten) ebenfalls eingeschränkt und muß in der geplanten Reihenfolge FIFO abgearbeitet werden. Die Übernahme der Werkstücke von der auf dem Rollgang liegenden Palette kann entweder manuell oder mit Hilfe eines automatischen Handhabungsgerätes – z. B. eines Portalroboters – erfolgen. Auch ein Palettenwechsel mit aufgespannten Werkstücken wird praktiziert. Die Anordnung entspricht im Prinzip einem flexiblen Fertigungssystem [20]; sie erlaubt jedoch auch die Verwendung konventioneller Maschinen ohne automatischen Werkstück-, Werkzeug- und NC-Programmwechsel und ihren stufenweisen Ersatz durch höher automatisierte Einrichtungen einschließlich der Anbindung der Rohmaterial- und Werkzeugbereitstellung [21].

Neben diesen möglichen Verbesserungen des Fertigungsablaufs durch technische Maßnahmen ist den *Rückmeldedaten* besondere Aufmerksamkeit zu schenken (Schritt 3 in Bild 8.25). Hinweise enthalten Abschnitt 3.7 und Bild 5.9. Erst wenn die Rückmeldequalität befriedigend und der Fertigungsablauf geordnet ist, sollte man im nächsten Schritt 4 an die Einführung eines *Kontrollsystems* denken. Es erlaubt die permanente Überwachung der wesentlichen Zielgrößen und ihre Verbesserung mit Hilfe des bestehenden Fertigungssteuerungs- und Durchsetzungssystems (vgl. Abschnitt 5.3).

Schließlich wird sich die Erkenntnis durchsetzen, daß das vorhandene Fertigungssteuerungssystem im allgemeinen *verbesserungsbedürftig* ist (Schritt 5). Erst dann sollte der Einsatz der belastungsorientierten Fertigungssteuerung sorgfältig geprüft werden (Schritt 6). Dabei ist zu bedenken, daß durchaus nicht jeder einzelne Arbeitsplatz mit diesem Verfahren gesteuert werden muß. Beispielsweise können flexible Fertigungssysteme, Fertigungsinseln oder

-linien als ein einziger Trichter aufgefaßt werden, der in sich nach einer anderen Methode, z. B. nach dem japanischen Kanban-Verfahren, gesteuert wird.

Die geschilderte Vorgehensweise ist sicher nicht für alle Unternehmen gleichermaßen geeignet, da für jeden Schritt mindestens ein Jahr Realisierungszeit angesetzt werden muß. Wenn bereits Vorarbeiten auf dem einen oder anderen Gebiet geleistet wurden, kann die Reihenfolge daher unter Umständen anders gewählt werden. Für die Einführung aller Verfahrensbausteine der belastungsorientierten Fertigungssteuerung müssen jedoch mindestens zwei Jahre angesetzt werden, ehe mit meßbaren und bleibenden Erfolgen gerechnet werden kann [13].

8.5 Die belastungsorientierte Fertigungssteuerung in der automatisierten Produktion

8.5.1 Steuerung flexibler Fertigungssysteme (FFS)

Mit der zunehmenden Automatisierung des Produktionsprozesses gewinnt die sichere Auslegung und Steuerung kapitalintensiver Anlagen immer stärkere Bedeutung. Zu solchen Anlagen zählen besonders auch die flexiblen Fertigungssysteme (FFS), die in wachsender Zahl vor allem in den USA, in Japan, in der Bundesrepublik [22, 23] und in der DDR eingesetzt werden [24].

Es stellt sich die Frage, ob der auf dem Trichtermodell basierende Steuerungsansatz auch für derartige Produktionssysteme angewendet werden kann. Zu diesem Zweck wurden von Gottschalk an der Technischen Hochschule Magdeburg zusammen mit Industriepartnern

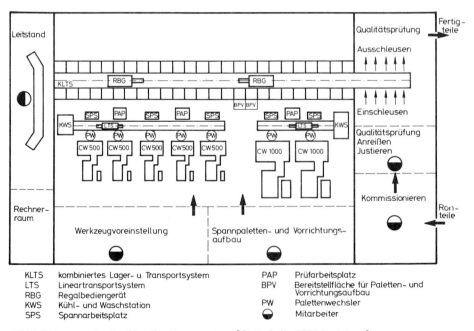

Bild 8.28 Layout des flexiblen Fertigungssystems [Gottschalk, TH Magdeburg]

erstmals Untersuchungen durchgeführt, um an einem konkreten Fall zu prüfen, ob die belastungsorientierte Fertigungssteuerung gegenüber dem bisher üblichen Verfahren Verbesserungen bei der Steuerung von FFS erwarten läßt. Dabei wurde als Vergleichskriterium das Steuerziel „minimale Durchlaufzeit der Fertigungsaufträge im FFS unter Sicherstellung der geforderten Ausbringung" herangezogen [25].

Bei dem ausgewählten System handelt es sich um ein flexibles Fertigungssystem für prismatische Teile, wie Gehäuse, Flansche, Krümmer und Konsolen für Dieselmotoren; das Layout zeigt *Bild 8.28.* Aus wirtschaftlichen Gründen wurde zur Bearbeitung des Teilespektrums ein Fertigungsabschnitt für kleinprismatische Teile bis $480 \times 400 \times 350$ mm und ein zweiter Abschnitt für mittelgroße prismatische Teile bis $980 \times 950 \times 900$ mm Kantenlänge gebildet. Beide FFS-Abschnitte sind durch ein gemeinsames Transport- und Lagersystem verbunden [25].

Von dem Teilespektrum aus insgesamt 499 kleinen und 99 mittelgroßen unterschiedlichen Teilen, die das System fertigt, wurden repräsentative Teile ausgewählt, die in *Tabelle 8.1* zusammen mit einigen Übersichtsdaten auszugsweise aufgeführt sind.

	Abmessung [mm]	Teilearten	Stück/Jahr
Teilegruppe 1:	480x400x350	499	127 553
Teilegruppe 2:	980x950x900	99	6 039
Losgrößen :	5 bis 250 Stück/Los		
Losanzahl :	ca. 5900 Lose/Jahr		

a) Übersichtsdaten

Nr.	Benennung	Losgröße	jährliche Losgröße	Arbeitsgang-zahl	Bearbeitungs-zeit [h/Los]
1	Gehäuse	25	1	1	4,5
2	Durchfluß-anzeiger	50	1	1	13,9
3	Filterunter-teil	25	1	1	6,1
4	Schieber-gehäuse	10	2	1	4,6
5	Gehäuse	50	1	1	12,1
6	Gehäuse	50	1	1	8,1
.					
.					
49	Klinke	50	1	1	6,3
.					
.					

b) repräsentative Teile für Simulation (Auszug)

Tabelle 8.1: Charakterisierung der Fertigungsaufgabe des flexiblen Fertigungssystems [Gottschalk, TH Magdeburg]

Zur Untersuchung der belastungsorientierten Fertigungssteuerung wurden drei Varianten simuliert:

– Auftragsfreigabe über äußere Prioritäten (wie bisher)
– belastungsorientierte Auftragsfreigabe im Dekadenrhythmus
– belastungsorientierte Auftragsfreigabe im Tagesrhythmus

Der Untersuchungszeitraum betrug einen Monat.

Die Simulationsergebnisse zeigten, daß durch Einfügung des Freigabeverfahrens in den Programmteil „Maschinengruppenbelegung" die gewichtete mittlere Durchlaufzeit gegenüber der jetzt praktizierten Steuerung voraussichtlich um rund 15 Prozent und der mittlere Bestand um rund 9 Prozent abgesenkt werden kann. Die Leistung des Systems sinkt dabei um weniger als 1 Prozent ab.

Weiterhin stellte sich heraus, daß zwei Besonderheiten eines flexiblen Fertigungssystems im Freigabeverfahren zu berücksichtigen sind:

Zum einen handelt es sich um die Verfügbarkeitsprüfung von Werkzeugen. *Bild 8.29* zeigt die daraus resultierende Einfügung einer sogenannten *Werkzeugschranke* in das Steuermodell.

Die Werkzeugschranke prüft, ob für ein freizugebendes Teil der notwendige Werkzeugsatz im Systemmagazin vorhanden ist, und verhindert so das Stillsetzen des Bearbeitungszentrums zum Auswechseln des Werkzeugsatzes. Die Werkzeugschranke wird besonders bei zusätzlich eingesteuerten Eilaufträgen wirksam, die hier aus Fehlteilen der Montage resultieren. Bei den Untersuchungen konnten nur 2,2 Prozent der täglich zugeteilten Fertigungsaufträge die Werkzeugschranke nicht passieren.

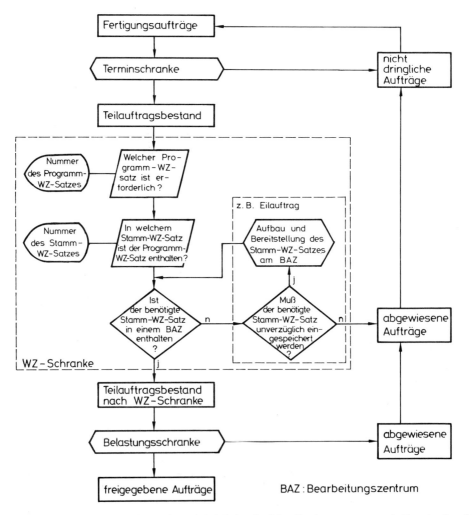

Bild 8.29 Belastungsorientiertes Steuermodell des flexiblen Fertigungssystems mit Terminschranke, Werkzeugschranke und Belastungsschranke [Gottschalk, TH Magdeburg]

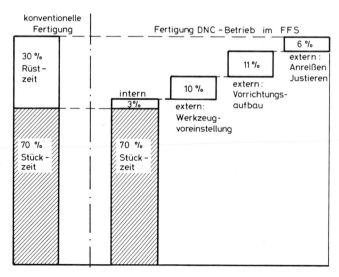

Bild 8.30 Aufteilung der Bearbeitungszeiten eines flexiblen Fertigungssystems auf interne und externe Belastungskonten [Gottschalk, TH Magdeburg]

Die zweite Besonderheit bei der Anwendung der belastungsorientierten Fertigungssteuerung in einem FFS ist die *Aufteilung der Bearbeitungszeit* in *systeminterne und systemexterne Anteile (Bild 8.30).*

In der konventionellen Fertigung belasten die Rüstzeit und die aus den Stückzeiten resultierende Bearbeitungszeit jedes Loses als Auftragszeit nur ein einziges Konto. In einem flexiblen Fertigungssystem müssen demgegenüber diese Zeiten auf systeminterne (Maschinenbelastungskonten) und systemexterne Konten (Werkzeugvoreinstellungs-, Vorrichtungsaufbau und Anreiß-/Justierkonten) gebucht und dort jeweils mit der Belastungsschranke abgeglichen werden.

Damit wird der Werkstückfluß zwischen den Bearbeitungsstationen und den übrigen Stationen geregelt. Ein zu großer Vorlauf der Werkstücke beim Anreißen und Justieren gegenüber den Bearbeitungsstationen würde die Durchlaufzeit unnötig verlängern, ein zu großer Vorlauf bei den übrigen Stationen die Mittelbindung für Werkzeuge und Vorrichtungen erhöhen.

Die Arbeiten haben die prinzipielle Eignung des Verfahrens auch für automatisierte Fertigungseinrichtungen bestätigt und werden fortgesetzt.

8.5.2 Integration in CIM-Konzepte

Seit etwa 1984 hat eine lebhafte Diskussion über die Fabrik der Zukunft unter dem Stichwort CIM (Computer Integrated Manufacturing) eingesetzt, bei der die Integration der Produktionsplanung und -steuerung in den gesamten betrieblichen Informationsfluß eine wesentliche Rolle spielt. Zwei unterschiedliche Betrachtungsweisen sind erkennbar: die eine ist mehr auf die informationstechnische Problemstellung bezogen und konzentriert sich insbesondere auf die Integration unterschiedlicher Hardware und Software, während die andere Betrachtungsweise mehr die organisationsbezogene Verknüpfung der vielen Funktionen einer Fabrik als strategisches Unternehmensziel in den Vordergrund stellt.

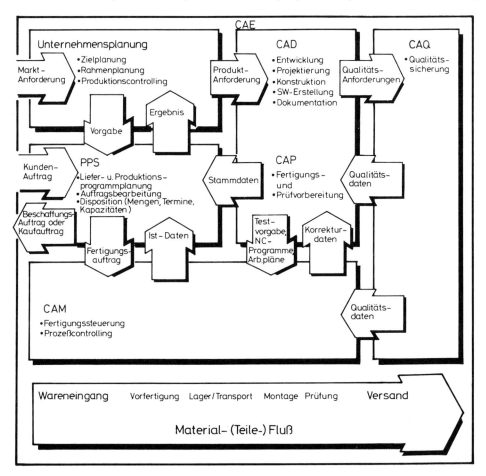

Bild 8.31 Funktionen des Computer Integrated Manufacturing CIM [nach Waller, Siemens AG]

Bild 8.31 zeigt die häufig zitierte Darstellung eines CIM-Konzepts von Waller, das mehr den Automatisierungsgedanken betont [26]. Das Bild wurde gegenüber dem Original in einigen Punkten ergänzt, die sich hauptsächlich auf die Produktionsplanung und -steuerung beziehen.

Aus den Marktforderungen definiert die Unternehmensplanung Vorgaben an die Produktionsplanung und -steuerung (PPS) einerseits und an die Entwicklung und Konstruktion (CAD = Computer Aided Design) andererseits. Die Arbeitsplanung (CAP = Computer Aided Planning) setzt die Konstruktionsunterlagen, wie Zeichnungen und Stücklisten, unter Beachtung der Vorgaben der Qualitätssicherung (CAQ = Computer Aided Quality) in Fertigungs- und Prüfpläne um, die zusammen mit den Qualitätsdaten als Stammdaten, Ablaufdaten und Steuerdaten in die Auftragsabwicklung bzw. Fertigung (CAM = Computer Aided Manufacturing) fließen. Aufgabe der PPS ist es, aus dem laufenden Auftragsstrom die terminierten Beschaffungs- und Fertigungsaufträge zu erzeugen. Die Fertigungssteuerung wird hier nicht der PPS, sondern der Fertigung selbst zugeordnet, ergänzt um das Prozeßcontrolling. Darunter ist einerseits die technische Prozeßüberwachung im Sinne der Sicherstellung der funktionalen Qualitätsmerkmale des Produktes zu verstehen und andererseits die

Überwachung des Auftragsdurchlaufs im Sinne der Sicherstellung der wirtschaftlichen Zielgrößen Bestand, Durchlaufzeit, Auslastung und Terminabweichung.

Eine ebenfalls häufig zitierte Darstellung eines CIM-Konzeptes von Scheer stellt das Zusammenspiel zwischen der PPS einerseits und den Systemen zur Produktgestaltung (CAD und CAP) und der Fertigungsdurchführung (CAM) andererseits heraus (*Bild 8.32*) [27, 28]. Auf der Basis dieses Modells wurden grundlegende Untersuchungen zur Entwicklung eines Prototyps für ein CIM-System mit dem Ziel durchgeführt, zu beweisen, daß CIM-Konzepte mit vorhandenen Standardlösungen realisierbar sind, wobei CIM nicht als festumrissenes Produkt, sondern als Summe technischer Hilfsmittel und organisatorischer Maßnahmen für mehr Wirtschaftlichkeit bei der Entwicklung, Konstruktion und Herstellung neuer Erzeugnisse aufgefaßt wird [29]. Dies ermöglicht die schrittweise Realisierung in Betrieben mit unterschiedlichem Automatisierungsgrad und verschiedenartiger Rechnerdurchdringung.

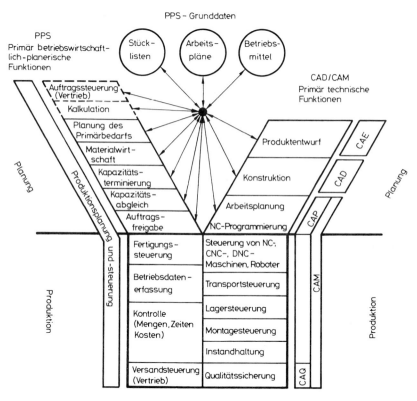

Bild 8.32 Informationssysteme im Produktionsbereich im Rahmen eines CIM-Konzeptes [Scheer, Uni Saarbrücken]

Bei den Modelluntersuchungen von Scheer werden drei Datengruppen betrachtet [28]. Zum einen sind es die in Stücklisten-, Arbeitsplan- und Betriebsmitteldateien gespeicherten auftragsunabhängigen Stammdaten oder *Grunddaten*. Zum anderen müssen *kundenauftragsbezogene* Daten technischer sowie dispositiver Natur ausgetauscht werden. Schließlich sind die *Fertigungsauftragsdaten* zwischen den Unternehmensbereichen zu übertragen, mit denen die Eigenfertigungsteile nach Ort, Menge und Termin zu steuern sind. Die sichere Beherrschung dieser Datenflüsse mit ihren z. T. sehr unterschiedlichen Anforderungen wird ein Schwerpunkt der weiteren CIM-Entwicklung sein.

Bemerkenswert bei den bisherigen Beiträgen über die automatisierte und rechnergestützte Fabrik ist, daß im Unterschied zu der intensiven Diskussion über die rechnergestützte Modellierung und Durchführung der Produktgestaltung (z. B. [30]) sowie der technischen Prozesse und Anlagen (z. B. [31, 32]) entsprechende Ansätze zur Modellierung, Planung und Steuerung des Produktionsablaufs einer ganzen Fabrik unter PPS-Aspekten bisher nicht vorgestellt wurden [33, 34].

Das Trichtermodell bzw. das Durchlaufdiagramm stellt ein derartiges CIM-geeignetes PPS-Modell des Produktionsprozesses dar. Zur Erläuterung ist es erforderlich, zunächst die

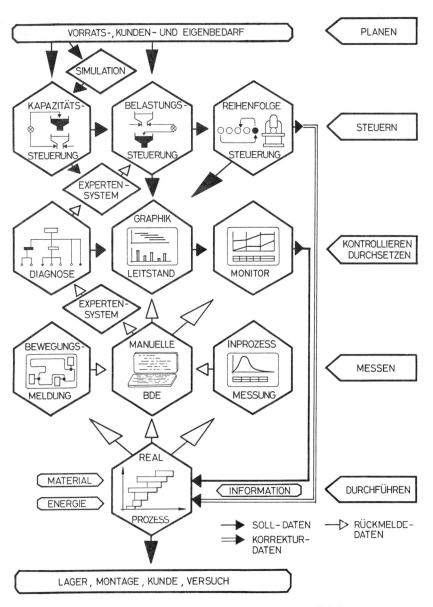

Bild 8.33 Funktionen der Fertigungssteuerung in einer rechnerintegrierten Fabrik

grundsätzlichen Funktionen der Fertigungssteuerung aus der Sicht eines integrierten Informationsflusses zu definieren (*Bild 8.33*). Es lassen sich fünf grundsätzliche Funktionsebenen erkennen [48]:

Auf der *Durchführungsebene* erfolgt unter Einsatz von Energie und Informationen die Transformation von Material in Teile, Baugruppen und Erzeugnisse. Im Rahmen der Fertigungssteuerung interessiert dabei ausschließlich die Fertigstellung definierter Arbeitsvorgänge zu definierten Zeitpunkten und mit definierter Teilemenge an den einzelnen Arbeitsplätzen, dargestellt durch das Durchlaufdiagramm als Prozeßmodell.

Die *Messung des Prozeßablaufs* besteht aus Sicht der Fertigungssteuerung in erster Linie in der Feststellung des zeitlich-räumlichen Fertigungsfortschritts. Diese erfolgt heute noch vorzugsweise durch eine manuelle Eingabe von Fertigmeldungen über Betriebsdatenerfassungssysteme (BDE). Diese Daten werden mit fortschreitender Automatisierung von den Steuerungen der automatischen Lager-, Transport-, Handhabungs-, Bearbeitungs- und Montagesysteme geliefert. Sofern es sich um Orts- und Mengenveränderungen von einzelnen Teilen oder Losen auf Paletten, Vorrichtungen, in Kisten, Magazinen usw. handelt, sind dies Bewegungsmeldungen mit Orts- und Zeitangabe. Bei Bearbeitungs- und Montagevorgängen ist noch die Angabe von Gutstücken bzw. Ausschuß- oder Nacharbeitsstücken wichtig, die zunehmend durch In-Prozeß-Messungen erkannt und gemeldet werden [35].

Diese Bewegungsdaten dienen auf der *Kontroll- und Durchsetzungsebene* zur Visualisierung des Prozesses und zur Berechnung von prozeß- und auftragsbezogenen Kennzahlen. Ein entsprechendes Kontrollsystem (hier Monitor genannt) zur arbeitsplatzbezogenen Überwachung des Fertigungsablaufs wurde in Abschnitt 5.3 vorgestellt. Ein neuer, absehbarer Baustein ist ein Auftrags-Kontrollsystem, mit dessen Hilfe nicht nur einstufige Fertigungsprozesse, sondern komplexe Aufträge mit mehreren Aufbaustufen – einschließlich aller Eigenfertigungs- und Zukaufteile – hinsichtlich ihres Durchlaufs überwacht werden können. Das ebenfalls als Baustein angedeutete Diagnosesystem dient der Untersuchung auftretender Abweichungen zwischen Soll- und Ist-Ablauf und wurde in Abschnitt 5.4 ansatzweise beschrieben. Hier sind auch Ansätze für ein Expertensystem erkennbar, das die Diagnose des Fertigungsablaufs und seiner Durchlaufdiagramme mit dem Ziel ausführt, einerseits von den festgestellten Abweichungen auf die Ursachen zu schließen und andererseits kurzfristig wirkende Verbesserungsmaßnahmen vorzuschlagen [36].

In der nächsten Ebene sind die eigentlichen *Steuerungsfunktionen* erkennbar, die als Regler wirken. Zu regeln sind die Kapazität, die Belastung (und damit die Durchlaufzeit) sowie die Abarbeitungsreihenfolge. Wie ausführlich erläutert wurde, können neben der belastungsorientierten Fertigungssteuerung hierzu fallweise auch andere Steuerungsverfahren eingesetzt werden, z. B. das Kanban-System (s. auch Kap. 9). Auch für diese Funktionen ist die Entwicklung eines Expertensystems denkbar, welches in Ergänzung und Fortführung der Diagnosefunktionen in der Durchsetzungsebene Parameterveränderungen in den Steuerungsalgorithmen vorschlägt.

In der *Planungsebene* erfolgt die Festlegung der Zukauf- und Eigenfertigungsaufträge nach Art, Menge und Endtermin. Hierzu ist der Einsatz von Simulationsverfahren oder von Warteschlangenmodellen hilfreich. Während der hier angedeutete Einsatz der Simulation für Planungs-, Gestaltungs- und Steuerungszwecke von Produktionseinrichtungen ein immer wichtigeres Hilfsmittel wird und zunehmend Eingang in die Praxis findet (z. B. [31, 32, 37]), ist die Simulation als Instrument der Fertigungssteuerung ganzer Betriebsbereiche noch nicht realisiert, aber sehr erfolgversprechend.

Insgesamt gilt es, den Fertigungsprozeß für Stückgüter nach den gleichen Grundsätzen zu steuern, nach denen verfahrenstechnische Fließprozesse geregelt werden. Die Durchlaufzeit und die Termineinhaltung sind dabei als marktbezogene Qualitätsmerkmale, der Warenbestand im Unternehmen und die Auslastung der Kapazitäten als betriebsbezogene Qualitätsmerkmale aufzufassen. Während das Trichtermodell bisher nur für den Fertigungsbereich eingesetzt wurde, ist seine prinzipielle Eignung auch für alle übrigen Unternehmensbereiche gegeben, die durch Zu- und Abgang von Arbeit und die Konkurrenzsituation von Aufträgen um Kapazität bei vernetzten Strukturen gekennzeichnet sind. Dies trifft beispielsweise für Lager- und Transportsysteme zu, aber auch für Konstruktionsabteilungen.

Da derart umfassende Systeme sehr aufwendig sind, stellt sich immer wieder die Frage nach der *Wirtschaftlichkeit*. Während über neue Technologien erste Bestandsaufnahmen vorliegen [38], gestaltet sich die Wirtschaftlichkeitsbetrachtung für PPS-Systeme noch immer sehr schwierig. Daher sollen hierzu im folgenden einige Ansätze vorgestellt werden, die sich einerseits auf die monetären und andererseits auf die organisatorischen Auswirkungen der Einführung einer neuen Fertigungssteuerung beziehen, wie sie die belastungsorientierte Fertigungssteuerung darstellt.

8.6 Auswirkungen der belastungsorientierten Fertigungssteuerung

8.6.1 Wirtschaftlichkeit

Bei der Wirtschaftlichkeitsbetrachtung von Fertigungssteuerungssystemen stehen den Kosten für die Installation, die Systemwartung und den laufenden Betrieb mögliche Einsparungen gegenüber. Dabei sollte grundsätzlich nicht nur die Fertigung und die Montage, sondern die gesamte Durchlaufstrecke der Aufträge betrachtet werden. Hierzu zählen zum einen auch die Stationen zwischen Auftragseingang und Auftragsfreigabe und zum anderen die Bereiche zwischen Auftragsfertigstellung und Versand an den Kunden. Als Leitgedanke zur Ermittlung der möglichen Einsparungen durch eine verbesserte Fertigungssteuerung kann der Verlauf der Kapitalbindung während des Auftragsdurchlaufs dienen *(Bild 8.34)*.

Aus dieser Betrachtung läßt sich eine Reihe kostenwirksamer Veränderungen ableiten, die im wesentlichen aus *Bestandsveränderungen* (z. B. aus Lagerbeständen, Raumbedarf, Verschrottungsmengen) und *Durchlaufzeitänderungen* (z. B. aus Änderungsumfang, Störanzahl, Prognosesicherheit, Qualität) resultieren. Besonders wichtig, gleichzeitig aber auch schlecht

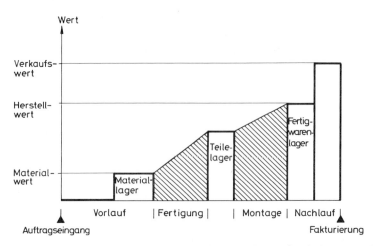

Bild 8.34 Kapitalbindung während der Durchlaufzeit von Aufträgen [nach Siemens AG]

zu quantifizieren, sind durch Lieferzeitverkürzungen verursachte Auswirkungen auf Markt-position, Preisgestaltung, Konventionalstrafen usw.

Daß durch eine verbesserte Fertigungssteuerung ein erhebliches Rationalisierungspotential im Unternehmen erschlossen werden kann, ist mittlerweile durch Zahlen zu belegen. So hat z. B. ein Unternehmen des Maschinenbaus mit einem Jahresumsatz von 340 Mio DM errechnet, daß dort ein durch die Fertigungssteuerung beeinflußbares Kostenpotential von 32,7 Mio DM vorhanden ist *(Bild 8.35)* [39].

KOSTENART	POTENTIAL 1981/82 [Mio DM]	MÖGLICHE EINSPARUNGEN [Mio DM]
Zinskosten	14,8	2,7
Konventionalstrafen	1,2	0,6
Verlängerte Werkbank	12,0	4,0
Mehrarbeitskosten	4,7	0,7
Gesamt	32,7	8,0

Jahresumsatz: 340 Mio DM

Bild 8.35 Einsparungspotential durch ein PPS-System in einem Maschinenbau-Unternehmen [Pabst]

Aufgrund einer Bestands- und Durchlaufzeitanalyse, die im wesentlichen nach der in Abschnitt 5.2 dargelegten Methode erfolgte, ergab sich, daß die Durchlaufzeit durch die Fertigung und Montage durch ein besseres Fertigungssteuerungssystem ohne Leistungsein-buße um ca. 30 Prozent reduziert werden kann. Daraus errechnen sich ausgabewirksame Zinskosteneinsparungen von 2,7 Mio DM pro Jahr, die sich zum einen aus der Reduzierung des *Umlaufvermögens* und zum anderen aus dem Abbau des *Lieferrückstandes* ergeben, was wiederum eine Verringerung der *Konventionalstrafen* um 50 Prozent erwarten läßt. Besondere Bedeutung kommt hier den Kosten für die *verlängerte Werkbank* zu. So konnte nachgewiesen werden, daß infolge vermeintlicher Kapazitätsengpässe ein beträchtlicher Arbeitsumfang nach auswärts vergeben wurde, obwohl er zum weitaus größten Teil im eigenen Unternehmen hätte gefertigt werden können. Schließlich ließen sich durch ein besseres Fertigungssteuerungssystem auch die *Mehrarbeitskosten* infolge Überstunden und Sonderschichten reduzieren, wenn auch nicht in dem Maße wie die bestandsbedingten Kosten [39].

Während die Zinskosten und Konventionalstrafen auf eine ungenügende Terminsteuerung hinweisen, verdeutlichen die Kosten für die verlängerte Werkbank und die Mehrarbeitsko-sten die mangelhafte Kapazitätsplanung.

Der geschilderte Fall ist typisch für eine auftragsgebundene Einzelfertigung, während in der variantenreichen Serienfertigung die Problemschwerpunkte mehr in den unbefriedigenden Lieferzeiten und Beständen (Ware in Arbeit) liegen. *Aus den bisher vorliegenden Erfahrungen mit der belastungsorientierten Fertigungssteuerung scheint ein Verbesserungsziel von 30 Prozent Durchlaufzeit- und Bestandssenkung sowie eine Halbierung der verspäteten Aufträge realistisch* [8, 40, 41, 42]. Auch die Rechenzeiten sind für die belastungsorientierte Auftrags-freigabe deutlich kürzer als für die konventionelle Kapazitätsterminierung. Obwohl allge-meine Aussagen wegen der vielen unterschiedlichen hardware- und softwareseitigen Randbe-dingungen schwierig sind, kann doch gegenüber den klassischen Verfahren von einer *Reduktion der Rechenzeit um 30 bis 50 Prozent* ausgegangen werden [13, 43].

Außerdem wird der Aufwand für das Verfolgen einzelner gestörter oder eiliger Aufträge im Betrieb durch eine funktionierende Fertigungssteuerung vermindert, da sich die Mitarbeiter der Fertigungssteuerung (auch Terminjäger genannt) nun der Analyse der vom Kontrollsystem erkannten Abweichungen widmen und sich auf die Einleitung und Verfolgung entsprechender Verbesserungsmaßnahmen konzentrieren können.

8.6.2 Qualifikation und Motivation

Schon seit Anfang der siebziger Jahre wird eine zunehmende Kritik an der „deterministischen" Fertigungssteuerung formuliert (vgl. auch Kapitel 2). Sie ist die Folge der *„Taylorisierung"* des Produktionsprozesses, womit die zunehmende Zergliederung in nahezu sinnentleerte, einfache Einzelschritte gemeint ist. Mit den immer komplexer werdenden Abläufen wird auch die Steuerung der betrieblichen Abläufe immer schwieriger und unflexibler; vor allem verliert der damit arbeitende und davon betroffene Mitarbeiter immer mehr den Gesamtüberblick und damit die Motivation, gestaltend einzuwirken [44]. Man hat erkannt, daß diese Entwicklung in eine regelrechte Sackgasse geführt hat [45].

In diesem Zusammenhang wird auch die bisher übliche Fertigungssteuerung aus arbeitswissenschaftlicher und arbeitssoziologischer Sicht in Frage gestellt [46]. Neben den bereits ausführlich erläuterten sachbezogenen Gründen der Schwierigkeiten einer zentralisierten Totalplanung (Auftragszeitstreuung, Änderungen, Störungen) wird insbesondere die Notwendigkeit hervorgehoben, dem Verfahren lediglich eine Rahmenplanung zu übertragen und die Ausgestaltung „vor Ort" im Sinne der Feinterminplanung der Kompetenz des durchführenden Personals zu überlassen.

Heute ist daher ein genereller Trend zu überschaubaren Einheiten in Fertigung und Montage zu beobachten, für die von der Produktionsplanung und -steuerung ein Produktionsprogramm für eine bestimmte Zeit im voraus vorgegeben wird. Die Abwicklung erfolgt jedoch innerhalb der einzelnen Betriebsbereiche weitgehend selbständig unter Einschluß sämtlicher technischer, dispositiver und qualitätssichernder Funktionen [47].

Dieser Entwicklung kommt die belastungsorientierte Fertigungssteuerung in besonderem Maße entgegen, weil sie

– den Produktionsprozeß und seine wesentlichen Zielgrößen visualisiert,
– die Abhängigkeiten zwischen diesen Zielgrößen transparent macht,
– Einflußmöglichkeiten verdeutlicht,
– wenige, klar zu überblickende Steuerparameter besitzt,
– die Auswirkungen von Parameteränderungen und „Regelverletzungen" sichtbar macht und
– den erfahrenen Betriebspraktiker unterstützt, statt ihn zu bevormunden.

Damit ist die Beschreibung der Grundlagen der belastungsorientierten Fertigungssteuerung und ihrer praktischen Realisierung abgeschlossen. *Das zugrunde liegende Trichtermodell gilt unabhängig vom Grad der Automatisierung und Verkettung grundsätzlich für jeden Produktionsprozeß, bei dem einzelne Aufträge mit unterschiedlichem Arbeitsinhalt über eine Anzahl von verschiedenen Arbeitssystemen fertiggestellt werden müssen und dort mit anderen Aufträgen um die Kapazität konkurrieren.*

Demgegenüber sind die vorgestellten Programmbausteine vorwiegend in einer *auftragsgebundenen Einzel- und Kleinserienfertigung* nach dem *Werkstättenprinzip* von besonderem Vorteil. Daher sollen im folgenden Kapitel die übrigen bekannten Verfahren zur Fertigungssteuerung kurz beschrieben und der belastungsorientierten Fertigungssteuerung gegenübergestellt werden. Das Versagen der klassischen Fertigungssteuerung ist bereits ausführlich in Abschnitt 2.3 begründet worden. Sie wird daher im folgenden nicht mehr betrachtet.

8.7 Literatur

[1] *Ritter, K.-H.:* Voraussetzungen zum Einsatz der belastungsorientierten Auftragsfreigabe. In: Praxis der belastungsorientierten Fertigungssteuerung (Hrsg.: H.-P. Wiendahl), Institut für Fabrikanlagen der Universität Hannover, Hannover 1986, S. 53–73.

[2] *Kettner, H., Bechte, W.:* Neue Wege der Fertigungssteuerung durch belastungsorientierte Auftragsfreigabe. VDI-Z 123 (1981) 11, S. 459–466.

[3] *Buchmann, W.:* Konzeption eines Programmsystems zur belastungsorientierten Fertigungssteuerung. ZwF 77 (1982) 12, S. 390–394.

[4] *Buchmann, W.:* Realisierung von Programmsystemen zur belastungsorientierten Fertigungssteuerung. ZwF 77 (1982) 11, S. 374–377.

[5] *Wildemann, H.:* Just-In-Time in Deutschland. Universität Passau 1985.

[6] *Bechte, W.:* Steuerung der Durchlaufzeit durch belastungsorientierte Auftragsfreigabe bei Werkstattfertigung. Dissertation Universität Hannover 1980 (veröffentlicht in: Fortschritt-Berichte der VDI-Zeitschriften, Reihe 2, Nr. 70, Düsseldorf 1984).

[7] *Erdlenbruch, B.:* Auswirkungen von Fertigungssteuerungsmaßnahmen – Simulation auf der Basis realer Betriebsdaten. In: Tagungsunterlagen zum Seminar „Neue Wege der Fertigungssteuerung" des Instituts für Fabrikanlagen am 16./17. 03. 1982 in Hannover (Hrsg.: H.-P. Wiendahl).

[8] *Bechte, W.:* Kontroll- und Planungssystem zur belastungsorientierten Fertigungssteuerung im Dialog-Konzept und Realisierung des Systems KPS-F. In: Praxis der belastungsorientierten Fertigungssteuerung (Hrsg.: H.-P. Wiendahl), Institut für Fabrikanlagen der Universität Hannover, Hannover 1986, S. 89–118.

[9] *Kazmaier, E.:* Berücksichtigung der Belastungssituation im Rahmen eines neuen PPS-Systems auf der Basis einer dialogorientierten Ablaufplanung. In: Tagungsunterlagen zum Fachseminar „Statistisch orientierte Fertigungssteuerung" des Instituts für Fabrikanlagen der Universität Hannover 1984, S. 81–97.

[10] *Wiendahl, H.-P., Springer, G.:* Untersuchung des Betriebsverhaltens flexibler Fertigungssysteme. ZwF 81 (1986) 2, S. 95–100.

[11] *Streitinger, E.:* Zuverlässigkeit und Verfügbarkeit komplexer Fertigungsanlagen. VDI-Z 127 (1985) 21, S. 865–870.

[12] *Wiendahl, H.-P., Ziersch, W.-D.:* Untersuchung des Störverhaltens automatischer, verketteter Montageanlagen. wt 72 (1982) 5, S. 275–279.

[13] *Erdlenbruch, B.:* Aufbau eines Fertigungssteuerungssystems zur Kapazitäts-, Durchlaufzeit- und Bestandsplanung – Terminorientierte Kapazitätsplanung, – Belastungsorientierte Auftragsfreigabe. In: Praxis der belastungsorientierten Fertigungssteuerung (Hrsg.: H.-P. Wiendahl), Institut für Fabrikanlagen der Universität Hannover, Hannover 1986, S. 181–195.

[14] *Kölle, J.:* Gesamtsystem zum Planen – Steuern – Kontrollieren von Fertigungsunternehmen PSK 2000 – Ein Überblick. In: Seminarunterlage zum AWF-Workshop „Belastungsorientierte Fertigungssteuerung" am 8./9. 05. 1985 in Eschborn (Taunus).

[15] *Herrmann, N.:* Das System „Auftragsfreigabe mit Belastungsschranke (ABS-X) auf PC-Basis". In: Seminarunterlage zum AWF-Seminar „Belastungsorientierte Fertigungssteuerung" am 24./25. 02. 1986 in Bad Soden (Taunus).

[16] *Storfinger, R.:* Die belastungsorientierte Fertigungssteuerung für mechanische Fertigungen in der BMW AG (Projekt BORA). In: Praxis der belastungsorientierten Fertigungssteuerung (Hrsg.: H.-P. Wiendahl), Institut für Fabrikanlagen der Universität Hannover, Hannover 1986, 197–218.

[17] *Wiendahl, H.-P.:* Erprobte Methoden zur Reduzierung von Durchlaufzeiten in der Produktion. Industrielle Organisation 53 (1984) 9, S. 391–395.

[18] *Autorenkollektiv:* Methodik und Praxis der Durchlaufzeitverkürzung in der Einzel- und Kleinserienfertigung. In: Tagungsunterlage zur VDI/ADB-Fachtagung am 7./8. 03. 1985 in Fellbach.

[19] *Wiendahl, H.-P., Enghardt, W.:* Logistikgerechte Fabrik, rechnergestützt geplant. ZwF 80 (1985) 3, S. 131–136.

[20] *Selmer, W., Thümmler, K., Mehrens, K.:* Durchlaufzeiten in der variantenreichen Kleinserienfertigung – Erfahrungen mit einer Transport- und Regalanlage als Kernstück eines flexiblen Fertigungssystems; – Zielsetzung und Konzept, – Einbindung in den betrieblichen Ablauf, – Erfahrungen und Empfehlungen. In: Tagungsunterlage zur VDI/ADB-Fachtagung am 7./8. 03. 1985 in Fellbach.

[21] *Wiendahl, H.-P., Enghardt, W.:* Rechnergestützte Layoutplanung unter Einbeziehung praxisgerechter Randbedingungen. In: Rechnerunterstützte Fabrikplanung für die Gestaltung der Produktion von morgen. VDI/ADB-Fachtagung, 24. u. 25. 10. 85 in Fellbach/b. Stuttgart, Düsseldorf 1985.

[22] *Mertins, K.:* Entwicklungsstand flexibler Fertigungssysteme – Linien-, Netz- und Zellenstrukturen. ZwF 80 (1985) 6, S. 249–265.

[23] *Steinhilper, R.:* Flexible Fertigungssysteme in der Praxis – Erwartungen und Einsatzerfahrungen. tz für Metallbearbeitung 79 (1985) 8, S. 37–45.

[24] *Gottschalk, E., Wirth, S.:* Neue flexible Teilefertigungssysteme der DDR im internationalen Vergleich. FuB 36 (1986) 4, S. 213–221.

[25] *Gottschalk, E.:* Untersuchungen zum Einsatz der belastungsorientierten Fertigungssteuerung in flexiblen Fertigungssystemen. In: Praxis der belastungsorientierten Fertigungssteuerung (Hrsg.: H.-P. Wiendahl), Institut für Fabrikanlagen der Unviersität Hannover, Hannover 1986, S. 235–251.

[26] *Waller, S.:* Die automatisierte Fabrik. VDI-Z 125 (1983) 20, S. 838–842.

[27] *Scheer, A.-W.:* Vorgehensweise und Möglichkeiten zur Realisierung eines CIM-Konzeptes unter Berücksichtigung vorhandener EDV-Instrumente. In: Kongreß PPS 85 des Ausschusses für wirtschaftliche Fertigung (AWF) am 6.–8. 11. 1985 in Böblingen.

[28] *Scheer, A.-W.:* Anforderungen an Datenverwaltungssysteme in CIM-Konzepten. In: Tagungsbericht der 18. IPA-Arbeitstagung „Produktionsplanung und -steuerung in der CIM-Realisierung" am 23./24. 04. 1986 in Stuttgart, S. 121–141. Berlin/Heidelberg 1986.

[29] *Bauernfeind, U.:* Realisierung von CIM-Konzepten mit Standardkomponenten. ZwF 80 (1985) 9, S. 397–403.

[30] *Spur, G., Krause, F.-L.:* CAD-Technik. München 1984.

[31] *Spur, G., Hirn, W., Seliger, G., Viehweger, B.:* Simulation zur Auslegungsplanung und Optimierung von Produktionssystemen. ZwF 77 (1982) 9, S. 446–452.

[32] *Warnecke, H.-J., Zipse, Th., Zeh, K.-P.:* Rechnergestützte Planung und digitale Ablaufsimulation flexibler Fertigungssysteme. In: Tagungsbericht der 17. IPA-Arbeitstagung „Flexible Fertigungssysteme" 1984 in Stuttgart, S. 197–207. Berlin/Heidelberg 1984.

[33] *Warnecke, H.-J.:* Produktionsplanung, Produktionssteuerung in der CIM-Realisierung. Tagungsbericht der 18. IPA-Arbeitstagung „Produktionsplanung und -steuerung in der CIM-Realisierung" am 22./23. 04. 1986 in Stuttgart. Berlin/Heidelberg 1986.

[34] *Geitner, U.:* Rechnerunterstützte Produktion – Ein Überblick über den Stand von Praxis und Forschung. ZwF 81 (1986) 1, S. 9–14.

[35] *Brankamp, K., Bongartz, B.:* Der moderne Stanzbetrieb – Vom Sensormonitoring zur Geisterschicht. Düsseldorf 1986.

[36] *Wiendahl, H.-P., Lüssenhop, L.:* Ein neuartiges Produktionsprozeßmodell als Basis eines Expertensystems für die Fertigungssteuerung. In: Tagungsbericht der 18. IPA-Arbeitstagung „Produktionsplanung und -steuerung in der CIM-Realisierung" am 22./23. 04. 1986 in Stuttgart, S. 433–454. Berlin/Heidelberg 1986.

[37] *Deutsche Gesellschaft für Logistik (Hrsg.):* Simulationstechnik und Logistik. Fachtagung der Deutschen Gesellschaft für Logistik am 3./4. 06. 1986 in Dortmund.

[38] *Wildemann, H., u. a.:* Strategische Investitionsplanung für neue Technologien in der Produktion. Tagungsbericht zum 2. Fertigungswirtschaftlichen Kolloquium an der Universität Passau am 5.– 7. 03. 1986.

[39] *Pabst, H.-J.:* Analyse der betriebswirtschaftlichen Effizienz einer computergestützten Fertigungssteuerung mit CAPOSS-E in einem Maschinenbauunternehmen mit Einzel- und Kleinserienfertigung. Dissertation Universität Erlangen (veröffentlicht in: Europäische Hochschulschriften, Reihe 5, Band 645, Frankfurt/Bern/New York 1985).

[40] *Ulfers, H.-A.:* Erfahrungen mit der belastungsorientierten Auftragssteuerung ABS bei Siemens. In: Praxis der belastungsorientierten Fertigungssteuerung (Hrsg.: H.-P. Wiendahl), Institut für Fabrikanlagen der Universität Hannover, Hannover 1986, S. 149–169.

[41] *Knecht, R.:* Zwei Jahre belastungsorientierte Auftragsfreigabe bei Firma Hilti. In: Praxis der belastungsorientierten Fertigungssteuerung (Hrsg.: H.-P. Wiendahl), Institut für Fabrikanlagen der Universität Hannover, Hannover 1986, S. 119–148.

[42] *Büttner, R.:* Kontroll- und Planungssystem zur belastungsorientierten Fertigungssteuerung im Dialog – Anwendererfahrungen. In: Praxis der belastungsorientierten Fertigungssteuerung (Hrsg.: H.-P. Wiendahl), Institut für Fabrikanlagen der Universität Hannover, Hannover 1986, S. 75–88.

[43] *Zwanzger-Brehm, B.:* Vergleich eines deterministischen und statistischen Kapazitätsabstimmungs-

verfahrens mit Hilfe der Simulation und realer Betriebsdaten. Dissertation Technische Universität Braunschweig 1984.

[44] *Warnecke, H.-J.:* Taylor und die Fertigungstechnik von morgen. In: FTK '85, schriftliche Fassung der Vorträge zum Fertigungstechnischen Kolloquium am 10./11. 10. 1985 in Stuttgart, S. 1–12. Berlin/Heidelberg/New York/Tokio 1985.

[45] *Brödner, P.:* Fabrik 2000. Alternative Entwicklungspfade in die Zukunft der Fabrik. Edition Sigma, Berlin 1985.

[46] *Manske, F., Wobbe-Ohlenburg, W.:* Fertigungssteuerung im Maschinenbau aus der Sicht von Unternehmensleitung und Werkstattpersonal, Teil 1: Totalplanung oder Rahmenplanung? VDI-Z 127 (1985) 11, S. 395–402; Teil 2: Konsequenzen für Arbeiter, Meister und Steuerungspersonal. VDI-Z 127 (1985) 12, S. 457–462; Teil 3: Organisatorische und personalwirtschaftliche Gestaltungshinweise für Werkstattsteuerungssysteme. VDI-Z 127 (1985) 13, S. 489–494.

[47] *Tress, D. W.:* Kleine Einheiten in der Produktion – Wer wachsen will, muß kleiner werden. ZfO 55 (1986) 3, S. 181–186.

[48] *Wiendahl, H.-P.:* Integration von PPS-Systemen in CIM-Konzepte. VDI-Berichte Nr. 611 (1986) S. 207–231.

9 Die belastungsorientierte Fertigungssteuerung im Vergleich mit anderen Verfahren

9.1 Übersicht

Die am Trichtermodell entwickelten grundsätzlichen Aufgaben eines Fertigungssteuerungssystems gelten für jedes Verfahren. Es geht darum, den Auftragsdurchlauf so zu steuern, daß einerseits die Aufträge möglichst rasch und termingerecht durch die Produktion laufen (Ziel: kurze Durchlaufzeit, hohe Termintreue). Dazu müssen die Warteschlangen an den einzelnen Arbeitsplätzen möglichst kurz sein (Ziel: niedrige Bestände). Andererseits sollen aber sowohl unnötige Wartezeiten an den Engpaßkapazitäten als auch das Leerlaufen von Arbeitssystemen vermieden werden (Ziel: hohe und gleichmäßige Auslastung).

Wie ausführlich begründet wurde, ist als wesentlicher Parameter zur Steuerung dieser Zielgrößen der *mittlere Bestand* an den einzelnen Arbeitssystemen anzusehen. Je nachdem, wie eine Fertigung organisiert ist und welche Ausprägung die Verknüpfung der Arbeitsplätze hat, wie die Verteilung der Durchführungszeit und wie groß die Anzahl der verschiedenen Werkstücke und damit der verschiedenen Arbeitsabläufe ist, kann man den Parameter „mittlerer Arbeitssystembestand" mehr oder weniger einfach steuern.

Hierzu sollen zwei extreme Produktionsprozesse betrachtet werden. *Bild 9.1* stellt eine fiktive Taktfertigung dar, in der die Aufträge im Tagesrhythmus durch vier Arbeitssysteme laufen, die acht Stunden pro Tag arbeiten. Die Transportzeit ZTR ist mit zwei Tagen angenommen. Am Beispiel des Arbeitssystems AS 3 ist ein Arbeitssystem-Durchlaufdiagramm dargestellt. Jeder Auftrag wird unverzüglich nach seiner Ankunft bearbeitet. Dadurch entsteht ein idealer Prozeßablauf, der keine Pufferzeiten enthält, der eine hundertprozentige, gleichmäßige Kapazitätsauslastung ermöglicht und in dem wegen der konstanten Durchführungs- und Durchlaufzeit auch keine Terminabweichung der Aufträge eintritt. Dann kann man die Arbeit statt in Stunden auch in Stück messen.

Einen solchen Prozeß gibt es jedoch in der Praxis nicht; denn es werden z. B. über längere Zeit betrachtet zumindest gelegentlich Störungen auftreten. Auch gibt es nur noch wenige Produkte, die in lediglich einer einzigen Ausführung hergestellt werden; dadurch treten Umrüstvorgänge und Taktzeitänderungen auf. Man findet aber in der Praxis z. B. Taktstraßen zur Motorgehäuse- oder Getriebebearbeitung, die im Prinzip sehr ähnlich aufgebaut sind. Sie sind meist mit Zwischenpuffern versehen, die zum Ausgleich kleinerer Störungen dienen. Offensichtlich ist es nicht erforderlich, einen derartigen Prozeß mit dem Trichtermodell zu steuern; hier bieten sich einfachere Lösungen an.

Den anderen Extremfall eines Produktionsprozesses für Stückgüter zeigt *Bild 9.2*. Es könnte sich beispielsweise um eine Werkstatt mit Maschinen zur Bearbeitung sehr großer Werkstücke mit langen, unterschiedlichen Bearbeitungszeiten handeln, wie sie in Unternehmen des Einzelmaschinen- und Anlagenbaus in Form von Werkzeugmaschinengestellen, Turbinengehäusen und -rotoren usw. anzutreffen sind (Bildteil a). Im Durchlaufdiagramm einer derartigen Großbearbeitungsmaschine kommt das Problem der Fertigungssteuerung deutlich zum Ausdruck (Bildteil b). Die Arbeitsstundeninhalte streuen stark und erreichen nicht selten Werte, die eine Durchführungszeit von mehr als einer Woche und länger erfordern. Dasselbe Werkstück wird nur mit Losgröße 1 und in exakt dieser Form auch nur einmal hergestellt. Die Zugänge und Abgänge an den betreffenden Arbeitsplätzen schwanken stark,

a) Fertigungsstruktur :

b) Durchlaufdiagramm für Arbeitssystem AS 3 :

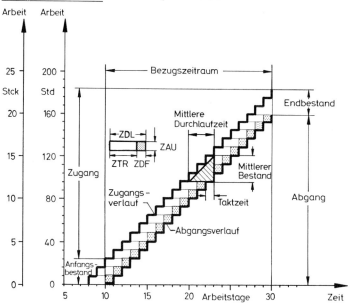

ZDF = Durchführungszeit , ZTR = Transportzeit , ZDL = Durchlaufzeit , ZAU = Auftragszeit

c) Prozeßeigenschaften :

①   gleicher Arbeitsstundeninhalt
     ⟹ keine Streuung der Durchführungszeit

②   keine Liegezeiten , keine Störungen
     ⟹ kein Pufferbestand

③   gleichmäßiger Zugang und Abgang
     ⟹ gleichmäßige, volle Kapazitätsnutzung

④   aus ①,② und ③
     ⟹ keine Streuung der Durchlaufzeit

⑤   keine Reihenfolgevertauschung
     ⟹ zus. mit ③ ⟹ keine Terminabweichung

Bild 9.1 Produktionsprozeß mit gleichmäßigem Zugangs- und Abgangsverlauf (getakteter Prozeß)

a) Fertigungsstruktur :

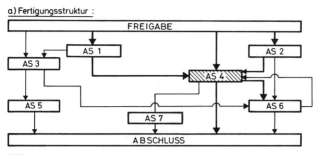

[//]: # (betrachtetes Arbeitssystem)

b) Durchlaufdiagramm für Arbeitssystem AS 4 :

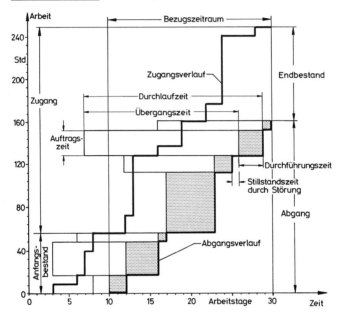

c) Prozeßeigenschaften :

① ungleicher Arbeitsstundeninhalt
  ⟹ starke Streuung der Durchführungszeit

② lange Liegezeiten durch großen Pufferbestand, Störungen
  und häufige Reihenfolgevertauschung
  ⟹ zusammen mit ① ⟹ lange, stark streuende
  Durchlaufzeiten und ⟹ hoher Pufferbestand

③ ungleichmäßiger Zugang
  ⟹ stark schwankender Bestand und Reichweite
  ⟹ ungleichmäßige Kapazitätsausnutzung

④ starke Reihenfolgevertauschung
  ⟹ große, streuende Terminabweichung

⑤ ungleichmäßiger Abgang
  ⟹ Gefahr von Wartezeiten an Folgearbeitsplätzen

Bild 9.2 Produktionsprozeß mit extrem ungleichmäßigem Zugangs- und Abgangsverlauf

und aus Termingründen sind häufig Reihenfolgevertauschungen notwendig. Das führt zu Prozeßeigenschaften, die sich mit langen Liegezeiten, ungleichmäßiger Kapazitätsnutzung und stark streuender Terminabweichung kennzeichnen lassen (Bildteil c).

Hier ist es nicht sinnvoll, mit dem Mittelwert des Bestandes als Steuergröße zu arbeiten, weil sich dieser von Periode zu Periode extrem ändern kann. Auch wird man Aufträge mit einem derartig großen Arbeitsinhalt, die fast immer die terminbestimmenden A-Teile des zugehörigen Produktes betreffen, nicht wegen der vermeintlichen Überschreitung einer Belastungsschranke von der Freigabe zurückstellen. Generell könnte man sagen, daß hier die Belastungssteuerung wegen der zu starken Abweichung von einem „mittleren" Prozeßverlauf keine sinnvollen Aussagen mehr liefert.

Alle übrigen Fertigungsprozesse lassen sich zwischen diesen beiden Extremfällen einordnen.

Aus diesem Grunde haben sich auch verschiedene Verfahren zur Steuerung von Produktionsprozessen der Stückgüterfertigung herausgebildet, die *Bild 9.3* zunächst in einer Übersicht zeigt, wobei die belastungsorientierte Fertigungssteuerung als Ersatz für die bisher übliche Fertigungssteuerung in die Verfahrensübersicht integriert ist.

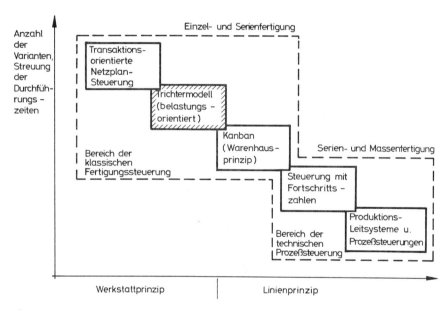

Bild 9.3 Übersicht über Verfahren der Fertigungssteuerung

Als Parameter zur qualitativen Einordnung der später beschriebenen Verfahren dient zum einen das *Organisationsprinzip* der Fertigung, das mit der jährlichen Produktionsstückzahl verknüpft ist. Die Werte hierfür reichen dabei von der Stückzahl eins in der Einzelfertigung bis zu mehreren Millionen z. B. bei der Großserienfertigung. Der andere Parameter ist die Anzahl der *verschiedenen Ausführungen* (Varianten), die einhergeht mit der *Streuung der Durchführungszeiten.*

Generell lassen sich zwei Verfahrensgruppen unterscheiden. Vereinfacht ausgedrückt handelt es sich bei der ersten Gruppe um Steuerungsverfahren für die *Einzel- und Serienfertigung,* die vorzugsweise nach dem *Werkstättenprinzip* organisiert ist und die meist mit der klassischen Fertigungssteuerung abgedeckt wird, wie sie in Kapitel 2 beschrieben wurde. Die andere Gruppe umfaßt Verfahren für die *Serien- und Massenfertigung,* deren Produktionseinrichtungen meist in einer erzeugnisgebundenen, arbeitsablauforientierten *Linienfertigung* aufgebaut sind, dabei mehr oder weniger automatisch verkettet sind und immer stärker direkt durch Rechner gesteuert werden. Im Grenzbereich beider Verfahrensgruppen liegen erzeugnisorientierte Fertigungen für eine begrenzte Anzahl von Varianten, die zunehmend als flexible, automatisierte *Fertigungssysteme* oder als Fertigungsinseln realisiert werden [1, 2].

Entsprechend dieser groben Einteilung der Fertigungssteuerungsverfahren ist die belastungsorientierte Fertigungssteuerung zwischen der transaktionsorientierten *Netzplansteuerung* einerseits und der Steuerung nach dem japanischen *Kanban-Prinzip* andererseits einzuordnen. Bei zunehmend einfacheren Produktionsverhältnissen schließt sich das *Fortschrittszahlenkonzept* beziehungsweise die *technische Prozeßsteuerung* an. Nicht erwähnt in diesem Schema ist die Fertigungssteuerung mit Hilfe von Sonderverfahren, wie den Warteschlangenmodellen, weil sie sich bisher in der Praxis nicht durchsetzen konnten. Warum dies so ist, soll im Anschluß an die detaillierte Diskussion der in Bild 9.3 genannten Verfahren erläutert werden (vgl. Abschnitt 9.5).

Bisher wurde noch nicht ausdrücklich erwähnt, daß die belastungsorientierte Fertigungssteuerung für sogenannte *einstufige* Fertigungen konzipiert ist. Die mengen- und terminmäßige Vernetzung zu Bedarfen in der nächsten Zusammenbaustufe der Erzeugnisse wird bewußt nicht in den Daten der Steuerung mitgeführt; derartige Verknüpfungen sind vielmehr ausschließlich durch den Endtermin gewährleistet. Durch die mit hoher statistischer Wahrscheinlichkeit angestrebte Termineinhaltung bietet die belastungsorientierte Fertigungssteuerung dennoch eine wirkungsvolle Unterstützung der Termineinhaltung vielstufiger Erzeugnisse. Die einzelnen Verfahren werden nun genauer betrachtet.

9.2 Kanban-Steuerung

Ein Verfahren, das seit Ende der siebziger Jahre in allen Industrieländern lebhaft diskutiert und auch mit Erfolg eingesetzt wird, ist das von der Firma Toyota entwickelte japanische Kanban-System, welches niedrige Werkstattbestände, kurze Durchlaufzeiten und hohe Termineinhaltung anstrebt und dies mit einem erstaunlich geringen Steuerungsaufwand verwirklicht [3]. In der Bundesrepublik Deutschland hat vor allem Wildemann die Verbreitung dieses Konzeptes durch Vorträge, Kongresse, Publikationen und Arbeitskreise gefördert [4].

Die grundsätzliche Idee des Kanban-Systems besteht darin, die Fertigung einer Gruppe von Standardprodukten oder Werkstücken mit definierten Varianten in selbststeuernde Regelkreise nach dem Warenhausprinzip zu gliedern. Dabei wird der Gedanke des „kontinuierlichen Fließens" der Aufträge betont. *Bild 9.4* stellt die Produktionssteuerung nach dem Kanban-Prinzip der üblichen zentralen Produktionssteuerung gegenüber [4].

Jedem Regelkreis (zum Beispiel der Rohbearbeitung, Feinbearbeitung, Vormontage und Endmontage) ist ein Bestandspuffer mit einer genau festgelegten Menge derjenigen Komponenten vorgelagert, die zur Herstellung des betrachteten Produktes oder seiner Bestandteile erforderlich sind. Wird in diesen Pufferlagern ein ebenfalls genau definierter Mindestbestand unterschritten, löst der Verbraucher beim Erzeuger mit Hilfe einer Auftragskarte, die Bestellkanban heißt (jap.: kanban = Schild, Karte), einen Auftrag mit einer ebenfalls definierten Menge zu einem von ihm definierten Bestelltermin aus. Der Erzeuger beginnt nach Eintreffen der Bestellung mit der Herstellung der im Kanban definierten Menge und liefert diese in der verlangten einbaufertigen Qualität in einem standardisierten Behälter zum verlangten Termin an den Besteller. Im allgemeinen entspricht die Menge auf einer Karte einem Behälterinhalt. Im Kanban-Verfahren wird also das *Holprinzip* oder *Ziehprinzip* (der

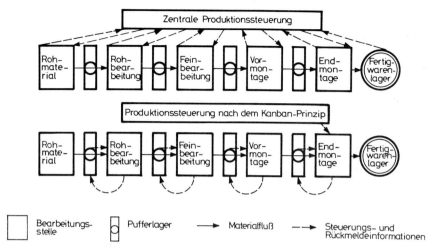

Bild 9.4 Gegenüberstellung des Informations- und Materialflusses bei einer zentralen Produktionssteuerung und bei einer Produktionssteuerung nach Kanban-Prinzipien [Wildemann, Uni Passau]

Abnehmer holt seinen Bedarf beim Lieferanten) gegenüber einem herkömmlichen *Bringprinzip* oder *Schiebeprinzip* (der Produzent liefert seine Arbeit an den Abnehmer) praktiziert.

Die wichtigsten Elemente des Verfahrens sind:

- vermaschte, selbststeuernde Regelkreise
- Holprinzip für die jeweils nachfolgende Verbrauchsstufe
- flexibler Personal- und Betriebsmitteleinsatz
- kurzfristige Steuerung durch ausführende Mitarbeiter
- Kanban-Karte als spezieller Informationsträger

Die wichtigsten organisatorischen Regeln sind:

- Der Verbraucher darf nicht vorzeitig und auch nicht mehr Material anfordern als benötigt.
- Der Erzeuger darf nicht mehr Teile als benötigt vor Eingang der Bestellung erzeugen, nicht mehr als angefordert herstellen und keine fehlerhaften Erzeugnisse abliefern.
- Der Steuerer soll die Produktionsbereiche gleichmäßig auslasten und eine adäquate – möglichst geringe – Anzahl von Kanban-Karten in die Regelkreise einschleusen.

Aus den bisherigen Veröffentlichungen und Erfahrungsberichten sind folgende Voraussetzungen für den Einsatz der Kanban-Steuerung zu entnehmen [4]:

- Harmonisierung des Produktionsprogramms mit dem Ziel möglichst gleichmäßiger kleiner Arbeitsinhalte pro Los
- ablauforientierte Betriebsmittelaufstellung mit möglichst gleichem Arbeitsrhythmus im gesamten Produktionsbereich
- hohe Verfügbarkeit und geringe Umrüstzeiten der Betriebseinrichtungen
- niedrige Ausschußraten mit Qualitätssicherung durch Selbstkontrolle
- hohe Motivation und Qualifikation der Mitarbeiter

Offensichtlich benutzt das Kanban-Verfahren ähnlich wie das Trichtermodell den Bestand als Steuergröße, indem nur eine begrenzte Anzahl AK von Kanbans je Regelkreis in den Umlauf gegeben wird.

Hierzu lautet die entsprechende Formel für die Berechnung der Anzahl AK der im Umlauf befindlichen Kanbans [5]:

$$AK = \frac{TB \cdot ZDL \cdot (1 + \alpha)}{BI} \tag{9.1}$$

TB   = Tagesbedarf in Stück/Tag
ZDL = Plandurchlaufzeit in Tagen
1 + α = teileabhängiger Sicherheitsfaktor
BI   = Behälterinhalt in Stück

Systembedingt ist der Bestand B in einem Regelkreis konstant, und es muß gelten:

$$B = AK \cdot BI \tag{9.2}$$

Weiterhin muß die von einem Regelkreis pro Tag geleistete Arbeit ML dem Tagesbedarf TB entsprechen, so daß gilt:

$$ML = TB \tag{9.3}$$

Ferner ist die Durchlaufzeit ZDL der gewichteten mittleren Durchlaufzeit MZ gleichzusetzen, da bei konstanter Auftragszeit die ungewichtete und die gewichtete mittlere Durchlaufzeit denselben Wert ergibt (vgl. Abschnitt 3.5.2). Setzt man nun die Gleichungen 9.1 und 9.3 in die Gleichung 9.2 ein, folgt daraus:

$$B = ML \cdot MZ \, (1 + \alpha)$$

Die „Trichterformel" lautete:

$$MB = ML \cdot MZ$$

Beide Formeln sind bis auf den Ausdruck $(1 + \alpha)$ identisch. Der Unterschied ist wie folgt zu erklären: Die Trichterformel berücksichtigt definitionsgemäß nur den Bestand vom Abgang des Vorgänger-Arbeitssystems bis zum Abgang am betrachteten Arbeitssystem. In einem Kanban-Regelkreis ist im Kanban-Bestand B jedoch auch noch der Bestand aus zurückfließenden, leeren Behältern enthalten, der in der Kanban-Formel durch den Faktor α berücksichtigt wird.

Damit erweist sich die Kanban-Steuerung als eine bestandsgeregelte Fertigungssteuerung mit speziellen Randbedingungen, wodurch eine einfache Steuerung möglich wird. Der mittlere Bestand und damit die Durchlaufzeit wird statt mit der Belastungsschranke über die Summe der in Umlauf befindlichen Kanbans geregelt (Steuerparameter 1). Die zweite wichtige Größe (Steuerparameter 2) ist der Auftragsinhalt pro Kanban, der durch die Festlegung eines Behälterinhalts in Stück ebenfalls konstant gehalten wird. Als Anhaltswert wird ein Arbeitsinhalt von einem halben Tag genannt.

Bild 9.5 zeigt die Wirkung der beiden Kanban-Steuerungsparameter in einem fiktiven Durchlaufdiagramm. Durch das praktizierte Abfertigungsprinzip FIFO treten darüber hinaus auch keine Reihenfolgevertauschungen an den Arbeitsplätzen auf, so daß alle Voraussetzungen für niedrige Bestände, kurze Durchlaufzeiten und gute Termineinhaltung gegeben sind.

Die Kanban-Philosophie geht aber über diesen rein regelungstechnischen Aspekt noch weit hinaus und umfaßt nicht nur die Steuerung der Fertigung, sondern auch die Steuerung von Montagebereichen sowie von Zulieferanten [4]. Sie wird heute als Teil der Just-In-Time(JIT)-Philosophie der Produktionssteuerung aufgefaßt. Durch die übersichtliche Gliederung der Fertigung, das einfache Steuerprinzip sowie die Einbeziehung dispositiver und qualitätssichernder Tätigkeiten wird eine hohe Produktqualität, eine Verkürzung sämtlicher unproduktiver Liegezeiten und eine Identifikation der Mitarbeiter mit „ihrem" Produkt erreicht. Wo die Voraussetzungen für seinen Einsatz geschaffen werden können, ist das Kanban-System daher nachdrücklich zu empfehlen.

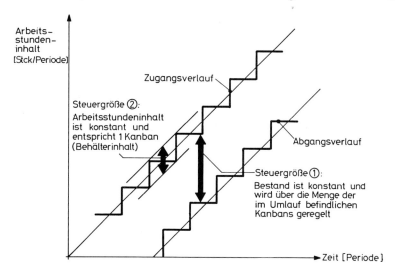

Bild 9.5 Charakterisierung des Kanban-Prinzips in Durchlaufdiagramm

9.3 Steuerung mit Fortschrittszahlen

Das Fortschrittszahlenkonzept, das ursprünglich aus der Automobilfertigung stammt, hat sich seit Jahrzehnten in der Großserienfertigung bewährt [7, 8]. Der Grundgedanke sei an einem einfachen Beispiel veranschaulicht *(Bild 9.6)* [7].

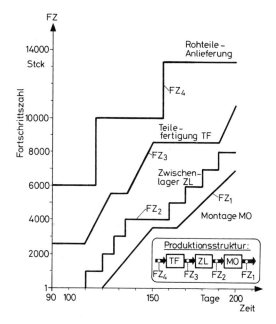

Bild 9.6 Prinzip der Fertigungssteuerung mit Fortschrittszahlen [Gottwald]

Gegeben sei der Fertigungsprozeß eines Produktes mit den Stufen Teilefertigung, Zwischenlager und Montage. An jedem dieser als *Kontrollblöcke* bezeichneten Bereiche zählt man die im Lauf der Zeit abgehenden Teile (es können auch Baugruppen oder Erzeugnisse sein) mit Hilfe der sogenannten *Fortschrittszahl.* Daraus läßt sich eine Abgangskurve für jeden Kontrollblock zeichnen. Jedoch wird die Arbeit nicht in Stunden, sondern in Stück, eben der Fortschrittszahl, gemessen. Dies ist deswegen möglich, weil alle durchlaufenden Teile denselben Arbeitsstundeninhalt haben (denn das Diagramm gilt nur für ein bestimmtes Teil) und das Abzählen der Teile sehr einfach ist, besonders dann, wenn sie auf Werkstückträgern mit Hilfe eines automatischen Transportsystems befördert werden. Die Teile haben eine mittlere Durchlaufzeit durch jeden Block, die sogenannte *Blockverschiebezeit.* Da der Ausgang des Vorgängerblocks den Eingang für den jeweiligen Folgeblock bildet, läßt sich in einem Diagramm eine Schar von Fortschrittszahlen aufzeichnen, die den gesamten Prozeß abbilden. Durch eine entsprechende Kapazitätsbemessung ist sicherzustellen, daß Blockverschiebezeit und Leistung auch realistisch sind.

Bild 9.7 zeigt ein Beispiel aus der mechanischen Großserienfertigung eines bestimmten Graugußgehäuses, die mit Fortschrittszahlen gesteuert wurde [9]. Wie die schraffierten Flächen andeuten, bilden sich periodisch Bestände im dort als Transport- und Lagersystem benutzten Hängeförderer sowie vor und nach der Endkontrolle. Die Pufferfunktion des Hängeförderers wird hier benötigt, weil die Leistung der Arbeitsplätze 21 (Fräsen) und 23 (Bohren) größer ist als die von Platz 29 (Bohren). Deshalb erscheinen in der Abgangskurve für Platz 21 und 23 waagrechte Abschnitte; diese kennzeichnen Zeiten, in denen ein anderes Gehäuse bearbeitet wurde. Insgesamt zeigt sich eine ungleichmäßige Entwicklung der Bestände im System.

Der Vorteil der Fortschrittszahlensteuerung liegt zum einen in der integralen Betrachtung von Eingang und Ausgang der einzelnen Kontrollblöcke sowie ferner in der einfachen Steuerung durch den Vergleich der Soll- mit der Ist-Fortschrittszahl an den Kontrollpunkten.

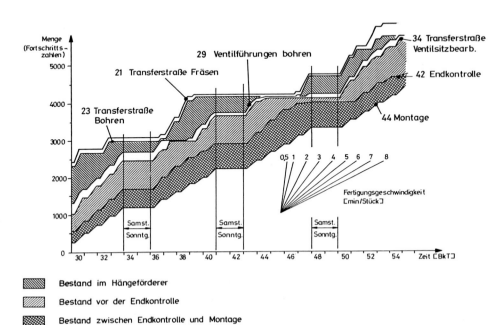

Bild 9.7 Darstellung der mechanischen Fertigung von Graugußteilen im Fortschrittszahlendiagramm [Heinemeyer, IFA]

Voraussetzung ist eine erzeugnisorientierte Aufstellung der Fertigungsmittel nach dem Flußprinzip, wobei die zu fertigenden Teile über längere Zeit hinweg (Wochen oder Monate) praktisch unverändert zu fertigen sind. In der Praxis ist dies aber nur noch in sehr wenigen Bereichen der Industrie gegeben. Damit stellt das Verfahren infolge seiner Voraussetzungen keine Alternative zur belastungsorientierten Fertigungssteuerung dar.

9.4 Feinsteuerung mit graphischem Leitstand

Wie bereits anhand von Bild 9.1 und Bild 9.2 erläutert wurde, liefert die belastungsorientierte Fertigungssteuerung um so unsicherere Aussagen über die Durchlaufzeit eines einzelnen Loses oder Teils, je unregelmäßiger der Zugang und Abgang an den einzelnen Arbeitsplätzen ist. Eine erste Abhilfe besteht in diesen Fällen darin, die Periodenlänge gegenüber den übrigen Fertigungsbereichen zu vervielfachen, die Planung selbst jedoch im Rhythmus der übrigen Fertigungsbereiche gleitend überlappend fortzuschreiben.

Ist die Anzahl der Teile und Belastungsgruppen noch überschaubar und der Wert der Teile bedeutend, bieten sich weiterhin die seit Jahrzehnten bewährten *Balkenpläne* oder *Netzpläne* an. Diese Verfahren wurden in der Vergangenheit wegen des großen manuellen Rechen- und Darstellungsaufwandes allerdings nur in größeren Zeitabständen – z. B. monatlich – oder lediglich fallweise – z. B. zur Durchplanung eines terminbestimmenden Großteils – eingesetzt.

Für die Belegungsplanung und die Durchsetzung der Aufträge in der Werkstatt wurden darüber hinaus *Leitstände* entwickelt, die als Bindeglied zwischen Planung und Durchführung des Fertigungsablaufs wirken [10]. Durch die in Bild 8.33 bereits angedeutete Verknüpfung von Rückmeldedaten und Planungsdaten im Rahmen eines dialogorientierten Leitstandes mit einem dialogfähigen Graphikarbeitsplatz bieten sich neue Möglichkeiten zur Erhöhung der Transparenz des Auftragsdurchlaufs, zur raschen Durchrechnung von Alternativen und zum schnellen Erkennen von Engpaßsituationen.

Der Gedanke wurde vom Fraunhoferinstitut für Produktionstechnik und Automatisierung an der Universität Stuttgart (IPA) mit einem hochauflösenden Farbgraphik-Bildschirm realisiert [11] und in der Praxis bereits erfolgreich eingesetzt [12].

Den Ausgangspunkt des Systems bildet die Vorgabe der Fertigungsaufträge mit den Arbeitsvorgangsfolgen sowie der zugehörigen Vorgabezeiten und Arbeitsplätze. Die Aufträge werden auf der Basis tagesgenauer Kapazitätsangaben durchlaufterminiert. *Bild 9.8* zeigt die Bildschirmmaske für die Auftragseinplanung eines Arbeitsplatzes. Die in vier Zeilen zu je 10 Arbeitstagen gegliederte Zeitachse beschreibt einerseits die geplante Kapazität (erkennbar durch die Buchstaben K; hier 1 K = 4 Stunden), andererseits die für diesen Arbeitsplatz vorgesehenen Aufträge (sichtbar gemacht durch unterschiedliche Balkenstücke). Neben den bereits verfügbaren und eingeplanten Aufträgen sind noch einzuplanende Aufträge (hier anstehende Aufträge genannt) erkennbar.

Der gerade betrachtete Auftrag konkurriert mit bereits eingeplanten und anstehenden Aufträgen. Im Dialog verschiebt der Planer nun sowohl den betrachteten Auftrag als auch die konkurrierenden Aufträge so lange, bis ein tragfähiger Kompromiß zwischen dem Plantermin TE-GEPL (Arbeitstag 244) und dem aufgrund der Belegung errechneten Endtermin TE-ERR (Arbeitstag 258) gefunden wird. Die Veränderung in den Terminen der von einer eventuellen Verschiebung betroffenen Aufträge wird durch die im Rechner hinterlegte Verknüpfung nach Bestätigung der Einplanung automatisch durchgeführt.

Die jeweils aktuelle Auslastung kann sofort anschließend betrachtet werden *(Bild 9.9)*, indem für jeden Arbeitstag das Kapazitätsangebot der Kapazitätsnachfrage (hier Kapazitätsauslastung genannt) gegenübergestellt wird.

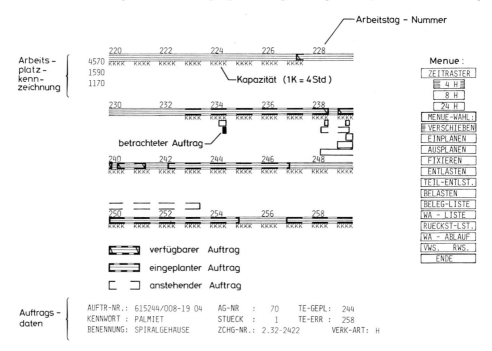

Bild 9.8 Auftragseinplanung an einem graphischen Leitstand [IPA Stuttgart/Voith Heidenheim]

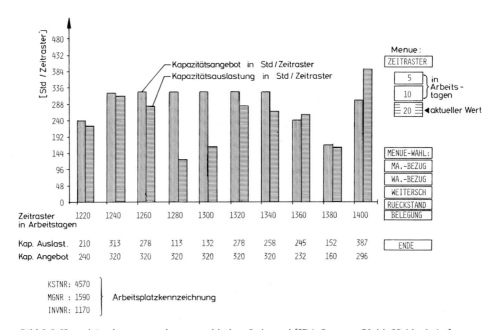

Bild 9.9 Kapazitätsplanung an einem graphischen Leitstand [IPA Stuttgart/Voith Heidenheim]

Derartige „elektronische Leitstände" werden voraussichtlich eine wichtige Ergänzung der bisherigen Planungshilfsmittel an der Schnittstelle zwischen Feinsteuerung und Durchsetzung bilden und stellen gegenüber dem Durchlaufdiagramm die nächstfeinere Auflösungsstufe dar. Während die Belastungssteuerung darauf abzielt, den Durchlauf der Aufträge und die Kapazitäten insgesamt zu steuern und mit Hilfe des Kontrollsystems zu überwachen, geht es bei dem graphischen Leitstand um die Unterstützung bei der deterministischen Feinsteuerung einzelner Aufträge und Arbeitsplätze. Die belastungsorientierte Fertigungssteuerung, das Kontrollsystem und der interaktive graphische Leitstand können also vorteilhaft miteinander kombiniert werden (s. auch Bild 8.33).

9.5 Warteschlangenmodelle

Eine Möglichkeit, die stochastische Komponente in Fertigungsabläufen zu berücksichtigen, liegt in der Anwendung der Warteschlangentheorie. Trotz der umfangreichen Literatur zu diesem Thema und des erfolgreichen Einsatzes z. B. in Telefon- und Computernetzen ist jedoch eine nennenswerte Anwendung von Warteschlangenmodellen in der Fertigungssteuerung von Unternehmen der kundengebundenen Einzel- und Kleinserienfertigung bis heute nicht festzustellen.

Wie eingehende Untersuchungen von 25 Warteschlangenmodellen gezeigt haben, ist dies in erster Linie darauf zurückzuführen, daß wichtige Voraussetzungen, die bei der Entwicklung der Warteschlangenmodelle zugrunde gelegt wurden, in der Praxis speziell der Werkstättenfertigung meist nicht erfüllbar sind [13].

Zu diesen Voraussetzungen zählen:
– eingeschwungener Zustand des Fertigungsablaufs
– voneinander unabhängige und zufallsverteilte Ereignisströme der Ankünfte und Abfertigungen
– keine Prioritäten bei der Abfertigung von Fertigungsaufträgen in der Warteschlange

Die nach den Warteschlangenmodellen berechneten Durchlaufzeiten (in der Warteschlangentheorie spricht man von Verweilzeiten) lagen bei den genannten Untersuchungen im Mittel der betrachteten Modelle etwa bei der Hälfte der gemessenen Werte eines realen Betriebsablaufs. Einige Modelle lieferten sogar negative Durchlaufzeiten [13].

Aufbauend auf der Zerlegung des Bestandes und der Durchlaufzeit nach ihren verursachenden Anteilen Grund-, Fluß-, Steuerungs- und Losbestand bzw. -durchlaufzeit (vgl. Abschnitt 5.4) hat Lorenz daraufhin ein neues Warteschlangenmodell entwickelt, dessen Grundelemente *Bild 9.10* in einer Gegenüberstellung mit der bisherigen Modellvorstellung zeigt [14].

Der wesentliche Unterschied besteht darin, im Untersuchungszeitraum zwischen einer abzuarbeitenden Warteschlange (Abgang) und einer nicht abzuarbeitenden Warteschlange (Restbestand) zu unterscheiden und darüber hinaus die Zwischenankunfts- und -abfertigungszeiten mit dem Arbeitsstundeninhalt der jeweiligen Aufträge zu gewichten. Damit können neben der *Durchlaufzeit* auch der *Bestand* und der *Abgangsverlauf* berechnet werden. Die Rechenzeiten für die Ermittlung von Durchlaufzeit, Bestand und Leistung lagen bei 3 bis 5 Prozent des Wertes, der bei der Anwendung des in Abschnitt 6.7.1 beschriebenen Simulationsmodells benötigt wurde.

Das neue Warteschlangenmodell wurde mit gemessenen und simulierten Daten eines Beispielbetriebes mit verschiedenen mittleren Beständen und Prioritätsregeln getestet. Dabei wurde eine insgesamt sehr gute Anpassung an die gemessenen bzw. simulierten Betriebsabläufe erreicht. Als Datenbasis für die Untersuchungen diente der bereits früher beschriebene,

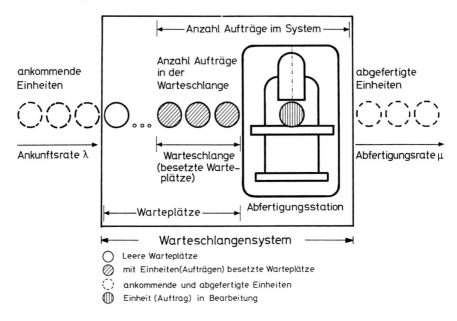

a) einfaches Warteschlangensystem

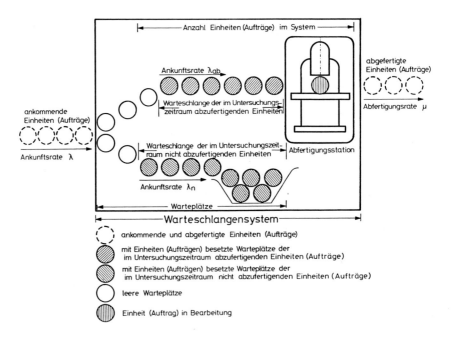

b) erweitertes, arbeitsstundenorientiertes Warteschlangensystem

Bild 9.10 Elemente eines Warteschlangenmodells zur Abbildung der Werkstattfertigung [Lorenz, IFA]

repräsentative Beispielbetrieb mit 50 Arbeitsplatzgruppen und einem Untersuchungszeitraum von 8 Perioden zu je 2 Wochen Laufdauer entsprechend einer Gesamtanzahl von je 400 Einzelwerten für jede Kenngröße im Ist-Zustand und in jedem simulierten Betriebsablauf.

Im Mittel über alle 25 untersuchten Modelle wurden in nur 6 Prozent der Fälle die in der Praxis gemessenen Durchlaufzeiten von den Modellen überschätzt, aber in etwa 90 Prozent der Fälle unterschätzt. Dabei liegt in dem für technisch-organisatorische Fragestellungen akzeptablen Bereich von ± 20 Prozent relativer Abweichung mit etwa 4 Prozent nur ein sehr geringer Anteil der berechneten Verweilzeiten. Zwischen den einzelnen Modellen sind zwar deutliche Unterschiede festzustellen, aber selbst bei dem Warteschlangenmodell mit der besten Anpassung liegen nur 5 Prozent der berechneten Werte im Bereich ± 20 Prozent relativer Abweichung. Demgegenüber wurden mit dem arbeitsstundenorientierten Warteschlangenmodell in nur 4,5 Prozent der Fälle die Ist-Durchlaufzeiten um mehr als 20 Prozent überschätzt und in nur 0,4 Prozent der Fälle unterschätzt, während über 95 Prozent der

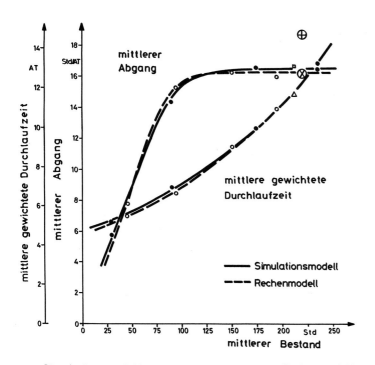

Simulationsmodell	mittlerer Bestand [Std]	mittlere Durchlauf- zeit [AT]	mittlerer Abgang [Std/AT]
Istzustand	219	⊕ 14,87	⊗ 16,23
● PBR = 3 Wo	234	12,97	16,81
● PBR = 2 Wo	174	10,06	16,57
● PBR = 1 Wo	90	6,99	14,33
● PBR = 0 Wo	29	5,23	5,76

Rechenmodell	mitterer Bestand [Std]	mittlere Durchlauf- zeit [AT]	mittlerer Abgang [Std/AT]
Modelltest	212	△ 11,75	◻ 16,68
o PBR = 3 Wo	193	10,95	15,91
o PBR = 2 Wo	150	9,03	16,20
o PBR = 1 Wo	94	6,63	15,20
o PBR = 0 Wo	45	5,47	7,75

PBR Planbestandsreichweite

Bild 9.11 Vergleich der Kennlinien eines Betriebes bei Anwendung eines arbeitsstundenorientierten Warteschlangenmodells und einer ereignisorientierten Simulation [Lorenz, IFA]

berechneten Werte im Bereich von ± 20 Prozent relativer Abweichung lagen. Der Mittelwert lag bei 5 Prozent relativer Abweichung.

Die gute Übereinstimmung zwischen den mit dem neuen Warteschlangenmodell berechneten und den gemessenen bzw. simulierten Werten konnte auch für den mittleren Bestand und den mittleren Abgang nachgewiesen werden, so daß die Anwendung des Modells als Ersatz für eine Simulation durchaus sinnvoll erscheint. *Bild 9.11* zeigt einen Vergleich zwischen den mit dem Warteschlangenmodell (Rechenmodell) berechneten und den gemessenen bzw. simulierten Kennlinien für den Beispielbetrieb. Hierbei ist jedoch zu beachten, daß das Warteschlangenmodell „nur" Mittelwerte für Durchlaufzeit, Bestand und Abgang liefert und somit auch keine Durchlaufdiagramme konstruierbar sind.

Eine Anwendung des Warteschlangenmodells ist beispielsweise zur schnellen Berechnung von Betriebskennlinien denkbar, um den „Abknickbereich" der Leistungskurve zu bestimmen. So wurden die Kennlinien für Abgang und Durchlaufzeit in den Bildern 6.18 und 6.37 mit Hilfe dieses Modells berechnet. Weitere Untersuchungen zur Anwendung im Rahmen der Fertigungssteuerung sind vorgesehen.

9.6 OPT-System

Im Jahre 1984 wurde in der Bundesrepublik Deutschland erstmals ein Produktionssteuerungssystem mit dem Namen OPT (Optimized Production Technology) vorgestellt [15]. Das

KONVENTIONELLE GESETZE	OPT – REGELN
1. Kapazität abgleichen, dann versuchen, den Arbeitsablauf aufrechtzuerhalten.	1. Den Fertigungsfluß, nicht die Kapazität abgleichen.
2. Der zeitliche Nutzungsgrad jedes Mitarbeiters richtet sich nach dessen Leistungsfähigkeit.	2. Der Nutzungsgrad einer Nicht-Engpaßkapazität wird nicht durch diese Kapazität bestimmt, sondern durch irgendeine andere Begrenzung im Gesamtablauf.
3. Bereitstellung und Nutzung der Mitarbeiter sind das gleiche.	3. Bereitstellung und Nutzung einer Kapazität sind nicht gleichbedeutend.
4. Eine in einer Engpaßkapazität verlorene Stunde ist nur eine an diesem Punkt verlorene Stunde.	4. Eine in einem Engpaß verlorene Stunde ist eine für das gesamte System verlorene Stunde.
5. Eine Stunde, die da eingespart wurde, wo ein Engpaß auftrat, ist eine an diesem Punkt gewonnene Stunde.	5. Eine Stunde, die da gewonnen wurde, wo kein Engpaß auftrat, ist weiter nichts als ein Wunder.
6. Engpässe verringern vorübergehend die ausgebrachte Leistung, haben aber wenig Auswirkung auf die Bestände.	6. Engpässe bestimmen sowohl den Durchlauf als auch die Bestände.
7. Splitten und Überlappen von Losen sollten unterbunden werden.	7. Das Transport-Los soll nicht gleich dem Verarbeitungslos sein und darf das in vielen Fällen auch nicht.
8. Das in Bearbeitung befindliche Los soll hinsichtlich des Arbeitsinhaltes und im gesamten Arbeitsablauf konstant sein.	8. Das in Bearbeitung befindliche Los muß variabel und nicht fest bestimmt sein.
9. Pläne sind in folgender Reihenfolge zu erstellen: . Festlegen der Losgröße . Berechnen der Durchlaufzeiten . Zuteilung der Prioritäten, Aufstellen des Ablaufplans nach den Durchlaufzeiten . Anpassen der Pläne an die offensichtlichen Kapazitätsengpässe durch Wiederholung der 3 vorgenannten Schritte.	9. Wenn Pläne aufgestellt werden, sind alle Voraussetzungen gleichzeitig zu überprüfen. Durchlaufzeiten sind das Ergebnis eines Planes und können nicht im voraus festgelegt werden.
MOTTO	**MOTTO**
Der einzige Weg, um zu einem Gesamt-Optimum zu kommen, ist, das Einzel-Optimum zu sichern.	Die Summe der Einzel-Optima ist nicht gleich dem Gesamt-Optimum

Bild 9.12 Gegenüberstellung der konventionellen Regeln und der OPT-Regeln zur Steuerung eines Unternehmens [Goldratt, CREATIVE OUTPUT]

von E. M. Goldratt und anderen in Israel entwickelte Softwareprodukt wird in den USA seit etwa 1982 von namhaften Firmen eingesetzt [16, 17]. Das System soll zur Führung und Lenkung der Produktion dienen, „. . . wobei nicht Teil- oder Einzelmaßnahmen betrachtet werden, sondern die Betriebsleistung insgesamt" [18]. Die Firma Creative Output als Anbieter des Verfahrens sieht in dem OPT-Ansatz eine wesentliche Verbesserung gegenüber dem amerikanischen MRP-(Material Requirement Planning)-System (in etwa mit unserem bisherigen, klassischen Ansatz vergleichbar) und dem japanischen Kanban-System [19, 20].

Zur Verdeutlichung des Konzeptes werden die konventionellen Planungsregeln und die OPT-Planungsregeln einander gegenübergestellt *(Bild 9.12)* [18].

So wird in der OPT-Regel 1 zunächst die Bedeutung des Fertigungsflusses gegenüber der konventionellen Betonung der Kapazitätsauslastung herausgestellt. Die Regeln 2 bis 6 heben hervor, daß es wichtig ist, den Auftragsdurchlauf auf die Engpaßkapazitäten abzustellen.

Zu diesem Zweck wird das gesamte Auftragsnetz in zwei Teilnetze aufgeteilt *(Bild 9.13),* von denen das eine die kritischen und das andere die nicht-kritischen Kapazitäten enthält. Auf die Engpaßkapazitäten soll sich auch die Qualitätssicherung konzentrieren, im Gegensatz zu dem angeblichen „Gießkannenprinzip" der japanischen Qualitätsphilosophie. Weiterhin sollen Rüstzeiten an den Engpässen möglichst vermieden werden, während Rüstzeiteinsparungen an Nichtengpässen zu Leerlaufzeiten führen sollen.

Zur Beschleunigung des Durchlaufs wird weiterhin zwischen einem Bearbeitungslos und einem Transportlos unterschieden (Regeln 7 und 8). Das Bearbeitungslos ist ein ganzzahliges Vielfaches des Transportloses und soll im Durchlauf variabel sein. Schließlich wird die Durchlaufzeit eines Auftrages als Ergebnis der Planungsrechnung angesehen und kann angeblich nicht im voraus festgelegt werden (Regel 9).

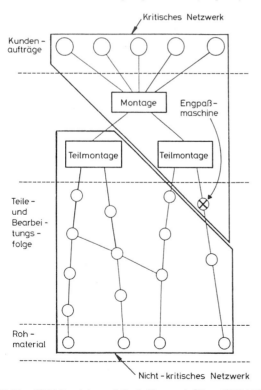

Bild 9.13 Das OPT-Betriebsmodell als Netzwerk [Fox, CREATIVE OUTPUT]

Das System wird als Softwareprodukt kommerziell angeboten und soll es den Anwendern ermöglichen, in kurzer Zeit die Prinzipien der Just-in-Time-Produktion zu realisieren. Die Wechselbeziehungen zwischen Beständen, Losgrößen, Durchlaufzeiten und Kapazitäten sollen berücksichtigt werden, und die Kontrolle von Beständen, Cash-Flow und letztlich des Gewinns soll möglich sein. Dies geschieht mit einem „rechtlich geschützten" Algorithmus, der jedoch bisher ausdrücklich nicht erläutert wird [18].

So lassen sich nur folgende vorläufige Feststellungen treffen:

– Die Betonung der Engpaßkapazitäten ist sinnvoll; allerdings ändern sich diese im Laufe der Zeit dauernd, was jedesmal eine neue Netzwerkberechnung erfordert.
– Die Unterscheidung zwischen Bearbeitungslos und Transportlos ermöglicht prinzipiell einen schnelleren Auftragsdurchlauf und niedrigere Bestände, weil dadurch bei großen Bearbeitungslosen die Gefahr von Stillständen an Folgearbeitsmaschinen verringert wird. Dem steht jedoch der erhöhte Steuerungsaufwand für das Verfolgen und Zusammenführen der Teillose gegenüber.
– Die wesentlichen Steuerungsziele Bestand, Durchlaufzeit, Auslastung und Terminabweichung werden – zumindest für den Benutzer – nicht fortlaufend dargestellt und überwacht.
– Dem Benutzer stehen keine einfachen Steuerparameter zur Verfügung, mit denen er bei Bedarf einem bestimmten Ziel vorrangiges Gewicht verleihen kann.
– Das System erzeugt einen für den Benutzer nicht nachvollziehbaren „optimalen" Produktionsplan. Es ist zu bezweifeln, daß es wirklich nur einen einzigen kostenminimalen Plan geben soll. Verschiedene Kombinationen von Auslastung und Bestand könnten nämlich durchaus dieselben minimalen Gesamtfertigungskosten ergeben.

Eine weitergehende fundierte Analyse des OPT-Konzeptes ist daher nach den bisher zugänglichen Unterlagen nicht möglich.

Damit ist der Vergleich der belastungsorientierten Fertigungssteuerung mit anderen, heute diskutierten und praktizierten neueren oder bekannten Verfahren zur Fertigungssteuerung abgeschlossen. Es zeigt sich, daß das Trichtermodell und das daraus abgeleitete Durchlaufdiagramm allgemeingültig ist. Ebenso ist das Kontrollsystem für jede Fertigung einsetzbar. Lediglich die Termin- und Kapazitätsplanung kann einerseits mit zunehmender Ausrichtung der Kapazitätseinrichtungen auf ein eng definiertes Produktionsprogramm durch die Kanban- oder Fortschrittszahlensteuerung einfacher gestaltet werden. Andererseits ist bei extrem langen und stark streuenden Durchführungszeiten eine Balkenplan- oder Netzplansteuerung zu empfehlen, um die terminlichen Vernetzungen mitführen zu können. Bei der belastungsorientierten Fertigungssteuerung ist dies nicht vorgesehen.

Insgesamt zeigt sich aber, daß alle modernen Steuerungsverfahren den Zusammenhang zwischen Durchlaufzeit, Bestand und Auslastung berücksichtigen, wobei die Bestände als „Wurzel allen Übels" angesehen werden. Prinzipiell gibt es dabei keine von vornherein bestimmbare untere Grenze für den Bestand und die Durchlaufzeit, wie auch aus der ausführlichen Diskussion dieser beiden Zielgrößen sowie ihrer Bestandteile im Durchlaufdiagramm deutlich wurde.

9.7 Literatur

[1] *Spur, G.:* Entwicklungstendenzen rechnerintegrierter Fabrikstrukturen in Europa. In: Tagungsband zur EMO 1985 in Hannover.
[2] *Warnecke, H.-J.:* Taylor und die Fertigungstechnik von morgen. In: FTK '85, schriftliche Fassung der Vorträge zum Fertigungstechnischen Kolloquium am 10./11. 10. 1985 in Stuttgart. Berlin/ Heidelberg/New York/Tokio 1985.

[3] *Shingo, S.:* Study of Toyota Production System. Japan Management Association. Tokio 1981.

[4] *Wildemann, H.,* u. a.: Flexible Werkstattsteuerung durch Integration von KANBAN-Prinzipien. CW-Publikationen, München 1984.

[5] *Wantuck, K. A.:* The ABCs of Japanese Productivity Production and Inventory Management. Review and APICS News 9 (1981), S. 22–28.

[6] *Shah, K.:* Anwendungsmöglichkeiten einer materialflußorientierten Fertigungssteuerung in deutschen Unternehmen nach japanischen Kanban-Prinzipien. In: Seminar „Flexible Werkstattsteuerung und Betriebsdatenerfassung in der Einzel- und Kleinserienfertigung" der gfmt (Gesellschaft für Management und Technologie) im März 1982 in München.

[7] *Gottwald, M. K.:* Produktionssteuerung mit Fortschrittszahlen. In: Seminar „Neue PPS-Lösungen" der gfmt (Gesellschaft für Management und Technologie) am 12./13. 10. 1982 in München.

[8] *Heinemeyer, W.:* Fortschrittszahlen – ein Ansatz zur Steuerung in der Serienfertigung. In: Tagungsunterlage zum Fachseminar „Statistisch orientierte Fertigungssteuerung", S. 98–127, Institut für Fabrikanlagen der Universität Hannover, Hannover 1984.

[9] *Kettner, H. (Hrsg.):* Neue Wege der Bestandsanalyse im Fertigungsbereich. Fachbericht des Arbeitsausschusses Fertigungswirtschaft (AFW) der Deutschen Gesellschaft für Betriebswirtschaft (DGfB). Institut für Fabrikanlagen der Technischen Universität Hannover, Hannover 1976.

[10] *Simon, R.:* Der Fertigungsleitstand in der Produktion – Organisatorische Voraussetzungen und Einführungsprobleme; Teil 1: Die theoretischen Anforderungen, AV 17 (1980) 1, S. 10–13; Teil 2: Bericht über Einsätze in der Praxis, AV 17 (1980) 2, S. 53–56; Teil 3: Einführung und Auswirkung, AV 17 (1980) 3, S. 85–89.

[11] *Warnecke, H.-J., Aldinger, L.:* Werkstattsteuerung – ein Einsatzgebiet für interaktive Farbmonitor-Systeme. In: Dokumentation zur Fachtagung CAMP 1983, Berlin. VDI-Verlag, Düsseldorf 1983.

[12] *Seeber, H.:* Möglichkeiten zur Durchlaufzeitverkürzung in der kundenbezogenen Einzelfertigung von Großmaschinen. In: VDI-Fachtagung „Methodik und Praxis der Durchlaufzeitverkürzung in der Einzel- und Kleinserienfertigung" in Fellbach 1985, S. 133–146.

[13] *Wiendahl, H.-P., Lorenz, W.:* Analyse von Warteschlangenmodellen mit realen Betriebsdaten einer Werkstattfertigung. wt 74 (1984) 10, S. 619–623.

[14] *Lorenz, W.:* Entwicklung eines arbeitsstundenorientierten Warteschlangenmodells zur Prozeßabbildung der Werkstattfertigung. Dissertation Universität Hannover 1984 (veröffentlicht in: Fortschritt-Berichte der VDI-Zeitschriften, Reihe 2, Nr. 72, Düsseldorf 1984).

[15] Autorenkollektiv: OPT . . . eine Antwort Amerikas auf Kanban? Symposium der Gesellschaft für Fertigungssteuerung und Materialwirtschaft e.V. am 19. 9. 1984 in München.

[16] *Lowndes, J. C.:* Production Management Concept Cuts Delays, Budget Overruns. Aviation Week & Space Technology, May 13, 1985.

[17] *Powel, B.:* Boosting Shop-Floor Productivity By Breaking All The Rules. Business Week, November 26, 1984.

[18] *Meshar, A.:* OPT – Auf dem Weg zu neuen Lösungen. In: Produktionsmanagement – heute realisiert. Jahrestagung '85 der Gesellschaft für Fertigungssteuerung und Materialwirtschaft e.V. am 25. 1. 1985 in Heidelberg.

[19] *Fox, B.:* MRP, Kanban or OPT. What's best? Inventories & Production 2 (1982) No. 4 (July-August) (Part I of: OPT, An Answer for America). OPT, An Answer for America; Part II: 2 (1982) No. 8 (November-December; Part III: 3 (1983) No. 1 (January-February); Part IV: 3 (1983) No. 2 (March-April).

[20] *Goldratt, E. M., Cox, J.:* The Goal – Excellence in Manufacturing. North River Press, Inc. 1984.

[21] *Baumgarten H.,* u. a.: RKW-Handbuch Logistik. Integrierter Material- und Warenfluß in Beschaffung, Produktion und Absatz. Ergänzbares Handbuch für Planung, Einrichtung und Anwendung logistischer Systeme in der Unternehmenspraxis. Erich Schmidt Verlag, Berlin.

[22] *Wildemann, H.* (Hrsg.): Just-In-Time-Produktion in Deutschland. Bericht zur Tagung am 26./27. 9. 1985 in Böblingen. Universität Passau 1985.

10 Zusammenfassung

Der Produktionsplanung und -steuerung (PPS) wird von den Betrieben angesichts des internationalen Wettbewerbs der Industrieländer vermehrtes Interesse entgegengebracht. Kurze *Durchlaufzeiten*, hohe *Termintreue* und geringe *Bestände* stehen dabei als Zielsetzung im Vordergrund, während die früher stark betonte *Auslastung* an Gewicht verloren hat.

Trotz des mittlerweile weitverbreiteten Einsatzes der elektronischen Datenverarbeitung im Bereich der Produktionsplanung und -steuerung ist ein gewisses *Unbehagen* an den bisher eingesetzten Systemen und Verfahren unübersehbar. Speziell in der Fertigungssteuerung veralten die mit großem Aufwand erzeugten Zuteilungslisten zu schnell, und häufig entwickeln sich zusätzliche, informelle Steuerungssysteme auf Meisterebene, um die Aufträge trotz zahlreicher Änderungen und Störungen noch termingerecht fertigstellen zu können. Praxisuntersuchungen haben gezeigt, daß darüber hinaus die mittleren Durchlaufzeiten und Terminabweichungen viel höher sind, als im Betrieb allgemein angenommen wird. Das lebhafte Interesse, das in diesem Zusammenhang dem japanischen Kanban-System entgegengebracht wird, offenbart den Wunsch der Produktionsunternehmen nach einfacheren und wirkungsvolleren Fertigungssteuerungssystemen.

Von dieser Situation ausgehend, wird in dem Buch der Versuch unternommen, einen *neuen Denkansatz* der Fertigungssteuerung zu begründen und in Verfahrensbausteine umzusetzen, die sich zu einem Gesamtkonzept der *belastungsorientierten Fertigungssteuerung* zusammenfügen.

Zunächst wird das bisher übliche Verfahren der Fertigungssteuerung analysiert; es zeigt sich, daß es die statistische Natur des Fertigungsablaufs überhaupt nicht berücksichtigt, weil ihm kein eigentliches Regelmodell des Prozesses zugrunde liegt, sondern lediglich die frühere manuelle Kartenorganisation nachgebildet wurde. Aus den Mängeln des bisherigen Verfahrens leiten sich *Forderungen* an ein neues Verfahren der Fertigungssteuerung ab, die sich durch die Begriffe „Modellorientierung", „höhere Prozeßtransparenz", „einfachere Handhabung" und „stärkere Einbeziehung der menschlichen Erfahrung" charakterisieren lassen.

Ein zentraler Begriff für das bessere Verständnis des Fertigungsablaufs ist die *Durchlaufzeit*. Sie wird daher als Einstieg in den neuen Denkansatz der Fertigungssteuerung ausführlich analysiert, umfassend definiert und anhand zahlreicher Untersuchungsergebnisse aus Produktionsunternehmen in ihrer statistischen Natur verdeutlicht.

Die gewonnenen Erkenntnisse bilden die Bausteine für ein universelles *Modell des Produktionsprozesses,* das anschließend Schritt für Schritt entwickelt wird. Es basiert auf der Vorstellung eines *Trichters* für jedes Arbeitssystem und läßt sich mathematisch als sogenanntes *Durchlaufdiagramm* abbilden, das den Zugang und Abgang von Arbeit an einem Arbeitsplatz über der Zeit graphisch und numerisch darstellt. Anhand eines realen Beispiels wird die Konstruktion des Durchlaufdiagramms erläutert. Ferner wird gezeigt, wie sich daraus die vier Zielgrößen *Bestand, Durchlaufzeit, Auslastung* und *Terminabweichung* sowie weitere Kenngrößen berechnen und graphisch darstellen lassen.

Die erste Anwendung des Durchlaufdiagramms besteht in der *Analyse, Kontrolle* und *Diagnose* des Fertigungsprozesses. Die dazu notwendigen Berechnungsschritte und Abläufe werden in nachvollziehbarer Form aufgezeigt und mit Beispielen belegt. Der praktische Nutzen besteht sowohl in einem neuartigen permanenten *Kontrollsystem,* dessen Aufbau und Ergebnisse vorgestellt werden, als auch in einem *Diagnoseverfahren,* das die Ursachen für den Bestandsaufbau in einer Fertigung transparent macht und das damit die entscheidenden *Parameter zur Steuerung des Fertigungsablaufs* liefert. Es handelt sich um den *mittleren Bestand,* den *Mittelwert und die Streuung der Auftragszeit,* die *Abfertigungsregeln* und den zeitlichen *Kapazitätsverlauf.* Die Ergebnisse solcher Analyse-, Kontroll- und Diagnosesysteme lassen sich auch als Farbgraphiken auf Bildschirmen darstellen und automatisch zeichnen. Hierzu werden exemplarische Beispiele aufgeführt.

Die folgenden Kapitel beschreiben die Umsetzung der Steuerparameter in mehrere Bausteine eines Fertigungssteuerungsverfahrens. Die *belastungsorientierte Auftragsfreigabe* hat neben einer realitätsnahen Durchlaufterminierung die Aufgabe, sicherzustellen, daß die Arbeitsplätze immer einen definierten Bestand an Arbeit haben. Das hierzu entwickelte Verfahren basiert auf der kumulativen Betrachtung der zu- und abgehenden Aufträge der nächsten Planungsperiode und benutzt den statistisch gesicherten Zusammenhang zwischen Bestand, Durchlaufzeit und Leistung an einem Arbeitsplatz. Das Verfahren wird in allen Einzelheiten abgeleitet, es folgen ausführliche Hinweise zur Wahl der Steuerparameter *Belastungsschranke* und *Terminschranke,* und die Wirkungsweise des Verfahrens wird auf der Basis von Simulationen und Praxisbeispielen erläutert.

Die Bedeutung von *Prioritätsregeln* wurde bisher oft nicht richtig eingeschätzt. Es wird gezeigt, daß bei einem gut geregelten Fertigungsablauf die Abfertigung nach dem FIFO-Prinzip die geringste Streuung der mittleren Durchlaufzeiten ergibt, so daß davon nur in Ausnahmefällen zugunsten der Schlupfzeitregel abgewichen werden sollte.

Ein bisher noch unbefriedigend gelöstes Problem stellt die *Kapazitätssteuerung* dar. Aufbauend auf der im Durchlaufdiagramm fortgeschriebenen Soll-Abgangskurve der terminierten Aufträge wird ein Baustein zur Kapazitätsplanung und -steuerung entwickelt, der neben der *Auslastung* der Kapazitäten die *Termineinhaltung* der Aufträge verbessert.

Für die Praxis interessiert die Umsetzung dieser Bausteine in ein Programmsystem der belastungsorientierten Fertigungssteuerung. Diesem Aspekt ist daher ein eigenes Kapitel gewidmet, welches zunächst die *Voraussetzungen* für den Einsatz des Verfahrens darlegt und insbesondere das Thema der *Losgrößenbildung* unter dem Aspekt kurzer, wenig streuender Durchlaufzeiten behandelt. Dann folgt die Schilderung des eigentlichen Systems der belastungsorientierten Fertigungssteuerung mit den Bausteinen *Kapazitätsplanung, Auftragsfreigabe, Reihenfolgeplanung* und *Kontrolldatenberechnung.* Da das Verfahren neben einer Laborversion auch in einer steigenden Zahl kommerzieller Varianten existiert (bis Ende 1986 sieben Anbieter), hat die Systemschilderung nur Beispielcharakter und wird durch Kurzbeschreibungen typischer Systeme ergänzt, die teilweise auch auf Personal-Computern (PC) mit Schnittstellen zu einem übergeordneten Rechner realisiert wurden. Das Kapitel gibt weiterhin Hinweise zur Systemeinführung und zeigt, daß sich der Grundgedanke des Trichtermodells in ein generelles Maßnahmenbündel zur Durchlaufzeit- und Bestandsverringerung einordnet.

Die vorgestellten Bausteine dienen in erster Linie zur Fertigungssteuerung *einstufiger* Produktionsprozesse der *Einzel- und Serienfertigung,* die nach dem *Werkstättenprinzip* organisiert sind. Wegen des allgemeingültigen Charakters des dem Verfahren zugrunde liegenden Prozeßmodells sind die in ihm enthaltenen Möglichkeiten zur Planung, Steuerung und Überwachung von Produktionsprozessen damit aber noch nicht ausgeschöpft. Ausgehend von der Tendenz, die Produktion zunehmend zu automatisieren, werden daher zunächst Anwendungsmöglichkeiten der belastungsorientierten Fertigungssteuerung zur Belegungsplanung in *flexiblen Fertigungssystemen* (FFS) erläutert. Dann folgen die Integration der bisher vorgestellten Bausteine und die Eingliederung absehbarer Weiterentwicklungen anhand eines funktionsorientierten Modells der Fertigungssteuerung im Rahmen eines *CIM-Konzeptes.* Zu den vorgesehenen, aber noch nicht existierenden Bausteinen zählen hier die Integration von *Expertensystemen* zur Prozeßdiagnose und Parametersteuerung sowie *Simulationsbausteine* zur Entscheidungsfindung bei alternativen Produktionsstrategien.

Die belastungsorientierte Fertigungssteuerung ersetzt die bisher übliche Durchlauf- und Kapazitätsterminierung. Den potentiellen Benutzer interessiert daher besonders der Vergleich mit anderen Verfahren. Ein abschließendes Kapitel zeigt deshalb Gemeinsamkeiten und Unterschiede zur *Kanban-Steuerung,* zum *Fortschrittszahlenkonzept,* zur Feinsteuerung mit einem *graphischen Leitstand,* zu *Warteschlangenmodellen* und zu dem in den USA seit 1982 diskutierten *OPT-System* auf.

Die belastungsorientierte Fertigungssteuerung liefert damit insgesamt einen Beitrag zu einer zukunftssicheren, einfachen und fehlerrobusten Fertigungssteuerung. Sie basiert auf einem universellen und einfachen Modell des Fertigungsprozesses und sorgt mit einem statistischen Ansatz für einen gleichmäßigen und raschen Auftragsdurchlauf. Die Mitarbeiter der Fertigungssteuerung und die Betriebsleitung werden durch das Verfahren unterstützt, nicht etwa bevormundet. Verantwortung und Erfahrung der damit befaßten Personen werden in die Abläufe einbezogen.

Damit liegt nunmehr das erste Fertigungssteuerungsverfahren vor, das es mit wenigen Stellgrößen gestattet, sich auf wechselnde Unternehmenssituationen durch mehr oder weniger starke Betonung einzelner Zielgrößen einzustellen, ohne die Gesamtwirtschaftlichkeit zu vernachlässigen.

Anhang A

Die Tabellen A 1 bis A 7 in Anhang A entsprechen den Tabellen 4.1 bis 4.7 in Kapitel 4 mit dem Unterschied, daß hier die Kenngrößen in Betriebskalendertagen (Arbeitstagen) statt in Kalendertagen berechnet werden. Die Erklärung der Tabellen im einzelnen findet sich im entsprechenden Abschnitt in Kapitel 4.

a) Ausgangsdaten   b) Bestands-Zugangs- und Abgangsverlauf

Zeilen-Nr.	AUFTRAGS-NR.	ZUGANGS-TERMIN TBEV [BKT]	ABGANGS-TERMIN TBE [BKT]	AUFTRAGS-ZEIT ZAU [Std]	BESTAND AM BKT 30 [Std]	ZUGANG ZWISCHEN BKT 30 und BKT 49 [Std]	GESAMT ZUGANG KUMUL. [Std]	ABGANG ZWISCHEN BKT 30 und BKT 49 [Std]	BESTAND AM BKT 49 [Std]
	1	2	3	4	5	6	7	8 [4]	9
1	103	947 [1]	59	3,3	3,3		-208,4	-	3,3
2	104	955 [1]	125	13,1	16,4		-195,3	-	16,4
3	102	996 [1]	25	26,4	-		-168,9	-	-
4	101	997	997 [1]	18,8	-		-150,1	-	-
5	105	998	14	17,8	-		-132,3	-	-
6	106	998	0	2,1	-		-130,2	-	-
7	107	998	18	34,9	-		- 95,3	-	-
8	109	3	13	70,0	-		- 25,3	-	-
9	110	5	33	15,4	31,8		- 9,9	15,4	-
10	113	11	25	30,3	-		20,4 [2]	-	-
11	115	14	31	0,5	32,3		20,9	0,5	-
12	114	17	28	11,4	-		32,3	-	-
13	116	18	41	7,4	39,7		39,7	7,4	-
14	119	23	32	11,4	51,1		51,1	11,4	-
15	120	23	34	6,8	57,9		57,9	6,8	-
16	118	24	36	7,7	65,6		65,6	7,7	-
17	112	25	52	3,4	69,0		69,0	-	19,8
18	117	25	43	4,2	73,2		73,2	4,2	-
19	121	26	37	8,8	82,0		82,0	8,8	-
20	108	29	43	13,8	95,8		95,8 [3]	13,8	-
21	124	30	35	9,6		9,6	105,4	9,6	-
22	125	31	33	3,8		13,4	109,2	3,8	-
23	123	32	48	13,6		27,0	122,8	13,6	-
24	126	33	40	2,6		29,6	125,4	2,6	-
25	127	33	36	5,3		34,9	130,7	5,3	-
26	122	35	50	3,8		38,7	134,5	-	23,6
27	131	36	41	2,1		40,8	136,6	2,1	-
28	128	36	69	4,7		45,5	141,3	-	28,3
29	132	38	45	13,8		59,3	155,1	13,8	-
30	135	40	45	6,9		66,2	162,0	6,9	-
31	140	43	46	5,1		71,3	167,1	5,1	-
32	136	43	51	26,9		98,2	194,0	-	55,2
33	141	44	60	57,4		155,6	251,4	-	112,6
34	142	45	49	2,1		157,7	253,5	2,1	-
35	129	45	63	14,1		171,8	267,6	-	126,7
36	143	45	53	2,9		174,7	270,5	-	129,6
37	145	46	48	5,1		179,8	275,6	5,1	-
38	134	49	96	5,1		184,9	280,7	-	134,7
		SUMME ▶			95,8	184,9	280,7	146,0	134,7

(Die Spalten 2/3 der Zeilen 21 bis 38 sind mit "Bezugszeitraum" gekennzeichnet.)

1) Betrifft Betriebskalender der vorhergehenden Periode á 1000 BKT
2) Nulldurchgang Zugangskurve
3) Beginn Zugangskurve im Bezugszeitraum
4) Zum Zeichnen der Abgangskurve ZAU-Werte (Spalte 4) nach Abgangstermin (Spalte 3) umsortieren

Tabelle A 1 (entspricht Tabelle 4.1)
Berechnung der Zugangs- und Abgangskurve eines Arbeitsplatzes aus den nach dem Zugangstermin sortierten Rückmeldungen für den Bezugszeitraum Betriebskalendertag 30 bis 49 (in Betriebskalendertagen)

TAG [BKT]	ZUGANG [Std]	ABGANG [Std]	BESTANDS- FLÄCHE [Std·BKT]	BESTAND AM ENDE DES TAGES [Std]
1	2	3	4	5
		Anfangsbestand	95,8	
30	9,6	0,0	95,8	105,4
31	3,8	0,5	105,4	108,7
32	13,6	11,4	108,7	110,9
33	7,9	19,2	110,9	99,6
34	0,0	6,8	99,6	92,8
35	3,8	9,6	92,8	87,0
36	6,8	13,0	87,0	80,8
37	0,0	8,8	80,8	72,0
38	13,8	0,0	72,0	85,8
39	0,0	0,0	85,8	85,8
40	6,9	2,6	85,8	90,1
41	0,0	9,5	90,1	80,6
42	0,0	0,0	80,6	80,6
43	32,0	18,0	80,6	94,6
44	57,4	0,0	94,6	152,0
45	19,1	20,7	152,0	150,4
46	5,1	5,1	150,4	150,4
47	0,0	0,0	150,4	150,4
48	0,0	18,7	150,4	131,7
49	5,1	2,1	131,7	134,7
		Endbestand	134,7	
20	184,9	146,0	2105,4	◀ SUMME

$$\text{Mittlerer Bestand} \quad MB \quad = \frac{FB}{P} = \frac{2105,4 \; \text{Std} \; \cdot \; \text{BKT}}{20 \; \text{BKT}} = 105,3 \; \text{Std}$$

$$\text{Mittlere Reichweite} \quad MR = \frac{FB}{AB} = \frac{2105,4 \; \text{Std} \; \cdot \; \text{BKT}}{146 \; \text{Std}} = 14,4 \; \text{BKT}$$

Tabelle A 2 (entspricht Tabelle 4.2)
Berechnung des Bestandsverlaufs, des mittleren Bestandes und der mittleren Reichweite an einem Arbeitsplatz (in Stunden bzw. Betriebskalendertagen)

a) Nach Zugangstermin sortiert
   (Bezugszeitraum: BKT 30 bis 49)

b) Nach Abgangstermin sortiert

AUF-TRAGS-NR. [-]	ZUGANGS-TERMIN TBEV [BKT]	AUFTRAGS-ZEIT ZAU [Std]	ENDE BEZUGS-ZEITRAUM MINUS ZUGANGS-TERMIN [BKT]	VORLAUF-FLÄCHE F1 [Std·BKT]	AUF-TRAGS-NR. [-]	ABGANGS-TERMIN TBE [BKT]	AUFTRAGS-ZEIT [Std]	ENDE BEZUGS-ZEITRAUM MINUS ZUGANGS-TERMIN [BKT]	VORLAUF-FLÄCHE F2 [Std·BKT]
1	2	3	4	5	6	7	8	9	10
113	11	20,4*)	38	775,2	115	31	0,5	18	9,0
115	14	0,5	35	17,5	119	32	11,4	17	193,8
114	17	11,4	32	364,8	110	33	15,4	16	246,4
116	18	7,4	31	229,4	125	33	3,8	16	60,8
119	23	11,4	26	296,4	120	34	6,8	15	102,0
120	23	6,8	26	176,8	124	35	9,6	14	134,4
118	24	7,7	25	192,5	118	36	7,7	13	100,1
112	25	3,4	24	81,6	127	36	5,3	13	68,9
117	25	4,2	24	100,8	121	37	8,8	12	105,6
121	26	8,8	23	202,4	126	40	2,6	9	23,4
108	29	13,8	20	276,0	131	41	2,1	8	16,8
124	30	9,6	19	182,4	116	41	7,4	8	59,2
125	31	3,8	18	68,4	108	43	13,8	6	82,8
123	32	13,6	17	231,2	117	43	4,2	6	25,2
126	33	2,6	16	41,6	135	45	6,9	4	27,6
127	33	5,3	16	84,8	132	45	13,8	4	55,2
122	35	3,8	14	53,2	140	46	5,1	3	15,3
131	36	2,1	13	27,3	123	48	13,6	1	13,6
128	36	4,7	13	61,1	145	48	5,1	1	5,1
132	38	4,7**)	11	51,7	142	49	2,1	0	0,0
	SUMME ▶	146,0		3515,1		SUMME ▶	146,0		1345,2

$$\text{Mittlerer Vorlauf MV} = \frac{FV}{AB} = \frac{F1 - F2}{AB} = \frac{3515,1 - 1345,2}{146} = \frac{2169,9}{146}\ \frac{\text{Std} \cdot \text{BKT}}{\text{Std}} = 14,9\ \text{BKT}$$

*) nur 20,4 der insgesamt 30,3 Stunden von Auftrag 113
   betreffen den Bezugszeitraum BKT 30 bis 49

**) nur 4,7 der insgesamt 13,8 Stunden von Auftrag 132
   betreffen den Bezugszeitraum BKT 30 bis 49

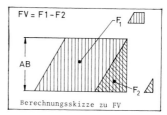

Berechnungsskizze zu FV

Tabelle A 3 (entspricht Tabelle 4.3)
Berechnung des mittleren Vorlaufs an einem Arbeitsplatz aus den Abgängen im Bezugszeitraum und den
Zugängen bis zur Höhe des Abgangs im Bezugszeitraum (in Betriebskalendertagen)

AUFTRAGS-NUMMER [-]	ZUGANGS-TERMIN TBEV [BKT]	ABGANGS-TERMIN TBE [BKT]	AUFTRAGS-ZEIT ZAU [Std]	DURCHLAUF-ZEIT ZDL [BKT]	DURCHLAUF-ZEITFLÄCHE [Std·BKT]
1	2	3	4	5	6
115	14	31	0,5	17	8,5
119	23	32	11,4	9	102,6
110	05	33	15,4	28	431,2
125	31	33	3,8	2	7,6
120	23	34	6,8	11	74,8
124	30	35	9,6	5	48,0
118	24	36	7,7	12	92,4
127	33	36	5,3	3	15,9
121	26	37	8,8	11	96,8
126	33	40	2,6	7	18,2
131	36	41	2,1	5	10,5
116	18	41	7,4	23	170,2
108	29	43	13,8	14	193,2
117	25	43	4,2	18	75,6
135	40	45	6,9	5	34,5
132	38	45	13,8	7	96,6
140	43	46	5,1	3	15,3
123	32	48	13,6	16	217,6
145	46	48	5,1	2	10,2
142	45	49	2,1	4	8,4
20	◄ SUMME ►		146,0	202	1728,1

$$\text{gewichtete mittlere Durchlaufzeit } MZ = \frac{FZ}{AB} = \frac{1728,1 \text{ Std} \cdot \text{BKT}}{146 \text{ Std}} = 11,8 \text{ BKT}$$

Tabelle A 4 (entspricht Tabelle 4.4)
Berechnung der gewichteten mittleren Durchlaufzeit eines Arbeitsplatzes aus den nach Abgangszeitpunkt sortierten Rückmeldungen (in Betriebskalendertagen)

a) Anfangsbestandsfläche FAB
(historische Zugangskurve von 0 bis Anfangsbestand)

AUFTRAGS-NUMMER [-]	ZUGANGS-TERMIN [BKT]	AUFTRAGS-ZEIT [Std]	ZEIT BIS BKT 29 [BKT]	BESTANDS-FLÄCHE FAB [Std·BKT]
1	2	3	4	5
113	11	20,4 [*]	18	367,2
115	14	0,5	15	7,5
114	17	11,4	12	136,8
116	18	7,4	11	81,4
119	23	11,4	6	68,4
120	23	6,8	6	40,8
118	24	7,7	5	38,5
112	25	3,4	4	13,6
117	25	4,2	4	16,8
121	26	8,8	3	26,4
108	29	13,8	0	0,0
11	◄SUMME►	95,8		797,4

[*] 20,4 Std von 30,3 Std

b) Endbestandsfläche FEB
(historische Zugangskurve vom Abgang (BKT 49) bis Endbestand)

AUFTRAGS-NUMMER [-]	ZUGANGS-TERMIN [BKT]	AUFTRAGS-ZEIT [Std]	ZEIT BIS BKT 49 [BKT]	BESTANDS-FLÄCHE FEB [Std·BKT]
1	2	3	4	5
132	38	9,1 [*]	11	100,1
135	40	6,9	9	62,1
140	43	5,1	6	30,6
136	43	26,9	6	161,4
141	44	57,4	5	287,0
142	45	2,1	4	8,4
129	45	14,1	4	56,4
143	45	2,9	4	11,6
145	46	5,1	3	15,3
134	49	5,1	0	0,0
10	◄SUMME►	134,7		732,9

[*] 9,1 Std von 13,8 Std

$$\text{Bestandsreichweite Anfangsbestand} \quad BEA = \frac{FAB}{AB} = \frac{797,4 \text{ Std} \cdot BKT}{146 \text{ Std}} = 5,5 \text{ BKT}$$

$$\text{Bestandsreichweite Endbestand} \quad BEE = \frac{FEB}{AB} = \frac{732,9 \text{ Std} \cdot BKT}{146 \text{ Std}} = 5,0 \text{ BKT}$$

$$\text{Bestandsentwick-lungsanteil} \quad BEZ = \frac{FAB - FEB}{AB} = \frac{797,4 - 732,9}{146} \frac{\text{Std} \cdot BKT}{\text{Std}} = 0,4 \text{ BKT}$$

Tabelle A 5 (entspricht Tabelle 4.5)
Berechnung des Bestandsentwicklungsanteils (in Betriebskalendertagen)

a) Anfangsbestands-Zusatzfläche

a1) Durchlaufzeitfläche der Aufträge im Anfangsbestand

AUFTRAGS-NR. [-]	ZUGANG [BKT]	AUFTRAGS-ZEIT [Std]	KUMUL. ZUGANG BIS BKT 29 [Std]	ZEIT BIS BKT 29 [BKT]	FLÄCHE FAZA [Std·BKT]
1	2	3	4	5	6
103	947*)	3,3	3,3	82	270,6
104	955*)	13,1	16,4	74	969,4
110	5	15,4	31,8	24	369,6
115	14	0,5	32,3	15	7,5
116	18	7,4	39,7	11	81,4
119	23	11,4	51,1	6	68,4
120	23	6,8	57,9	6	40,8
118	24	7,7	65,6	5	38,5
112	25	3,4	69,0	4	13,6
117	25	4,2	73,2	4	16,8
121	26	8,8	82,0	3	26,4
108	29	13,8	95,8	0	0,0
12	◄SUMME►	95,8	95,8		1903,0

a2) Anfangsbestandsfläche

AUFTRAGS-NR. [-]	ZUGANG [BKT]	AUFTRAGS-ZEIT [Std]	ZEIT BIS BKT 29 [BKT]	BESTANDS-FLÄCHE FAB [Std·BKT]
1	2	3	4	5
113	11	20,4**)	18	367,2
115	14	0,5	15	7,5
114	17	11,4	12	136,8
116	18	7,4	11	81,4
119	23	11,4	6	68,4
120	23	6,8	6	40,8
118	24	7,7	5	38,5
112	25	3,4	4	13,6
117	25	4,2	4	16,8
121	26	8,8	3	26,4
108	29	13,8	0	0,0
11	◄SUMME►	95,8		797,4

*) betrifft Betriebskalender der vorhergehenden Periode à 1000 BKT

**) 20,4 Std von 30,3 Std

Anfangsbestandszusatzfläche   FAZ = FAZA - FAB = 1903,0 - 797,4 Std · BKT = 1105,6 Std · BKT

b) Endbestands-Zusatzfläche

b1) Durchlaufzeitfläche der Aufträge im Endbestand

AUFTRAGS-NR. [-]	ZUGANG [BKT]	AUFTRAGS-ZEIT [Std]	KUMUL. ZUGANG BIS BKT 49 [Std]	ZEIT BIS BKT 49 [BKT]	FLÄCHE FEZA [Std·BKT]
1	2	3	4	5	6
103	947*)	3,3	149,3	102	336,6
104	955*)	13,1	162,4	94	1231,4
112	25	3,4	165,8	24	81,6
122	35	3,8	169,6	14	53,2
128	36	4,7	174,3	13	61,1
136	43	26,9	201,2	6	161,4
141	44	57,4	258,6	5	287,0
129	45	14,1	262,7	4	56,4
143	45	2,9	275,6	4	11,6
134	49	5,1	280,7	0	0,0
10	◄SUMME►	134,7	280,7		2280,3

b2) Endbestandsfläche

AUFTRAGS-NR. [-]	ZUGANG [BKT]	AUFTRAGS-ZEIT [Std]	ZEIT BIS BKT 49 [BKT]	BESTANDS-FLÄCHE FEB [Std·BKT]
1	2	3	4	5
132	38	9,1**)	11	100,1
135	40	6,9	9	62,1
140	43	5,1	6	30,6
136	43	26,9	6	161,4
141	44	57,4	5	287,0
142	45	2,1	4	8,4
129	45	14,1	4	56,4
143	45	2,9	4	11,6
145	46	5,1	3	15,3
134	49	5,1	0	0,0
10	◄SUMME►	134,7		732,9

*) betrifft Betriebskalender der vorhergehenden Periode à 1000 BKT

**) 9,1 Std von 13,8 Std

Endbestandszusatzfläche   FEZ = FEZA - FEB = 2280,3 - 732,9 = 1547,4 Std · BKT

$$\text{Reihenfolgeanteil} \quad RF = \frac{FAZ - FEZ}{AB} = \frac{1105,6 - 1547,4}{146} = \frac{-441,8 \text{ Std} \cdot \text{BKT}}{146 \text{ Std}} = -3,0 \text{ BKT}$$

Tabelle A 6 (entspricht Tabelle 4.6)
Berechnung des Reihenfolgeanteils (in Betriebskalendertagen)

AUF-TRAGS-Nr.	END-TERMIN IST TBEI [BKT]	END-TERMIN SOLL TBES [BKT]	AUF-TRAGS-ZEIT ZAU [Std]	TERMIN-ABWEI-CHUNG TA [BKT]	GEWICHTETE TERMIN-ABWEICHUNG TA·ZAU [BKT·Std]	EINFACHE QUADRAT. ABWEICHG. $(MTEA-TA)^2$ [BKT²]	GEWICHTETE QUADRAT. ABWEICHUNG $(MTGA-TA)^2$·ZAU [BKT²·Std]	SOLL-ABGANG NACH SOLL-TERMIN SORTIERT [BKT]	KUMUL. AUFTR.-ZEIT [Std]
1	2	3	4	5	6	7	8	9	10
115	31	20	0,5	-11	- 5,5	59,3	13,5	13	15,4
119	32	29	11,4	- 3	- 34,2	0,1	89,4	18	29,2
110	33	13	15,4	-20	-308,0	278,9	3105,3	20	29,7
125	33	39	3,8	+ 6	+ 22,8	86,5	529,1	29	37,1
120	34	29	6,8	- 5	- 34,0	2,9	4,4	29	43,9
124	35	38	9,6	+ 3	+ 28,8	39,7	743,4	29	55,3
118	36	35	7,7	- 1	- 7,7	5,3	177,4	35	63,0
127	36	39	5,3	+ 3	+ 15,9	39,7	410,4	35	67,2
121	37	37	8,8	± 0	± 0,0	10,9	296,0	37	76,0
126	40	39	2,6	- 1	- 2,6	5,3	59,9	38	85,6
131	41	44	2,1	+ 3	+ 6,3	39,7	162,6	39	89,4
116	41	29	7,4	-12	- 88,8	75,7	284,5	39	94,7
108	43	18	13,8	-25	-345,0	470,9	5087,2	39	97,3
117	43	35	4,2	- 8	- 33,6	22,1	20,3	39	110,9
135	45	48	6,9	+ 3	+ 20,7	39,7	543,3	44	113,0
132	45	44	13,8	- 1	- 13,8	5,3	318,0	44	126,8
140	46	49	5,1	+ 3	+ 15,3	39,7	394,9	48	133,7
123	48	39	13,6	- 9	-122,4	32,5	139,3	49	138,8
145	48	54	5,1	+ 6	+ 30,6	86,5	710,1	53	140,9
142	49	53	2,1	+ 4	+ 8,4	53,3	201,7	54	146,0
20	◄SUMME►		146,0	-65	-846,8	1394,0	13290,7	SUMME ►	146,0

Summe gewichtete positive Terminabweichung =   +148,8 BKT · Std

Summe gewichtete negative Terminabweichung =   +995,6 BKT · Std

Einfache mittlere Terminabweichung Abgang $MTEA = \dfrac{-65}{20} = -3,3$ BKT

Gewichtete mittlere Terminabweichung Abgang $MTGA = \dfrac{-846,8 \text{ BKT·Std}}{146 \text{ Std}} = -5,8$ BKT

Positive gewichtete mittlere Terminabweichung Abgang $MTPA = \dfrac{148,8 \text{ BKT·Std}}{146 \text{ Std}} = 1,0$ BKT

Negative gewichtete mittlere Terminabweichung Abgang $MTNA = \dfrac{995,6 \text{ BKT·Std}}{146 \text{ Std}} = 6,8$ BKT

Einfache Standardabweichung der Terminabweichung Abgang $STEA = \sqrt{\dfrac{1394,0 \text{ BKT}^2}{20}} = 8,3$ BKT

Gewichtete Standardabweichung der Terminabweichung Abgang $STGA = \sqrt{\dfrac{13290,7}{146} \dfrac{\text{BKT}^2 \cdot \text{Std}}{\text{Std}}} = 9,5$ BKT

Tabelle A 7 (entspricht Tabelle 4.7)
Berechnung der Terminabweichungskennwerte der Abgangsfunktion eines Arbeitsplatzes (in Betriebs-kalendertagen)

Anhang B

Anhang B dient als Ergänzung zu Kapitel 5. In den Tabellen B 1 und B 2 sowie den Bildern B 1 a–d werden die Werte für Tabelle 5.4 ermittelt, die die Datenbasis für die Diagnose des Fertigungsablaufs in Abschnitt 5.4 bildet.

	AUSGANGSDATEN				PERIODE 1			
AUFTRAGS-NR.	ZUGANG	ABGANG	AUFTRAGS-ZEIT	BESTAND AM ENDE BKT 29	ZUGANG ZWISCHEN BKT 30 UND 34	ABGANG ZWISCHEN BKT 30 UND 34	BESTAND AM ENDE BKT 34	GESAMT-ZUGANG BEZÜGLICH PERIODE 1
	TBEV	TBE	ZAU	KUMUL.	KUMUL.	KUMUL.	KUMUL.	
	BKT	BKT	Std	Std	Std	Std	Std	Std
1	2	3	4	5	6	7	8	9
103	947*)	59	3,3	3,3		-	3,3	
104	955	125	13,1	16,4		-	16,4	
102	994	25	26,4	-		-	-	
101	997	997	18,8	-		-	-	
105	998	14	17,8	-		-	-	
106	998	1	2,1	-		-	-	
107	998	18	34,9	-		-	-	
109	3	13	70,0	-		-	-	
110	5	33	15,4	31,8		15,4	-	- 9,9
113	11	25	30,3	-		-	-	20,4
115	14	31	0,5	32,3		0,5	-	20,9
114	17	28	11,4	-		-	-	32,3
116	18	41	7,4	39,7		-	23,8	39,7
119	23	32	11,4	51,1		11,4	-	51,1
120	23	34	6,8	57,9		6,8	-	57,9
118	24	36	7,7	65,6		-	31,5	65,6
112	25	52	3,4	69,0		-	34,9	69,0
117	25	43	4,2	73,2		-	39,1	73,2
121	26	37	8,8	82,0		-	47,9	82,0
108	29	43	13,8	95,8		-	61,7	95,8
Periode 1								
124	30	35	9,6		9,6	-	71,3	105,4
125	31	33	3,8		13,4	3,8		109,2
123	32	48	13,6		27,0	-	84,9	122,8
126	33	40	2,6		29,6	-	87,5	125,4
127	33	36	5,3		34,9	-	92,8	130,7
Per. 2								
122	35	50	3,8					
131	36	41	2,1					
128	36	69	4,7					
132	38	45	13,8					
Per. 3								
135	40	45	6,9					
140	43	46	5,1					
136	43	51	26,9					
141	44	60	57,4					
Periode 4								
142	45	49	2,1					
129	45	63	14,1					
143	45	53	2,9					
145	46	48	5,1					
134	49	96	5,1					
SUMME:				95,8	34,9	37,9	92,8	130,7

*)Betriebskalendertage mit 900er Nummern betreffen die vorhergehende Betriebskalenderperiode

Tabelle B1a
Berechnung der Zugangs- und Abgangskurven periodenweise aus den nach Zugangstermin sortierten Rückmeldungen (Periode 1)
Die Tabelle B 1 entspricht in Form und Aufbau Tabelle 4.1, nur sind hier die Berechnungen periodenweise und nicht nur für den Gesamtbezugszeitraum ausgeführt. Erklärung des Rechenwegs siehe Kapitel 4.

PERIODE 2				PERIODE 3				PERIODE 4			
ZUGANG ZWISCHEN BKT 35 UND 39 KUMUL. Std	ABGANG ZWISCHEN BKT 35 UND 39 KUMUL. Std	BESTAND AM ENDE BKT 39 KUMUL. Std	GESAMT-ZUGANG BEZÜGLICH PERIODE 2 Std	ZUGANG ZWISCHEN BKT 40 UND 45 Std	ABGANG ZWISCHEN BKT 40 UND 45 Std	BESTAND AM ENDE BKT 44 KUMUL. Std	GESAMT-ZUGANG BEZÜGLICH PERIODE 3 Std	ZUGANG ZWISCHEN BKT 45 UND 49 Std	ABGANG ZWISCHEN BKT 45 UND 49 Std	BESTAND AM ENDE BKT 49 KUMUL. Std	GESAMT-ZUGANG BEZÜGLICH PERIODE 4 Std
10	11	12	13	14	15	16	17	18	19	20	21
	-	3,3			-	3,3			-	3,3	
	-	16,4			-	16,4			-	16,4	
	-	-			-	-			-	-	
	-	-			-	-			-	-	
	-	-			-	-			-	-	
	-	-			-	-			-	-	
	-	-			-	-			-	-	
	-	-			-	-			-	-	
	-	-			-	-			-	-	
	-	-	- 5,6	7,4	-	-			-	-	
	-	23,8	1,8		-	-			-	-	
	-	-	13,2		-	-			-	-	
	-	-	20,0		-	-			-	-	
	7,7	-	27,7		-	19,8	- 0,3		-	19,8	
	-	27,2	31,1	4,2	-	-	3,9		-	-	
	-	31,4	35,3		-	-	12,7		-	-	
	8,8	-	44,1		-	-			-	-	
	-	45,2	57,9	13,8		26,5			-		- 3,6
	9,6	-	67,5		-	36,1			-	-	6,0
	-	-	71,3		-	39,9			-	-	9,8
	-	58,8	84,9		-	33,4	53,5	13,6	-	-	23,4
	-	61,4	87,5	2,6	-	56,1			-	-	26,0
	5,3	-	92,8		-	-	61,4		-	-	31,3
3,8		65,2	96,6		-	37,2	65,2		-	23,6	35,1
5,9		67,3	98,7		2,1	-	67,3		-	-	37,2
10,6		72,0	103,4		-	41,9	72,0		-	28,3	41,9
24,4		85,8	117,2		-	55,7	85,8		13,8	-	55,7
				6,9	-	62,6	92,7		6,9	-	62,6
				12,0	-	67,7	97,8		5,1	55,2	67,7
				38,9	-	94,6	124,7		-	112,6	94,6
				96,3	-	152,0	182,1		-	-	152,0
								2,1	2,1	-	154,1
								16,2	-	126,7	168,2
								19,1	-	129,6	171,1
								24,2	5,1	-	176,2
								29,3	-	134,7	181,3
24,4	31,4	85,8	117,2	96,3	30,1	152,0	182,1	29,3	46,6	134,7	181,3

Tabelle B1b
Berechnung der Zugangs- und Abgangskurven periodenweise aus den nach Zugangsterminen sortierten Rückmeldungen (Periode 2, 3 und 4)

Bezugszeitraum:	Tag 205 - 209 BKT 30 - 34								
AUFTRAGS-NUMMER	ZUGANG BKT	AUFTRAGS-ZEIT Std	ZEIT BIS BKT 34 BKT	FLÄCHE Std·BKT	AUFTRAGS-NUMMER	ZUGANG BKT	AUFTRAGS-ZEIT Std	ZEIT BIS BKT 34 BKT	FLÄCHE Std·BKT
1	2	3	4	5	1	2	3	4	5
103	947[*1)]	3,3	87	287,1	116	18	1,8[*2)]	16	28,8
104	955[*1)]	13,1	79	1034,9	119	23	11,4	11	125,4
116	18	7,4	16	118,4	120	23	6,8	11	74,8
118	24	7,7	10	77,0	118	24	7,7	10	77,0
112	25	3,4	9	30,6	112	25	3,4	9	30,6
117	25	4,2	9	37,8	117	25	4,2	9	37,8
121	26	8,8	8	70,4	121	26	8,8	8	70,4
108	29	13,8	5	69,0	108	29	13,8	5	69,0
124	30	9,6	4	38,4	124	30	9,6	4	38,4
123	32	13,6	2	27,2	125	31	3,8	3	11,4
126	33	2,6	1	2,6	123	32	13,6	2	27,2
127	33	5,3	1	5,3	126	33	2,6	1	2,6
					127	33	5,3	1	5,3
12	SUMME	92,8		1798,7	13	SUMME	92,8		598,7

Durchlaufzeitfläche Endbestand FEZ_1 = 1798,7 - 598,7 = 1200,0 Std · BKT

Durchlaufzeitfläche Anfangsbestand FAZ_1 = $FET_0^{*3)}$ = 1105,6 Std · BKT[*4)]

Reihenfolgeanteil $RF_1 = \dfrac{FAZ_1 - FEZ_1}{AB_1} = \dfrac{1105,6 - 1200,0}{37,9} \dfrac{\text{Std} \cdot \text{BKT}}{\text{Std}}$ = - 2,5 BKT

Bestandsentwicklungsanteil $BEZ_1 = \dfrac{FAB_1 - FEB_1}{AB_1} = \dfrac{FEB_0^{*3)} - FEB_1}{AB_1} = \dfrac{797,4^{*4)} - 598,7}{37,9} \dfrac{\text{Std} \cdot \text{BKT}}{\text{Std}}$ = 5,24 BKT

[*1)] Betrifft Betriebskalender der vorgehenden Periode à 1000 BKT
[*2)] 1,8 von 7,4 Std
[*3)] Durchlaufzeitfläche und Endbestandsfläche des Anfangsbestandes entsprechen den Werten des Endbestandes der Vorperiode
[*4)] Wert ist Anhang A, Tabelle A 5 entnommen

Tabelle B 2 a
Berechnung des Bestandsentwicklungs- und des Reihenfolgeanteils für Periode 1
Die Tabelle B 2 a bis d ist in ihrem Aufbau eng an Tabelle 4.6 b angelehnt. In Kapitel 4 ist die Berechnung im einzelnen erläutert. Zur Ermittlung des Bestandsentwicklungs- und des Reihenfolgeanteils müssen sowohl die Durchlaufzeitfläche der Aufträge im Anfangs- und im Endbestand als auch die Anfangs- und Endbestandsfläche aus der historischen Zugangskurve bekannt sein. Da die Endwerte einer Periode gleich den Anfangswerten der Folgeperiode sind, genügt bei der Periodenrechnung die Berechnung der Endwerte. Die Anfangswerte sind Tabelle A 5 in Anhang A entnommen, da dort im Gegensatz zu Tabelle 4.6 a nicht in Kalendertagen, sondern in Betriebskalendertagen – wie für die Periodenrechnung erforderlich – gerechnet wurde.

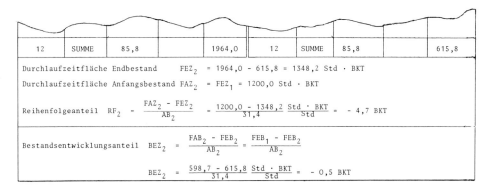

| 12 | SUMME | 85,8 | | 1964,0 | 12 | SUMME | 85,8 | | 615,8 |

Durchlaufzeitfläche Endbestand $\quad FEZ_2 = 1964,0 - 615,8 = 1348,2$ Std $\cdot$ BKT

Durchlaufzeitfläche Anfangsbestand $FAZ_2 = FEZ_1 = 1200,0$ Std $\cdot$ BKT

Reihenfolgeanteil $\quad RF_2 = \dfrac{FAZ_2 - FEZ_2}{AB_2} = \dfrac{1200,0 - 1348,2}{31,4} \dfrac{\text{Std} \cdot \text{BKT}}{\text{Std}} = -4,7$ BKT

Bestandsentwicklungsanteil $\quad BEZ_2 = \dfrac{FAB_2 - FEB_2}{AB_2} = \dfrac{FEB_1 - FEB_2}{AB_2}$

$$BEZ_2 = \dfrac{598,7 - 615,8}{31,4} \dfrac{\text{Std} \cdot \text{BKT}}{\text{Std}} = -0,5 \text{ BKT}$$

Tabelle B2b
Berechnung des Bestandsentwicklungs- und des Reihenfolgeanteils für Periode 2

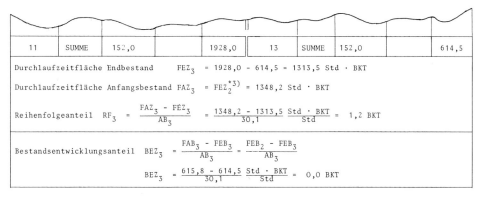

| 11 | SUMME | 152,0 | | 1928,0 | 13 | SUMME | 152,0 | | 614,5 |

Durchlaufzeitfläche Endbestand $\quad FEZ_3 = 1928,0 - 614,5 = 1313,5$ Std $\cdot$ BKT

Durchlaufzeitfläche Anfangsbestand $FAZ_3 = FEZ_2^{*3)} = 1348,2$ Std $\cdot$ BKT

Reihenfolgeanteil $\quad RF_3 = \dfrac{FAZ_3 - FEZ_3}{AB_3} = \dfrac{1348,2 - 1313,5}{30,1} \dfrac{\text{Std} \cdot \text{BKT}}{\text{Std}} = 1,2$ BKT

Bestandsentwicklungsanteil $\quad BEZ_3 = \dfrac{FAB_3 - FEB_3}{AB_3} = \dfrac{FEB_2 - FEB_3}{AB_3}$

$$BEZ_3 = \dfrac{615,8 - 614,5}{30,1} \dfrac{\text{Std} \cdot \text{BKT}}{\text{Std}} = 0,0 \text{ BKT}$$

Tabelle B2c
Berechnung des Bestandsentwicklungs- und des Reihenfolgeanteils für Periode 3

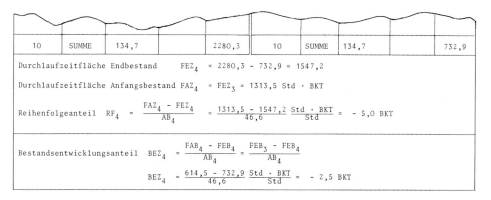

| 10 | SUMME | 134,7 | | 2280,3 | 10 | SUMME | 134,7 | | 732,9 |

Durchlaufzeitfläche Endbestand $\quad FEZ_4 = 2280,3 - 732,9 = 1547,2$

Durchlaufzeitfläche Anfangsbestand $FAZ_4 = FEZ_3 = 1313,5$ Std $\cdot$ BKT

Reihenfolgeanteil $\quad RF_4 = \dfrac{FAZ_4 - FEZ_4}{AB_4} = \dfrac{1313,5 - 1547,2}{46,6} \dfrac{\text{Std} \cdot \text{BKT}}{\text{Std}} = -5,0$ BKT

Bestandsentwicklungsanteil $\quad BEZ_4 = \dfrac{FAB_4 - FEB_4}{AB_4} = \dfrac{FEB_3 - FEB_4}{AB_4}$

$$BEZ_4 = \dfrac{614,5 - 732,9}{46,6} \dfrac{\text{Std} \cdot \text{BKT}}{\text{Std}} = -2,5 \text{ BKT}$$

Tabelle B2d
Berechnung des Bestandsentwicklungs- und des Reihenfolgeanteils für Periode 4

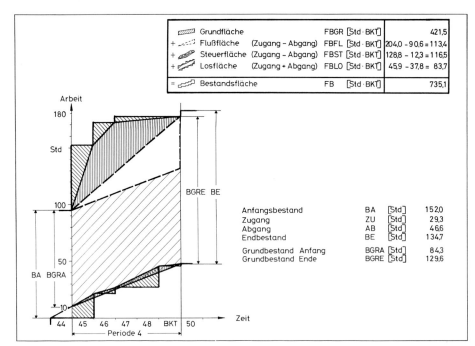

a) Bestandszerlegung Periode 1

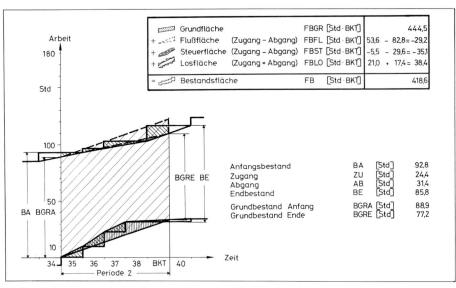

b) Bestandszerlegung Periode 2

Bilder B 1 a bis d
Zerlegung der Bestandsfläche in verursachende Anteile (Periode 1, 2, 3 und 4)
Entsprechend den in Abschnitt 5.4.1 definierten Flächenanteilen ist in den Bildern B 1 a bis d für das untersuchte Praxisbeispiel die Bestandszerlegung in die verursachenden Anteile Grund-, Fluß-, Steuer- und Losbestand periodenweise dargestellt. Die Einteilung an den Periodengrenzen erfolgt gemäß der in

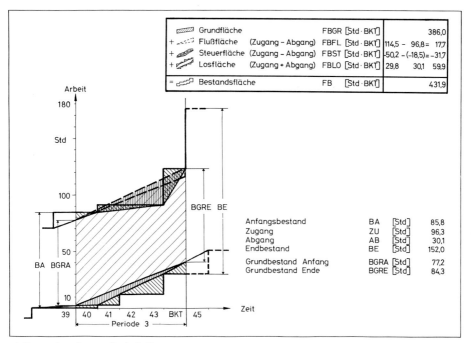

c) Bestandszerlegung Periode 3

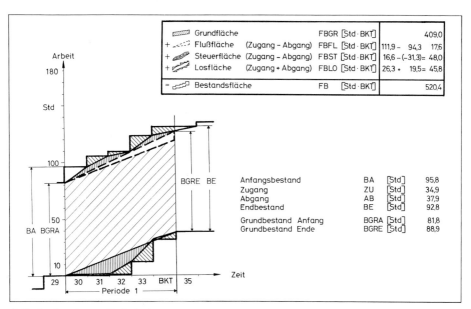

d) Bestandszerlegung Periode 4

Bild 5.46 dargestellten Weise. Die Berechnung der Bestands- und Flächenwerte ist nicht im Detail gezeigt, kann aber anhand der Perioden-Durchlaufdiagramme und einfacher geometrischer Betrachtungen leicht nachvollzogen werden.

Sachwortregister